2021 北京园林绿化年鉴

BEIJING PARKS AND FORESTRY YEARBOOK

北京园林绿化年鉴编纂委员会◎编纂

中国林業出版社
·北京·

图书在版编目（CIP）数据

北京园林绿化年鉴. 2021 / 北京园林绿化年鉴编纂委员会编纂.
-- 北京 : 中国林业出版社, 2021.12
ISBN 978-7-5219-1439-9
Ⅰ. ①北… Ⅱ. ①北… Ⅲ. ①园林－北京－2021－年鉴②绿化规划－北京－2021－年鉴
Ⅳ. ①TU986.621-54②TU985.21-54
中国版本图书馆CIP数据核字(2021)第256960号

责任编辑：何　蕊　杨　洋　李　静
封面设计：齐庆栓

出　版：中国林业出版社（100009　北京市西城区德内大街刘海胡同7号）
网　址：http://www.forestry.gov.cn/lycb.html
E-mail：cfybook@163.com　　**电　话：**010-83143580
发　行：中国林业出版社
印　刷：北京中科印刷有限公司
版　次：2021年12月第1版
印　次：2021年12月第1次
开　本：880mm×1230mm　1/16
印　张：26.5
彩　插：32
字　数：635千字
定　价：260.00元

《北京园林绿化年鉴》编纂委员会

吴海红　张　军　张志明　张克军　陈长武　陈峻崎　武　军

周荣伍　周彩贤　单宏臣　胡　永　侯　智　律　江　施　海

姜英淑　姜国华　姜浩野　姚　飞　贺国鑫　袁士保　高春泉

黄三祥　盖立新　彭　强　曾小莉

《北京园林绿化年鉴》编辑部

编辑说明

一、《北京园林绿化年鉴》（以下简称《年鉴》）是一部全面、准确地记载北京园林绿化行业上一年度工作成果和各方面新进展、新事物、新经验等重要文献信息，逐年编纂，连续出版的资料性工具书和史料文献。

二、《年鉴》坚持以马克思列宁主义、毛泽东思想、邓小平理论、“三个代表”重要思想、科学发展观、习近平新时代中国特色社会主义思想为指导，坚持辩证唯物主义和历史唯物主义的立场、观点、方法、存真求实，全面、科学地反映客观情况。为领导决策提供可资参考的依据；为园林绿化部门和单位提供有价值的资料；为国内外各方面人士认识、了解北京园林绿化事业提供最新、最具权威性的信息资料；同时为续修《北京志·园林绿化志》积累丰富的史料。

三、《年鉴》为北京园林绿化行业年鉴，属地方性专业年鉴类型。

四、《年鉴》根据北京园林绿化行业的工作特点和内容采用分类编纂法，设栏目、类目、条目三个层次，以条目为主。

五、《年鉴》的基本内容，设有特辑、文件选编、北京园林绿化大事记、概况、生态环境、城镇绿化美化、森林资源管理、森林资源保护、公园 湿地 自然保护地、绿色产业、法制 规划 调研、科技 信息 宣传、党群组织、市公园管理中心、直属单位、各区园林绿化、荣誉记载、统计资料、附录、索引、后记等21个基本栏目。

六、编入《年鉴》的文章和条目，均由各级园林绿化部门及局属单位负责撰稿或提供，并经领导审核。

七、《年鉴》采用文章和条目两种体裁，以条目为主，用记述体和规范的语言，直陈其事，文字力求言简意赅。为精简文字，年鉴中经常提到的机关名称，均用简称。如全国绿化委员会，简称全国绿化委；首都绿化委员会，简称首都绿化委；中国共产党北京市委员会，简称中共北京市委；北京市人民政府，简称为市政府；北京市园林绿化局 首都绿化委员会办公室，简称为市园林绿化局 首都绿化办；北京市森林防火办公室，简称市防火办；北京市园林绿化局 首都绿化委员会办公室党组，简称为局办党组。

八、2021卷年鉴，集中记述2020年1月1日至2020年12月31日期间北京园林绿化的总体情况(部分内容依据实际情况时限略有前后延伸)，凡2020年的事情，均直书月、日，不再书写年份。

九、计量单位一般按1984年2月27日《中华人民共和国法定计量单位》执行。

北京园林绿化年鉴编纂委员会办公室

2021年10月20日

一、领导

※ 7月27日，中共中央政治局委员、北京市委书记蔡奇（右三）赴东城区调研古树名木保护管理情况

（义务植树处　提供）

※ 4月11日，中共北京市委副书记、市长陈吉宁（左二）在通州区北京副中心城市绿心地块参加义务植树活动

（吴兆喆　摄影）

※ 5月8日，北京市副市长卢彦（左二）赴房山区调研自然保护地整合优化工作

（房山区园林绿化局　提供）

※ 6月10日，市园林绿化局局长邓乃平陪同北京市人大常务委员会主任李伟（前排右二）赴市野生动物救护中心检查调研

（野生动植物和湿地保护处　提供）

二、新一轮百万亩造林

※ 4月10日，中央军委领导、军委机关各部门在北京市丰台区丽泽金融商务区绿化地块参加义务植树活动（联络处　提供）

※ 4月11日，中共中央直属机关、中央国家机关各部门和北京市的128名部级领导干部在北京城市副中心参加义务植树活动（联络处　提供）

※ 4月16日，朝阳区领导、机关干部到温榆河公园环示范区参加植树活动（朝阳区园林绿化局　提供）

※ 5月20日，房山区人大代表视察2020年新一轮百万亩造林工程进展情况（房山区园林绿化局　提供）

※ 10月25日，海淀区首个“互联网+全民义务植树”基地在海淀公园挂牌成立

（田峰　摄影）

※ 新一轮百万亩造林绿化工程——京礼高速昌平段绿化景观　（何建勇　摄影）

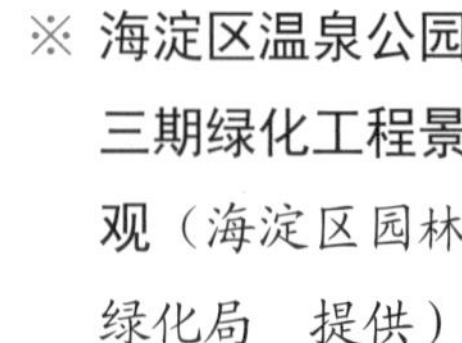

※ 海淀区温泉公园三期绿化工程景观（海淀区园林绿化局　提供）

※ 怀柔区科学城战略留白临时绿化景观（生态保护修复处提供）

※ 大兴区狼垡城市森林公园造林景观
（何建勇　摄影）

※ 延庆区开展新一轮百万亩造林绿化工程（延庆区园林绿化局　提供）

※ 房山区大石窝镇岩上村太行山绿化景观（生态保护修复处　提供）

※ 昌平区京张高铁沿线绿化造林景观　（昌平区园林绿化局　提供）

三、生态环境建设

※ 百望山森林公园2号路春季山桃花美景

（高源　摄影）

※ 百望山森林公园秋季景观

（高源　摄影）

※ 昌平区风沙源治理工程景观　（李计东　摄影）

※ 怀柔区喇叭沟门生态景观（生态保护修复处　提供）

※ 怀柔区平原造林地块秋色景观（怀柔区园林绿化局　提供）

※ 延庆区张山营镇松山路东“增彩延绿”工程景观（生态保护修复处　提供）

※ 北京松山绿化景观（自然保护地管理处　提供）

四、城镇绿化美化

※ 天安门广场“祝福祖国”主题花坛 （何建勇　摄影）

※ 西城区前门月亮湾“健康生活”主题花坛（西城区园林绿化局　提供）

※ 北京城市副中心东六环“增彩延绿”示范区景观（张博　摄影）

※ 西城区珠市口大绿地景观（西城区园林绿化局　提供）

※ 平谷区夏各庄新城高速公路两侧绿化景观（义务植树处提供）

※ 北京城市副中心城市绿心森林公园景观（何建勇　摄影）

五、森林资源安全

※ 1月29日，森林公安民警在门头沟区某药店开展野生动物及其制品专项执法检查（市森林公安局　提供）

※ 3月23日，市园林绿化局领导到房山区检查清明期间森林防火工作

（房山区园林绿化局　提供）

※ 4月5日，市林业保护站聘请社会化测报公司在丰台区开展杨柳飞絮监测调查工作

（郭蕾　摄影）

※ 4月15日，怀柔区举办“保护珍稀濒危水生野生动物　共同建设和谐美好家园”主题放生活动（怀柔区园林绿化局　提供）

※ 5月9日，森林公安民警在门头沟区清水镇某饭店开展野生动物及其制品专项执法检查（市森林公安局　提供）

※ 5月20日，市园林绿化局组织督查组到怀柔区开展森林资源督查工作（尹燕津　摄影）

※ 9月16日，市八达岭林场实地开展2019年森林抚育项目检查（吴佳蒙　摄影）

※ 9月19日，北京市野生动物救护中心在麋鹿苑放归野生动物

（王君才　摄影）

※ 10月26～30日，朝阳区园林绿化局组织专家对区属行业公园进行为期5天的行业管理检查

（刘艳敏　摄影）

※ 10月29日，市林业保护站聘请社会化监测公司在大兴区永定河生态林地内开展越冬基数调查工作（李晓杰　摄影）

※ 12月21日，碑林管理处开展冬季虫情调查，工作人员在油松林查找越冬油松毛虫

（杨俊　摄影）

六、公园 湿地 自然保护地

※ 8月18日，朝阳区召开城市公园与郊区公园结对帮扶工作部署会（郝士丽　摄影）

※ 昌平区东小口城市休闲公园景观
（昌平区园林绿化局　提供）

※ 昌平区贺新公园景观
（昌平区园林绿化局　提供）

※ 房山区云峰寺休闲公园建成开放
（房山区园林绿化局　提供）

※ 丰台区莲花池公园增彩延绿示范区景观（张博　摄影）

※门头沟区永定河滨水森林公园景观

（张薇　摄影）

※ 通州区减河公园景观

（通州区创森办　提供）

※ 通州区大运河森林公园景观（通州区创森办　提供）

※ 通州区东郊森林公园黑水鸡

（宁雪梅　摄影）

※ 通州区台湖公园景观（通州区园林绿化局　提供）

七、绿色产业

※ 北京市天竺苗圃彩叶林景观

（天竺苗圃　提供）

※ 第十二届北京菊花文化节参展菊花（雷志芳　摄影）

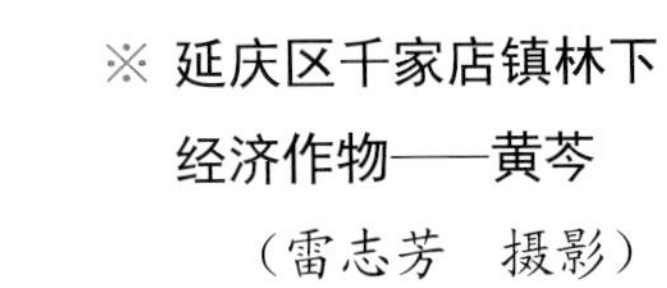

※ 延庆区千家店镇林下经济作物——黄芩

（雷志芳　摄影）

※ 2月19日，市大东流苗圃向地坛医院捐赠花卉　（市大东流苗圃　提供）

※ 延庆区苹果园（雷志芳　摄影）

※ 延庆区优质葡萄品种——兴华一号（雷志芳　摄影）

※ 房山区大石窝镇林下种植食用百合（林业改革发展处　提供）

※ 怀柔区桥梓镇前辛庄林下经济作物——波斯菊（邓正平　摄影）

※ 怀柔区盛开的林下花卉（怀柔区园林绿化局　提供）

八、法制 规划 调研

※ 8月3日，北京市园林绿化局与国际竹藤中心在市大东流苗圃围绕适宜北方生长的竹子资源开展探讨交流　　（市大东流苗圃　提供）

※ 4月14日，市园林绿化局领导到市大东流苗圃检查调研

（市大东流苗圃　提供）

※ 6月10日，冬奥组委总体策划部有关人员到松山自然保护区考察调研（松山管理处　提供）

※ 7月13日，市园林绿化局领导到市西山试验林场（西山国家森林公园）检查调研疫情防控和垃圾分类工作（王平玺　摄影）

※ 2月10日，市园林绿化局领导到大兴区黄村镇造林施工工地检查调研疫情防控情况（大兴区园林绿化局提供）

※ 11月26日，市园林绿化局领导到北京奥金达养蜂专业合作社调研（梁崇波摄影）

九、科技 信息 宣传

※ 4月21日，市园林绿化局参加北京电视台《生活频道》栏目杨柳飞絮科普活动节目录制

（张博　摄影）

※ 6月3日，市园林绿化局组织相关人员进行垃圾分类培训（高琪　摄影）

※ 6月3日，园林专家在朝阳区东四环步道外侧绿地，开展专业养护月季修剪培训（刘坤宇　摄影）

※ 6月22日，果树乡土专家在顺义区双河果园为果农讲解示范果树修剪技术

（顺义区园林绿化局　提供）

※ 9月19日，大兴区南海子湿地公园开展湿地保护宣传活动

（何建勇 摄影）

※ 9月19日，大兴区南海子公园开展“北京湿地日”宣传活动 （王刚 摄影）

※ 9月20日，顺义区在汉石桥湿地生态文明宣传教育基地开展走进湿地、认识湿地宣传活动（顺义区园林绿化局 提供）

※ 9月26日，碑林管理处在百望山森林公园镶嵌碑刻作品《百望山赋》

（高源　摄影）

※ 10月15日，北京市第五届职业技能大赛园艺修剪（金剪子）竞赛房山区初赛现场（房山区园林绿化局　提供）

※ 10月23日，北京园林绿化科普基地培训人员在八达岭森林公园开展交流活动

（刘松　摄影）

※ 西城区园艺文化推广活动（西城区园林绿化局　提供）

十、党群组织

※ 6月4日，森林公安分局党支部开展学习讨论活动（刘丽　摄影）

※ “七一”前夕，十三陵林场党支部开展党日活动（贾婉　摄影）

※ 7月24日，市林勘院组织党支部书记讲党课活动（市林勘院　提供）

※ 8月13日，市园林绿化局后勤服务中心党总支部委员会换届选举（退休老党员合影）（高琪　摄影）

※ 11月3日，市林业保护站赴房山开展“传承红色背篓精神”党日活动（李天剑　摄影）

※ 12月9日，首都绿色文化碑林管理处党支部组织党员干部职工召开“以案为鉴、以案促改”警示教育大会（高明瑞　摄影）

目　　录

特　　辑

文件选编

北京园林绿化大事记

概　　况

生态环境

城镇绿化美化

森林资源管理

森林资源保护

公园 湿地 自然保护地

绿色产业

法制　规划　调研

党群组织

各区园林绿化

荣誉记载

统计资料

附　录

索　引

后　记

特 辑

市领导有关园林绿化工作重要讲话

在深入推进疏解整治促提升 促进首都生态文明与城乡环境建设动员大会上的讲话

中央政治局委员 北京市委书记 蔡 奇

（2020 年 4 月 17 日）

第一，进一步统一思想、提高站位，充分认识推进疏解整治促提升、促进首都生态文明和城乡环境建设的重要性和紧迫性

深入推进疏整促专项行动、促进生态文明和城乡环境建设是深入贯彻习近平生态文明思想、深入贯彻习总书记对北京重要讲话精神的具体行动，是实施好新版北京城市总规、提高城市治理能力和水平、推动高质量发展的重要抓手。过去一年，全市上下坚持以新中国成立 70 周年庆祝活动为统领，凝心聚力、向上奋斗，疏整促和生态环境建设各项工作都取得了新进展、新成效。疏整促专项行动年度任务超额完成，94.1%的受访市民对疏整促工作表示满意；第一批市级机关搬迁到城市副中心，迈出了标志性一步，并有力促进了副中心的规划建设。$PM_{2.5}$ 年均浓度降至 42 微克/立方米，PM_{10} 和二氧化氮浓度达到国家标准。地下水位连续 4 年回升；成功实现引黄入京，永定河有水河段达 130 公里，91 公里山峡段 40 年来首次实现不断流。完成造林绿化 25.8 万亩，全市森林覆盖率达到 44%，比 2012 年提高了 5.4 个百分点。今年一季度，又累计退出一般制造业 12 家、疏解提升市场

16家、清理整治违法群租房449处、拆除违法建设332.7万平方米；空气质量稳中向好，$PM_{2.5}$累计浓度同比持平，优良天数同比增加10天；造林绿化、永定河春季补水等工作也在有序推进。市民群众享受到了更多的蓝天、白云、绿地。成绩可圈可点。这是以习近平同志为核心的党中央坚强领导的结果，是全市上下勇于担当、真抓实干的结果，是在京中央单位、驻京部队和社会各界积极参与、大力支持的结果。在此，我代表市委、市政府向大家表示衷心感谢和崇高敬意!

同时，我们也要清醒地看到，疏整促越往后越是难啃的“硬骨头”。同时，受疫情影响，有效工作时间较往年明显缩短，今年推进疏整促工作的难度明显大于以往。另一方面，北京人口资源环境矛盾依然突出，生态环境脆弱的局面尚未根本扭转；首都生态环境质量与中央要求和人民群众期待相比，还有较大差距。对此，我们必须做好长期艰苦努力的准备。特别是针对疫情期间，暴露出来的城乡结合部人居环境和公共卫生环境差、农村生活污水处理设施短板明显等问题，我们要采取更有针对性的措施，补短板、强弱项，把疏整促和生态环境建设持之以恒抓下去。

今年是决胜全面建成小康社会和“十三五”规划收官之年，做好各项工作意义重大。疏整促和生态环境建设直接影响着人民群众的获得感，直接影响着全面建成小康社会的成色。我们要深入贯彻习总书记对北京重要讲话精神，增强“四个意识”，坚定“四个自信”，做到“两个维护”，立足首都城市战略定位，切实增强抓好疏整促和生态环境建设的责任感使命感紧迫感，更加精准、更加有效、更高质量地推进各项工作，将疏整促和生态环境建设与疫情防控、复工复产衔接好，尽最大可能把疫情影响降到最低，力争完成全年目标任务。

第二，深入推进疏解整治促提升专项行动

疏整促是一项关系全局、影响长远的重要工作，是一套行之有效的“组合拳”，有力推动了首都功能和城市品质的优化提升。在这次疫情防控中又一次得到了印证。基层同志深切感受到：这几年我们通过疏整促，疏解提升了一批批发市场、清理了大量工业大院、拆除了上亿平方米的违法建设、整治了上万处群租房和上千处地下空间。这些都是人口密集、人员复杂、环境脏乱差的地方。如果现在还留着，那么我们在疫情防控中面临的风险定会成倍放大。同时，我们利用疏解腾退空间，建了一批公园绿地、便民服务设施，进一步提升了社区服务功能，增强了群众的获得感，密切了干群关系。下一步，我们要坚持稳中求进，注重实际效果，不断在“深化疏解、强化整治、优化提升”上下功夫。

一要坚持疏解当头，紧紧扭住这个“牛鼻子”不放松。这在相当长的一个时期内，不会“换频道”，必须坚定不移、一抓到底。一般制造业今年要再疏解90家，基本完成集中退出的阶段性任务。我们向外疏解的是一般制造业，对高端制造业，要引导向亦庄和顺义等地聚集发展。从这次疫情防控看，重要应急物资和城市生活必需品生产，要保留一定的生产能力。继续有序推进区域性专业市场和物流中心疏解，四环内要基本清零。对大红门等市场集中疏解地要紧盯不放，加强与承接地对接，防止回流。推动高校、医院向主城区外转移，具备条件的要整建制搬迁。主动支持河北雄安新区建设，对到雄安新区发展的在京资源，我们都要支持配合。城市副中心是疏解非首都功能的重要承载地，要推动符合定位的企业总部迁入。已确定一批项目包括拟入迁的市属企业要抓紧推进。平原新城要增强承载能力，积极承接中心城区适宜功能和产业疏解转移。

*二要强化整治，助推实现减量目标。*要抓住防疫这个窗口期，加强群租房整治和地下空间管控。对问题集中、易反弹的区域，要定期“回头看”，巩固现有成果。深入推进城乡结合部治理，强化挂账重点村整治，降低人口倒挂比，提升“一绿”“二绿”地区发展水平。治理浅山区违法占地、违法建设和违建别墅要把握好节奏，做到坚定平稳有序。涉及养老院、残疾人托养机构、幼儿园等违法建设拆除，要审慎推进。对新增违建，要“零容忍”，坚决拆除。

*三要下大力气抓好提升，推动高质量发展。*统筹用好疏解腾退空间，做好“腾笼换鸟”文章，大力发展“高精尖”产业。这次疫情对传统商业影响很大，要扩大“一店一策”传统商场升级改造试点范围，为疫后扩大消费打好基础。优化提升要突出改善民生，围绕“七有”“五性”需求，补齐公共服务短板，让群众有更多获得感。要整合用好闲置空间和零散地块，加强便民服务商业网点和物流设施建设。尤其要加强基层公共卫生服务设施建设。规划建设区域快线，完善一体化交通网络，让从中心城区转移出来的居民出行更方便。老旧小区改造是补短板、增投资的重要方面，要着力解决物业管理、停车、加装电梯、居家养老等居民关心的问题。要研究相关政策，推广“劲松模式”，通过老旧小区改造改出一个新机制来。推广平房区申请式腾退和共生院模式，提高居民生活品质。回天地区是优化提升的重点地区，要深入推进三年行动计划，今年要取得一批阶段性成果。

今年疏整促工作的一个特点，就是突出主动治理与接诉即办双线并进。建立“计划管理+动态清零”机制，在抓好各区上账任务的同时，对市民服务热线中涉及疏整促任务的诉求，核实后都要纳入工作台账管理，能解决的要及时解决。对 29 个治理类街道乡镇，市疏整促专班要加强督导，抓好改善提升。

从 2018 年开始，市里每年向中央单位、驻京部队提出一批需要支持解决的问题。2018 年 93 项解决了 75 项，2019 年 66 项解决了 40 项。这种做法还要继续坚持下去。

第三，坚决打好污染防治攻坚战

这是党的十九大确定的三大攻坚战之一，是生态文明建设最具标志性的任务。要紧紧抓在手上，保持方向不变、力度不减。

*一要打赢蓝天保卫战。*这是打好污染防治攻坚战的重中之重。重污染天气对全年 PM2.5 浓度影响明显，今年一季度空气重污染天数就有 7 天，比去年全年还要多出 3 天，为我们敲响了警钟。要继续深化“一微克”行动，聚焦柴油货车、扬尘污染和挥发性有机物管控，精准发力，尽最大努力改善空气质量。要进一步完善空气重污染应急预案，从严从高启动预警响应，细化减排措施，压实管控责任，努力削峰降速。年初京津冀三地协同出台了机动车和非道路移动机械排放污染防治条例，这是强化区域联防联控联治的一个创

新，我们要带头抓好实施。

二要打好碧水保卫战。充分发挥四级河长作用，层层压实责任，切实加强河湖治理管护。持续开展“清河行动”和“清四乱”专项行动，严厉查处河道沿岸超标排污和偷排污水行为。巩固黑臭水体和入河排污口治理成果，严防反弹。做好水源地调查评估和保护区划定工作，防止地下水污染。目前，农村生活污水收集处理设施覆盖率只有40%左右。要实施好第三个城乡水环境治理三年行动计划，尽快补上这个短板。密云水库在首都水源安全保障中起着关键性枢纽作用，要严格封闭式管理，实施好水库上游横向生态保护补偿机制，确保密云水库水源安全。还要持续推进永定河综合治理和生态修复，做好上游生态调水工作。近期，市里将实施第二次春季永定河生态补水，力争实现北京境内170公里河道全线通水。沿河各区及桥梁、管线、设施主管部门要制订安全保障方案，深化安全评估，增加看护力量、加密巡查，确保调水过程中人员、设施安全，推动早日实现永定河“流动的河、绿色的河、清洁的河、安全的河”治理目标。

三要打好净土保卫战。多年来北京土壤生态环境风险处于较低水平，但我们不能有丝毫松懈。要加强建设用地风险管控和农用地分类管理，抓好农村面源污染治理，确保人居环境和农产品质量安全。在这次疫情防控中，医疗废弃物处置能力经受住了考验，能够做到日产日清。下一步，要继续推动危险废物处置设施建设，进一步提高医疗废弃物无害化处置能力。

第四，扎实推进生态文明和城乡环境建设

这是一项长期任务。必须以点带面、分类推进，常抓不懈、久久为功。

一要积极推动生态涵养区生态保护和绿色发展。生态涵养区是首都重要生态屏障和水源保护地，是首都城市的大氧吧和后花园。北京小气候主要取决于1万平方公里的生态涵养区。生态涵养区各区要坚持把守好绿水青山作为头等大事来抓，保持战略定力，抑制开发冲动，只搞大保护，不搞大开发，为市民提供更多的优质生态产品和服务。要关心支持生态涵养区发展，调整优化生态涵养区考核指标体系。加大公共服务和基础设施建设力度，谋划推动一批具体任务和支撑项目。鼓励生态涵养区依托自然山水资源和生态优势，积极发展都市型现代农业、休闲度假、精品民宿、健康养老等环境友好型产业。进一步完善生态补偿机制，不让保护生态环境的吃亏。平原各区要把结对协作当作自己分内的事来办，拿出实实在在的支持举措，送科技、给项目、补短板，助推生态涵养区绿色发展。

二要大幅度扩大绿色生态空间。造林绿化对城乡环境影响最直观，群众的绿色获得感也最强。要抓住春季造林的有利时机，赶前不赶后，确保高质量完成今年17万亩造林绿化任务。结合城市空间织补和生态修复，利用疏解腾退空间，做好“留白增绿”，多建一些城市森林、口袋公园和小微绿地。城市副中心万亩以上森林达6处，很值得借鉴。重点推进城市绿心、市郊铁路怀密线、京张高铁、雁栖河生态廊道、温榆河公园一期和南苑森林湿地公园等建设。继续抓好北京大兴国际机场、冬奥会赛场周边、重要道路沿线和河流沿岸的造林绿化工作，打造集中连片的绿色景观。通州区、怀柔区、密云区年内要实现创森。

三要深入开展爱国卫生运动，统筹做好城乡环境建设。4月是爱国卫生月。习近平总书记在疫情防控中多次作出重要指示批示，强调要坚持预防为主，深入开展爱国卫生运动，倡导健康文明生活方式，预防控制重大疾病，发动群众开展环境卫生专项整治。人居环境整治是爱国卫生运动的重要内容。城区要以背街小巷环境精细化整治提升为抓手，认真实施新一轮三年行动方案，集中整治公共卫生环境，消除卫生死角，积极创造防治疾病、促进健康的良好环境。农村地区要坚持问题导向，围绕国务院检查组到北京检查督导时指出的六个方面问题，认真整改，举一反三，进一步做好农村人居环境整治工作。围绕实施“百村示范、千村整治”工程，加强农村垃圾、污水、厕所等基础设施建设，解决好农村脏、乱、差、污、堵等问题。结合乡村治理，教育引导农民群众自觉维护干净整洁的村庄环境。

不论是城区还是农村，都要实施好生活垃圾管理条例，过后还要专门开会布置。重点抓好党政机关社会单位强制分类和示范片区创建，推动文明习惯养成和生活垃圾减量。

第五，切实加强组织领导

疏整促、生态文明和城乡环境建设工作，涉及面广，必须强化组织调度，严格落实责任，广泛动员社会各方力量参与，形成合力。

市委城工委、市委生态文明委要发挥好统筹协调作用。各位市领导要按照分工，靠前指挥，加强指导。市各牵头部门要切实负起责任，主动协调解决重点难点问题。市相关部门要各司其职、密切配合，抓好落实。各区要切实履行属地责任，党政一把手要当好施工队长。市委宣传部要加强宣传引导，积极倡导简约适度、绿色低碳生活方式。市委市政府督查室要加强督查。市纪委监委要强化监督执纪问责。还要用好第三方，对各项工作开展检查评估。

在全市文明游园整治行动动员大会上的讲话

北京市人民政府副市长　卢　彦

（2020年4月28日）

一、总结经验，充分肯定疫情防控期间全市公园行业管理的好做法

新冠肺炎疫情发生后，市委、市政府高度关注全市公园景区的疫情防控工作，蔡奇书记、吉宁市长多次作出重要指示和批示，提出明确要求。市有关部门密切合作，联防联控，采取了一系列行之有效的重要举措，从而确保了疫情期间全市公园景区安全有序运行，没有发生群体性感染事故。总体来看，有四个方面的经验值得我们认真总结。

一是周密部署，科学应对。疫情发生后，按照中央和市委、市政府的要求，我们全面准确评估新冠肺炎疫情对公园景区文化活动带来的安全风险，全市公园行业第一时间响应市委、市政府的防疫号令，及时取消了拟在春节期间举办的庙会、冰雪等88项大型文化活动，各有关公园及时发布公告，迅速拆除相关宣传标语、标牌。特别是在多数省市关闭公园的时候，我市900多家公园在制订应急预案、配备防疫设施、严格落实管控措施的前提下，坚持面向公众开放室外开敞空间，全市两万多名公园职工坚守岗位，截止到当前已累计接待游客3000多万人次，有效调节了市民身心健康，支持全市疫情防控工作。

二是问题导向，精准施策。公园景区是人民群众最宝贵的绿色生态空间，也是最容易造成大客流聚集、引发群体性事件的公共场所。为此，全市公园行业从各自的发展实际出发，边探索、边实践、边纠偏、边完善，及时总结探索了一套应对重大疫情的公园防控经验。从游客量控制、大客流疏导、体温检测服务，到卫生消毒、无接触售票、网上预约，都逐步建立起了一套行之有效的措施，形成了具有北京特色的公园防疫经验，值得认真总结。比如在大客流管控方面，全市各公园按照“园内限流量、园外重疏导”的思路，全面落实非接触预约式购票、一米线排队购票、门区体温检测、园内巡查巡视、停车场限流管控等一系列措施，坚决将园内游客量控制在最大游客量的30%以下，坚决防止公园内出现人群过密所造成的交叉感染，取得明显效果。

三是宣传引导，共建共治。疫情防控期间，通过发挥新闻媒体的宣传引导作用、相关部门的执法监督作用、各类志愿者的劝解疏导作用，使全市文明游园秩序逐渐形成。从疫情初期人们对戴口罩逛公园的疑惑，对扎堆、聚集的不以为然，对一米线行动的不适应，到今天绝大多数市民自觉戴口罩、不聚集、保持友好距离，公园充分发挥了培育市民良好文明习惯的重要作用。在这背后，既有公园管理者坚持不懈宣传劝阻的汗水，也有公安、城管执法者的辛勤努力，更有越来越多加入公园文明行动中的精神文明引导员、绿色使者和城市管理志愿者的无私奉献。我们一定要把这次疫情防控建立的公园景区共建共治共享的良好机制巩固下来，不断完善全市公园治理体系，提升精细化、现代化治理能力。

四是联防联动，齐抓共管。疫情防控期间，各公园所在区、街道充分落实属地责任，统一协调园林、文旅、公安、交通、城管和社区，有机联动、远端输导、近端疏解、园内引导，做了大量工作，总体维护了全市公园大客流的平稳有序。特别是新冠疫情发生以来，全市公园行业的干部职工始终坚守在抗疫一线，实现了疫情防控平稳有序、复产复工稳步推进、服务市民热情周到，体现了应有的担当精神。

总之，在市委、市政府的领导下，疫情防控期间，全市公园景区未出现疫情传播扩散现象，公园游客和行业职工保持“零感染”记录，各区、各单位和全市公园行业广大干部职工都付出了艰辛劳动和巨大努力，在这里，我代表市政府向大家表示衷心的感谢！

二、着眼长远，重新认识新时期公园的功能和内涵

（一）要深入思考公园承载的多种功能。公园是人民群众踏青赏花、避暑纳凉、休憩健身、亲近自然的绿色公共场所，发挥着多方面的重要功能。从社会学意义上讲，公园就是一个城市的客厅，是重塑人际关系的公共场所。从生理学意义上讲，如果我们天天看高楼大厦，看不到绿地，不利于人的身心健康，因此公园还是一个广大市民放松身心的大乐园和“大氧吧”，为什么这次疫情期间市民仍然络绎不绝往各大公园跑，一度造成交通拥堵和人员聚集，就充分体现了公园的重要作用。从公共安全的角度讲，公园更是一个城市的“避难所”和安全岛，在大的自然灾害发生时发挥着极其重要的防灾避险作用。所以，对城市和市民来说，公园并不是一种可有可无的奢侈品，而是城市重要的生态基础设施，是市民生活的必需品。这就需要我们在进行规划设计时，一定要充分考虑公园的多种功能、多种用途。

（二）要深入思考如何建设公园城市。习近平总书记在参加首都义务植树活动和视察四川成都时多次强调提出，“一个城市的预期就是整个城市就是一个大公园，老百姓走出来就像是在自己家里的花园一样”，“一定要突出公园城市的特点，把生态价值考虑进去”。过去毛主席也提出过“大地园林化”，实际上也是公园国家、公园城市的概念。对于公园城市的理念，国内的四川成都、江苏扬州、广东深圳已经进行了积极探索。作为北京而言，我们提出要建设国际一流和谐宜居之都，所谓和谐宜居，生态、绿色必然是不可或缺的核心要素。这就需要我们在规划设计上充分体现公园城市的理念，在全市域范围科学规划建设多类型、多景观、多层次、多功能的各类公园，大幅拓展绿色休闲空间。目前全市的公园总数大约是 1050 个，总量不足、质量不高，特别是城乡分布不平衡、人均占有率不够，是我们面临的突出矛盾，一定要深入思考如何把和谐宜居之都建成生态之都、绿色之都、公园之都。

（三）要深入思考人民群众需要什么样的公园。什么样的公园最好？很多人都是以“大”“美”“好看好玩”等维度来评价。其实对于生活在这个城市里的市民来说，老百姓家门口的公园最好。只要公园离家比较近，人们才会经常去、天天去，才能成为日常生活中的一部分。所以我们说，公园是宜居社区的标配，每个社区都要有公园，不在乎它的大小，不在于是否好看、美观，而是要“位置为王”。因此，公园应该建在老百姓身边，而且分布均衡，能让所有市民方便可达。同时，公园的功能要人性化，做到“动静结合、以动为主”，切实体现以人为本的要求。公园的“静”是指公园静止的景观，是满足人们的眼福的。公园的“动”是指公园作为开放的公共空间要有体育休闲设施，要人性化，而不能仅仅是为了好看美观、不实用。所有的公园，都要尽可能有绿道、有篮球场，或者哪怕能放下个乒乓球桌都行。还可以配上 24 小时“城市书房”，市民凭卡可以免费阅读、做作业、喝开水等等，这都体现了“以人民为中心”的发展思想。

三、深刻反思，以疫情为鉴找准公园管理服务的短板

通过这次新冠肺炎疫情的重大公共卫生事件，暴露出全市包括公园管理服务在内的各方面工作存在的短板和不足，给我们提出了很多新课题。我们一定要以疫情为鉴，深刻反思，拿出实实在在的措施，尽快提升总体水平。

一是要深刻反思公园服务设施滞后与功能发挥不充分的矛盾。比如疫情发生前，全市

48 家收费公园中，仅有 13 家可以进行网上预约，这给疫情防控期间大人流管控带来新挑战，经过不懈努力，目前已经有 32 家公园可以在一个平台上进行网上预约。这就要求我们必须下最大决心，尽快建立全市统一的大客流公园网上预约平台。再比如，公园内的垃圾收集箱老化现象非常严重，疫情发生前只有可回收和不可回收两种，但是疫情产生的特殊垃圾如何收集处理，这是个新问题，需要研究解决。还有视频监控探头少、重点区域和部位监控不到位的问题，公园标示系统不清晰的问题等等，这些安全隐患也给疫情防控带来压力。据不完全统计，目前全市共有各类公园 1050 个。从公园设施看，有广播设施的 154 个，有宣传栏的 210 个，有宣传屏的 105 个；有自行车停放点的 142 个，有停车场的 178 个；有监控探头的 197 个，有消防设备的 184 个；有健身器材的 185 个，有运动场地的 164 个，有健身步道的 175 个；有路椅的 493 个，有果皮箱的 508 个，有园灯的 473 个，有厕位的 300 个；具备 WIFI 覆盖的公园 32 个，有标志标示牌的 424 个，有双(多)语标示的 197 个。从无障碍设施看，具备轮椅的 67 个，具备盲道的 31 个，具备坡道的 144 个；具备语音提示装置的 22 个，具备无障碍标示标牌的 98 个，有残障人士低位洗手池的 98 个、专用厕位的 157 个，远远不能满足残障人士需要。这些数字，充分反映出全市各类公园特别是区属公园、镇村公园发展质量不高、功能不完备、基础设施匮乏的矛盾，与国际化大都市的地位、与以人民为中心的发展理念、与应对突发公共事件的要求相比，短板很多，差距很大。

二是要深刻反思不文明游园行为与公园治理体系不完善的矛盾。这次我们即将开展的文明游园整治行动，全面梳理了前一段在公园运行管理中发现的一系列不文明行为。比较突出的有 4 种，包括：不戴口罩、扎堆聚集、不守秩序(不按 1 米线秩序排队)、倒卖门票等，给疫情防控造成了压力。还有 17 种日常公园不文明游园行为，包括：采挖野菜、踩踏草坪、攀折花木、损毁树木、营火烧烤、携犬入园、伤害动物、乱涂滥刻、乱丢乱弃、野泳垂钓、随地吐痰、随地大小便、随处吸烟、翻越障碍、噪音扰民、导游乱象等等。这些不文明行为的存在，与首善之区的大国首都形象严重不符，与北京四个中心的城市定位严重不符，与城市治理体系和治理能力现代化严重不符，必须全面加强对不文明游园行为的专项治理。同时我们也要深刻反思，这些不文明行为，一方面反映了游客的素质问题，另一方面也暴露了公园自身的精细化管理问题。比如《森林法》《风景名胜区条例》《北京市公园条例》等法律法规的宣传是否尽人皆知？公园各区域的提示提醒是否清晰、准确、到位？对待公园内的不文明游园行为，是否执法到位、处罚到位、震慑手段到位？这些都要深入思考。各区、各单位、各公园一定要坚持问题导向，精准施策，下大力开展好不文明游园行为的专项整治工作。

三是要深刻反思公园舆情持续上升与服务市民需求不到位的矛盾。据不完全统计，自新冠疫情发生以来，全市公园景区累计接到各类舆情 230 多件，市园林绿化局分别转到市、区公园管理部门进行了妥善处理。这反映出广大市民、游客对公园投入了真感情，对游园安全真关注，对美好的公园环境景观真在意。如何不断满足人民群众对公园的新需求、新期盼，一方面要大力加强公园各类设施建设，大力提升精细化管理水平；另一方面也要加强公园行业队伍建设，提升干部职工为民服务水平。据不完全统计，目前全市1050个公园中，只有162个有独立管理机构，其他多为绿化队、林业站、社会绿化公司代管，他们只懂绿化，不懂公园管理。各区、各单位一定要站在提升城市治理能力的高度，高度重视公园的精细化管理问题，健全管理机构，配强专业人员，加大资金投入，完善各类设施，不断满足人民群众对公园优美环境、优良秩序、优质服务、优秀文化的新需求、新期待。

四、统筹协调，全力开展好文明游园专项整治行动

一是要切实提高认识。公园姓“公”，本质上是公益属性、公共事业，是人民的公园。解决好公园的问题，必须始终坚持以人民为中心的思想，主动维护广大群众的利益，满足人民群众的期盼。特别是从当前情况来看，我们一定要清醒认识两个方面的形势，未雨绸缪、及早施策。一个方面是如何应对“五一”小长假、包括下一步“十一”等重要节日的大客流管控问题。今年的“五一”小长假比较特殊，放假时间比往年增加了两天，广大市民在疫情防控期间受到压制的休闲需求可能得到集中释放，加上目前的政策规定限制跨省域、跨境旅游的因素，也增加了全市公园景区巨大的客流压力，这些都需要我们拿出具体措施。另一个方面是如何做好疫情防控常态化条件下的管控问题，把目前的防控措施固化下来，长期坚持下去。这两个方面的形势都需要我们认真把握。各区、各单位、各公园一定要清醒认识当前形势，加强组织领导，落实主体责任，以担当的勇气、扎实的工作、不懈的努力、久久为功的心态，全力抓好专项整治行动，努力营造安全有序的游园秩序。

二是要加强统筹协调。改善不文明游园行为，营造风清气正的游园秩序，必须久久为功，方可改变个别游客的不良游园陋习。领导小组各成员单位、各区、各公园都要按照整治工作方案确定的时间节点，统一做好成立机构、动员部署、整治提升、总结验收等各阶段的工作，确保取得实效。要认真履职尽责，统一口号、统一行动，联合执法、联合宣传、加强监管，确保公园内的园林绿化资源得到有效保护，不良游园陋习得到劝阻纠正，对于经劝阻拒不改正的不文明游人要依法依规严肃处理，起到应有的震慑作用。市公园管理中心作为公园行业的排头兵，不仅要精心管好市属11家公园，充分发挥示范引领作用，还要勇于担当作为，为全市公园管理服务上水平提供先进理念、科技研发和人才培养支持，积极主动融入全市公园行业的发展之中。

三是要坚持社会共治。治理不文明游园的各种乱象，既需要专业部门依法治理，也需要全社会共同参与，实现共建共治共享。要广泛动员各方面社会力量，积极参与公园不文明游园行为管控和游园秩序维护工作。各个公园要切实加大安保巡逻力度，采取网格化管理措施，动员一线员工广泛参与，耐心劝说引导，尽最大努力制止不文明游园行为；要发挥“市民园长”的作用，以身作则带动广大市民进行文明游园，及时对公园管理机构提出文明游园的建议；充分发挥首都文明引导员、绿色志愿者、城管志愿者的作用，协同公园管理机构共同治理不文明游园行为，重点做好疫情期间公园大客流管控工作。

四是要加大宣传力度。围绕“文明游园我最美，生态文明我先行”的主题，各新闻媒体要采取多种形式，大张旗鼓广泛宣传、正面引导。各区、各单位、各公园要充分利用多种宣传平台，不断扩大宣传面，引导公众文明游园。对不文明游园的典型案例要及时曝光，起到震慑作用，努力营造安全有序、文明祥和的游园环境。

在2020—2021年度全市森林防灭火工作电视电话会议上的讲话

市森林防火指挥部总指挥　副市长　卢映川

（2020年10月23日）

在党中央、国务院和市委市政府的坚强领导下，在国家森防指的有力指导以及市森林防火指挥部各成员单位和各区森防指的大力支持和共同努力之下，市森防指全面统筹疫情防控和森林防灭火工作，2019年度森林防灭火形势总体平稳、工作卓有成效。在体制机制方面，市区两级森林防灭火机构改革调整基本完成，运行机制不断完善。在源头管控方面，市森防办协调开展三大专项行动，没收可燃物5425个(件)，制止违规用火1269起，行政处罚82起。在应急处置方面，市区两级、森林消防、城镇消防、军民联动，快速处置多起森林火情火灾。在基础保障方面，相关制度标准不断完善，协调推进市区两级队伍建设，队伍专业化、规范化水平不断提高。在此，我代表市政府向长期以来关心、支持首都森林防灭火工作的中央有关部门和驻京部队表示衷心的感谢！向战斗在森林防灭火第一线的广大干部职工、各级森林消防指战员表示亲切的慰问和崇高的敬意！

虽然取得了一定成效，但我市森林火灾防控压力与日俱增。随着新一轮百万亩造林和生态环境保护工作不断推进，我市林下可燃物载量迅速增加，普遍超过每公顷30吨的国际通用警戒线，个别山区甚至达到每公顷60吨，林下积累的可燃物厚度已经远远超过了重特大火灾的临界值。2007~2020年我市共发生森林火灾64起、平均每年近5起，而2019年发生森林火灾18起，2020年发生森林火灾9起，反映出我市森林火情火灾进入到高发时期。特别是2019年的3.30密云、平谷森林火灾，2020年3月18日连续发生的3起森林火灾，提醒我们必须对森林防灭火工作面临的压力保持清醒认识。全市即将进入2020~2021年度森林防灭火期，下面我就有关工作再谈三点意见。

一、提高政治站位，进一步明确工作的指导理念

以习近平同志为核心的党中央高度重视防灾减灾和森林草原防灭火工作。习近平总书记多次作出重要讲话、指示和批示。今年四川省凉山地区“3·30”特大森林火灾发生后，习近平总书记在批示中提出“四问”：“到底有没有预案？专业灭火力量够不够？有没有灭火的大飞机？有没有防火道、隔离带？”李克强总理就秋冬季森林防灭火工作作出批示，指出各地区、各有关部门要坚持以习近平新时代中国特色社会主义思想为指导，认真贯彻党中央、国务院决策部署，压紧压实属地管理责任、加强基层监管执法和防火意识教育、做好应急准备等工作，坚决防范重特大火灾发生。

市委、市政府历来高度重视森林防灭火工作。今年“3·18”延庆、平谷、房山连续发生3起山火，蔡奇书记亲自调度，吉宁市长等市领导亲赴现场指挥扑救工作，并5次作出批示，强调“首都森林防火任务艰巨，要严格森林防火责任制，特别是村、社区两委要发挥作用，把基层防火责任落实到位；要创新管理方法，加强值守巡查、监测预警、会商研判、梳理森林防火风险点，坚决防范森林火灾再次发生；要抓好区级消防队伍建设，抓实乡镇护林队伍建设，科学施救、安全扑救，确保人民群众生命财产安全、确保扑火队员安全；要查明原因、吸取教训、举一反三、抓好整改。”

习近平总书记、李克强总理、蔡奇书记、吉宁市长等各级领导关于森林防灭火工作的系列重要批示指示，既是对我们的工作鞭策和警醒，也是指导我们做好全市森林防灭火工作的根本遵循。各区、各部门、各单位必须以此为指导，切实把思想和行动统一到习近平总书记、李克强总理的重要指示批示精神上来，贯彻落实好市委、市政府的各项工作要求，增强做好森林防灭火工作的责任感。一是要牢固树立起人民至上、生命至上的工作理念。在今年的抗击新冠疫情的表彰大会上，习近平总书记再次强调，在保障人民生命安全面前，我们必须不惜一切代价。这为开展森林防灭火工作确定了指导思想和方针，我们要从增强“四个意识”，坚定“四个自信”，做到“两个维护”的政治要求出发，把总书记“人民至上，生命至上”的理念贯穿到森林防灭火工作的各个环节、各项工作中。二是要继续发扬求真务实、勇于担当的工作作风。森林防灭火工作重在责任、要在担当。各区、各部门、各单位要对照习近平总书记“四问”，深刻反思、吸取教训、举一反三；要查明本区、本部门、本单位防灭火的差距、短板、弱项；要坚决克服形式主义、官僚主义，进一步把防灭火各项措施压实、压细，确保落实、落地，真正做到无死角、全覆盖。三是要坚持底线思维，防范化解好重大风险。按照“常备不懈，提高防大灾、救大险能力”的要求，将防范化解首都重特大森林火灾风险作为一项重大政治任务抓好，坚持首善标准，保持高度警惕，在精神、物质、能力上做好防大灾、打大火的思想准备，坚决防止重特大森林火灾的发生。

二、加强科学管理，不断提高森林火灾防治水平

森林火灾防治管理系统性非常强，需要各级政府、各个部门协同发力。要树牢“防是前提、控是关键、救是保底”的理念，加强科学管理，拧紧森林火灾防控责任链条，抓住预防这项关键性基础工作，盯住重点环节、薄弱之处发力，打出“组合拳”，全力提升森林火灾防治管理能力。

一是要严格责任落实，加强部门协作，做到齐抓共管。实行行政首长负责制和部门分工责任制，是做好森林防灭火工作的一项根本制度和关键措施。要严格责任落实。要按照“党政同责、一岗双责、齐抓共管、失职追责”的安全管理责任要求，严格落实地方党委政府主要责任、部门行业管理责任、有林单位主体责任。各级党委政府要把将森林防灭火工作纳入议事日程、专题研究部署，协调解决难点、短板问题，确保防火责任、基础设施、工作经费、火灾处置落到位。要强化“三长”负责制、“五包”责任制，对照《2020—2021 年度北京市森林防灭火工作任务清单》，细化责任落实、形成网格化管理，把工作责任和压力层层传导到基层一线。要加强部门协作。各级森防办要做好森防指的参谋助手，发挥好统筹全局、协调各方的作用。各成员单位要履行好各自职责，发挥好专业优势。应急管理部门要加快推动市区两级专业森防级队伍规范化建设，做好森防期值班值守和应急处置相关准备工作。园林部门要履行好森林火灾预防的行业管理责任，善于牵头抓总，指导各区、各行业部门和各单位做好预防及火灾火情早期处置工作。公安部门要履行秩序管控、火案侦破、执法检查等职能。其他涉及的行业部门也要在各自职责范围内，共同做好森林防火工作。在工作衔接中，各部门都要主动跨前一步、主动增强工作合力，切实做到宁重勿漏，确保责任体系的链条无缝对接。今年，市森防指印发了《全市森林防灭火工作要点》，希望各单位按照部署，抓好工作落实。要加强考核督导。市森防办要会同相关单位研究出台森林防灭火工作年度考核办法、奖惩办法，用好约谈、督促、考核等手段，加大对属地政府和相关单位的考核、监督、督促和责任追究力度，进一步压实各方责任。

*二是要抓住关键环节，拿出过硬措施，做到综合施策。*要在做好常态预警监测、日常巡查巡护的基础上，重点在野外火源管控、风险隐患治理、林下可燃物清理、宣传教育引导等关键环节上下功夫，做到防范关口前置。要推动野外火源管控“常态化”。野外火源管控治理不力，往往是引发森林火灾的重要因素。在我市，99.7%的森林火灾都是由于人为不当用火造成的。2020 年发生的 9 起森林火灾火情中，有 4 起是由上坟烧纸、吸烟、倾倒炉灰、纵火引起的，凸显野外火源管控常态化管理的重要性。按照国家森防指要求，市森防指决定在整个森防期开展打击森林违法用火行为专项行动，通过打一场野外火源治理的“持久战”，管住人为因素诱发的森林火情火灾。希望公安、民政、文旅、应急、园林等部门按照市森防指要求，制订工作方案，确保治理活动实效。要推动风险隐患治理“精细化”。各级森防指领导要亲自部署、扎实组织森林火灾风险隐患排查，对森林火灾火情易发多发区域进行“拉网式”排查，既要关注“黑天鹅”，更要关注“灰犀牛”，不能对长期存在的风险隐患视而不见、置之不理。要建立风险隐患台账，逐一制订整改措施，“拉单、列账、销项”。国网北京电力公司在开展“树线矛盾”隐患排查治理过程中，对 2933 处树线矛盾，对 818 处树线距离不满足安全运行要求的隐患，逐一登记造册，做到了底数清、隐患明。各单位也要学好用好这个经验。要推动林下可燃物清理“项目化”。前面讲过，我市林下可燃物积累普遍超过了国际警戒线，对于这一问题，各区、各部门、各单位要制订清理计划，重点把公路、铁路、河堤两侧，墓地、散坟区域，易燃易爆物品库等重点单位，矿山周围，山区林地、平原林间的可燃物进行彻底清理，管好自己的“责任田”，统筹好可

燃物清理和生态环境保护工作。要推动宣传教育引导“体系化”。各单位要结合职责分工，制订好年度森林防火宣传方案，抓住11月“森林防火宣传月”时机，充分运用各类主流媒体、新兴媒体，按照森林防火宣传“八进”“八有”的要求，在进行全民宣传的基础上，把进山入林人员作为重点宣传对象，加强森林火灾预防宣传警示力度，营造全民防火、全民监督、全民践行的防灾减灾氛围，动员全民参与森林防火，打好森林防灭火的人民战争。

三是要盯紧重点时段、重点地域、重点行业、薄弱环节，做到精准防控。首都政治活动多、名胜古迹多、重点要害部位多，在重点时段、重点地域要用最高的标准、最严的措施推动森林火灾精准防控。要盯紧重点时段。年度森林防火期长达7个多月，横跨元旦、春节、清明、“五一”等多个重要节假日，全国两会、市两会等各类重大政治活动多，民俗祭祀活动多、进山入林人员多、恶劣气象天数多，大家要抓住森林防灭火工作的季节性特点，认真研判形势、提前部署、科学调度。要紧盯重点地域。要把冬奥会延庆赛区、怀柔会都、海淀西山地区以及全市与森林防火有关的16个自然保护区、26个风景名胜区、24个森林公园，作为森林防灭火的重中之重，制订出适用实用的森林火灾应急处置预案，健全森林防灭火组织、完善森林防灭火措施、深入排查风险隐患、配套基础设施设备，做到万无一失。要紧盯重点行业。国网北京电力公司要会同市市政管委尽快制定“树线矛盾”隐患的判定标准，市园林绿化局、市市政管委要尽快拿出工作方案和治理措施，指导各区园林部门、电力公司建立沟通协调对接机制，分区制订隐患整改方案。市园林绿化部门要积极争取与市财政支持，建立市森林火灾隐患治理专项支持资金，保障解决“树线矛盾”。园林、文旅部门要指导所属林场、公园、景区的森林防灭火工作。民政部门要指导各区、各乡镇相关部门做好陵园和散坟火灾预防，严防祭祀烧纸引发火灾火情。要紧盯薄弱环节。相关区要把京津冀省级交界处以及区与区之间、乡镇与乡镇之间的结合部作为森林火灾防控的薄弱环节来抓，协商明确森林防火责任边界、制订联防联控措施，防止出现管理空档。

四是要坚持科学指挥、安全扑救，切实做到高效处置。充分认清森林草原防灭火工作的复杂性、危险性，坚决做到科学施救。要做到科学指挥。各级森防指要加强自身能力建设，明确界定行政指挥和专业指挥的职责分工，专业指挥要善于听取基层、属地有经验干部、灭火专家、专业人员的意见，为森林火灾扑救提供科学、合理的决策建议。区森防指要强化应急处置能力，理顺指挥关系，各级各类增援队伍要坚决服从属地的集中统一指挥。要做到安全扑救。坚持生命至上、安全第一，把防范扑救人员伤亡作为扑救森林火灾的第一要求。现场指挥员要做好安全评估，做到火情不明先侦查、气象不利先等待、地形不利先规避。要根据火场情况，及时安排转移周边受火灾威胁的群众，确保人民群众生命安全。要强化安全培训。各级各类救援队伍要加大培训力度，提高队员专业扑救能力和紧急避险能力，特别是要把今年新招录的森林消防队员作为重点培训对象。这里要强调一下，对于那些刚刚招录的队员、刚刚组建的新队伍，不宜直接参与火场火灾救援，要做好以老带新，从担负辅助性救援任务做起，避免无谓伤亡。要做好应急准备。要按照“一区一案”的要求制订应急处置预案，确定救援力量预先编组，开展实战演练，同步加强机动支队靠前驻防力量、市级队伍、区级队伍、乡镇级队伍、航空救援队伍以及解放军、武警驻京部队等多种力量的布防、救援和应急物资储备联动，确保火情时能够迅速部署、及时到位、有力处置。

三、坚持统筹谋划，有序推进各项基础基层工作

基础不牢，地动山摇。当前我市森林防灭火工作大量基层基础工作正在全面展开。在森林防火期内，各区各部门各单位做好“两个统筹”，既要做好疫情防控常态化和森林火灾防控常态化的统筹，也要做好森林火灾突发性和基层基础防治工作长期性的统筹，加速推进我市森林火灾治理能力和治理体系现代化。

一是要继续深化森林防灭火体制机制改革。森林消防领域改革是本轮次应急管理体系改革中任务最为艰巨的领域，我市森林防灭火职能划转与机构改革调整总体顺利，得益于各部门强烈的大局意识。随着机构改革进一步深化，我们要继续按照中央部署的改革方向、改革要求，完善我市森林防灭火工作体制机制。要继续推进森林防灭火机构改革调整。市公安局要会同市园林绿化局共同做好森林公安划转工作，进一步明确公安部门在森林防灭火工作中的职责定位，研究确定公安部门与应急管理、园林绿化部门的协同工作机制。森防机构未划转的区要对标国家、市以及其他各区，尽早完成森防办划转相关工作，建立起上下基本对应的工作关系。要充实各级森防指、森防办力量。机构改革和森林防灭火职能调整、划转一年多以来，市区两级森防办均面临着人员编制严重不足的问题。8 月份，中央编办下发文件明确在我市增加 45 个森林防灭火工作岗位编制员额，并要求在员额分配上向基层倾斜，向森林防灭火指挥机构倾斜。对此，各区要积极与区编办做好协调，科学合理分配编制员额，进一步充实各级森林防灭力量。要完善森防指工作运行机制。经过一年多的磨合，各级、各部门都要正确看待机构改革调整带来的新变化，保持良好的沟通协作机制。市森防办要按照国家森防指印发的《国家森林草原防灭火指挥部运行机制》通知要求，结合市森防指成员单位职责，建立定期会商、信息共享、部门联动等议事规则和运行机制，完善统分结合、防灭一体的森林防灭火管理格局。园林绿化部门要根据中央三定职责规定，用好森防办这个议事协调机构，主动使用森防指、森防办平台统筹全市全区森林防火工作。其他部门也要用好森防办这个议事协调平台，对于需要跨部门协商解决的问题，可以提请森防指、森防办协调解决。

二是要持续推进森林消防救援队伍规范化建设。按照市政府部署，14 个有林区正在加紧组建 61 支区级森林消防救援队伍。对于这支队伍建设发展的问题，我想强调三点。第一，各区要加快组建步伐。区级队员原定于 6 月底前全部完成组建，受疫情防控影响，最晚到 12 月份完成队伍组建。各区必须强化时间观念，加快工作步伐，如期完成任务。要用好市级财政的转移支付资金，为区级队伍配好配足个人防护装备、灭火机具。此外，各区还要兼顾好乡镇半专业森林消防救援建设发展问题，在市园林绿化局的指导下，要改善救援装备、提高救援能力，有效发挥基层打早、打小、打了的关键作用。第二，各部门要积极支持。市森防办要继续做好跟踪指导，加快队伍建设地方标准的配套，协调相关部门解决区级队伍组建和规范化建设中遇到的各种问题。应急管理部门要指导市区两级队伍做好森防期值班值守和应急处置准备。交通、交管部门要协调解决森林消防救援车辆的统一标识和通行保障问题。各区财政部门要积极提供资金支持，保障好队员福利待遇、装备更新、车辆配备、驻防基地建设等工作，为区级队伍的稳定发展创造条件。森林消防局机动支队靠前驻防分队要充分发挥优势，做好专业培训指导。第三，要研究解决应急指挥通联问题。当前我市森林消防现场应急指挥一体化建设并不完备，在现场指挥通信联络、火场态势感知上还存在短板弱项。市区两级应急管理部门要坚持问题导向、加强统筹规划，加快森林防灭火信息平台建设，建立全市森林防灭火智能指挥、林火监测、地理信息、预测预报系统，加强信息资源共享共联，打通火灾信息“孤岛”，尽早实现“指挥一张图、通联一张网”，提升首都森林火灾综合救援能力。

三是要扎实推进森林防灭火基础设施建设规划。森林防灭火基础设施建设，是关系森林灭火效率的长远性、根本性问题，需要持续发力、久久为功。前期，我市投入了很大资金和力量，用于重点森防区域的基础设施建设。但随着我市百万亩造林计划的实施，林区面积每年都在增加，原有的森防以水灭火设施、森林防火道路、应急物资库、预警监测等基础设施已经不能够满足实际需求。今年是“十三五”收官之年，也是“十四五”准备之年。前期，市森防办对海淀、房山、延庆、昌平等9个区的森林灭火基础设施建设进行了摸底调研，初步编制了森林灭火基础设施建设“十四五”规划需求。各区、各部门也要做好相关规划编制，推进预警监测、航空灭火、防火隔离带开设、防火物资储备等工作，下大力气补齐短板。各级发展改革、财政、规划等相关部门要靠前指导，为森林防灭火基础设施建设“十四五”规划审批、落地提供保障。

北京市园林绿化局（首都绿化办）领导重要讲话

在2020年全市园林绿化工作会议上的讲话

市园林绿化局局长　首都绿化办主任　邓乃平

（2020年1月19日）

这次会议的主要任务是：认真贯彻党的十九届四中全会、中央经济工作会、农村工作会及全国林业和草原工作会议精神，按照市委十二届十次、十一次全会的部署，总结2019年园林绿化工作，研究部署2020年工作。

一、关于 2019 年工作回顾

刚刚过去的 2019 年是新中国成立 70 周年，党和国家大事多、喜事多。一年来，在市委、市政府的正确领导下，全系统把服务保障新中国成立 70 周年庆祝活动作为重中之重，牢固树立“四个服务”意识，主动服务首都战略定位，全面加快园林绿化建设，确保圆满完成了市委、市政府和首都绿化委员会部署的各项任务。全市新增造林绿化面积 28 万亩、城市绿地 803 公顷。全市森林覆盖率达到 44%，平原地区森林覆盖率达到 29.6%，森林蓄积量达到 1850 万立方米；城市绿化覆盖率达到 48.46%，人均公共绿地面积达到 16.4 平方米，城乡绿化建设提升新的水平，实现新的进步。

（一）服务保障首都核心功能成效显著。一是高水平完成国庆 70 周年庆祝活动的景观环境服务保障任务。围绕服务保障国庆 70 周年庆祝活动，全系统以“精精益求精、万万无一失”的精神，精心组织、细致谋划，在全市范围实施了花卉景观布置。天安门广场“普天同庆”中心花坛在庆祝活动结束后 7 个小时内惊艳亮相，广受好评；长安街沿线摆放特色鲜明的大型主题花坛 12 个，全市各重点区域、重要节点、主要道路沿线共摆放花坛 200 余个，地栽花卉 2000 万株，花柱花堆小品 1 万余个，打造出恢宏壮观、优美大气的城市景观，营造了欢乐祥和、昂扬向上的喜庆氛围。开展了“十园风采、百园荟萃”全市国庆游园活动，组织展览展示、文体活动、表演演出等 400 余场，充分展示了伟大祖国政通人和、繁荣发展的巨大成就。市属公园圆满完成国庆阅兵保障、重大国事活动服务接待任务。在国庆活动服务保障中，全系统广大干部职工识大体、顾大局，攻坚克难、无私奉献，涌现出许多感人事迹和先进典型，充分展现了首都园林绿化工作者良好的精神风貌，受到各级领导的高度评价和社会各界的广泛赞誉。同时，圆满完成第二届“一带一路”国际合作高峰论坛、亚洲文明对话大会的环境保障任务。二是成功举办了一届精彩纷呈、广受赞誉的园艺盛会。习近平总书记亲临北京世园会开幕式并发表重要讲话，提出了五个“应该追求”的生态文明主张，发出了“同筑生态文明之基、同走绿色发展之路”的重要倡议，为我们做好新时代园林绿化工作提供了根本遵循和强大动力。圆满完成世园会周边绿化景观提升、“两园一区”建设、各区展园参展等重大任务，为成功举办 2019 北京世园会作出了重要贡献。特别是“两园一区”充分展现了新时代大国首都博大精深的花卉园艺水平，展现了大国工匠业务精湛的职业技能，成为最受欢迎、最具人气的特色展园，“北京园”和“中国馆北京展区”分别荣获国际园艺生产者协会（AIPH）和北京世园会组委会最高奖，“百果园”荣获组委会最佳创意奖，“两园一区”累计接待中外游客 520 万人次，受到各级领导和国内外人士的广泛好评。同时，承办了 2019 世界花卉大会，积极参展南阳世界月季大会、南宁园博会，并获多项大奖。三是圆满完成了中央领导、共和国部长和将军、全国人大和全国政协领导、国际森林日等重大植树活动的组织协调和服务保障工作。积极创新义务植树形式，建成“互联网+义务植树”基地 13 处。群众性义务植树活动深入开展，全市共有 396 万人次以各种形式参加义务植树，共植树 162 万株，抚育树木 1056 万株。四是出色完成香山革命纪念地修缮开放的重大政治任务。最大限度还原历史原貌，全面修缮完成双清别墅、来青轩等8处革命纪念旧址，同步设置9495件展品，习近平总书记亲自参观并发表重要讲话。开馆以来，累计接待游客150多万人次。

（二）新一轮百万亩造林工程取得重大进展。2019年造林绿化面临的困难因素多、工作难度大、标准要求高，全系统抢先抓早、攻坚克难，加大沟通协调，优化审批流程，紧抓时间节点，确保超额完成年度任务，全年完成造林25.8万亩，栽植各类苗木1159万株。经过两年的艰辛努力，新一轮百万亩造林已经完成49.3万亩，基本实现任务过半。一是突出重点区域，形成了林海绵延的绿色景观。结合重大活动、重点功能区环境提升，建设大尺度森林16.3万亩。围绕服务保障世园会冬奥会，在世园会周边实施绿化1.17万亩，京礼、京藏、京新高速绿色通道沿线形成了不低于300米的绿色景观带76公里；围绕服务保障“一带一路”峰会，在雁栖湖周边和京承高速沿线实施绿化景观提升1.5万亩，市郊铁路怀密线两侧完成造林绿化2134亩；围绕打造“森林中的机场”，在大兴新机场周边新增造林绿化1.2万亩，高质量完成门户区700余亩绿化美化任务。二是突出生态惠民，不断增强了市民的绿色获得感。充分利用拆迁腾退地，建成朝阳汇星苑、顺义海航、房山长阳等大尺度森林8处，新增造林5009亩；围绕构建两道绿色项链，新增造林1.9万亩，实施了“一绿”8处城市公园、“二绿”7处郊野公园建设，特别是温榆河公园一期示范区建设取得重要进展，种植乔灌木9.4万株，不断满足市民的生态需求；结合违建整治和农业结构调整，持续加大浅山区生态修复，实施造林绿化9.1万亩，显著提升了农村生态环境质量。三是突出高质量发展，显著提升了生态功能和生物多样性。在造林绿化建设中，坚持山水林田湖草一体化治理和修复，通过新造林与原有林有机连接、互联互通，形成千亩以上绿色板块40个、万亩以上大尺度森林湿地6处；坚持宜林则林、宜草则草、宜湿则湿，新增和恢复湿地2247公顷，建成亚运村中心花园小微湿地，起到了示范带动作用；坚持“乡土、长寿、食源、抗逆、美观”的苗木要求，常绿树与落叶乔木栽植比例达到4∶6，优良乡土树种比例达到80%以上；坚持绿色低碳、循环发展，在微地形堆筑、作业路和广场垫层铺装中，优先利用拆迁建筑垃圾和资源化处理再生骨料及衍生品1300余万立方米；坚持工程质量全过程管控，严把整地、苗木、栽植、浇水、管护等关键环节，新植苗木成活率达到了90%以上。

（三）城市宜居生态环境明显改善。一是持续加大“留白增绿”，着力修补城市生态。结合“疏整促”专项行动，充分利用拆迁腾退地实施“留白增绿”1686公顷，为市民提供了更多绿色休闲空间。同时，会同相关部门制订出台了“战略留白”保地增绿的指导意见，明确了建设任务和相关补助政策。二是千方百计“多元增绿”，着力拓展生态空间。结合综合整治、拆除违建、城中村和棚户区改造等，全年新增城市绿地803公顷，建成西城莲花池东路逸骏园（二期）、海淀五路居等城市休闲公园24处，新建东城区北中轴安德、西城区广阳谷三期等近自然城市森林13处，建设口袋公园和小微绿地60处，全市公园绿地500米服务半径覆盖率由80%达到83%。三是着力推进“提质增绿”，不断提升绿地功能。完成公园绿地改造141万平方米，建设生态精品街区3.2万平方米；实施老旧小区绿化改造

22 万平方米、道路绿化改造 31 万平方米，新建屋顶绿化 11 万平方米、垂直绿化 40 公里，完成 739 条背街小巷的绿化景观提升，新建健康绿道 135 公里，市民绿色福祉显著增强。

（四）京津冀生态一体化加快推进。一是城市副中心园林绿化建设加快推进。在规划设计方面，围绕落实城市副中心控制性详细规划，制订了园林绿化实施方案，明确了 53 项重点任务；高质量编制完成城市绿心等一批专项绿化设计方案。在绿化建设方面，高质量推进 30 个续建项目，新启动 21 个项目，新增和改造林地绿地 3.5 万亩。城市绿心全面完成 8000 亩绿化主体栽植任务，整体上初具形态；潮白河景观生态带加宽加厚，新增造林绿化 6500 亩，城市副中心“东部一带”基本形成；环城绿色休闲游憩环建成公园 6 处，绕城“绿色项链”逐渐合拢。二是永定河综合治理与生态修复扎实推进，完成造林 5.13 万亩、森林质量精准提升 10 万亩。在首钢遗址公园实施绿化 1440 亩，建成森林公园 2 处；南大荒水生态修复工程进展顺利。三是持续推进京津风沙源治理二期、太行山绿化等国家级重点生态工程，完成困难地造林 2.26 万亩、封山育林 23 万亩、山区森林健康经营 70 万亩，完成彩叶造林 1.53 万亩、公路河道绿化 150 公里。支持张承地区营造京冀生态水源保护林 10 万亩，实现了造林 100 万亩的建设目标。森林资源保护联防联控机制不断完善。

（五）资源保护力度持续加大。一是森林灾害防控能力显著提升。加快实施森林防火三年行动计划，全面加强基础设施和扑救队伍建设，完成视频监控联网应用、防火物资储备、无人机巡护、道路测绘等一批重大项目建设，全市新建专业森林消防队 13 支，总数达到 139 支 3486 人。全市发生森林火情火灾 24 起，未发生重特大森林火灾，未发生人员伤亡事故。全面加强美国白蛾、松材线虫病等重大林业有害生物防控，加强重大活动、重要工程的防控布控和应急处置，实施飞机防治 1071 架次，实现了“有虫不成灾”的目标。二是涉林涉绿资源监管全面加强。根据国家监委和市委、市政府要求，在全市开展了绿地认建认养和公园配套用房出租中侵害群众利益问题专项清理整治行动，市政府印发了总体方案，成立了市级专班，加大督导检查；各区主要领导高度重视，亲自调度，共排查问题 2228 个，目前基本完成整改，并针对突出问题研究制定 6 项制度，加快建立长效机制。开展了“绿卫 2019”森林执法、“绿盾 2019”自然保护地监督检查、违建别墅占用林地清理、“住宅式墓地专项整治”、浅山区违建整治、规自领域问题整改等一系列专项行动，排查了一批问题线索，收回林地 2100 余公顷。围绕构建全市自然保护地体系，对各区保护地情况开展了调查摸底和信息核查，基本摸清了交叉重叠面积和保护管理情况。开展了全市公园管理服务专项治理，共整治黄土露天 100 余万平方米，补植树木 24 万余株，清理整治违章建筑 2 万平方米，拆除私搭乱建 64 处；市属公园引进首都公共文明引导员 5000 人次，联合治理采挖植物、攀折树木、损坏草坪等六种不文明游园行为，取得显著成效。大力加强野生动物保护，针对候鸟迁徙的重要时间节点，加强了对重点地区自发鸟市的专项检查，依法严厉打击乱捕滥猎滥食野生动物和走私、非法经营野生动物及其制品的违法行为，破获一批重大案件。三是资源养护管理水平不断提高。对 160 余万亩平原生态林实行了分级分类养护管理，建立了数字化管理平台和一批养护示范区，提升了科学化、精细化管护水平。加强绿地养护管理的检查督导、等级评定，建立了行道树数字化管理台账；围绕构建树木健康诊断体系，完成核心区主要道路两侧5.5万棵大树的安全评估和风险排查。加强城市副中心办公区、“千年城市守望林”绿化养护，高质量保障了外事活动。开展了第九次全市园林绿化资源调查、全市公园基本情况普查和湿地资源普查成果验收工作。加强极度濒危野生动植物保护，基本摸清北京雨燕的种群数量和分布情况，有针对性地改善栖息环境。

（六）多效并举促进绿色增长。一是美丽乡村建设加快推进。印发了美丽乡村绿化美化实施方案、乡村振兴战略绿化美化建设分工方案，编制完成美丽乡村绿化美化技术规程，高标准完成乡村绿化美化5050亩，打造了20处进得去、有得看、留得住的村头片林。二是绿色产业加快提质增效。大力推动果树产业与美丽乡村融合发展，修订完善果树产业发展基金扩展投资范围，通过设立子基金向社会募资13.32亿元，新发展果树9763亩。抓住北京世园会机遇大力发展花卉园艺产业，全市花卉种植面积达到7万余亩，实现产值12.5亿元；全市苗圃面积24.8万亩，产值超过60亿元；蜂产业带动精准脱贫作用日益凸显，全市蜜蜂饲养量达27.76万群，养蜂总产值1.9亿元。建立了食用林产品质量安全追溯平台，抽检产品合格率达到100%。三是惠民政策助力农民就业增收。全面兑现和落实山区生态林管护、生态效益补偿、平原生态林补助等惠民政策，保障了农民利益。严格落实园林绿化用工保障本地农民就业政策，在新一轮百万亩造林工程的带动下，共吸纳8.6万农民就业增收，其中本地农民1.9万人；平原生态林养护、森林健康经营、规模化苗圃建设等共吸纳本地农民4.2万人就业增收。

（七）生态文化建设繁荣发展。一是围绕创建国家森林城市，大力推进区、镇、村三级联创，编制完成北京森林城市发展规划、创建国家森林城市工作实施方案，丰台、石景山、门头沟、房山、昌平、通州、怀柔、密云8个区编制完成创森工作总体规划，延庆区荣获“国家森林城市”称号；同时，创建“首都森林城镇”6个、“首都绿色村庄”50个，认定国家森林乡村197个。二是围绕“三条文化带”建设，编制印发了西山永定河文化带保护发展规划，全面实施了北法海寺二期遗址保护、西山方志书院、香山二十八景等文化遗产保护项目，推进了路县故城考古遗址公园建设、西海子公园改扩建等重点项目建设，市属公园完成了天坛泰元门、颐和园福荫轩院、景山观德殿等18项文物古建修缮任务。三是围绕丰富生态文化活动，开展了森林文化节、森林音乐会、森林“悦”读、森林与人、地景艺术节、“2019爱绿一起”和北京古典名园文物展、中国古建探秘等一批系列文化活动，新建首都园艺驿站27家；发布了《北京自然教育白皮书（2019）》，发起成立了“首都自然教育联盟”，成员达106家；持续开展“让古树活起来”系列宣传活动，制订出台了加强古树名木保护的意见，加强古树名木抢救复壮，启动了丰台太子峪、海淀公主坟、西城金融街3处古树名木主题公园建设。市属公园文创产业快速发展，产品种类增至5400种，文创产品销售额达到1.47亿元。四是围绕扩大生态文化传播，组织开展主题宣传活动上百次，在《北京日报》刊发园林绿化和市属公园各类稿件1200多篇，在《北京电视台》各频道播发相关新闻报道1000余条，在《北京新闻》节目“我爱北京”板块制作播出专题报道90多篇，以百姓说身边变化的视角，形象生动展示了园林绿化工作的新亮点、新举措、新进展，显著提升了首都园林绿化的影响力。五是围绕传承园林绿化历史文化，圆满完成第二轮《北京志・园林绿化志》的编纂并正式出版发行，开展了《建国70周年北京园林绿化大事记》的编纂；加强园林绿化文史资源的收集利用，举办了园林绿化文史展等系列展览展示活动。

（八）基础管理水平不断提升。一是持续加大了资金投入力度。在新一轮百万亩造林工程的带动下，全行业共完成固定资产投资354亿元，为高质量推进重点工程建设提供了有力支撑。二是加快推进了重点改革任务。按照市委、市政府部署，机构改革工作平稳落地，市局相关内设机构职责调整全面完成，共划出3项职权，划入15项职权，新增1项职权。增设了自然保护地管理处，新接收划转2个世界地质公园、5个国家地质公园、2个水生野生动物自然保护区，全市自然保护地总数达79处。围绕深化集体林权制度改革，开展了15家新型集体林场建设试点并完成注册登记和正式运营；在深入调研的基础上，以市政府名义制定了退耕还林补助调整政策，巩固了绿化成果，维护了农民利益。不断深化放管服改革，优化行政审批流程，完成权力清单划出5项，划入11项；改革完善涉林涉绿审批机制，精简政务服务事项申报材料60%，压缩办理时限55%以上，进一步优化了营商环境。圆满完成国有林场改革国家验收工作。三是不断完善了政策法规体系。根据发展需要，市人大打包修改和颁布实施了4部涉林涉绿地方性法规，开展了《北京市野生动物保护条例》的立项论证和起草工作。制定和完善了战略留白临时绿化、退耕还林补助、古树名木保护、绿化工程招投标和施工企业信用管理等一批重要政策。深入落实新版城市总体规划，编制完成专项规划成果12项，全市园林绿化生态系统规划基本编制完成。四是着力强化了科技支撑。围绕推动高质量发展，全年组织制订国家林业行业标准和北京市地方标准36项，组织实施科技成果推广7项，并依托项目实施，组建了7支园林绿化青年科技创新团队；制订了推进园林绿化高质量发展试点方案，建立生态林养护管理综合示范区50处，生物多样性保育小区174个，推广各类先进生物措施2867项。增彩延绿、土壤污染防治、集雨节水、废弃物资源化利用等重点工作扎实推进，杨柳飞絮综合治理持续推进。积极推进园林绿化生态监测网络建设，向冬奥组委提交了延庆赛区及周边生态监测方案，完成松山保护区野外生态监测站建设，启动了相关指标的监测。

（九）全面从严治党深入推进。一是按照中央和市委部署，深入开展了“不忘初心、牢记使命”主题教育，坚持把学习教育、调查研究、检视问题、整改落实贯穿全过程，使广大党员干部进一步树牢了为中国人民谋幸福、为中华民族谋复兴的初心使命，进一步增强了“四个意识”，坚定了“四个自信”，做到了“两个维护”。主题教育期间，派出9个指导组分类指导，各级领导干部深入一线调查研究500余次，解决各类问题372个，建立了26项长效工作机制。特别是为市民身边增绿的经验做法被市委作为典型案例上报中央，取得了明显成效。二是落实国家监委要求，结合各区开展第二批“不忘初心、牢记使命”主题教育，在全市园林绿化行业开展了政风行风和干部队伍作风教育整顿，印发了指导意见，召开了全市动员大会，开展了警示教育，集中整治形式主义、官僚主义和不作为、慢作为、乱作为等突出问题。三是坚持把纪律挺在前面，层层落实全面从严治党主体责任。探索开展巡察工作试点，制订了巡察工作实施方案，对局属两家单位先期开展了巡察工作。坚持“以案为鉴、以案促改”，召开了局(办)系统领导干部警示教育大会。四是干部人才队伍建设全面加强。全年培训干部1000多人次，调整处级领导干部171人，提拔使用年轻干部15人，首次晋升职级88人，充分调动了广大干部的积极性。加大专业技能人才的培养，全年共开展金剪子、造园工艺师、环保花艺师等多工种技能培训和技能竞赛100余场次，培训职工一万余人，为园林绿化高质量发展提供了人才支撑。

总之，过去一年取得的成绩来之不易，值得我们倍加珍惜。在看到成绩的同时，我们也要清醒认识到，与新形势、新任务相比，全市园林绿化还面临一些问题和挑战：一是生态建设不够平衡，城乡之间绿化水平差异大，特别是镇村街道、胡同街巷、老旧小区等群众身边的绿化水平不高，市民的绿色获得感还不强。二是生态功能不够充分，总体上资源总量不足、质量不高、功能不强，林地绿地产出率、生态贡献率还不高，生态系统的多种效益没有充分发挥，巨大潜力没有全面释放，实现高质量发展任重道远。三是生态保护不够到位，在基础管理、体制机制、政策支撑等方面还面临着许多挑战。上述这些问题需要我们以改革的思路、创新的精神去积极探索，加快破解。

二、关于2020年重点工作安排

2020年是我国全面建成小康社会和“十三五”规划收官之年。做好今年的园林绿化工作，具有承前启后的重要意义。面对新形势、新任务，必须始终坚持用习近平生态文明思想武装头脑、指导实践、推动工作，切实学深悟透习近平总书记关于生态文明和林业绿化建设一系列重要论述、重要讲话，以及对北京工作系列讲话精神，进一步加深对生态文明发展内涵的深刻认识，加深对自然生态发展规律的深刻理解，主动对标对表，及时校正航向，真正把习近平生态文明思想作为全行业必须长期坚持的指导思想、行动指南和根本遵循。必须始终坚持贯彻新发展理念、推动高质量发展，主动适应首都园林绿化从绿起来、美起来向活起来转变的新形势，牢固树立“生态、生活、生机”的发展理念，坚持用生态的办法解决生态的问题，着力破解生态系统不完整、生态建设不平衡、生态功能不充分、生态效益不明显的矛盾，不断满足人民群众对优美生态环境、优质生态产品、优秀生态文化的新需求、新期待。必须始终坚持用制度建设提升治理能力，根据新时代园林绿化承担的职责使命，更加注重用制度标准、政策法规、执法监管的手段建绿护绿，更加注重用创新体制、完善机制、社会共治的方式管绿治绿，加快构建系统完备、成熟定型、管用适用的制度支撑体系，加快构建政府主导、社会参与、全民支持的园林绿化共建共治共享机制，全面提升治理能力和管理效能。必须始终坚持“以人民为中心”的发展思想，更加突出城乡统筹、生态一体，更加突出以人为本、共建共享，更加突出精致建设、精细管理，不仅重视立竿见影、显山露水的大尺度绿化，更要关注城市角落、胡同街巷、老旧小区、村庄社区的绿化，关注市民身边的宜居环境、生活品质和生态需求，不断增强城乡人民的绿色获得感和幸福感。

今年工作的指导思想是：以习近平新时代中国特色社会主义思想为指导，全面贯彻党的十九大和十九届二中、三中、四中全会精神以及习近平总书记对北京系列讲话精神，牢固树立以人民为中心的发展思想，坚持稳中求进工作总基调，坚持新发展理念、推动高质量发展，切实抓重点、补短板、提质量、增效益，着力扩大绿色空间、完善生态布局；着力释放资源优势、促进兴绿惠民；着力加大依法治绿、提升治理能力；着力全面从严治党、严格执纪问责，确保“十三五”任务圆满收官，为决胜全面小康社会和建设国际一流和谐宜居之都作出新贡献。

2020 年工作的目标是：新增造林绿化 20 万亩、城市绿地 700 公顷。全市森林覆盖率达到 44. 4%，平原地区森林覆盖率达到 30. 4%；城市绿化覆盖率达到 48. 5 %，人均公共绿地面积达到 16. 5 平方米，全面完成“十三五”规划确定的各项指标任务，着力提升园林绿化生态质量和综合效益。

重点抓好六个方面工作：

（一）*落实城市总规，高质量推进新一轮百万亩造林绿化建设。*2020 年是实施新一轮百万亩造林工程的第三年，同时也是爬沟过坎、啃硬骨头的攻坚之年。根据造林地块选址情况，全年计划新增新一轮百万亩造林 17 万亩、改造提升 0. 53 万亩，涉及项目 127 个。一是聚焦重点区域和重要节点，加快构建园林绿化绿色空间“四梁八柱”。在核心区、中心城和城镇地区，围绕服务保障首都核心功能，充分利用疏解腾退的空间，重点建设 41 处城市休闲公园、13 处城市森林，新建口袋公园和小微绿地 50 处、健康绿道 150 公里，使公园绿地 500 米服务半径覆盖率提高到 85%，不断改善市民身边的绿化环境。聚焦街区生态重塑，实施新一轮背街小巷绿化环境精细化治理行动，推动城市修补和生态修复。在平原地区，围绕新机场、冬奥会、温榆河、南中轴、新首钢等重点区域，建设大尺度森林湿地，新增绿化面积 9. 23 万亩、改造提升 0. 41 万亩，新建和恢复湿地 2200 公顷。重点对市郊铁路怀密线、京张高铁、雁栖河、新机场周边等重点生态廊道进行加宽加厚、填平补齐，增强生态功能，营造优美生态景观，围绕“再打造一条通往春天的列车”，大力提升市郊铁路怀密线的生态景观。加快推进两条“绿色项链”建设，在“一绿”地区，重点推进南苑森林湿地公园、广渠路生态公园等城市公园建设；在“二绿”地区，加快推进温榆河公园一期、金盏森林公园二期等城市森林建设，重点加快温榆河公园一期示范区建设，确保今年“五一”如期开园，不断提升市民绿色福祉。在生态涵养区，统筹生态保护与绿色发展，加大浅山区生态保护修复力度，实施绿化面积 5. 92 万亩；加强与规划自然资源部门的配合，积极做好治理后的废弃矿山移交及植被恢复和后期管护工作。在市域范围，实施“留白增绿”949 公顷、“战略留白”临时绿化 2348 公顷。二是聚焦关键时间节点，全面加快手续办理和工程建设进度。总体上按照 8 个时间节点组织实施好今年的新一轮造林绿化工程。即：1 月 10 日前完成项目立项；1 月 15 日前完成勘察设计招投标；1 月底前完成施工设计方案审查；春节前完成施工和监理招投标公告；3月底前完成施工和监理招投标等前期手续办理及土地流转，拆迁腾退完成90%以上；5月底前完成年度栽植任务60%以上；8月底前完成浅山荒山造林任务；12月底前完成全部栽植任务。三是聚焦高质量发展，全面加强成本控制和质量管控。在施工设计上，要严格执行设计方案由市、区、专家组三级审查制度，特别是项目专家和评审人员要提前介入、全程参与，切实加强对新理念、新技术、新措施的集中培训，确保工程建设按规划设计、按设计施工、按标准验收、按规范养护；对设计质量差、造成严重后果的设计单位，要纳入园林绿化信用系统。在建设管理上，要紧扣新理念落地，更加注重大尺度、可联通，促进新造林与原有林有机衔接，全面提升森林生态系统的完整性和连通性；更加注重生态功能和生物多样性，尊重自然、顺应自然，特别是苗木使用一定要坚持适地适树，以乡土植物为主，加大常绿阔叶树和优良针叶树的推广应用，并统筹抓好动物栖息地构建、生境保护和小微湿地建设；更加注重绿色循环发展，切实加大造林地块土壤改良、建筑垃圾和园林废弃物循环利用、裸露地生态治理、集雨节水建设等。在工程监理上，要严格落实监理责任制，坚持优中选优，对于出现重大质量和安全问题的监理单位，要列入"黑名单"，纳入施工信用系统，坚决保证质量。四是聚焦绿色生态惠民。认真落实市政府要求，在园林绿化规划设计、建设管理中，更多考虑市民的绿色生态休闲需求，把生态功能与生活便利紧密结合起来。结合拆迁腾退空间的利用，在有条件的公园绿地中，积极修建直接为群众服务的露天体育健身场地，满足广大市民的健身需求；在规划设计方案中，统筹做好公园绿地的无障碍设施建设，打造便捷通畅的无障碍游园环境。

（二）突出生态一体，持续推动京津冀协同发展。一是落实城市副中心控制性详细规划，全面加快副中心园林绿化建设，全年新增造林绿化2.35万亩，加快构建"两带、一环、一心"的大尺度城市森林生态体系。在行政办公区和副中心范围内，新增绿化426公顷。高质量完成城市绿心的绿化建设，确保整体出形象，"十一"前向社会开放，着力打造新型城市森林的典范。抓好六环高线公园设计方案国际征集、路县故城遗址公园先行启动区一期续建和二期规划，实施好环球主题公园周边、广渠路东延等重点绿化建设。加快推进梨园、职工周转房南区2处城市森林建设，实施张家湾公园三期、梨园云景公园一期等7处休闲公园建设，不断提升城市环境。推动通州老城绿化改造提升，加大城市修补和生态修复。在副中心外围，重点实施11个项目，新增绿化1.46万亩，加快实施潮白河森林生态景观带建设，以及漷县、马驹桥、宋庄等重点区域绿化，加快构建蓝绿交织的森林城市。二是扎实推进永定河综合治理与生态修复工程，围绕永定河沿线重要区域和节点，开展森林、湿地和滨水公园建设，实施造林绿化2.8万亩，营造大尺度森林景观。三是全面推进冬奥会和冬残奥会生态保障任务。重点在京张高铁两侧新增绿化7883亩、改造提升1500余亩，着力打造绿色景观通道、生物多样性廊道；加快松山保护区生物多样性科研和教育中心建设，持续推进冬奥会碳中和造林工程计量监测、延庆赛区场馆周边生态监测网络建设，讲好生态故事，传播生态文化；加大赛区外围松材线虫病排查力度，确保不发生重大生物灾害。四是全面落实城南行动计划，重点实施南苑森林湿地公园建设，完成绿化2879亩，建成黄村狼垡郊野公园。积极推动南中轴森林公园规划建设，以南海子、半壁店、安定等现状公园为依托，统筹山水林田湖草等生态要素，推进南中轴沿线重要绿色空间节点建设，打造南部绿色国门新形象。五是持续实施京津风沙源治理二期工程，完成困难地造林1万亩，封山育林40.1万亩；实施太行山绿化建设2000亩，完成彩色树种造林2.57万亩、公路河道绿化170公里，实施森林健康经营70万亩。加强京冀生态水源保护林后期管护，不断完善森林资源保护联防联控机制。

（三）完善制度体系，全面提升园林绿化治理能力。党的十九届四中全会通过的《决定》，全面聚焦国家治理体系和治理能力现代化，从15个方面部署了55项重大举措；市委十二届十次全会通过的《实施意见》从16个方面提出了66项具体制度安排；在前不久召开的全国林业和草原工作会议上，张建龙局长结合林业发展实际，提出了13项需要研究思考的重要制度。要紧密结合园林绿化实际，抓紧制订总体落实方案，加快构建完备的首都园林绿化制度体系，全面提升治理能力和管理水平。一是在生态修复方面，造林绿化建设要坚持数量与质量并重、生态与景观并重、建设与管理并重，走科学、生态、节俭的绿化发展之路，按照山水林田湖草系统治理的要求，尊重自然、顺应自然，着力构建健康稳定的自然生态系统。结合高质量推进重大绿化工程，研究制订新时期推动科学绿化的指导意见，制定完善一批充分体现新理念、新技术的制度规定、标准规范、导则规则；全面实施市场准入负面清单制度，加强园林绿化施工企业信用管理。结合实施两轮百万亩造林工程，全面加强重大工程生态效益评估，加强森林生态系统服务价值的综合评估和分区测算，推动建立生态文明制度体系。完善森林分类经营制度，编制完成《全市森林经营方案（2021—2030年）》。二是在资源保护和监管方面，围绕加强资源管理，落实中央文件精神，制订出台我市天然次生林保护修复制度方案，构建天然林与公益林一体化保护的制度体系；落实全国森林资源管理会议精神，抓紧制订全市加强园林绿化资源保护管理的意见；完善森林资源管理督查制度，加快构建“天上看、地上查、网上管”的立体化、全覆盖生态监测体系和监管模式；加强野生动植物栖息地保护，建立联席会议制度，实施全链条监管，严格保护北京雨燕、褐马鸡、黑鹳、鸳鸯等本地特色物种；持续加大候鸟保护和鸟类市场执法检查，严厉打击违法犯罪行为。围绕涉林涉绿问题整改，对去年开展的一系列专项整治行动中排查出的有关突出问题，要抓紧梳理问题清单，制订整改方案，明确整改时限，坚决立行立改和规范治理；特别是巩固好绿地认建认养和公园配套用房出租问题专项清理成果，加大后续问题整改和复查，全面落实好制定出台的6项制度，坚决防止类似问题再次反弹。围绕加强资源管护，加快构建各类资源分级分类精细化管护体系，特别是抓紧研究建立两轮百万亩造林“村地镇管”模式与各区实行的“村地区管”模式相衔接的机制，加快构建政府主导、市场参与、农民受益的管护机制；以培养大树、好树为目标，加快构建“树木医”体系，培养一批“树木医生”，制定推广树木健康评估标准，建立城市树木健康数据库和风险预警体系。针对近些年来屡有发生的树木过度修剪、截干抹头和在公园内破坏野生地被、破坏野生动物栖息地等不文明行为，要抓紧建章立制，并依靠群众组织和社会力量，积极探索共建共治共享的新机制。三是在体制机制方面，围绕落实最严格的生态保护制度，积极研究建立具有首都特点的“林长制”，全面落实各级党委和政府保护发展森林资源目标责任制。认真贯彻去年中央印发的《关于建立以国家公园为主体的自然保护地体系的指导意见》，抓紧对全市自然保护地进行全面评估，形成“一区一报告”；尽快划清保护地内各类自然资源资产的所有权、使用权边界，制订保护地整合优化方案，落实分区管控措施，推进保护地勘界立标等；落实中央文件精神，制订出台我市的贯彻意见，按照“一个保护地一套机构、一块牌子”的要求，着力构建自然保护地分类分级分区管理体制。围绕创新林业经营管理体制，进一步巩固国有林场改革成果，探索开展国有林场场长任期森林资源考核和离任审计试点，加快建立国有林场森林经营方案等制度，规划研究国家森林步道建设；进一步完善集体林权制度，积极推进集体林地“三权”分置运行机制，重点抓好新型集体林场建设，抓紧研究制订指导意见，扩大试点范围，促进更多农民生态增收。围绕确保生态安全，加快落实森林防火三年行动计划，推动重大项目尽快落地，全力提高森林火灾综合防控和早期处置能力，特别是结合森林公安转隶，抓紧健全完善全市森林防火管理体制和区级园林绿化行政执法机制，确保机构职责有机衔接、各项工作高效运转；进一步完善重大林业有害生物防治目标责任制，强化生态灾害督办追责，构建联防联控体系。当前，尤其要充分认识松材线虫病的高风险性和危害性，全面落实各级政府的领导责任、主管部门的监管责任和有林单位的主体责任，严格加强预警监测和重点区域苗木检疫，大力加强防治技能培训，抓紧完善各级应急预案，切实做到未雨绸缪、严阵以待，确保不发生重大生物灾害。围绕服务人民群众，按照市委、市政府要求，加快构建“部门+行业”的“接诉即办”工作机制，完善接诉、办理、督办、反馈的闭环式运行机制，推动“主动治理、未诉先办”；深入研究如何加强基层林业管理的问题，并积极稳妥推进全系统事业单位改革，确保基层的绿化建设有人抓、有人管。进一步优化营商环境，完善森林采伐限额、林木采伐许可证制度，推广应用“互联网+采伐”管理模式，全面推行“一站式”办理。四是在政策法规方面，一方面，要着力完善法治体系，改进立法理念，推动园林绿化立法由单一资源保护管理向全过程保护、全要素监管转变，重点做好《北京市野生动物保护条例》的立法调研和起草制定，力争尽快出台；落实新修订的《森林法》，研究制订实施方案，有序推进一批重要法规规章的“立改废”；结合绿化建设和管理面临的一些突出问题，积极探索“小切口”立法和精准立法，为加强精细化管理提供法律武器；理顺行政执法体制，积极探索和推动园林绿化领域综合执法。另一方面，着力强化政策支撑，围绕推动生态涵养区生态保护和绿色发展，进一步完善山区生态林管护、生态效益促进发展机制，积极探索研究湿地生态保护补偿制度；进一步完善森林保险制度。同时，积极配合相关部门研究建立自然资源产权制度、资源有偿使用、生态破坏责任追究、生态损害赔偿、自然资源负债表编制等生态文明制度。五是在规划编制方面，围绕落实新版城市总规，抓紧编制完成全市园林绿化生态系统规划、湿地保护发展规划，修编林地保护利用规划；落实首都功能核心区和城市副中心控规以及各区分区规划，尽快编制完成各区绿地系统规划，积极参与编制乡镇国土空间规划。建立规划设计方案统筹审核管理制度，全面加强园林绿化规划方案的管理和监督。着眼于今后五年的发展，精心编制好市、区两级园林绿化“十四五”发展规划，谋划高质量发展的新思路、新举措。六是在科技支撑方面，要紧紧围绕“用生态的办法解决生态的问题”，筛选一批关键技术和重大课题，向全面提升生态质量精准发力，重点抓好增彩延绿、土壤污染防治、节水型园林、废弃物资源化利用、生物多样性、抗逆乡土树种配置等重大问题的攻关，在试验示范的基础上，切实加大新理念、新技术、新措施的推广应用，加快建立有利于科技成果转化的体制机制和政策措施。制订完善运用互联网、大数据、区块链、人工智能等技术手段提升园林绿化治理能力的相关制度，打造数字园林、智慧园林。持续深化国际交流合作，推动全球森林资金网络办公室落户北京，并建立工作联系和对接机制；启动全市 15 个园林绿化国际合作基地提升改造，加强境外非政府组织的管理服务。总之，对以上制度建设的重大问题，各单位一定要深入研究。属于上级有明确要求的，要切实加快进度，尽快出台意见和方案；属于发展实践层面亟须解决的，要抓紧开展前期政策研究，积极探索实践，着力健全完善园林绿化制度体系。

（四）推动乡村振兴，促进生态产业化和产业生态化。一是切实加大乡村生态建设。全面落实美丽乡村建设专项行动计划，结合农村环境治理和疏解整治，大力实施“百村示范、千村整治” 绿化美化工程，完成村庄绿化 4200 亩，全力打造美丽宜居乡村。二是做大做强乡村绿色产业。大力推进果树产业提质增效，继续实施果园有机肥代替化肥工程，全面启动 2022 年冬奥会和冬残奥会第二批备选果品供应基地遴选工作；大力实施花卉产业行动计划，高水平筹办举办好第十届中国花卉博览会、第九届国际樱桃大会和“五节一展”系列花事活动，积极筹备参展第四届中国绿博会、2021 年中国扬州世园会。大力实施林草种业三年行动计划，推动规模化苗圃与公园、生态文明教育基地融合发展，打造一批“圃园一体化”示范基地。持续推动蜂产业高质量发展，力争全市蜜蜂饲养量达到 28 万群。大力培育都市型现代绿色产业，重点抓好房山区大石窝镇 1000 亩林下经济试点工作，建设一批森林疗养、森林体验教育示范基地，使更多农民以林为业、生态增收。三是全面落实生态惠民政策，大力促进低收入农户就业增收。落实好市政府印发的退耕还林后续政策，编制落实方案和实施细则，完善检查验收标准，确保完善后的政策尽快落地，惠及广大农民。严格落实生态林养护吸纳本地农村劳动力就业的有关政策，做好生态林管护员和生态效益补偿资金发放的监管工作。

（五）坚持文化引领，加快构建园林绿化生态文化体系。一是全力做好中央领导、共和国部长和将军、全国人大和全国政协领导等重大植树活动的组织协调和服务保障工作；加快推进区级以下“互联网+义务植树”基地建设，科学规范管理纪念林、纪念树，全年完成义务植树100万株、抚育树木1000万株。二是全面提速国家森林城市创建工作。加快落实全市森林城市发展规划，按照创森时间节点的要求，全力推进通州、怀柔、密云3个区做好申报工作，力争实现创森目标，石景山、门头沟、房山、昌平等区也要加快进度，确保全部启动创森工作。做好第二批国家森林乡村认定工作。广泛开展群众性绿化美化创建，创建首都绿色村庄50个、首都森林城镇6个，首都花园式社区36个、花园式单位60个。三是扎实推进生态文化建设重点工作。落实三条文化带发展规划和行动计划，抓紧制订年度重点任务清单，并配合实施长城、大运河国家文化公园建设；落实国家林草局相关要求，制订全市生态文化建设指导意见。突出活动引领，持续办好森林文化节、森林音乐会和“世界湿地日”“爱鸟周”“保护野生动物宣传月”“绿色科技·多彩生活”科普宣传等品牌文化活动，新建园林驿站20个；广泛开展自然教育，抓好一批科普基地建设，办好全国自然教育大会，启动建设首都自然体验产业国家创新联盟，大力弘扬生态文明新风尚。突出文化传承，充分发挥各类公园景区的资源、文化优势，深入挖掘园林绿化资源所蕴含的文化底蕴、精神标识和时代价值，推动传统优秀生态文化创造性转化、创新性发展，让资源活起来，培育一批兼具文化价值、艺术价值、生态价值、市场价值的知名文创品牌，不断满足市民对生态文化和绿色生活的新期待，为全市文化产业高质量发展增添新动能，为全国文化中心建设增添新名片，全面展示首都园林绿化新风貌。突出项目带动，聚焦中轴线申遗，实施好颐和园、北海、动物园、香山等历史名园标志性古建修缮保护；继续抓好北法海寺二期遗址保护、西山方志书院、碑林文史中心，以及昌平白浮泉、通州西海子和“三庙一塔”等一批生态保护修复、公园体系建设项目。

（六）强化政治建设，大力推进全面从严治党。一是要切实提高政治站位，牢记“看北京首先要从政治上看”的要求，切实增强“四个意识”、坚定“四个自信”、做到“两个维护”，不折不扣贯彻落实习近平总书记重要指示批示及中央和市委的重大决策部署，加强督查督办，落实重大事项请示报告制度。二是落实全面从严治党主体责任。巩固主题教育成果，落实不忘初心、牢记使命的各项制度，持续抓好检视问题的整改落实。深入开展“以案为鉴、以案促改”警示教育，全面加强重点项目、大额资金管理，确保各级领导干部依法依纪履职尽责。全面落实行业监管责任，大力加强各级领导班子和干部队伍建设，加强林场苗圃、公园景区和林业站、绿化队等基层队伍建设，加强市属公园干部队伍建设，着力提高整体素质和管理服务水平。三是坚决整治形式主义、官僚主义突出问题。各级领导干部要牢固树立以人民为中心的发展思想，大力改进政风行风和干部队伍作风，当好“施工队长”，切实提高推动工作、狠抓落实的能力。各区、各单位要按照这次会议的部署，盯着重点难点任务，一件一件落实分工、明确责任、狠抓落实，确保项目、资金和手续办理、相关政策尽快落实到位。

首都绿化委员会第39次全体会议工作报告

首都绿化委员会办公室主任　邓乃平

（2020年4月17日）

2019年是中华人民共和国成立70周年，大事多、喜事多。在市委、市政府的正确领导下，首都绿化美化工作认真贯彻党的十九大和十九届二中、三中、四中全会精神和习近平总书记对北京重要讲话精神，以服务保障新中国成立70周年庆祝活动为主线，按照高质量发展的要求，抢抓机遇，乘势而上，圆满完成了市委、市政府和首都绿化委员会部署的各项任务。全市新增造林绿化面积28万亩、城市绿地803公顷。全市森林覆盖率达到44%，平原地区森林覆盖率达到29.6%，森林蓄积量达到1850万立方米；城市绿化覆盖率达到48.46%，人均公共绿地面积达到16.4平方米，城乡宜居环境明显提升。

一、2019年主要完成以下工作

（一）全面履职尽责，全民义务植树工作再创新高潮

1. 强化精准服务，圆满完成了重大植树活动的服务保障工作。高标准完成了中央领导植树活动、中央军委领导植树活动、共和国部长植树活动、全国人大领导植树活动、全国政协领导植树活动、国际森林日植树纪念活动。服务保障了习近平总书记等7名党和国家领导人，280余名部级以上领导干部、80多名部队将军以及机关干部、驻京部队官兵、驻华使节和其他社会各界代表2800多人参加首都义务植树活动，新增纪念林1360亩，新植树木14210株，示范引领了首都全民义务植树工作，掀起了首都绿化美化建设新高潮，推动了首都生态文明全面建设，为新中国70华诞庆典活动提供了重要生态环境支撑。

2. 强化主动作为，首都绿化委员会成员单位为建设美丽北京作出了新贡献。中直和中央国家机关稳步推进绿化美化工作，认真组织开展了春季义务植树活动和秋冬季绿化养护活动。住房和城乡建设部直属各单位分别组织干部职工到怀柔区、延庆区、顺义区开展春季义务植树活动；财政部在大兴区礼贤镇开展了以“弘扬生态文明 共建绿色家园”为主题的2019年度义务植树活动；农业农村部与密云区绿化办共同完成了农业农村部密云地区3000亩责任林的养护工作；全国总工会组织全总机关、全总文工团、工人日报社等单位的干部职工分批次赴中直机关绿化基地，开展义务植树活动。国家林业和草原局全面启动了“互联网+全民义务植树”工作，将鹫峰林场作为机关干部职工义务植树尽责基地，探索形成了全民义务植树“实体参与”和“网络参与”一体两翼共同发展的新格局。团中央积极助力首都生态环境建设，确立山区义务植树基地至今，积极协调绿化经费，做好西山八大处到香山公园间2000余亩义务植树责任区的养护和抚育管理工作，累计植树超过20万株。

驻京部队积极参与首都生态环境建设，发挥生力军、突击队作用，服务保障重大义务植树活动，持续推进绿色营区创建活动，狠抓营区绿化美化环境综合整治，拓展营区绿色生态空间，新植各类植物7.5万株，养护林木绿地1300公顷，营区绿化美化水平大幅度提升。

市属成员单位广泛参与首都生态文明建设，成效显著。市发展改革委、财政局、规划自然资源委、农业农村局等单位在积极参与义务植树的同时，在绿化资金投入、政策扶持等方面做了大量细致工作，有力保障了首都绿化美化各项工作的顺利开展；各级工会、共青团、妇联全面动员、凝聚力量，开展“美丽家园”“最美庭院”创建、“青春心向党、建功新时代”京津冀青年社会组织绿色骑行寻访等主题绿化活动，倡导妇女、青年做绿色生活的引领者和践行者，传播绿色生态理念；各级教育部门、大中小学深入开展对广大师生的生态文明教育和教学实践活动，让师生树立尊重自然、顺应自然、保护自然的理念，积极动员、广泛宣传，持续推进绿色校园建设，广大师生“爱绿、护绿、植绿和兴绿”的意识不断增强；公路、水务、铁路等专业部门大力推进公路延边、铁路沿线、河湖沿岸的绿化造林和养护管理工作，新增和改造提升河湖两岸绿地面积200余万平方米，着力打造“一路一景色”的公路景观大道和“四季绿廊、环城森林”的大尺度森林景观，完成京津冀铁路界内绿化提升改造5.3公里，绿化面积87万平方米；市公园管理中心完成陶然亭公园湖面水生植物及沿线绿地生态提升、紫竹院公园南线生态景观提升及玉渊潭公园东边界绿地生态提升项目，全面提升公园绿化精细化养护水平，完成公园绿地改造面积27万平方米，新植树木14061株，移植树木1743株，完成大树修剪1.396万株次，花灌木修剪27.38万株次。

3. 强化组织领导，全民义务植树活动呈现新局面。重点组织开展了第35个首都全民义务植树日活动，有108万市民走出家门，植树栽花、认养树木、抚育林木、清理绿地，以多种形式履行植树义务，掀起了春季义务植树新高潮。2019年，全市143个义务植树接待点持续开放，栽植各类树木50万余株，发放宣传材料88万份，2.4万亩林木绿地得到抚育，697株古树和480万余株其他树木得到认养等，满足了社会各界多种方式尽责需求，也为新中国植树节设立40周年增添了浓墨色彩。

4. 强化工作机制，全年化尽责成为义务植树新常态。建成共青林场、八达岭林场2个国家级“互联网+全民义务植树”基地，新建朝阳区望河公园等8个区级“互联网+全民义务植树”基地。不断丰富首都全民义务植树“春植（造林绿化）、夏认（认种认养）、秋抚（抚育养护）、冬防（防火防寒防病虫害）”品牌内涵，推动义务植树“实体尽责基地化、接待服务全年化、尽责形式多样化”成为新常态。

5. 强化监督管理，义务植树登记考核试点工作取得初步成果。推广顺义区义务植树登记考核试点经验。探索建立义务植树登记考核管理系统，通过宣传义务植树尽责形式，加强尽责基地和接待点建设，打通了义务植树线上线下尽责渠道；强化义务植树试点工作的组织管理，以登记考核促进适龄公民履职尽责。

(二)服务首都核心功能，重大活动服务保障呈现新水平

1. 国庆70周年庆祝活动景观环境布置恢宏壮观。天安门广场“普天同庆”中心花坛在庆祝活动结束后7小时内惊艳亮相，广受好评。长安街沿线摆放特色鲜明的大型主题花坛12个，在全市各重点区域、重要节点、主要道路沿线共摆放花坛200余个、地栽花卉2000万株，营造了隆重热烈、喜庆祥和的节日氛围。组织开展了“十园风采、百园荟萃”国庆游园活动，安排展览展示、文体活动、表演演出等400余场，充分展示了祖国繁荣发展的伟大成就。

2. 成功举办了一届精彩纷呈、广受赞誉的园艺盛会。本届世园会以“绿色生活，美丽家园”为主题，精彩纷呈、成果丰硕。全球共有110个国家和国际组织参展，吸引了近千万人次参观。北京市坚持首善标准，圆满完成了世园会周边绿化景观提升、“两园一区”建设、各区展园参展等重大任务，为成功举办2019北京世园会作出了重要贡献。“北京园”和“中国馆北京展区”分别荣获国际园艺生产者协会(AIPH)和北京世园会组委会最高奖，“百果园”荣获组委会最佳创意奖，“两园一区”累计接待中外游客520万人次，受到各级领导和国内外人士的广泛好评。

3. 圆满完成了其他各项重大活动服务保障和重要展会组织工作。完成了第二届“一带一路”国际合作高峰论坛、亚洲文明对话大会等重大活动的景观环境保障工作。承办了2019世界花卉大会，积极参展了南阳世界月季大会、南宁园博会，并获多项大奖。

(三)落实城市总体规划，生态建设取得新成效

1. 新一轮百万亩造林工程取得重大进展。全年完成造林25.8万亩，栽植各类苗木1159万株。经过两年的艰辛努力，新一轮百万亩造林已经完成49.3万亩，基本实现任务过半。一是突出重点区域，形成了林海绵延的绿色景观。在世园会主场馆周边实施绿化1.17万亩，京礼、京藏、京新高速绿色通道沿线形成了不低于300米的绿色景观带76公里；在雁栖湖周边和京承高速沿线实施绿化景观提升1.5万亩；市郊铁路怀密线两侧完成造林绿化2134亩；围绕打造“森林中的机场”，在大兴新机场周边新增造林绿化1.2万亩，高质量完成门户区700余亩绿化美化任务。二是突出生态惠民，不断增强市民的绿色获得感。充分利用拆迁腾退地，建成朝阳汇星苑、顺义海航、房山长阳等大尺度森林8处，新增造林5009亩；围绕构建两道绿色项链，新增造林1.9万亩，实施了“一绿”8处城市公园、“二绿”7处郊野公园建设，不断满足市民的生态需求；结合违建整治和农业结构调整，持续加大浅山区生态修复，实施造林绿化9.1万亩。三是突出高质量发展。坚持山水林田湖草一体化治理，新造林与原有林有机连接、互联互通，形成千亩以上绿色板块40个、万亩以上大尺度森林湿地6处。

2. 城市宜居生态环境明显改善。一是持续加大“留白增绿”，着力修补城市生态，充分利用拆迁腾退地实施“留白增绿”1686公顷，为市民提供了更多绿色休闲空间。二是“多元增绿”，结合综合整治、拆除违建、城中村和棚户区改造等，全年新增城市绿地803公顷，建成西城莲花池东路逸骏园(二期)、海淀五路居等城市休闲公园24处，新建东城区

北中轴安德、西城区广阳谷三期等近自然城市森林 13 处，建设口袋公园和小微绿地 60 处，全市公园绿地 500 米服务半径覆盖率由 80%达到 83%。三是着力推进“提质增绿”，完成公园绿地改造 141 万平方米，建设生态精品街区 3.2 万平方米；实施老旧小区绿化改造 22 万平方米、道路绿化改造 31 万平方米，新建屋顶绿化 11 万平方米、垂直绿化 40 公里，完成 739 条背街小巷的绿化景观提升，新建健康绿道 135 公里，市民绿色福祉显著增强。

3. 京津冀生态一体化加快推进。一是城市副中心园林绿化建设加快推进，新增和改造林地绿地 3.5 万亩。城市绿心全面完成 8000 亩绿化主体栽植任务，整体上初具形态；潮白河景观生态带加宽加厚，新增造林绿化 6500 亩，城市副中心“东部一带”基本形成；环城绿色休闲游憩环建成公园 6 处，绕城“绿色项链”逐渐合拢。二是永定河综合治理与生态修复扎实推进，完成造林 5.13 万亩、森林质量精准提升 10 万亩。在首钢遗址公园实施绿化 1440 亩，建成森林公园 2 处。三是持续推进京津风沙源治理二期、太行山绿化等国家级重点生态工程，全力支持张承地区营造林项目，开展了京津冀森林资源保护联防联控。

（四）顺应人民群众新期盼，首都生态文化日益繁荣

1. 古树名木和纪念林纪念树得到有效管理和保护。修改完善了《北京市古树名木保护管理条例》，组织开展了《北京古树名木保护规划》编制工作，设立并推进古树名木保护专项基金，动员社会力量参与古树名木保护工作。对 2019 年以前党和国家领导人植树纪念林等重点片林的功能进行提升。按照“专家会诊”“一树一策”的原则，实施了重点衰弱濒危古树名木保护复壮项目。启动了 3 处古树名木主题公园建设。

2. 首都群众性绿化美化创建活动成效显著。编制完成了《北京森林城市发展规划（2018 年—2035 年）》，延庆区获得“国家森林城市”称号。各项群众性创建活动持续深入推进，全年创建首都森林城镇 6 个、“首都绿色村庄”50 个、首都绿化美化花园式社区 36 个、花园式单位 61 个，申报国家森林乡村 197 处。

3. 生态文化活动丰富多彩。以 30 家首都生态文明宣传教育基地为平台，开展一系列生态园林文化主题宣传教育活动，全年达到千余场次；编辑出版了《我的自然观察笔记》，发布了《北京自然教育白皮书（2019）》，创建了首都生态文明宣传教育微信公众号。推进文创产业快速发展，市属公园文创产品种类增至 5400 种，文创产品销售额达到 1.47 亿元。

4. 首都园艺驿站建设工作取得新成效。印发了深入推进首都园艺驿站工作的《指导意见》；充分利用公园绿地附属空间和疏解腾退出来的公共场所，新建园艺驿站 27 家，截至目前全市已建成园艺驿站 61 家，实现了 16 个区全覆盖；打造“一站一师”，组织了 3 期首都园艺驿站骨干培训班；开展了“生态园艺文化让市民生活更精彩”主题活动。

（五）深入开展美丽乡村绿化建设，实现了绿色惠民

印发了首都美丽乡村绿化美化实施方案、乡村振兴战略绿化美化建设分工方案，编制完成《美丽乡村绿化美化技术规程》；高标准完成乡村绿化美化 5050 亩，打造了 20 处进得

去、有得看、留得住的村头片林。大力推动果树产业与美丽乡村融合发展，修订完善果树产业发展基金扩展投资范围，基金会向社会募资 13.32 亿元，新发展果树 9763 亩。积极发展花卉园艺产业，全市花卉种植面积达到 7 万余亩，实现产值 12.5 亿元；全市苗圃面积 24.8 万亩，产值超过 60 亿元；蜂产业带动精准脱贫作用日益凸显，全市蜜蜂饲养量达 27.76 万群，养蜂总产值 1.9 亿元。建立了食用林产品质量安全追溯平台，抽检产品合格率达到 100%。全面兑现和落实山区生态林管护、生态效益补偿、平原生态林补助等惠民政策，保障了农民利益。严格落实园林绿化用工保障本地农民就业政策，新一轮百万亩造林和生态林养护管理等工程项目吸纳本地农民 6.1 万人就业增收。

以上成绩的取得，主要得益于党中央、国务院亲切关怀、率先垂范的结果，得益于中央和国家机关、驻京人民解放军大力支持、积极参与的结果，得益于市委、市政府和首都绿化委员会坚强领导、大力推进的结果，也得益于全市人民和绿化战线上广大干部职工辛勤努力、共同奋斗的结果。2019 年，首都绿化美化建设虽然取得了显著成绩，但是，我们也清醒地看到仍然面临着一些突出的矛盾和问题，一是全民义务植树服务保障体系和服务保障创新发展水平还不高，在落实认建认养制度监管、创新“互联网+全民义务植树”尽责方式、提高全民义务植树尽责率等方面还需进一步落地做实；二是在深入挖掘首都生态文化内涵方面还需进一步加大力度，在讲好古树名木故事、科学利用好纪念地、重要纪念林等生态文明宣传教育基地开展宣传教育工作时，还需宣传、教育、文物保护和园林绿化等相关部门形成合力共同去做；三是生态资源保护不够到位，在基础管理、体制机制、政策支撑等方面面临着许多挑战。上述这些问题需要我们以改革的思路、创新的精神和只争朝夕的干劲去积极探索，加快破解。

二、2020 年工作安排意见

(一)指导思想

2020 年，是全面建成小康社会和“十三五”规划收官之年。首都绿化美化工作要以习近平新时代中国特色社会主义思想为指导，全面贯彻党的十九大和十九届四中全会精神，深入贯彻习近平总书记对义务植树工作重要指示精神，不断创新义务植树形式，广泛动员社会各界力量参与首都绿化美化工作；全力抓好新一轮百万亩造林绿化等重点工程；深入挖掘首都生态文化内涵；加快国家森林城市创建工作；持续推进首都乡村绿化美化工作，为建设国际一流的和谐宜居之都作出新贡献。

(二)工作目标

围绕构建“一屏三环五河九楔”市域绿色生态空间布局，全年计划新增造林绿化 20 万亩、城市绿地 700 公顷。持续推进首都义务植树，种植树木 100 万株、抚育树木 1100 万株，创建国家森林城市 3 个，全市森林覆盖率达到 44.4%，城市绿化覆盖率达到 48.5 %，人均公共绿地面积达到 16.5 平方米，全面完成市政府与各区政府签订的“十三五”时期绿化目标责任书规定的任务。

（三）重点任务

1. 着力抓好重大活动、重要节庆服务和景观环境保障工作。以首善标准做好党和国家领导人等参加首都全民义务植树服务保障工作。主动搞好对接服务，科学制订接待服务保障方案，统筹安排服务保障力量，做好服务保障工作；驻京部队、公安交警、城市管理和交通运输等有关部门要发挥职能优势，支持和参与重大活动服务保障工作，确保重大义务植树活动安全有序圆满。

认真抓好重要节点、重要节庆景观环境布置工作。抓好日常景观环境布置和维护的同时，高标准做好重要会议、重大外事活动和重要节日期间的生态景观环境布置和服务保障工作。落实长安街、中轴路、机场路沿线及重要外事人员居住区、代表驻地和重要活动场所周边等景观环境布置常态化。推进落实冬奥会环境建设规划方案（2019—2021 年），提升京郊铁路怀密线“春天列车”沿线景观绿化美化。高标准抓好第四届绿博会北京园建设及运营保障工作，积极参加 2021 年中国扬州世园会筹备工作。

2. 持续发挥部门绿化示范影响力。充分发挥好绿委成员单位优势，按照全绿委要求，强化部门绿化责任，持续推进本单位绿化美化工作。中央和国家机关要搞好单位庭院绿化美化、古树名木保护及周边环境整治工作，组织并参与共和国部长植树活动，管理好义务植树责任区和基地，积极参与京津冀风沙源治理、荒山荒地造林等首都重点绿化美化工程建设。驻京部队要继续发挥突击队作用，搞好营区绿化，开展好绿色营区创建，服务保障好百名将军植树活动，支持北京重点绿化工程。公路、铁路、水务等部门和单位要按照职责抓好本单位的绿化工作。各级工会、共青团和妇联充分发挥自身优势，动员广大群众积极参与首都绿化美化活动。

3. 深入推进全民义务植树创新发展。健全和完善“互联网+”网络技术平台，巩固国家级、市级、区级“互联网+基地”建设成果，继续完善首都五级“互联网+全民义务植树”基地体系建设，全年新建区、乡镇级“互联网+基地”6 个；创新开展义务植树尽责活动，各区、乡镇及有关单位要制订工作计划，把“春植、夏认、秋抚、冬防”的全年化尽责活动固化下来，打造成北京品牌。抓好新修订的《北京市树木绿地认建认养管理办法》的宣传和培训，调动首都群众参与的积极性，充分体现认建认养的自愿、公开、公益性，推进认建认养健康有序发展。

4. 高质量推进新一轮百万亩造林绿化等重点生态工程建设。新一轮百万亩造林绿化全年计划新增造林 17 万亩、改造提升 0. 53 万亩，涉及项目 127 个。在核心区和中心城，重点建设城市休闲公园 41 处、城市森林 13 处，新建口袋公园和小微绿地 50 处、健康绿道 150 公里，使公园绿地 500 米服务半径覆盖率提高到 85%。在平原地区，建设大尺度森林湿地，新增绿化面积 9. 23 万亩、改造提升 0. 41 万亩，新建和恢复湿地 3. 3 万亩。在生态涵养区，加大浅山区生态保护修复力度，实施绿化面积 5. 92 万亩。在城市副中心，新增造林绿化 2. 35 万亩。在市域范围内，实施“战略留白”临时绿化 2348 公顷、“留白增绿”949 公顷。重点抓好城市绿心、温榆河公园、南苑森林湿地公园、雁栖河生态廊道、市郊铁路怀密线绿化、永定河综合治理与生态修复、京津风沙源治理等重点工程项目建设。继续指导支持河北张承坝上地区植树造林项目。

5. 加快推进国家森林城市创建工作。落实《北京森林城市发展规划(2018 年—2035 年)》,健全“政府主导、社会参与、部门配合、整体推进”的创森机制，力争 2020 年通州区、怀柔区、密云区实现创森目标，门头沟区、石景山区、房山区、昌平区全面推开创森工作，积极参与国家京津冀城市森林群建设。加大创森宣传力度，利用各类宣传载体大力普及“大地植绿，心中播绿”的森林城市理念，让森林走进城市，让城市拥抱森林，指导相关区举办 5 次以上系列宣传活动，举办森林城市建设专题研修班，开展《国家森林城市评价指标》学习培训。进一步加强首都森林城市体系化建设，创建首都森林城镇 6 个、首都绿化美化花园式社区 36 个、花园式单位 60 个、首都绿色村庄 50 个。

6. 深入挖掘首都生态文化内涵。制订印发纪念林管理办法，对纪念林实行分级管理；有步骤地把十八以来党和国家领导人等参加的义务植树形成的纪念林全部打造成生态文明宣传教育基地，以优质高效的生态园林文化服务助力北京文化中心建设。着力抓好古树名木保护，完善政府主导、属地负责、多方监管、公众参与的保护管理机制；进一步健全市、区、乡镇(街道)、管护责任单位(责任人)四级古树名木保护管理体系，建立古树名木专家团队和监督检查制度，制订濒危古树抢救复壮计划并逐步实施，初步实现株株有档案、棵棵有人管。深入发掘古树文化，加强宣传教育，处理好超大城市人类生产生活空间与古树名木生长空间交织关系，努力形成市民生产生活环境与古树相存相依、共生共荣的格局。

7. 创新开展生态文明宣传教育工作。结合第 36 个首都全民义务植树日活动，组织开展一系列绿化美化宣传活动，提高全民履行植树义务的自觉性，推动习近平生态文明思想进社区、进村庄、进单位，进军营、进学校、进企业。开展“2020 爱绿一起”“3610 绿色出行”等系列活动，发挥全市 30 家生态文明宣传教育基地作用，广泛开展自然教育体验和宣教；指导好学校、街道、乡镇利用暑寒假时间开办好绿色夏令营和生态大课堂活动。加强社区、村庄园艺驿站扶持力度，新建园艺驿站 20 家，使全市园艺驿站分布更加均衡；制订完善《北京市园艺驿站工作实施办法》,抓好园艺驿站服务工作，围绕“一站一师”标准加强园艺骨干力量培训，提升园艺文化服务水平。筹备筹办好第十届中国上海花卉博览会、第八届北京森林文化节等主题展会和节庆活动，开展好“世界湿地日”“爱鸟周”“保护野生动物宣传月”等系列宣传活动，继续打造“绿色科技、多彩生活”科普品牌活动，向市民广泛宣传园林绿化成果，展示首都生态文化特色。

8. 落实乡村振兴战略，实现兴绿富民。推进乡村生态建设。充分挖掘村庄零散空闲的潜力，补齐北京乡村景观短板，打造具有北京乡愁感的乡村森林景观，为城乡居民提供休闲游憩场所。按照全绿委要求抓好《实施乡村振兴战略扎实推进美丽乡村建设专项行动计划(2018 年—2020 年)》落实，结合新一轮百万亩造林绿化，完成村庄绿化美化 4200 亩，建设20处村头片林，解决好“林地间相通”问题，全力打造集中连片、点线面结合的美丽乡村风景线。组织开展第二批国家森林乡村申报工作。

发展乡村绿色产业。大力推动果树产业提质增效，继续实施果园有机肥代替化肥工程。积极推进第九届国际樱桃大会筹办工作，启动2022年冬奥会和冬残奥会第二批备选果品供应基地遴选。实施花卉产业行动计划，启动实施林草种业三年行动计划，实施以规模化苗圃、公园、生态文明教育基地相融合的圃园一体化建设。持续推动蜂产业高质量发展。加强林下经济政策研究，编制发展规划，鼓励、培育示范基地建设，在房山区大石窝镇开展林下经济试点工作。加强林业产业与休闲民俗、文旅康养等产业深度融合，培育观光采摘、林下经济、森林旅游、森林康养等都市型现代绿色产业，使更多农民实现生态增收。

落实生态惠民措施。抓好退耕还林后续政策的贯彻落实；严格执行园林绿化行业吸纳本地农村劳动力就业的有关政策，做好生态林管护员和生态效益补偿资金发放的监管，维护农民利益，实现生态惠民。

9. 加强生态资源保护管理。全面贯彻落实新修订的《森林法》，全力做好《北京市野生动物保护管理条例》的立法和贯彻工作；研究制定自然保护地体系、天然次生林保护修复、湿地生态保护补偿等一批重要政策，出台相关意见和方案。按照“一个保护地一套机构、一块牌子”的要求，抓紧构建统一的自然保护地分类分级分区管理体制。探索建立具有首都特色的“林长制”。研究建立国有林场场长任期森林资源考核和离任审计、国有林场森林经济经营方案等制度。建立完善集体林地“三权”分置运行机制，为首都园林绿化精细化管理提供刚性保障。研究制订科学绿化指导性意见，筛选一批关键技术和重大课题，重点抓好增彩延绿、土壤污染防治、节水型园林、废弃物资源化利用、生物多样性、抗逆乡土树种配置等重大问题的攻关。构建园林绿化生态监测体系，做好冬奥会碳中和和造林工程计量监测、冬奥会延庆赛区场馆周边生态监测网络建设。

文件选编

2020年城市绿化工作要点

一、总体要求

2020年是全面建成小康社会和"十三五"规划的收官之年，城市绿化工作要紧紧围绕《北京城市总体规划(2016年—2035年)》《北京市"十三五"时期园林绿化发展规划》目标，紧盯2020年城市绿化工作任务，按照新发展理念和高质量发展要求，高标准实施城市绿化建设，全面提升绿地精细化管理水平，不断完善园林绿化建设市场管理机制，统筹推进"绿化工程建设、城市绿地管护、园林市场监管"协调发展，为建设国际一流和谐宜居之都奠定良好的生态基础。

二、工作思路

(一)全面落实总规要求，全力冲刺完成"十三五"目标任务。落实新版城市总规对核心区、中心城、城市副中心、新城的功能定位，对标"十三五"城市绿化各项重要指标，查不足、补短板，统筹安排好建设计划，深入推进规划绿地建设，确保按时完成"十三五"目标任务。

(二)结合重点功能区建设，实施大尺度增绿。高标准高水平推进城市副中心绿心、大兴国际机场、新首钢、环球影城、丽泽商务区、怀柔科学城等重点区域绿化建设，扩大绿色生态空间，服务保障功能区建设，打造大尺度绿化景观亮点。同时，发挥重大工程、重点项目示范引领作用，带动城市绿化可持续发展。

(三)坚持以人民为中心，用脚步丈量民情。紧紧围绕建设和谐宜居之都的目标，坚持建管一体、建管并举，工作重心向基层下沉，深入社区、主动服务。以提高公园绿地500米服务半径覆盖率为重点，持续推进市民身边增绿、盲区精准建绿，注重林荫路、林荫广场、健身休闲设施建设，丰富公园绿地的服务功能。同时积极推进街道、街区、社区绿化管护工作，做好居住区绿化管护技术指导，加强对擅自抹头、去冠等破坏树木行为的规范管理。

（四）落实绿色发展理念，持续推进城市绿化高质量发展。坚持以生态的办法解决生态的问题，加快生态城市、海绵城市、智慧园林建设。公园绿地要进一步加大以乔木为主的乡土植物应用，因地制宜建设“本杰士堆”或“昆虫旅馆”等生态保育性设施，加强生物多样性保护；注重环保理念，在同等条件下要优先使用建筑废弃物资源化再生产品；严格施工工地扬尘管控，落实建设单位主体责任，打赢蓝天保卫战；根据立地条件实施土壤改良和精准提升，为树木正常生长提供营养保障；加大乡土地被、中水灌溉、雨水花园的应用力度，推进节约型园林建设。

（五）深化“五化”工作目标，推动城镇绿地精细化管理向纵深发展。注重在抓细求精、提质增效上下功夫，持续深化标准化体系建设，丰富常态化检查考评模式，完善数字化管理平台，不断增加精细化管理的广度和深度，推动城镇绿地精细化管理工作向纵深发展，努力提升城镇绿地精细化管理工作的质量和水平。

（六）落实放管服改革要求，营造公平有序、充满活力的市场环境。进一步落实放管服改革、优化营商环境等要求，加快构建以信用体系建设为核心的新型市场监管机制。推进电子化招投标，加大工程现场监督检查力度，加强专业技术指导与服务，营造更加公平、高效、充满活力的园林绿化市场环境。

三、重点任务

全年计划新增城市绿地700公顷（安排任务898公顷），新增休闲公园41处，城市森林13处，口袋公园及小微绿地50处。2020年全市实现城市绿化覆盖率48.5%，人均公共绿地面积16.5平方米，公园绿地500米服务半径覆盖率85%，全面完成“十三五”规划目标。

（一）加快城市副中心绿化建设，新增城市绿地426公顷。在行政办公区内完成路县故城遗址公园先行启动区一期绿化工程50公顷，启动实施A5办公楼绿化建设；在城市副中心155平方公里范围内新增绿化376公顷，推进城市绿心、办公区职工周转房南区、梨园等3处城市森林建设，将城市绿心打造成为新型城市森林的典范；建设张家湾公园三期、梨园云景公园一期等7处休闲公园，并结合拆迁腾退小微绿地建设，加快构建城市副中心生态城市、森林城市景观格局。

（二）以民生实事休闲公园建设为重点，中心城、新城新增公园绿地339公顷。着力提升公园绿地500米服务半径覆盖率、人均公园绿地面积，建设朝阳北花园、海淀闵庄等34处休闲公园，实施朝阳润泽、石景山炮山等10处城市森林建设，见缝插绿建设丰台珠翠园、顺义梅沟营等口袋公园及小微绿地50处，提升园林绿化的服务保障功能。

（三）继续推进“留白增绿”建设，建成区内新增绿地117公顷。按照全市“留白增绿”专项工作安排，加快实施拆迁腾退地块绿化建设，完成丰台御路之森、昌平白浮村城市休闲公园等项目，因地制宜，增加绿色游憩空间。

（四）加强城市绿地互联互通，构建多功能多层次的绿道系统，新增绿道150公里。加快《北京市级绿道系统规划》实施，建设通州区重要生态游憩带、石景山永引渠、延庆蔡家河等绿道，完善绿道功能布局，为市民提供多样化的绿色休闲空间。

（五）加强城市生态修复，完善绿地服务功能。新建居住区绿化16公顷，实施昌平巩华城、平谷璟悦府等居住区绿化工程，不断提升人居环境质量；新增屋顶绿化7.3公顷，垂直绿化14公里，借鉴“草桥经验”，进一步丰富垂直绿化和屋顶绿化的建设形式；配合完成1566条背街小巷环境整治绿化美化提升工作，打造和谐宜居的街巷环境。

（六）立足首都功能定位，着力做好国际一流和谐宜居之都园林绿化环境保障工作。在做好精细化管理的基础上，通过采取绿化环境整治、绿地改造提升、花卉景观布置等方式，重点实施“五一”“十一”及国家重大活动绿化美化环境保障工作，营造特色优美的城市景观，展示首都园林绿化的良好风貌。

（七）严格绿化施工管理，持续推进污染防治攻坚战。发挥生态涵养区对城市发展的压轴作用，坚持走绿色发展之路，全面推进生态保护工作。严格落实建设单位、施工单位扬尘管控措施，加强视频监控等监测手段应用，建立完善绿化施工工地台账，持续开展督查检查，对违法违规行为，按照《北京市园林绿化施工企业信用管理办法（试行）》等有关规定处理。

（八）加强政府职能，健全完善公共绿地竣工验收工作。为进一步强化市、区园林绿化部门职能，提高公共绿地建设质量，在建设单位完成公共绿地竣工后，市、区园林绿化部门要组织开展工程竣工验收，并办理《公共绿地建设工程竣工验收》行政许可，按照程序要求完成竣工验收及备案工作。

（九）完善园林绿化建设市场管理。在现有基础上继续做好施工企业入库及企业信息采集、审核和检查工作。同时积极推进电子招投标工作，协调各有关部门共同做好本市入库在施及质保养护期项目现场全覆盖检查。认真做好《北京市园林绿化施工企业信用管理办法》《北京市园林绿化工程招标投标管理办法》、电子招投标等宣贯培训工作。

（十）加强城市绿地精细化管理。一是深化标准化体系建设。在抓好现有标准规范落实的基础上，研究编制《常见乔木修剪技术手册》《常绿树养护管理手册》《彩叶树养护管理手册》和《园林植物病虫害防治手册》，为更好提高精细化管理水准提供技术支撑。二是抓好常态化检查督导。坚持以《城镇园林绿化养护管理年度考评工作细则》为抓手，丰富检查督导的形式和内容，拓宽检查督导的广度和深度，努力提升城镇绿地精细化管理的质量和水平。三是拓展数字化管理平台。在抓好核心区行道树数字化管理平台的基础上，推广行道树数字化手机端APP管理模式，拓展和丰富树木诊断、风险排查等相关内容，力求数据采集的高效性和精准度。同时，抓好全市行道树数字化管理平台建设，为实现城镇绿地精准监管的目标奠定基础。四是推进养护预算定额落实。在抓好《定额》试点的基础上，采取参观见学、授课辅导的形式，加大养护预算定额的宣贯力度。同时，结合养护管理工作实际，研究提出《城镇绿地养护投资参考标准》，为全面推广《定额》提供参考和依据。五是加强附属绿地监管工作。采取常态督导、前置服务、专项治理等形式，不断增加行业监管的广度和深度，努力提高附属绿地的管理水平。六是做好城市绿化资源审批批后监督工作。重点督导区园林绿化局做好永久占地、临时占地、城市移伐树木审批项目的监督检查工作，积极保护好现有城市绿化资源。

四、计划安排

（一）绿化建设。城市休闲公园、城市森林、口袋公园及小微绿地建设工程，应于3月底前完成所有施工、监理招投标等手续办理，5月底前完成建设任务的60%以上，年底前完成全部绿化任务。其他建设任务，要统筹做好计划安排，确保年底前完成建设任务。

（二）绿地管理。主要采取日常巡查、季度考评、专项抽查相结合的方式，组织对全市城镇绿地养护管理工作实施不间断的检查督导。其中，日常巡查，重点结合养护管理中的常见问题，每月对各区绿地日常养护管理工作覆盖检查一次；季度考评，重点结合季度养护工作内容，每季度末组织实施考评一次；专项检查，重点结合养护管理中的共性问题和重要活动保障，随机组织检查。

五、保障措施

（一）强化组织领导。要坚持“雷厉风行、紧抓快办、一抓到底”的工作作风，以高标准完成城市园林绿化“十三五”目标任务和新一轮百万亩造林城市绿化建设任务为重点，将城镇绿化各项任务列入本单位重要议事日程，明确主管领导、责任部门及具体人员，切实增强责任感和紧迫感，各司其职、各负其责，确保圆满完成全年任务。

（二）强化工作调度。各单位主管领导、部门要发挥“头雁效应”，增强履职本领，加强与相关单位间的沟通协调，统筹做好各项工作。加快项目立项、招投标等前期手续办理，做好项目资金保障，继续延续小微绿地每平方米200元市级资金补助政策。严格时间节点，制订倒排工期表，不退不让安全有序推进各项工作。强化现场监督检查，加快工程进度，各区园林绿化局每月25日前报送工程建设进展情况。

（三）强化质量标准。各单位要聚焦全年重点任务，按照高质量发展要求，严格落实《园林绿化工程施工及验收规范》《北京市绿化工程质量监督实施办法》等规定，加强质量控制和工程管理，将质量和安全贯穿于工程的全过程，建设新时代首都园林绿化精品工程。

北京市园林绿化局

2020年1月9日

北京市公共绿地建设管理办法

第一条 为加强本市公共绿地建设和管理，规范公共绿地建设管理行为，根据《北京市绿化条例》《北京市建设工程质量条例》《城镇绿地养护管理规范》和相关法律、法规、规章规定，制定本办法。

第二条 本办法中所称公共绿地是指按照《北京市绿地系统规划》建设的面向社会公众开放，以发挥社会效益、生态效益为主，发挥休闲游憩等公共服务功能的绿地，包括市和区绿地系统规划确定的综合公园、社区公园、专类公园、带状公园、街旁绿地、隔离地区公共绿地，以及城市道路、公路、河道用地范围内的公共绿地。

第三条 市、区园林绿化部门负责公共绿地建设管护和监督管理工作；各有关部门或者区园林绿化部门负责城市道路、公路、河道等用地范围内的公共绿地建设和管护工作。

第四条 公共绿地建设依法应当实行招标投标的，招标投标活动应当按照《中华人民共和国招标投标法》《中华人民共和国招标投标实施条例》等法律法规和《北京市绿化工程招标投标管理办法》等政策文件执行。

第五条 绿化工程施工前，建设单位应当参照《公园设计规范》编制绿化工程设计方案，并报市园林绿化部门进行论证。绿地设计方案通过论证后方可组织实施。

第六条 公共绿地中设置管理建筑和配套服务建筑，建设单位应当按照市园林绿化部门论证通过的绿化工程设计方案，报规划自然资源、住房城乡建设部门审批通过后，方可实施建设。公园中的配套用房按照《北京市公园配套用房管理办法》执行，其他公共绿地中可以按照服务需要设置公共厕所，并根据管理需要设置小型员工临时休息点及工具存放处。

第七条 使用国有资金投资或者国家融资的公共绿地建设工程应当进行质量监督。

市、区园林绿化部门或者其授权的机构负责对公共绿地建设中责任主体履责、工程质量、施工资料、工程验收等内容，实施质量监督。

工程建设实体质量、参建各方质量行为，以及工程质量文件管理应当符合《北京市绿化工程质量监督实施办法》的规定。

第八条 公共绿地施工标准、质量控制和验收要求，按照《园林绿化工程施工及验收规范》(DB11/T212-2017)相关规定执行。

第九条 公共绿地建设工程竣工后，建设单位应当组织施工、设计、监理单位进行工程竣工验收，应当经市或区园林绿化部门进行交付使用验收合格后，方可交付使用。竣工验收资料按照《北京市绿化条例》《北京市建设工程质量条例》和有关规定报市或区园林绿化部门备案。

跨区建设的公共绿地，城市道路、公路、河道等用地范围内的公共绿地及列入当年市政府重大项目的公共绿地由市园林绿化部门组织交付使用验收；其他公共绿地由所在区园林绿化部门组织交付使用验收。

第十条 建设单位申请交付使用验收时，应当向市和区园林绿化部门提交以下材料：

(一)公共绿地工程建设验收申请；

(二)公共绿地工程设计方案、市和区关于绿地方案批复文件、竣工图(含电子文件)；

（三）工程质量竣工验收报告及单位工程质量验收记录。

第十一条　市和区园林绿化部门受理交付使用验收申请后，组织验收组听取建设单位对工程建设情况的汇报，审核工程图纸及资料，实地勘验项目现场，必要时可邀请专家参与验收评价，出具验收结论。

第十二条　公共绿地建设工程交付使用验收合格的，市或区园林绿化部门应当下发《公共绿地验收许可决定》。

第十三条　公共绿地建设工程交付使用验收不合格的，建设单位在整改完成后，重新申报验收。

第十四条　公共绿地工程竣工验收资料管理，按照《园林绿化工程资料管理规程》（DB11/T 712-2019）相关规定执行。

第十五条　公共绿地验收合格后，公共绿地建设工程验收资料由建设单位负责收集整理。其中，市属或跨区项目将下列资料纳入市城建档案馆管理；其他项目将下列资料纳入区城建档案馆管理：

（一）批准的立项文件及附图；

（二）初步设计审核文件（方案论证意见）及附图；

（三）工程概况表；

（四）工程质量监督登记表；

（五）工程竣工图及工程结、决算书；

（六）建设单位工程竣工验收报告；

（七）施工单位工程竣工报告；

（八）设计单位质量检查报告；

（九）监理单位工程质量评估报告；

（十）单位（子单位）工程质量竣工验收记录；

（十一）分部（子分部）工程质量验收记录；

（十二）其他需要纳入档案管理的资料材料。

第十六条　公共绿地验收后，市属或跨区公共绿地，由市园林绿化部门报请市人民政府确定后统一向社会公布。其他公共绿地由区园林绿化部门报请区人民政府确定后统一向社会公布。

第十七条　公共绿地养护标准和管理依据《北京市城镇绿地分级分类办法》《北京市园林绿化局关于城市绿地养护管理投资标准的意见》执行。

第十八条　公共绿地应当确保对公众开放，任何单位和个人不得擅自改变公共绿地的性质和用途。因基础设施建设等特殊原因需要改变公共绿地性质和用途的，建设单位应当在该绿地周边补建相应面积的绿地。未经许可擅自改变公共绿地性质和用途的，移交城市管理综合行政执法部门依法进行处罚，同时可采取纳入行业不良信用信息归集、向相关部门通报情况等措施加强监督管理。

第十九条 本办法自2020年2月1日起实施。2010年10月27日《北京市园林绿化局关于印发〈北京市公共绿地建设管理办法〉的通知》(京绿城发〔2010〕14号)同时废止。

北京市园林绿化局
2020年1月23日

北京市加强森林资源管理工作的意见

为贯彻落实习近平生态文明思想，严格执行《中华人民共和国森林法》，加强首都森林资源保护，健全完善首都森林资源管理机制，全面提升治理能力和管理效能，保障首都生态安全，推动全市园林绿化高质量发展，提出加强森林资源管理工作意见：

一、强化以林地保护利用规划为依据的林地管理体系

(一)严格规划管理。根据国土空间开发保护要求，加强与本市国土三调数据的衔接，修订新一轮《北京市林地保护利用规划(2021—2030年)》，合理规划林地保护利用结构和布局，依法界定森林生态保护红线、公益林、商品林等林地范围，并上图落地。科学确定全市2030年林地保有量、森林面积等重要指标。依法实行林地用途管制，严格控制林地转为非林地，强化规划的刚性和约束力，实现以规管地、以图管林。

(二)落实林地分级保护。坚持突出重点与全面保护相结合，对自然保护区、一级水源保护地等重要生态功能区林地，落实最严格的管控措施，全面封禁保护，除生态修复等特殊需要开展活动外禁止其他生产经营性活动；依法保护利用其他区域林地。严格落实各等级保护措施，依法依规调整保护等级，确保等级保护的严肃性。

(三)完善林地定额管理。建立市、区占用林地年度定额指标管理制度，优先保障基础建设、公共民生等项目占用林地，从严控制城镇建设项目占用林地，严控经营性项目占用林地，禁止别墅类、高尔夫球场、风电等项目占用林地，积极引导节约集约利用林地、合理供地，发挥林地定额的调控作用，不得超定额审核占用林地。

(四)加强林地审批管理。坚持不占或少占林地的原则，对工程建设涉林项目，通过前期会商、联审联办、重点工程点对点服务等措施，从源头上优化方案，减少林地占用。坚持现场审核制度，严格按规划审核审批各类工程建设占用林地项目，执行分级管理和森林植被恢复费征收使用规定。规范修筑直接为林业生产服务的工程设施建设管理，严禁擅自改变功能用途，确保林地林用。强化许可检查，对国家、市、区审批事项加强许可事中事后监督，对许可检查发现的问题建立通报整改制度。

(五)坚持占补平衡。强化区级统筹，推进建设项目使用林地的占补平衡规划保障机制，按规定完成林地植被恢复任务，严格质量检查验收。对上年度占用林地导致森林面积减少，低于林地保有量的区，采取除重点工程外暂停报批各类建设项目占用林地的措施，确保林地保有量不减少。

二、完善以年森林采伐限额为重要制度的林木管理体系

(六)落实采伐限额管理。根据《北京市森林资源保护管理条例》等规定，按禁伐区、限伐区实行分区施策、分类管理，调整完善禁伐区和限伐区林木管理范围，制订清单，从严管控。科学编制规划内林木采伐每五年期森林采伐限额，根据森林经营方案核定采伐限额，严格控制森林年采伐量，严禁超限额总量采伐，严格分项限额管理。

(七)依法规范采伐管理。实行凭证采伐制度，推进林木采伐"放管服"改革。管严林地上公益林，不得改变公益林性质；管好林地上商品林，林业经营者可以依法自主确定采伐方式、更新树种。放宽非林地上公益林管理，实行公益林总量控制，动态平衡，采伐农田防护林、防风固沙林、城市树木等林木，由区园林绿化主管部门依法管理；铁路、公路征地范围内的护路林及河流、沟渠的护岸护堤林等林木的更新采伐，依照《公路法》《铁路法》《防洪法》等法律和本市规定进行管理。完善采伐管理措施，放开非林地上用材林、经济林经营，其林木采伐由林业经营者自主调整种植结构、更新、采伐，实行重要果品生产基地面积动态平衡，确保果树等绿色产业"总量不减、结构更优、质量提升"。强化采伐检查，市各有关主管部门依法开展伐中伐后监管和迹地更新造林的检查验收，重点对凭证采伐、采伐审批检查，发现违法违规采伐或者上年度未完成更新造林任务的，依法严肃处理。

三、落实以重要资源保护为主要任务的国有林场和自然保护地制度

(八)加强国有林场建设，巩固国有林保护成果。国有林承担着保护培育森林资源、维护国家生态安全的功能，在保持物种多样性、应对气候变化发挥了重要作用。坚持国有林场公益属性定位，保障现行管理体制，落实国有林场法人自主权。大力推进国有林高质量发展，全面开展科学营林，积极培育生态产品。落实最严格的国有林保护制度，建立健全监管体系。

(九)加强自然保护地建设，巩固重要资源保护成效。建立以国家公园为主体的自然保护地体系，实行最严格保护制度，建立健全监管机制，加快建立自然保护地体系，划定类型，编制规划，落实整合优化。加强自然保护地统一管理，分级行使管理职责，实行差别化分区管控；创新自然资源使用制度，探索全民共享机制。

四、建立健全以卫星遥感技术为支撑的森林资源调查监测制度

(十)定期开展森林资源专项调查。在国家自然资源调查体系下每 5 年开展一次森林资源专项调查(二类调查)，查清森林资源的种类、数量、分布、质量、结构、生态状况以及变化情况，获取森林覆盖率、森林蓄积量以及起源、树种、龄组、郁闭度等指标数据，掌握森林资源本底信息。

(十一)高质量开展森林资源年度动态监测。构建天地一体化监测体系，以森林资源专项调查成果为本底，对接国土三调成果，以高分辨率遥感影像、高精度数字高程模型、林分生长模型为支撑，勾绘核实森林资源变化图斑，更新数据库，建设森林资源管理“一张图”，掌握森林资源年度动态变化情况，监测森林覆盖率、森林蓄积量、林地面积等重要数据，编制森林资源年度动态监测报告。

(十二)持续开展森林资源生态功能和生长演替监测。建设森林生态系统定位监测站，观测森林生态功能；布设森林固定调查样地，监测森林生长状况、生物多样性状况，逐步建立起北京地区主要树种林分生长模型，研究生长演替规律，提高监测科学化水平。

五、完善以森林经营方案为核心的森林可持续经营制度

(十三)科学编制森林经营方案。完善森林分类经营管理激励机制，落实国有林场依法编制森林经营方案制度，支持、引导集体和个人等其他林业经营者根据森林资源状况、可持续经营目标编制森林经营方案，明确林分改造、森林抚育、更新年度任务和管护措施，指导10年期森林经营。开展森林经营示范区建设，探索建立水源涵养型、水土保持型、生态景观型等多种森林经营模式，着力提高森林质量。

(十四)实施分类经营管理。对国有林实施重点经营，严格国家级公益林、森林抚育项目有关管理规定，坚持近自然经营理念，严把项目实施内容、质量标准、资金使用等关键环节，加强施工过程监督检查。加大科技攻关力度，在林业多元经营、野生动植物生境保护等领域探索高质量发展新路，在林木育种、生态修复、森林质量提升上抓好示范引领。对集体公益林实施森林健康经营，落实森林经营方案制度，推进新型集体林场建设，引导编制森林经营方案。加强山区公益林健康经营，采取抚育定株、伐育结合、补植补造等措施，全市每年完成70万亩森林经营任务；对平原生态林实施精细化管理、精准化经营，全面提升森林景观效果和综合生态功能；培育稳定、健康、优质、高效的森林生态系统。

六、强化以问题整改为目的的森林资源监督制度

(十五)完善督查体系。充分利用卫星遥感监测、无人机巡查等技术手段对林地、林木和野生动植物等森林资源开展督查，完善国家、市、区三级督查机制，形成上下联动、密切配合、一级对一级负责的森林资源督查体系，实现督查全覆盖、常态化。强化督查督办，建立干预森林执法登记制度，采取挂牌、约谈、通报等督办措施，加大对未整改问题案件的督查督办力度；以问题为导向，开展非法占用林地、乱砍滥伐林木问题整治专项行动；突出重点，强化对生态保护红线、国家级公益林等重点区域及领导批示、媒体关注、北京专员办森林督查发现案件的督办，确保整改到位，保护森林资源。

(十六)依法立案查处。对超审批占用、临时占用林地到期不还及未批先占，以及经营性项目等破坏林地林木案件依法立案查处。强化案件管理制度，规范受理、立案、查处、报告程序，提高办(结)案率；落实完善区级园林绿化主管部门依法查处林业行政案件属地管理职责，做好行刑衔接工作，跨区或者重特大行政案件由市级园林绿化主管部门直接查处或督办。坚持有案必查、违法必究，坚决杜绝随意性和选择性执法、有案不立、立案不查和以罚代刑等不依法履职行为。公开曝光破坏森林资源典型性大案要案。开展以案释法，普及森林法知识，提高全民保护森林意识。

（十七）落实“一案双查”责任追究。对重大破坏林地、盗伐滥伐林木、贩卖野生动物案件或严重违法违纪的问题，通报所在区政府或者违法者上级主管部门。对问题突出、压案不查、虚假整改、整改缓慢的区启动约谈程序。对有令不行、有禁不止，瞒报、漏报、不报的，涉及失职渎职的公职人员，要移送同级纪检监察部门，按照《党政领导干部生态环境损害责任追究办法》等规定，严肃追究责任。

七、推动建立以能力建设为保障的森林资源管理机制

（十八）加强队伍建设。强化基层林业站管理能力，建立与地区森林资源相匹配的基层管理队伍，配齐配强先进装具设备，发挥政策宣传、资源管护、林业执法等职能；建立生态林管护员乡镇统管制度，明确管护职责，对发生的森林火灾、林业病虫害、破坏森林资源的行为要及时报告和处理；稳定区级调查监测队伍，提升森林资源监测、调查、服务能力和水平；建立林业综合执法队伍，整合种苗检验、植物检疫、木材检查、自然保护区和风景名胜区管理等内设机构执法力量，规范执法行为，实行综合执法。构建队伍稳定、业务能力强、素质过硬的管理、监测和执法机构，维护森林资源正常经营秩序。

（十九）推进改革创新。落实保护发展森林资源目标责任制，研究建立具有首都特点的“林长制”，完善各级领导干部任期绿化目标责任考核体系，形成“林有人管、树有人护、责有人担”的森林资源管理工作新格局。落实领导干部森林等自然资源离任审计制度。健全森林生态效益补偿制度，推动落实湿地生态效益补偿，完善山区生态公益林补偿机制，动态调整生态公益林补偿范围，发挥山区生态公益林生态效益促进发展机制的作用。推动以自然保护地为重点的自然资源统一确权登记，完善生态保护红线森林、湿地等自然资源保护管理制度和勘界立标工作，确保生态资源的安全。

北京市园林绿化局

2020 年 10 月 28 日

北京市野生动物保护管理条例

（**2020** 年 **4** 月 **24** 日北京市第十五届人民代表大会常务委员会第二十一次会议通过）

第一章　总　则

第一条　为了加强野生动物保护管理，维护生物多样性和生态平衡，保障人民群众身体健康和公共卫生安全，推进首都生态文明建设，促进人与自然和谐共生，根据《中华人民共和国野生动物保护法》《全国人民代表大会常务委员会关于全面禁止非法野生动物交易、革除滥食野生动物陋习、切实保障人民群众生命健康安全的决定》等法律、行政法规，结合本市实际，制定本条例。

第二条　本市行政区域内野生动物及其栖息地保护、野生动物危害预防，及其监督管理等相关活动，适用本条例。

本条例规定的野生动物及其制品，是指野生动物的整体(含卵、蛋)、部分及其衍生物。

渔业、畜牧、传染病防治、动物防疫、实验动物管理、进出境动植物检疫等有关法律法规另有规定的，从其规定。

第三条　本市野生动物保护管理坚持依法保护、禁止滥食、保障安全、全面监管的原则，鼓励依法开展野生动物科学研究，培育全社会保护野生动物的意识，促进人与自然和谐共生。

第四条　市、区人民政府应当加强对野生动物保护管理工作的领导，建立健全机制，明确责任，将工作纳入生态文明建设考核体系，并将经费纳入财政预算。

乡镇人民政府、街道办事处协助做好本行政区域内野生动物保护管理的相关工作。

第五条　市、区园林绿化和农业农村部门(以下统称为野生动物主管部门)分别负责陆生野生动物和水生野生动物的保护管理工作。

市场监督管理、卫生健康、公安、交通、邮政管理等有关政府部门按照各自职责，做好野生动物保护管理的相关工作。

第六条　单位和个人应当树立尊重自然、顺应自然、保护自然的理念，履行保护野生动物及其栖息地的义务，不得违法从事猎捕、交易、运输、食用野生动物等法律法规规定的禁止性行为，不得违法破坏野生动物栖息地。

鼓励单位和个人依法通过捐赠、资助、志愿服务、提出意见建议等方式参与野生动物保护管理活动。野生动物主管部门及其他有关部门应当依法公开信息，制定和实施公众参与的措施。

支持社会公益组织依法对破坏野生动物资源及其栖息地，造成生态环境损害的行为提起公益诉讼。

第七条　市、区人民政府及其有关部门、新闻媒体、学校应当积极组织开展野生动物保护和公共卫生安全宣传、教育，引导全社会增强生态保护和公共卫生安全意识，移风易俗，革除滥食野生动物陋习，养成文明健康、绿色环保的生活方式。

每年的4月为本市“野生动物保护宣传月”，4月的第3周为“爱鸟周”。

第八条　市野生动物主管部门应当加强与毗邻省市的协作，联合开展野生动物及其栖息地调查、名录制定、收容救护、疫源疫病监测、监督执法等野生动物保护管理工作。

第二章　野生动物及其栖息地保护

第九条　本市依法对野生动物实行分级分类保护。

本市严格按照国家一级、二级重点保护野生动物名录和有重要生态、科学、社会价值的陆生野生动物名录，对珍贵、濒危的野生动物和有重要生态、科学、社会价值的陆生野生动物实施重点保护和有针对性保护。

市野生动物主管部门对在本市行政区域内生息繁衍的国家重点保护野生动物名录以外的野生动物，制定《北京市重点保护野生动物名录》，报市人民政府批准后公布，并实施重点保护。

本条第二款、第三款规定保护的野生动物统称为列入名录的野生动物。

第十条 市野生动物主管部门应当会同规划自然资源、生态环境、水务等有关部门，对野生动物的物种、数量、分布、生存环境、主要威胁因素、人工繁育等情况进行日常动态监测，建立健全野生动物及其栖息地档案和数据库，每五年组织一次野生动物及其栖息地状况普查；根据监测和普查结果，开展野生动物及其栖息地保护评估，适时提出《北京市重点保护野生动物名录》调整方案。

第十一条 市野生动物主管部门应当会同发展改革、生态环境、水务等有关部门编制全市野生动物及其栖息地保护规划，经市规划自然资源部门审查后，报市人民政府批准后向社会公布。保护规划应当与生态环境保护相关规划相协调，并符合北京城市总体规划。区野生动物主管部门应当落实保护规划的相关内容。

野生动物及其栖息地保护规划应当包括保护对象、栖息地修复、种群恢复、迁徙洄游通道和生态廊道建设等内容。

第十二条 市野生动物主管部门根据全市野生动物及其栖息地保护规划，编制并公布本市野生动物重要栖息地名录，明确野生动物重要栖息地保护范围，确定并公布管理机构或者责任单位。

对本市野生动物重要栖息地名录以外的区域且有列入名录的野生动物生息繁衍的，由区野生动物主管部门确定并公布管理机构或者责任单位。

第十三条 野生动物栖息地管理机构或者责任单位，应当采取下列措施保护野生动物：

（一）制定并实施野生动物保护管理工作制度；

（二）设置野生动物保护标识牌，明确保护范围、物种和级别；

（三）采取种植食源植物，建立生态岛或者保育区，配置巢箱、鸟食台、饮水槽等多种方式，营造适宜野生动物生息繁衍的环境；

（四）避免开展影响野生动物生息繁衍环境的芦苇收割、植被修剪、农药喷洒等活动；

（五）制止追逐、惊扰、随意投食、引诱拍摄、制造高分贝噪声、闪烁射灯等干扰野生动物生息繁衍的行为；

（六）野生动物主管部门确定的其他保护措施。

第十四条 野生动物主管部门设立的野生动物收容救护机构或者委托的相关机构，负责野生动物收容救护工作。

市野生动物主管部门负责组织制定本市野生动物收容救护技术规范，并公布本市野生动物收容救护机构或者受托机构信息。

第十五条 野生动物收容救护机构或者受托机构开展野生动物收容救护工作，应当遵守下列规定：

(一)建立收容救护档案，记录种类、数量、措施和状况等信息；

(二)执行国家和本市收容救护技术规范；

(三)提供适合生息繁衍的必要空间和卫生健康条件；

(四)不得虐待收容救护的野生动物；

(五)不得以收容救护为名从事买卖野生动物及其制品等法律法规规定的禁止行为；

(六)按照国家和本市有关规定处置收容救护的野生动物；

(七)定期向野生动物主管部门报告收容救护情况。

第十六条 野生动物主管部门可以会同有关社会团体根据野生动物保护等需要，组织单位和个人进行野生动物放归、增殖放流活动。

禁止擅自实施放生活动。

第三章 野生动物危害预防管理

第十七条 市、区人民政府及其园林绿化、农业农村、生态环境、卫生健康等有关部门应当采取措施，预防、控制野生动物可能造成的危害，保障人畜安全和农业、林业生产。

第十八条 野生动物主管部门应当根据实际需要，在野生动物集中分布区域、迁徙洄游通道、人工繁育场所、收容救护场所，以及其他野生动物疫病传播风险较大的场所，设立野生动物疫源疫病监测站点，组织开展野生动物疫源疫病监测、预测和预报等工作。

第十九条 野生动物主管部门和卫生健康部门应当及时互相通报人畜共患传染病疫情风险以及相关信息。

第二十条 发现野生动物疫情可能感染人群的，卫生健康部门应当对区域内易感人群进行监测，并采取相应的预防和控制措施；属于突发公共卫生事件的，依照有关法律法规和应急预案的规定，由市、区人民政府及有关部门采取应急控制措施。

第二十一条 单位和个人应当采取适当的防控措施，防止野生动物造成人身伤亡和财产损失。因采取防控措施误捕、误伤野生动物的，应当及时放归或者采取收容救护措施。因保护列入名录的野生动物造成人身伤亡、农作物或者其他财产损失的，由区人民政府给予补偿。具体补偿办法由市人民政府制定。

本市鼓励保险机构开展野生动物致害赔偿保险业务。

第二十二条 禁止猎捕、猎杀列入名录的野生动物，禁止以食用为目的猎捕、猎杀其他陆生野生动物，但因科学研究、种群调控、疫源疫病监测等法律法规另有规定的特殊情况除外，具体管理办法由市野生动物主管部门制定。

第二十三条 人工繁育列入名录的野生动物仅限于科学研究、物种保护、药用、展示等特殊情况。

因前款规定的特殊情况从事人工繁育野生动物活动的单位，应当向市野生动物主管部门申请人工繁育许可证，按照许可证载明的地点和物种从事人工繁育野生动物活动。

禁止在本市中心城区、城市副中心、生活饮用水水源保护区设立陆生野生动物人工繁育场所。

市野生动物主管部门应当及时公开获准从事人工繁育野生动物活动的单位的有关信息。

第二十四条 从事人工繁育野生动物活动的单位，应当遵守下列规定：

(一)建立人工繁育野生动物档案，记载人工繁育的物种名称、数量、来源、繁殖、免疫和检疫等情况；

(二)建立溯源机制，记录物种系谱；

(三)有利于物种保护及其科学研究，使用人工繁育子代种源，不得破坏野外种群资源，因物种保护、科学研究等特殊情况确需使用野外种源的，应当提供合法来源证明；

(四)根据野生动物习性确保其具有必要的活动空间、卫生健康和生息繁衍条件；

(五)提供与繁育目的、种类、发展规模相适应的场所、设施、技术；

(六)按照有关动物防疫法律法规的规定，做好动物疫病的预防、控制、疫情报告和病死动物无害化处理等工作；

(七)执行相关野生动物人工繁育技术规范；

(八)不得虐待野生动物；

(九)定期向野生动物主管部门报告人工繁育情况，按月公示人工繁育野生动物的流向信息，并接受监督检查。

第二十五条 对列入名录的野生动物，人工繁育技术成熟稳定，依法列入畜禽遗传资源目录的，属于家禽家畜，依照有关畜牧法律法规的规定执行。

第二十六条 禁止下列行为：

(一)食用陆生野生动物及其制品、列入名录的水生野生动物及其制品；

(二)食用以陆生野生动物及其制品、列入名录的水生野生动物及其制品为原材料制作的食品；

(三)以食用为目的生产、经营、运输、寄递列入名录的野生动物及其制品和其他陆生野生动物及其制品，以及以前述野生动物及其制品为原材料制作的食品。

第二十七条 酒楼、饭店、餐厅、民宿、会所、食堂等餐饮服务提供者，对禁止食用的野生动物及其制品不得购买、储存、加工、出售或者提供来料加工服务。

第二十八条 禁止商场、超市、农贸市场等商品交易场所、网络交易平台，为违法买卖陆生野生动物及其制品、列入名录的水生野生动物及其制品，以及以陆生野生动物及其制品、列入名录的水生野生动物及其制品为原材料制作的食品，提供交易服务。

第二十九条 对列入名录的野生动物进行非食用性利用仅限于科学研究、药用、展示、文物保护等特殊情况，需要出售、利用列入名录的野生动物及其制品的，应当经市野生动物主管部门批准，并按照规定取得和使用专用标识、检疫证明，保证全程可追溯。

第三十条 以非食用性目的运输、携带、寄递列入名录的野生动物及其制品的，应当持有或者附有特许猎捕证、狩猎证、人工繁育许可证等相关许可证、批准文件或者专用标识、检疫证明、进出口证明等合法来源证明。

第三十一条 禁止为违反野生动物保护管理法律法规的行为制作、发布广告。

第四章 监督执法

第三十二条 野生动物主管部门负责依法对破坏野生动物资源及其栖息地的违法行为进行监督管理。

卫生健康部门会同野生动物主管部门按照职责分工依法开展与人畜共患传染病相关的动物传染病的防治管理。

农业农村部门负责依法对野生动物及其制品进行检疫监管。

市场监督管理部门负责依法对商品交易市场、网络交易平台为野生动物及其制品经营提供交易服务以及餐饮服务场所经营野生动物及其制品的行为进行监督管理。

公安机关负责依法受理有关部门移送的野生动物案件及举报线索，依法查处涉及野生动物及其制品的违法犯罪行为。

科技、经济信息化、城市管理、交通、邮政管理、城市管理综合执法、海关、网信、电信管理等部门和机构应当按照职责分工依法对野生动物及其制品出售、购买、利用、运输、寄递等活动进行监督管理。

铁路、航空等单位应当依法协助做好野生动物管理相关工作。

第三十三条 野生动物主管部门会同有关部门建立健全执法协调机制，实现执法信息共享、执法协同、信用联合惩戒，及时解决管辖争议，依法查处违法行为。

市野生动物主管部门应当会同财政部门制定罚没野生动物及其制品处置办法。

第三十四条 野生动物主管部门和其他有关政府部门应当设立举报电话、电子信箱等，及时受理举报并依法查处。行业内部人员举报涉嫌严重违反野生动物保护管理法律法规行为，经查实的，有关政府部门应当提高奖励额度。

第五章 法律责任

第三十五条 违反本条例的行为，法律、行政法规已经规定法律责任的，依照其规定追究相关单位、个人的法律责任。

第三十六条 市、区人民政府及有关部门不依法履行职责的，依法依规追究责任。

第三十七条 违反本条例第十五条第五项规定，以收容救护为名从事买卖野生动物及其制品的，没收野生动物及其制品、没收违法所得，并处野生动物及其制品价值五倍以上二十倍以下罚款；有买卖以外的其他禁止行为的，依照本条例的规定处理。

违反本条例第十五条其他规定之一，未按照规定开展野生动物收容救护工作的，处一万元以上五万元以下罚款。

第三十八条 违反本条例第十六条第二款规定，擅自实施放生活动的，处二千元以上一万元以下罚款。

第三十九条 违反本条例第二十二条规定，猎捕、猎杀野生动物的，没收猎获物，并处罚款。属于国家重点保护野生动物的，并处猎获物价值五倍以上二十倍以下罚款；属于其他重点保护野生动物，或者以食用为目的猎捕其他陆生野生动物的，并处猎获物价值二倍以上十倍以下罚款。没有猎获物的，处五千元以上二万元以下罚款。

第四十条 违反本条例第二十三条第二款、第三款规定，未取得人工繁育许可证或者未按照许可证载明的地点和物种从事人工繁育野生动物活动的，没收野生动物及其制品，并处野生动物及其制品价值一倍以上五倍以下罚款。

第四十一条 违反本条例第二十四条规定，未按照规定从事人工繁育野生动物活动的，处二万元以上十万元以下罚款。

第四十二条 违反本条例第二十六条第一项、第二项规定，食用国家重点保护野生动物的，处野生动物及其制品价值五倍以上二十倍以下罚款；食用其他重点保护野生动物或者其他陆生野生动物的，处野生动物及其制品价值二倍以上十倍以下罚款。

违反本条例第二十六条第三项、第二十七条规定，以食用为目的生产、经营、运输、寄递的，没收野生动物及其制品或者食品、违法所得，并处罚款。属于国家重点保护野生动物的，并处野生动物及其制品价值五倍以上二十倍以下罚款；属于其他重点保护野生动物或者其他陆生野生动物的，并处野生动物及其制品价值二倍以上十倍以下罚款。餐饮服务提供者违法经营的，从重处罚。

第四十三条 违反本条例第二十八条规定，为违法买卖陆生野生动物及其制品、列入名录水生野生动物及其制品提供交易服务，或者为违法买卖以陆生野生动物及其制品、列入名录水生野生动物及其制品为原材料制作的食品提供交易服务的，没收违法所得，并处违法所得二倍以上五倍以下罚款；没有违法所得的，处一万元以上五万元以下罚款。

第四十四条 违反本条例第二十九条规定，未经批准对列入名录的野生动物及其制品进行出售、利用，或者未按照规定取得和使用专用标识的，没收野生动物及其制品、没收违法所得，并处罚款。属于国家重点保护野生动物的，并处野生动物及其制品价值五倍以上二十倍以下罚款；属于其他重点保护野生动物的，并处野生动物及其制品价值二倍以上十倍以下罚款。情节严重的，撤销批准文件、收回专用标识。

第四十五条 违反本条例第三十条规定，以非食用性目的运输、携带、寄递列入名录的野生动物及其制品，未持有、未附有合法来源证明的，没收野生动物及其制品、违法所得，并处罚款。属于国家重点野生动物的，并处野生动物及其制品价值二倍以上十倍以下罚款，属于其他重点保护野生动物的，并处野生动物及其制品价值一倍以上五倍以下罚款。

第四十六条　违反本条例第三十一条规定，为违反野生动物保护管理法律法规的行为制作、发布广告的，依照《中华人民共和国广告法》的规定处罚。

第四十七条　违反本条例规定的行为，构成犯罪的，依法追究刑事责任。

有关政府部门实施行政检查或者案件调查发现违法行为涉嫌构成犯罪，依法需要追究刑事责任的，应当依照本市有关规定向公安机关移送。

第四十八条　野生动物主管部门和市场监督管理等部门应当将单位或者个人受到行政处罚的信息，共享到本市公共信用信息平台。有关政府部门可以根据本市公共信用信息管理规定，对单位或者个人采取惩戒措施。

第六章　附　则

第四十九条　本条例自2020年6月1日起施行。1989年4月2日北京市第九届人民代表大会常务委员会第十次会议通过，根据1997年4月15日北京市第十届人民代表大会常务委员会第三十六次会议《关于修改〈北京市实施中华人民共和国野生动物保护法办法〉的决定》修正，根据2018年3月30日北京市第十五届人民代表大会常务委员会第三次会议通过的《关于修改〈北京市大气污染防治条例〉等七部地方性法规的决定》修正的《北京市实施〈中华人民共和国野生动物保护法〉办法》同时废止。

北京市园林绿化用地土壤环境管理办法(试行)

第一章　总　则

第一条　为了加强本市园林绿化用地土壤环境管理，保护土壤环境，防治土壤污染，保障公众健康，依据《中华人民共和国土壤污染防治法》《土壤污染防治行动计划》《北京市土壤污染防治工作方案》和《中华人民共和国农产品质量安全法》等，制定本办法。

第二条　本市园林绿化用地土壤环境管理相关活动适用本办法。

本办法中的园林绿化用地包括林地和绿地，园林绿化用地土壤环境管理相关活动是指以保障土壤环境安全为目标，以土壤污染防治为主要内容开展的园林绿化用地土壤环境质量调查评估与监测、污染预防和保护、分类管理、监督实施等活动。

第三条　园林绿化用地土壤环境管理坚持“预防为主、保护优先、分类管理、风险管控”的原则。

第四条　市、区园林绿化局对本行政区域内的园林绿化用地土壤污染防治和安全利用实施监督管理。

第五条　市、区园林绿化局应当加强园林绿化用地土壤污染防治相关科学知识普及，加强相关法律法规政策宣传解读，增强公众土壤污染防治意识，营造保护土壤环境的良好社会氛围。

第二章　调查评估与监测

第六条　市、区园林绿化局应当将土壤污染防治工作纳入本行政区域园林绿化发展规划。

第七条　市园林绿化局应当根据全市园林绿化行业土壤环境管理工作需要，探索建立园林绿化用地土壤环境质量调查评估制度，制定相关技术标准及技术规范。

区园林绿化局应当按照市园林绿化局发布的有关文件和技术标准，组织实施所在区的园林绿化用地土壤环境质量调查评估工作。

第八条　市园林绿化局在市生态环境局和市农业农村局土壤环境监测基础上，结合园林绿化行业发展需要，统一布设市级园林绿化用地土壤环境质量监测站点，明确监测指标及监测频次，有序推进园林绿化行业土壤环境质量监测网络建设，实现园林绿化用地土壤环境质量动态监测。

区园林绿化局配合开展市级监测站点布设及监测取样等工作，也可以根据工作需要在市级监测点基础上布设区级监测点，进行监测。

第九条　市、区园林绿化局应当对与居民生活密切相关、土壤污染风险较高的以下园林绿化用地进行重点监测：

（一）果园用地和林下经济林地；

（二）水源涵养林地；

（三）中水灌溉的城市绿地；

（四）古建修缮的风景园林绿地。

第三章　污染预防和保护

第十条　市、区园林绿化局应当加强园林绿化用地水肥管理，推广有利于防止土壤污染的园林绿化管理措施。加强相关知识宣传、技术培训及人员队伍培养，鼓励、支持园林绿化用地生产者采取土壤改良、土壤肥力提升等有利于土壤养护和培育的措施。

第十一条　园林绿化用地所使用肥料、灌溉水等应符合相关标准及技术规范要求。禁止向园林绿化用地倾倒、排放可能造成土壤污染的废弃物。处理达标后的城镇生活污泥在林地中使用时，严格按照《关于在本市林地中开展使用处理达标后城镇生活污泥试点工作的通知》等政策文件及相关标准执行。未经处理的污水禁止直接用于园林绿化用地，果园用地及林下经济林地灌溉用水水质应当符合《农田灌溉水质标准》（GB5084）的规定。再生水灌溉应符合《再生水灌溉绿地技术规范》（DB11/T 672）的水质要求。

第十二条　优先采用物理防治和生物防治等绿色防控手段进行园林绿化有害生物防治。少用、不用国家明令限制使用的药剂种类，优先选用有效成分含量高、助剂环保的液体制剂，以及低(微)毒、高效、低残留等对环境污染小的农药。运用自动混药、配药、加药等先进技术设备，增强科学用药水平。改善施药装备基础条件，加大雾化效果好、作业效率高、节能环保等地面远(高)程施药技术手段的推广运用，提高农药利用率。

第十三条 市、区园林绿化局应当加强城市绿地养护以及风景园林绿地古建修缮过程中土壤污染的预防。

第十四条 市、区园林绿化局应当加强对未污染园林绿化用地土壤的保护。重点保护未污染的果园用地和林下经济林地、水源涵养林地。加强对自然保护地的保护，维护其生态功能。

第四章 分类管理

第一节 一般规定

第十五条 根据《土地利用现状分类》(GB/T21010-2017)、《城市用地分类与规划建设用地标准》(GB 50137)对园林绿化用地进行分类，并按照《中华人民共和国土壤污染防治法》实施管理。

第二节 林地

第十六条 林地实行土壤环境质量分类管理，参照《土壤环境质量农用地土壤污染风险管控标准(试行)》(GB15618)中的风险筛选值和风险管制值，将林地按照土壤污染程度分为优先保护类、安全利用类及严格管控类。

市园林绿化局应当会同市生态环境局，指导各区园林绿化局以全市果园用地土壤污染状况详查结果为依据，划分果园用地土壤环境质量类别，建立果园用地土壤环境质量分类清单，实施分类管理。

区园林绿化局应当利用林地土壤环境质量调查、监测及园林绿化资源普查等相关数据结果，探索建立其他林地土壤环境质量分类清单，逐步推进林地土壤环境质量分类管理。

第十七条 市、区园林绿化局应当依法严格保护优先保护类林地。

(一)果园用地和林下经济林地

根据调查、监测及评估结果，组织、指导土地使用权人合理施肥，加强有机肥安全利用以及灌溉水水质管理，合理安全使用农药，保障食用林产品质量安全。

(二)水源涵养林地

禁止畜禽养殖、破坏植被等活动，林下种植经济林木的，应当采取相应的水土保持措施，避免水土流失。安全合理使用农药，尽可能减少对下游水质的影响。

第十八条 未利用地、复垦土地等拟开垦为果园用地或林下经济林地的，区园林绿化局应当组织土地使用权人进行土壤污染状况调查，并按照本办法进行分类管理。

第十九条 对全市土壤污染状况详查、园林绿化用地土壤环境质量调查监测、现场检查等发现存在土壤污染风险的林地，区园林绿化局应当组织土地使用权人开展土壤污染状况调查。

调查表明污染物含量超过土壤污染风险管控标准的林地，区园林绿化局应当会同区生态环境局等主管部门组织进行土壤污染风险评估，并严格按照林地分类管理制度进行管理。

第二十条 对安全利用类林地地块，区园林绿化局应当综合考虑林地的生产、生态功能，以及主栽树种和经营管理习惯等情况，制定安全利用方案，报市园林绿化局备案后，组织、监督土地使用权人认真实施。市园林绿化局定期对安全利用类林地土壤污染状况进行监测。

安全利用方案应当包括下列内容：

(一)果园用地和林下经济林地

建立安全利用台账，跟踪记录生产过程中肥料、农药等外源性投入品的使用情况，以及所采用的安全利用措施。常见安全利用措施包括外源污染隔离、土壤调理、灌溉水净化、替代种植、污染物低积累种类或者品种筛选应用等，以降低食用林产品污染物超标风险。

市、区园林绿化局应当加大对安全利用类果园用地和林下经济林地产出食用林产品安全的抽查检测力度。

(二)水源涵养林地

开展退化植被恢复、森林健康经营等生态修复工作，增加地表植被覆盖度，提高林下物种多样性和林地的增蓄滞洪能力，减少水土流失及其对地表水环境产生的影响。

第二十一条 对严格管控类林地，应当采取以下风险管控措施：

(一)果园用地和林下经济林地

区园林绿化局提出划定特定食用林产品禁止生产区域的建议，经区人民政府同意后组织实施，并报市园林绿化局备案。

市、区园林绿化局应当开展土壤和食用林产品协同监测与评价，鼓励对严格管控类果园用地和林下经济林地采取风险管控措施，并予以相应的政策支持。

(二)水源涵养林地

水源涵养林地土壤污染，影响或可能影响地下水、饮用水水源安全的，区园林绿化局应当会同区生态环境局制定污染防治方案并采取相应措施，报市园林绿化局备案。市、区园林绿化局应当加强对污染物扩散的预防，定期监测水源涵养林地内土壤、地下水、地表径流及水源地入库地表水中的污染物含量。

第二十二条 对安全利用类和严格管控类林地地块，区园林绿化局应当组织土壤污染责任人按照国家有关规定及土壤污染风险评估报告要求，采取相应的风险管控措施，定期上报相关工作报告，并报市园林绿化局备案。

第二十三条 对产出食用林产品污染物含量超标，仍需种植食用林产品的果园用地和林下经济林地，必需实施风险管控或治理修复。区园林绿化局应当组织土地使用权人编制风险管控或修复方案，并对方案进行评审，评审通过后报市园林绿化局备案并组织实施。

风险管控、修复活动完成后，区园林绿化局应当监督土地使用权人另行委托有关单位对风险管控效果、修复效果进行评估，并将评估报告报市园林绿化局备案。

第三节　绿地

第二十四条　根据《土壤环境质量建设用地土壤污染风险管控标准（试行）》（GB36600）确定绿地土壤污染风险筛选值、风险管制值，进行绿地土壤污染风险筛查和风险管制。公园绿地中的社区公园或儿童公园用地按照第一类用地标准，其他绿地按照第二类用地标准执行。

第二十五条　对土壤污染状况详查、园林绿化用地土壤环境质量调查、监测和现场检查表明有土壤污染风险的绿地地块，区园林绿化局应当要求土地使用权人按照规定进行土壤污染状况调查。

用途变更为社区公园或儿童公园等用地的绿地，变更前区园林绿化局应当组织土地使用权人进行土壤污染状况调查，并按照有关规定将调查报告报区生态环境局。

第二十六条　对土壤污染状况调查报告表明有土壤污染风险的绿地地块，区园林绿化局应当会同区生态环境局组织土壤污染责任人、土地使用权人开展土壤污染风险评估，并将风险评估报告报市生态环境局。

第二十七条　市园林绿化局应当配合市生态环境局按照有关规定做好土壤污染风险评估报告评审等工作，重点做好建设用地土壤污染风险管控和修复名录中的绿地地块土壤环境管理。

列入土壤污染风险管控和修复名录的地块，不得作为社区公园或儿童公园用地；未达到土壤风险评估报告确定的风险管控、修复目标的地块，禁止开工建设任何与风险管控、修复无关的项目。

第二十八条　区园林绿化局应当按照有关规定，积极配合区生态环境局做好土壤污染风险管控和修复名录中的绿地地块土壤环境管理工作。

第五章　监督实施

第二十九条　区园林绿化局应当定期组织开展土壤环境管理工作自查，并按时将工作目标完成情况年度报告报市园林绿化局。市园林绿化局会同市生态环境局探索建立园林绿化用地土壤环境管理工作绩效目标考核机制。

第三十条　市园林绿化局应当会同市生态环境局，对从事土壤污染状况调查、土壤污染风险评估、风险管控及效果评估、治理与修复及效果评估、后期管理等活动的单位和个人的执业情况，做好信用记录，逐步纳入信用系统。

第三十一条　市、区园林绿化局应当将土壤污染防治举报方式向社会公布，方便公众举报。接到举报应当及时处理并对举报人的相关信息予以保密；对实名举报并查证属实的，给予奖励。

第六章　附则

第三十二条　各区园林绿化局可以根据本办法，结合本区实际，制定实施细则。

第三十三条　市其他有林单位，参照本办法执行。

第三十四条　本办法自 2020 年 4 月 1 日起施行。

北京市园林绿化局

2020 年 3 月 13 日

北京园林绿化大事记

2020年北京园林绿化大事记

一月

19日，北京市园林绿化工作会召开，北京市园林绿化局（首都绿化办）局长、主任邓乃平作《提升治理能力，增强发展质量，努力实现“十三五”规划圆满收官》的报告。

22日，北京市园林绿化局（首都绿化办）制订印发《北京市园林绿化局（首都绿化办）关于进一步加强野生动物保护工作的通知》。

23日，北京市园林绿化局（首都绿化办）制订印发《关于做好全市公园系统疫情防控工作的通知》，要求取消全市公园内的所有庙会活动，加强全市公园绿地管理和疫情防控。

27日，北京市园林绿化局（首都绿化办）、市市场监管局、市农业农村局联合印发《关于进一步强化新型冠状病毒感染的肺炎预防控制期间野生动物管理工作的通知》，要求自通知之日起，市园林绿化局（首都绿化办）、市农业农村局暂停权限内国家重点保护野生动物人工繁育许可证核发等4项审批。严禁任何形式的野生动物交易活动。

28日，北京市园林绿化局（首都绿化办）制订印发《关于进一步加强全市公园系统新型冠状病毒感染的肺炎疫情防控工作的通知》，要求严格落实“外防输入、内防扩散”措施，做好门区防控，坚决禁止人员聚集，搞好公共卫生，做好提示、提醒工作，加强公园、风景区职工的自身防控。

同日，北京市园林绿化局（首都绿化办）制订印发《关于防控新型冠状病毒感染的肺炎疫情加强园林绿化务工管理工作的通知》，要求疫情防控期间，暂停招收从疫区新返京的用工人员。对近期从外地来京的务工人员，到京后要封闭式管理，观察14天，无特殊情况方可上岗。

二月

18 日，北京市园林绿化局（首都绿化办）印发《关于进一步做好全市公园行业新型冠状病毒肺炎疫情防控和春季有关工作的通知》，要求各公园充分认识疫情防控工作的极端重要性，进一步强化措施，抓好疫情防控工作落实，全力应对大人流返京，大人流进公园。

24 日，北京市园林绿化局（首都绿化办）印发《关于积极应对大游客量，进一步做好全市公园绿地、风景区新型冠状病毒肺炎疫情防控工作的通知》，全力应对公园游览人数增加，要求各公园在购票方式、门区接待、园内管理、游客量管控、停车场管理等方面落实好防控措施。

28 日，北京市园林绿化局（首都绿化办）印发《全市公园绿地、风景区新型冠状病毒肺炎疫情防控工作方案》，在市园林绿化局（首都绿化办）新型冠状病毒感染的肺炎疫情防控领导小组领导下，成立公园景区疫情防控工作领导小组。副局长高大伟任组长，办公室设在公园管理处，明确了局各处室、各区园林绿化管理部门和各公园职责。

三月

9 日，北京市园林绿化局（首都绿化办）印发《北京市公园新冠肺炎疫情防控工作指导意见》，对公园管理的疫情防范措施、游人服务疏导、园容卫生管理等方面进行指导，确定了公园疫情防控的基本原则是“科学防疫，严格管控。因地制宜，精准施策。正确引导，安全运行”。

13 日，中共北京市委办公厅、北京市人民政府办公厅制订印发《北京市贯彻〈中央生态环境保护督察工作规定〉实施办法》的通知。

16 日，北京市园林绿化局（首都绿化办）印发《关于进一步做好全市公园风景区开闭园工作的通知》，要求各区有序做好全市公园风景区逐步开放工作。

18 日，北京市园林绿化局（首都绿化办）印发《关于进一步做好疫情防控期间全市公园大人流管控工作的通知》，要求进一步做好公园大客流管控工作。

23 日，北京市园林绿化局（首都绿化办）制订印发《北京市园林绿化系统野外火源专项治理实施方案》。

24 日，北京市园林绿化局（首都绿化办）与高德软件公司合作，在高德导航软件上进行公园信息发布，做好重点关注公园的客流管控工作。

四月

3 日，党和国家领导人习近平、李克强、栗战书、汪洋、王沪宁、赵乐际、韩正、王岐山等在北京市、国家林业和草原局主要领导陪同下，到北京市大兴区旧宫镇参加首都义务植树活动。

8 日，北京市人民政府制订印发《北京市战略留白用地管理办法》的通知。战略留白用地是为城市长远发展预留的战略空间，实行城乡建设用地规模和建筑规模双控，原则上 2035 年前不予启用。

9 日，全国政协副主席张庆黎、刘奇葆、万钢、卢展工、王正伟、马飚、杨传堂、李斌、巴特尔、汪永清、苏辉、刘新成、何维、邵鸿、高云龙和全国政协机关干部职工 100 余人，到北京市海淀区西山国家森林公园参加义务植树活动。

10日，中共中央政治局委员、中央军委副主席许其亮、张又侠，中央军委委员魏凤和、李作成、苗华、张升民以及驻京大单位、军委机关各部门在北京市主要领导陪同下，到丰台区丽泽金融商务区植树地块，参加义务植树活动。

11日，2020年共和国部长义务植树活动在北京市通州区北京副中心城市绿心地块举行。来自中共中央直属机关、中央国家机关各部门和北京市的128名部级领导干部参加义务植树活动。

15日，全国人大常委会副委员长张春贤、沈跃跃、吉炳轩、艾力更·依明巴海、陈竺、王东明、白玛赤林、蔡达峰、武维华，全国人大常委会秘书长、副秘书长、机关党组成员，各专门委员会、工作委员会负责人，在北京市常委会领导的陪同下，到北京市丰台区青龙湖植树场地参加义务植树活动。

23日，北京市园林绿化局(首都绿化办)与首都精神文明建设委员会办公室、市公安局、市文化和旅游局、市水务局、市城市管理综合行政执法局联合印发《北京市文明游园整治行动实施方案》，连续三年在全市开展文明游园整治行动。重点将疫情期间的不戴口罩、扎堆聚集、不守秩序、倒卖门票4种行为列入不文明游园行为。

24日，《北京市野生动物保护管理条例》经市人大常委会第21次会议表决通过，6月1日正式实施。

28日，北京市园林绿化局制订印发《乡村绿化美化设计方案编制指导意见》，进一步提升全市美丽乡村绿化美化水平和景观效果。

29日，公园风景区统一预约入园平台正式上线。

同日，北京市园林绿化局(首都绿化办)印发《本市调整响应等级为二级后全市公园风景区疫情防控工作方案》，要求全市未开放公园逐步有序开放，促进公园消费。全市公园风景区按照瞬时最大承载量的50%控制客流，等级景区范围内的公园风景区执行30%限流政策。

五月

5月18日至6月18日，由北京市园林绿化局(首都绿化办)、北京市总工会、大兴区人民政府共同主办的以“疫区月季开，香约新国门”为主题的第十二届北京月季文化节在大兴区举办。

28日，北京市园林绿化局(首都绿化办)制订印发《关于进一步加强全市森林公园管理的通知》，全市已建立森林公园31个，总面积9.66万公顷，包括国家级森林公园15个、市级森林公园16个。通知针对认识不足、监管不力、管理松散等原因，森林公园存在重开发轻保护，或者批而未建等现象。旨在进一步加强森林公园管理，充分保护和合理利用森林风景资源，提升综合管理和生态服务能力。

六月

3日，北京市园林绿化局(首都绿化办)制订印发《关于加强普速铁路沿线林木管理确保铁路运行安全与沿线景观的通知》。

15日，全市组织市级执法单位开展针对各区餐饮企业、农贸市场、商场超市、食堂等重点点位的检查。重点针对疫情防控常态化情况，包括冷链物流、食品安全、复工复产、开学季防控、爱国卫生运动、“双节”防控等方面进行全面检查和指导。

七月

23 日，北京市园林绿化局（首都绿化办）制订印发《关于取消委托和下放野生动物相关行政许可事项》的通知。通知要求，取消委托的事项：出售、购买、利用本市重点保护陆生野生动物及其制品的批准；取消下放的事项：人工繁育本市重点保护陆生野生动物审批。

31 日，市委编办印发《关于同意整合组建北京市园林绿化综合执法大队的函》，把园林绿化局（首都绿化办）执法监察大队职责，以及市林保站、市种苗站和松山保护区管理处的行政执法职责整合，执法监察大队调整更名为北京市园林绿化综合执法大队。

八月

5 日，中共北京市委办公厅、北京市人民政府办公厅制订印发《北京市自然资源资产产权制度改革方案》的通知。

6 日，中共北京市委办公厅、北京市人民政府办公厅制订印发《北京市污染防治攻坚战成效考核措施》的通知。

14 日，北京市委书记蔡奇到朝阳区调研，强调朝阳是个大区，要坚持首都战略定位，突出抓好“文化、国际化、大尺度绿化”。

8 月 26 日至 9 月 24 日，北京市园林绿化局（首都绿化办）组织开展了为期 2 个月的城镇树木“常见问题”专项治理活动，以专项治理落实情况为内容，完成专项工作检查。

九月

9 日，北京市园林绿化局（首都绿化办）、北京市财政局制订印发《关于开展平原生态林林分结构调整工作》的意见。

9 月 13 日至 11 月 30 日，由北京园林绿化局（首都绿化办）、北京市公园管理中心等共同主办的北京市第十二届菊花文化节，在北京国际鲜花港、天坛公园、北海公园、北京世界花卉大观园、北京植物园、世界葡萄博览园六大展区同时举办。约 40 万株（盆）不同品种的菊花参展，总面积约 12 万余平方米。

21 日，北京市园林绿化局（首都绿化办）制订印发《关于做好 2020 年国庆、中秋双节期间全市公园管理和服务有关工作的通知》。

同日，北京市委书记蔡奇到温榆河公园和城市绿心森林公园调研。强调要统筹山水林田湖草系统治理，扎实推动百万亩造林绿化工程，扩大绿色空间，夯实生态底色，建设森林环绕的绿色城市，提升人居环境和城市品质，不断增强市民群众的获得感。

25 日，完成国庆 71 周年全市花卉布置工作。以“硕果累累决胜全面小康、百花齐放共襄复兴伟业”为主题，天安门广场中心布置“祝福祖国”巨型花篮，两侧绿地新增 4900 平方米红橙黄三色组成的祥云花卉和 18 个立体花球，长安街沿线建国门至复兴门布置主题花坛 10 座、地栽花卉 7000 平方米、容器花卉 100 组，为节日营造优美景观环境。

29 日，城市绿心森林公园正式开园。

城市绿心森林公园坐落在通州大运河南岸，西边以东六环为界，南至京塘公路，规划面积 11.2 平方千米。此次开放的是公园一期 5.39 平方千米，相当于 1.8 个颐和园大小。公园可提供车位 4992 个，配套商业面积 8000 平方米，其中一期开业面积 2000 余平方米，以休闲餐饮、零售服务为主。

30 日，中共北京市委生态文明建设委员会制订印发《北京市天然林保护修复工作方案》的通知。

十月

9 日，中共北京市委生态文明建设委员会制订印发《北京市节水行动实施方案》的通知。

16 日，首届北京国际花园节在北京世园公园闭幕。展览期间展出 600 余种新优花卉品种，近 5 万平方米的世园会标志性花卉景观以及 70 余个室外精品展园，累计吸引近 40 万人次游客前来游览。

20 日，以“绿色发展、产城共融，建设魅力副中心”为主题的 2020 北京城市副中心绿色发展论坛举行。

21 日，2020~2021 年度全市森林防灭火电视电话会议召开。按照部署，全市将进一步加强火源管控、隐患排查和巡查督察力度，增强综合监测体系、基础设施建设。此外，“互联网+防火督查系统”和“森林防火码”上线，实现火因可追溯、人员可查询。

23 日，北京市委书记蔡奇到石景山区就推进新首钢地区建设发展调查研究。强调新首钢地区已成为北京城市深度转型的重要标志。“十四五”时期是新首钢地区发展的新起点。要牢固树立新发展理念，聚焦文化、生态、产业、活力“四个复兴”，建设好新首钢地区，着力打造新时代首都城市复兴新地标，构建新发展格局、展现新形象。北京市市长陈吉宁一同调研。

28 日，北京市园林绿化局(首都绿化办)制订印发《北京市加强森林资源管理工作的意见》的通知。

本月，国庆中秋长假期间，全市公园共接待游客 999 万人次。各个公园风景区严格落实常态化疫情防控各项措施，超过 2 万名职工坚守岗位，在保证疫情防控不放松的同时，有序做好各项游园引导工作，让游客逛得放心、玩得开心。

十一月

3 日，北京市人民政府办公厅制订印发《关于开展第一次全国自然灾害综合风险普查》的通知。

27 日，北京市园林绿化局(首都绿化办)制订印发《北京市园林绿化局冬春季火灾防控工作方案》。

十二月

1 日，圆明园马首铜像划拨入藏仪式在圆明园正觉寺举行，马首铜像成为第一件回归圆明园的流失海外重要文物。

4 日，北京市市长陈吉宁在门头沟区调研。强调要深入贯彻党的十九届五中全会精神，认真落实市委十二届十五次全会部署，贯彻新发展理念，坚持生态优先，深化体制机制改革，探索创新发展模式，扎实推动生态涵养区转型发展、减量发展、高质量发展。

14 日，北京延庆八达岭国家森林公园森林疗养基地揭牌，这是全国首个符合本土认证标准的森林疗养基地。

18日，“红色电波中的领袖风范——毛泽东同志香山时期发布电报手稿专题展览”在香山革命纪念馆开幕。

19日，2020年北京市“职工技协杯”绿化环保花艺师职业技能大赛暨第三届北京地景设计艺术节开幕，主题为“时代盛景、大地新生”，100多吨园林废弃物变身49件地景艺术作品。

21日，《遇见·天坛——北京天坛建成600周年历史文化展》在祈年殿开幕。

同日，北京市园林绿化局(首都绿化办)制订印发《关于进一步加强农村集体林地管理的通知(试行)》。

24日，北京市园林绿化局(首都绿化办)制订印发《全市公园元旦、春节期间疫情防控工作方案》

30日，北京市委生态文明建设委员会召开会议。会议审议市委生态文明建设委员会2021年工作要点，听取关于推动生态涵养区生态保护和绿色发展实施意见落实情况、关于领导干部自然资源资产离任审计实施情况的汇报，会议还研究其他事项，书面审议市委生态文明建设委员会2020年工作总结。市委书记、市委生态文明建设委员会主任蔡奇主持会议，市委副书记、市长、市委生态文明建设委员会副主任陈吉宁出席。

31日，北京市园林绿化局(首都绿化办)制订印发《北京市林草种子标签管理办法》。

本月，北京植物园获批设立国家级博士后工作站，这是北京公园行业的首个博士后工作站。

(北京园林绿化大事记：齐庆栓 供稿)

概　况

机构建制

【市园林绿化局(首都绿化办)机构建制】北京市园林绿化局(简称“市园林绿化局”)是负责本市园林绿化及其生态保护修复工作的市政府直属机构，加挂首都绿化委员会办公室(简称“首都绿化办”)牌子，设22个内设机构和机关党委(党建工作处、团委)、机关纪委(党组巡察工作办公室)、工会、离退休干部处。市园林绿化局(首都绿化办)机关行政编制168名，设局长1名，副局长5名；处级领导职数27正(含总工程师1名、机关党委专职副书记兼党建工作处处长1名、机关纪委书记1名、工会专职副主席1名、离退休干部处处长1名)32副。

2020年12月，市园林绿化局森林公安局(市公安局森林公安分局)整建制划转至市公安局，撤销市园林绿化局森林公安局牌子，相应划转政法专项编制85名。

(机构建制：陈朋　供稿)

行政职能

【市园林绿化局(首都绿化办)主要职责】

(一)负责本市园林绿化及其生态保护修复的监督管理。贯彻落实国家关于园林绿化及其生态保护修复方面的法律、法规、规章和政策，起草本市相关地方性法规草案、政府规章草案，拟订相关政策、规划、计划、标准，会同有关部门编制园林绿化专业规划并组织实施。

(二)组织本市园林绿化生态保护修复、城乡绿化美化和植树造林工作。组织实施园林绿化重点生态保护修复工程，组织、指导公益林的建设、保护和管理。组织、协调和指导防沙治沙和以植树种草等生物措施为主的防治水土流失工作。拟订防沙治沙规划和建设标准，监督管理沙化土地的开发利用，组织沙尘暴灾害预测预报和应急处置。组织开展森林、湿地、草地和陆生野生动植物资源的动态监测与评价。组织实施林业和湿地生态补偿工作。

（三）负责本市森林、湿地资源的监督管理。组织编制森林采伐限额并监督执行。负责林地管理，拟订林地保护利用规划并组织实施。负责湿地生态保护修复工作，拟订湿地保护规划和相关标准并组织实施。监督管理湿地的开发利用。组织指导林木、绿地、草地有害生物防治、检疫和预测预报。

（四）组织制定本市园林绿化管理标准和规范并监督实施。拟订公园、绿地、森林、湿地和各类自然保护地建设标准和管理规范，拟订林业产业相关标准和规范并组织实施。负责园林绿化重点工程的监督检查工作。负责市级（含）以上园林绿化建设项目专项资金使用的监督工作。负责古树名木保护管理工作。

（五）负责本市公园的行业管理。组织编制公园发展规划，指导、监督公园建设和管理。负责公园、绿地资源调查和评估工作。

（六）负责本市陆生野生动植物资源的监督管理。组织开展陆生野生动植物资源调查，拟订及调整重点保护的陆生野生动物、植物名录，组织、指导陆生野生动植物的救护繁育、栖息地恢复发展、疫源疫病监测，监督管理陆生野生动植物猎捕或采集、人工繁育或培植、经营利用。

（七）负责监督管理本市各类自然保护地。拟订各类自然保护地规划。提出新建、调整各类自然保护地的审核建议并按程序报批，承担世界自然遗产申报相关工作，会同有关部门组织申报世界自然与文化双重遗产。负责生物多样性保护相关工作。

（八）负责推进本市园林绿化改革相关工作。拟订集体林权制度、国有林场等重大改革意见并组织实施。拟订农村林业发展、维护林业经营者合法权益的政策措施，指导农村林地承包经营工作。开展退耕还林还草工作。

（九）研究提出本市林业产业发展的有关政策，拟订相关发展规划。负责林果、花卉、蜂蚕、森林资源利用等行业管理。负责食用林产品质量安全监督管理相关工作，指导生态扶贫相关工作。

（十）组织、指导本市国有林场基本建设和发展。组织开展林木种子、草种种质资源普查，组织建立种质资源库，负责良种选育推广，管理林木种苗、草种生产经营行为，监管林木种苗、草种质量。监督管理林业生物种质资源、转基因生物安全、植物新品种保护。

（十一）依法负责本市园林绿化行政执法工作。负责森林公安工作，管理森林公安队伍，查处破坏森林资源的案件。负责园林绿化的普法教育和宣传工作。

（十二）负责落实本市综合防灾减灾规划相关要求，组织编制森林火灾防治规划和防护标准并指导实施。指导开展防火巡护、火源管理、防火设施建设、防火宣传教育等工作。组织指导国有林场开展监测预警、督促检查等防火工作。必要时，可以提请北京市应急管理局，以本市相关应急指挥机构名义，部署相关防治工作。

（十三）拟订本市园林绿化科技发展规划和年度计划，指导相关重大科技项目的研究、开发和推广。负责园林绿化信息化管理。负责组织、指导、协调林业碳汇工作。承担林业应对气候变化方面的工作。负责园林绿化方面的对外交流与合作。

（十四）负责首都全民义务植树活动的宣传发动、组织协调、监督检查和评比表彰工作。组织、协调重大活动的绿化美化及环境布置工作。承担首都绿化委员会的具体工作。

（十五）承办市委、市政府交办的其他任务。

（十六）职能转变。市园林绿化局要切实加大本市生态系统保护力度，实施生态系统保护和修复工程，加强森林、湿地、绿地监督管理的统筹协调，大力推进国土绿化，保障首都生态安全。加快建立自然保护地体系，推进各类自然保护地的清理规范和归并整合，构建统一规范的自然保护地管理体系。

【市园林绿化局（首都绿化办）处室主要职责】

办公室　负责机关日常运转工作，承担文电、会务、机要、档案等工作。承担信息、信访、建议议案提案办理、安全保密、新闻发布和政务公开等工作。承担机关重要事项的组织和督查工作。承担机关信息化建设、后勤保障等工作。

法制处　负责机关推进依法行政综合工作。起草园林绿化管理方面的地方性法规草案、政府规章草案。负责行政执法工作的指导、监督和协调。承担行政复议、行政应诉、行政赔偿的有关工作。承担机关规范性文件的合法性审核和有关备案工作。组织开展法制宣传教育工作。

研究室　负责本市园林绿化发展战略和有关重大问题的调查研究，并提出意见、建议。承担重要文稿的起草工作。组织有关地方志、年鉴的编纂工作。

联络处　组织编制首都绿化美化年度计划。组织协调中直机关、中央国家机关、解放军、武警部队等驻京单位和社会其他组织、国际友人等义务植树活动。组织协调有关部门开展绿化工作和对外交流及相关联络工作。协调开展绿化美化宣传。承担首都绿化委员会办公室的日常工作。

义务植树处　组织开展首都绿化美化和义务植树工作。组织本市公益性绿地、林地和树木的认建认养工作。承担纪念林监督管理工作。组织开展绿化美化检查验收和评比表彰。组织开展群众性绿化美化创建工作。负责古树名木保护管理工作。

规划发展处　负责本市园林绿化规划管理有关工作。参与城市总体规划涉及园林绿化的编制、修订、体检和评估工作。组织编制园林绿化系统规划。参与分区规划、控制性详细规划和镇（乡）域规划园林绿化部分的研究和编制。审查建设工程设计方案中有关绿化用地的内容。承担公共绿地规划设计方案和重点园林绿化工程设计方案组织论证和评审的有关工作。

生态保护修复处　组织本市森林、湿地、草地资源动态监测与评价工作。编制造林营林、防沙治沙等规划和年度计划并组织实施。拟订城市绿化隔离地区、第二道绿化隔离地区、平原地区和山区造林营林、防沙治沙等生态保护修复的政策措施、管理办法、技术规程和标准。负责组织实施重点生态保护修复工程。组织、指导造林营林、封山育林、防沙治沙和以植树种草等生物措施防治水土流失工作。监督管理沙化土地的开发利用，组织沙尘暴灾害预测预报和应急处置。

城镇绿化处　负责本市城镇园林绿化建设和养护管理工作，拟订有关政策措施、管理办法、技术规程和标准。组织开展绿地资源调查和评估。组织编制城镇园林绿化建设规划、年度计划并组织实施。承担园林绿化行业招投标管理工作。负责城镇园林绿化工程的质量监督和城市园林绿化施工企业信用信息管理工作。组织、协调重大活动的绿化美化及环境布置工作。指导屋顶绿化工作。承担直属绿地的管理工作。

森林资源管理处　拟订本市森林资源保护发展的政策措施，组织编制森林采伐限额并监督执行。承担林地相关管理工作，组织编制林地保护利用规划并监督实施。指导编制森林经营规划和森林经营方案并监督实施，监督管理森林资源。指导监督平原生态林资源管理。组织实施林业生态补偿工作。指导监督林木凭证采伐、运输。承担森林资源动态监测与评价。指导基层林业站的建设和管理。

野生动植物和湿地保护处　负责本市陆生野生动植物和湿地保护工作，拟订政策措施、相关规划和管理标准并组织实施。组织开展陆生野生动植物资源调查和资源状况评估。指导、监督陆生野生动植物的保护和合理利用工作。研究提出重点保护的陆生野生动物、植物名录调整意见。指导、监督陆生野生动物疫源疫病监测和重点保护陆生野生动物救护、繁育工作。负责湿地保护的组织、协调、指导、监督工作。组织开展湿地保护体系的建设和管理。承担湿地资源动态监测与评价。组织实施湿地生态修复、生态补偿工作，监督管理湿地的开发利用。

自然保护地管理处　监督管理本市各类自然保护地，提出新建、调整各类自然保护地的审核建议。拟订相关规划、建设标准和管理规范并组织实施。组织实施各类自然保护地生态修复工作。承担世界自然遗产项目和世界自然与文化双重遗产项目相关工作。负责生物多样性保护相关工作。

公园管理处　承担本市公园的行业管理。组织编制公园发展规划并监督实施。拟订公园管理标准和规范，指导和监督公园建设和管理。承担公园的登记注册工作。参与公园规划设计方案的审核。组织开展公园资源调查、评估等工作。承担公园对公众信息服务的管理工作。指导公园行业精神文明建设工作。

国有林场和种苗管理处　承担本市国有林场、森林公园、林木种子、草种管理工作，拟订有关政策措施和管理办法。组织编制国有林场发展规划，指导国有林场基本建设和发展，指导国有林场造林营林、资源保护等工作。承担直属林场、苗圃的管理工作。拟订种质资源保护和利用相关政策，指导种质资源库、良种基地、保障性苗圃建设。拟订林木种苗、草种发展规划并组织实施，监督管理林木种苗、草种的质量和生产经营行为。

防治检疫处　拟订本市林木、绿地、

草地有害生物防治政策、规划并组织实施，组织指导林木、绿地、草地有害生物防治、检疫和预测预报。组织开展林木、绿地、草地有害生物突发应急除治。负责补充检疫性林业有害生物名单的管理。

行政审批处　负责拟订本市园林绿化行政审批制度改革方面政策措施并组织实施。依法承担本局行政许可等公共服务事项的办理工作，制订相关办理流程、标准规范并组织实施。指导区园林绿化行政审批制度改革工作。

产业发展处　拟订本市果树、花卉、蜂蚕、森林资源利用等产业政策措施和发展规划，拟订有关管理规范和技术标准并组织实施。组织、指导果树、花卉、蜂蚕等新品种、新技术的引进、试验、示范、推广、技术培训等工作。拟订食用林产品质量安全标准、规范并组织实施。承担促进产业发展和经营管理相关的信息服务工作。

林业改革发展处　负责组织指导本市林业改革和农村林业发展工作。指导、监督集体林权制度改革政策的落实。组织拟订农村林业发展、维护农民经营林业合法权益的政策措施并指导实施。指导农村林地林木承包经营、流转管理。协调指导木材资源的综合利用。负责林下经济发展指导管理工作。

科技处　承担本市园林绿化科技管理工作。拟订园林绿化科技工作的发展规划和年度计划并组织实施。承担园林绿化各类标准的综合管理与协调工作。组织园林绿化重大科技项目的研究开发，承担有关技术推广和科普工作。承担园林绿化环境保护方面的协调工作。组织、指导林业碳汇工作。承担对外技术合作与交流工作。承担林业应对气候变化相关工作。监督管理林业生物种质资源、转基因安全、植物新品种保护。

应急工作处　依法承担本市园林绿化安全生产相关工作。负责突发林木有害生物事件和沙尘暴灾害方面的应急管理。协助畜牧兽医主管部门做好陆生野生动物疫情的应急处置工作。组织相关应急预案的编制、修订与演练。承担应急信息的收集、整理、分析、报告及发布等工作。承担机关及所属单位的应急管理工作。

森林防火处　负责落实本市综合防灾减灾规划相关要求，组织编制森林火灾防治规划、标准并指导实施。组织、指导开展防火巡护与视频监控、火源管理、防火设施建设与管理、防火宣传教育、火情早期处理等工作并监督检查。组织指导国有林场开展监测预警、督促检查等防火工作。参与森林火灾应急处置，负责火因调查、火损鉴定、灾后评估等工作。

计财(审计)处　编制本市园林绿化中长期发展规划和年度计划，提出发展和改革的政策建议。承担园林绿化项目及相关专项资金的监督管理。承担有关行政事业性收费的监督管理。负责机关及所属单位财务管理、固定资产管理、内部审计等工作。承担有关统计工作。

人事处　负责机关及所属单位的人事、机构编制、劳动工资、干部教育培训和队伍建设等工作。

机关党委(党建工作处、团委)　负责机关及所属单位的党群工作。承担局党组落实党要管党、从严治党责任及党风廉政建设主体责任的具体工作。

机关纪委(党组巡察工作办公室) 负责机关及所属单位的纪检、党风廉政建设工作。负责拟订本局党组巡察工作规划计划和规章制度并组织实施。

工会 负责机关及所属单位的工会工作。

离退休干部处 负责机关及所属单位离退休人员的管理与服务工作。

(行政职能：陈朋 供稿)

园林绿化概述

【北京市园林绿化概述】

林地 全市林地面积为113万公顷，其中森林面积84.83万公顷，灌木林面积31.92万公顷，其他林地面积6.74万公顷。森林覆盖率达到44.4%，乔木林蓄积量为2520.67万立方米，乔木林单位面积蓄积量为33.91立方米/公顷。

全市生态公益林93.86万公顷。其中，国家级公益林33.10万公顷、市级生态公益林87.58万公顷，两类重叠面积26.82万公顷。

绿地 全市绿地面积9.27万公顷，城市绿化覆盖率48.96%，人均公园绿地面积16.59平方米，公园绿地500米服务半径覆盖率86.85%。

湿地 全市湿地面积59550.5公顷，占全市国土总面积的3.6%。其中：天然湿地27978.44公顷，占46.98%，主要由河流、湖泊、沼泽湿地组成；人工湿地31572.06公顷，占53.02%，主要是由库塘、水产养殖场湿地等组成。

从各区的分布来看，密云区湿地面积最大，为16789.53公顷，占全市湿地总面积的28.19%；房山区次之，为6546.29公顷，占全市湿地总面积的10.99%；东城区最小，为79.28公顷，仅占全市湿地总面积的0.13%。

2020年，全年共恢复建设湿地2223公顷，形成大尺度森林湿地十余处。其中：恢复湿地1616公顷，新增湿地607公顷。

沙化土地 据北京市第六次荒漠化和沙化监测报告，北京市荒漠化土地面积为0.21万公顷，均为风蚀类型，亚湿润干旱区荒漠化土地，其中礼贤镇0.13公顷，榆垡镇2112.73公顷，多属于轻度荒漠化。

北京市沙化土地面积为2.24万公顷。具体分布在11个区130个乡镇，其中人工固定沙地面积为21824.09公顷，占99.89%；天然固定沙地面积是24.01公顷，占0.11%。各区沙化土地中，大兴区面积最大，为5823.45公顷，占26.01%；其次是延庆区，为5363.90公顷，占23.96%。

京津风沙源(二期)“十三五”期间通过实施困难立地造林、低效林改造、封山育林等工程，累计营林造林10.34万公顷，其中包括困难立地造林1.11万公顷，封山育林7.06万公顷，低效林改造2.17万公顷，人工种草6733.33公顷。

2020年，北京市完善退耕还林工程项目完成流转面积5786.67公顷，补助面积1.43公顷。

自然保护地　北京市自然保护地有自然保护区、风景名胜区、森林公园、湿地公园、地质公园五大类79个。其中：自然保护区21个(国家级2个、市级12个、区级7个)，总面积约13.8万公顷；风景名胜区11个(国家级3个、市级8个)，总面积约19.5万公顷；森林公园31个(国家级15个、市级16个)，总面积约9.6万公顷；湿地公园10个(国家级2个、市级8个)，总面积约2343公顷；地质公园6个(国家级5个，市级1个)，总面积约7.7万公顷。全市自然保护地在空间上的实际覆盖面积约3674.1平方千米，约占市域面积的22.4%，涉及12个行政区(除东城、西城、朝阳、通州区外)，主要集中分布在生态涵养区，在保护生物多样性、保存自然遗产、改善生态环境质量和维护首都生态安全方面发挥了重要作用，使本市90%以上国家和地方重点野生动植物及栖息地得到有效保护。

2020年完成《北京市自然保护地整合优化预案》编制工作，市委办公厅、市政府办公厅联合印发《北京市建立以国家公园为主体的自然保护地体系的实施意见》，为本市自然保护地体系建设提供了行动指南。为避免出现“以调代改”，加强自然保护监督管理工作，会同市生态环境局对中央环保督查、环保“绿盾”问题点位整改情况进行现场实地核查并督办。建立健全自然保护地管理档案，编制《自然保护地体系建设专刊》共计13期，对全市自然保护地工作进行广泛宣传。

自然保护区　全市共设立自然保护区21个，包括14个森林生态系统自然保护区、3个湿地生态系统自然保护区、2个地质遗迹类型自然保护区、2个水生野生动物类型自然保护区。国家级自然保护区2个，分别为松山国家级自然保护区和百花山国家级自然保护区；市级自然保护区12个，其中平谷区四座楼市级自然保护区面积最大，近2万公顷，其次为怀柔区喇叭沟门市级自然保护区，面积为1.85万公顷；区级7个，全部分布在延庆区(含2017年新设立水头区级自然保护区)。

风景名胜区　全市共有风景名胜区11个，总面积19.57万公顷。其中：国家级3个(八达岭—十三陵、石花洞、承德避暑山庄外八庙风景名胜区)，市级8个。八达岭—十三陵风景名胜区面积最大，为3.26万公顷；房山十渡风景名胜区次之，为3.01万公顷。

森林公园　全市共有31个森林公园，总面积9.66万公顷，其中：国家级15个、市级16个。门头沟区森林公园数量最多，有8个，含国家级2个、市级6个。房山区霞云岭国家森林公园最大，面积为2.15万公顷；其次为怀柔区喇叭沟门国家森林公园，面积为1.12万公顷。

湿地公园　全市湿地公园共12个，总面积2901.86公顷。其中国家级3个，分别是翠湖国家城市湿地公园、野鸭湖国家湿地公园和长沟国家湿地公园，面积均在200公顷以上；市级湿地公园9个，包括怀柔区琉璃庙湿地公园、大兴长子营湿地公园等，其中怀柔区汤河口湿地公园最大，面积为680公顷。

地质公园　全市共设立2处世界地质公园、5处国家级地质公园和1处市级地质公园。

中国房山世界地质公园和中国延庆世

界地质公园分别于2006年、2013年获得联合国教科文组织授牌。房山石花洞地质公园和十渡地质公园、延庆硅化木地质公园、平谷黄松峪地质公园、密云云蒙山地质公园于2001~2009年被原国土资源部先后批准为国家级地质公园。房山圣莲山地质公园于2004年被原北京市国土资源局设立为市级地质公园。地质公园的设立，使地质遗迹资源得到了有效保护和科学利用。

野生动植物

植物类　北京地区维管束植物共计2088种。其中国家重点保护野生维管束植物3种、北京市重点保护野生维管束植物80种(类)；包括槭叶铁线莲、北京水毛茛等北京市一级重点保护野生植物8种(类)，百花山葡萄、丁香叶忍冬、小叶中国蕨等北京市二级重点保护野生植物72种(类)。

2020年，组织开展北京市一级重点保护野生植物轮叶贝母、北京市二级重点保护野生植物丁香叶忍冬，北京新记录珍贵用材树种铁木本底资源调查和保育研究；对轮叶贝母开展传粉生物学研究和春季花期胁迫因子调查研究，阐明影响结实率原因；对丁香叶忍冬开展资源调查和种子萌发研究，为后续保育回归工作奠定坚实基础；对铁木开展种群调查，发现野生植株50余株。组织开展极小种群野生植物保育项目储备；编制完成上方山极小种群野生植物保育项目、北京雾灵山极小种群野生植物铁木保护示范项目、基于菌根共生特性探究北京松山地区极小种群兰科植物的种质保育项目3个可研报告，为后续项目实施奠定基础。

动物类　北京地区动物区系为南北方动物的过渡性地带，野生动物资源比较丰富。据统计，北京陆生脊椎动物分布有581种，其中：鸟类495种、兽类53种、两栖类10种、爬行类23种，含国家重点保护野生动物81种。国家一级重点保护动物15种，如褐马鸡、黑鹳、麋鹿等，国家二级重点保护动物66种，如斑羚、大天鹅、鸳鸯等。列入北京市重点保护野生动物222种，市一级重点保护野生动物48种，包括狼、豹猫、大白鹭等；市二级重点保护野生动物174种，包括绿头鸭、白鹭、黑斑蛙等。

2020年，为防控疫情暂停部分野生动物行政许可审批。以动态监测和重点检查相结合的方式强化疫情期间野生动物管控，建立人工繁育单位台账，落实管理责任和消毒防疫措施，编印《北京市陆生野生动物人工繁育场所日常防控指南》；落实禁食野生动物相关补偿及处置工作，制定并落实《北京市野生动物保护管理条例》相关工作，起草《条例》配套制度，包括：《北京市陆生野生动物人工繁育及利用管理办法》《北京市野生动物猎捕管理办法》。同时起草《修订〈北京市陆生野生动物造成损失补偿办法〉立法建议》并开展野生动物造成损失保险制度调研工作；开展查没象牙等野生动植物制品的移交、销毁相关工作，房山区上方山野外猕猴种群调控保护、落实禁食野生动物相关补偿及处置、野生动物园动物保护、加强室内动物园管理等。

优化营商环境，在两次精减事项申请材料及时限的基础上，再次梳理涉及野生动植物类政务服务事项13项(含办理项共15项)，再次精减材料14份，精减比例18%。

全年共接收市民救护以及公安等执法部门罚没野生动物254种、2688只(条)，其中：直接救护205种、1332只(条)，接收执法罚没移交144种、1356只(条)；鸟类169种、2068只，兽类30种、276只，两栖类2种、7只，爬行类52种、299只，其他类别1种、38只。包括国家一级保护野生动物(含《濒危野生动植物种国际贸易公约》附录Ⅰ物种)9种、46只，国家二级保护野生动物(含《濒危野生动植物种国际贸易公约》附录Ⅱ物种)42种、489只，列入《国家保护的有重要生态价值、科学价值、社会价值的野生动物名录》的野生动物和其他野生动物203种、2153只。全年共移交野生动物至相关保护部门851只(条)，放归野生动物7种、82只(条)。

组织开展“世界湿地日”“世界野生动植物日”“北京湿地日”“爱鸟周”“保护野生动物宣传月”等传统野生动植物保护宣传活动。

古树名木　古树指树龄在百年以上的树木，凡树龄在三百年以上的树木为一级古树，其余的为二级古树。名木指珍贵、稀有的树木和具有历史价值、纪念意义的树木。根据全国第二次古树名木资源普查北京市成果报告显示，全市共有古树名木41865株，16个区均有分布，其中古树40527株，占全市古树名木总株数的96.8%；名木1338株，占总株数的3.2%。古树资源中，一级古树6193株，占古树总株数的15.3%，二级古树34334株，占总株数84.7%。全市古树名木资源丰富，种类较多，共计33科55属72种。

全市列入千年以上古树62株，其他知名古树名木60株，共122株。树种主要集中在侧柏、油松、桧柏、国槐、榆树、枣树等乡土树种。两株树龄最长的古树，分别为位于密云区新城子镇的古侧柏九搂十八杈和昌平区南口镇檀峪村的古青檀。

2020年，组织开展全市名木资源普查，编制《北京古树名木保护规划》；研究出台《首都古树名木检查考核方案》及《标准》，并组织市级专家组开展全市检查与考核。进一步完善标准规范体系；组织完成《古树名木评价标准》的修订、论证、公示与报审；结合标准修订，将部分承载着历史、文化、乡愁，在北京市具有一定代表性的、珍稀濒危等经济树种中的珍贵单株，经论证后按程序纳入古树名木保护范围；推进“北京古树名木种质资源保护研究基地”建设。

城市公园　全市城市注册公园共有377个，面积14093公顷，免费率达91.7%，年接待游客约3.6亿人次。2002年以来，全市共建造精品公园111个。

注册公园是指面积在一公顷以上、绿化面积(含水面面积)占总面积的65%以上、有较完善的游览休憩设施、对外开放、有相应的管理人员的公园。

精品公园是指依照北京市地方标准《精品公园评定标准》(DB11/T 670—2009)，具有完整、科学合理的规划和设计，无土地权属争议；园林环境清新、整洁，景观优美，按照特级养护质量标准进行养护；各类设备设施齐全、完好；管理机构健全、规章制度完善、管理精细；服务热情规范；游览秩序良好，应急措施有效，游客满意度高的公园。

新城滨河森林公园　2008年，北京市启动了11个新城滨河森林公园建设，分别在通州、大兴、延庆、昌平、密云、门头沟、房山、怀柔、平谷、顺义、亦庄以高标准、高质量建设新城滨河森林公园，构建“以林为体、以水为魂、林水相依、自然和谐”的开放式带状滨河绿地，以此为载体，展现每个新城自然、历史和人文特色，提高新城宜居质量。2010～2012 年陆续建成并陆续对公众开放，总面积 7661.9 公顷，使新城绿化覆盖率提高 5 个百分点，每年实现碳汇 6 万吨。房山新城滨水森林公园最小，面积 385.93 公顷，相当于 2 个玉渊潭公园；顺义新城滨河森林公园最大，面积 1245.5 公顷，相当于 4 个颐和园。

国有林场 全市国有林场 34 个，均为生态公益型林场，林地总面积 6.92 万公顷，占全市国土总面积的 4.22%，占全市林地总面积的 6.32%。有林地面积 5.07 万公顷，占全市有林地面积的 6.9%，占全市国有林地中有林地面积的 71.1%。平均森林覆盖率为 72.6%，森林总蓄积量 162.5 万立方米。

从隶属来分，中央单位所属林场 2 个，包括北京林业大学实验林场和中国林业科学院九龙山林场，林地面积 0.32 万公顷，占全市国有林场林地总面积的 4.6%；市属林场 7 个，包括市园林绿化局所属 6 个林场和市水务局所属密云水库林场，林地面积 4.02 万公顷，占总面积的 58.1%；区属林场 25 个，分布于 11 个区，面积 2.58 万公顷，占总面积的 37.3%。截止到 2020 年底，在国有林场基础上，建立了 6 个自然保护区和 14 个森林公园，包括国家级森林公园 8 个、市级森林公园 6 个，占全市森林公园总数(31 个)的 45%，是全市森林公园的核心组成部分。保护着全市 50%以上的珍稀物种，年接待游客近 1000 万人次，是市民公众巨大的公共产品和无比宝贵的生态财富。

2015 年以来，按照《国有林场改革方案》和《北京市国有林场改革实施方案》，全市国有林场改革落实“五个到位”。一是公益属性落实到位。全市 34 个国有林场全部落实公益一类属性，人员经费及公共经费纳入财政预算。二是管理体制理顺到位。强化国有林场法人自主权，规范国有林场建制，园林绿化部门的监管职责进一步明确和加强，有效扩大了国有林场经营范围。三是事企分开改革到位。关停注销国有林场企业 70 余家，整合重组保留的企业，已实行企业法人独立运营，林场所得收益实行收支两条线管理。四是历史债务化解到位，卸去林场长期以来的资金包袱。五是创新建立森林综合管护定额投入制度。将森林防火、林业有害生物防治、森林抚育及其他日常管护，纳入年度财政预算，平均 7500 元/公顷。总结管护定额的试点经验，指导区属林场建立综合管护定额投入机制。

绿色产业 全市园林绿化产业主要包括果树、种苗、花卉、蜂蚕、林下经济、森林旅游等绿色产业。

果树产业 截至 2020 年，全市果园面积达到 13.6 万公顷，果品产量 5.1 亿千克，收入 36.1 亿元；从业果农 20 万户，户均收入 1.8 万元；全市开放观光采摘果园 1647 个、1.87 万公顷，其中经过安全认证的果园 576 个、1.36 万公顷，年接待游客 717.2 万人次，采摘果品 3691.6 万千克，采摘收入 5.2 亿元，果树产业已经成为京郊农民增收致富的重要产业。有序实施果园有机肥替代化肥试点工作，覆盖全市3333.33公顷鲜果园，施入有机肥10万吨。推进疫情防控和产业复工复产，建立市、区、企业联动机制以及滞销林果产品分级响应处理机制，搭建产销对接平台，助力果品销售。“十三五”期间，果园规模化、集约化、标准化逐步发展，2公顷以上果园规模化果园1941个，总面积2.26万公顷，推进高效现代化果园建设，新建更新果园2986.93公顷，改造果园2140.23公顷；设立北京市果树产业基金，吸引社会资本参与果树产业建设，累计支持高效节水密植果园建设项目38个，年带动农民直接就业1.5万人，间接就业3万人，促进农民增收6000万元，果树全产业链发展效果良好；建立完善果树产业大数据平台，形成188万条果树产业数据，为果树产业发展提供了可靠的数据基础、规划支撑和决策依据；立足资源禀赋、特色产业优势，平谷大桃、怀柔板栗已分别于2017年、2019年被国家评为“中国特色农产品优势区”；西集大樱桃、昌平苹果等18类荣获国家地理标志果品；平谷四座楼麻核桃、延庆八棱海棠等36类已被收录到北京市系统性农业文化遗产资源名录；高质量高水平完成2019北京世园会“百果园”建设、布展、运营及闭幕等各项工作。

种苗产业 截至2020年，全市办证苗圃1365个，面积1.77万公顷，苗圃实际育苗面积1.61万公顷，苗木总产量8542万株，检查验收合格133个规模化苗圃，面积7673.33公顷。“十三五”期间新建规模化苗圃3100公顷，全市苗圃形成“435”种苗产业总体发展格局(“4”是指以大兴、通州、顺义、延庆4个区作为重点建设片区；“3”是指形成潮县镇、永宁镇、旧县镇3个万亩镇；“5”是指形成50个1000亩以上苗圃)，带动2万多名农民绿岗就业。累计审定林木良种402个，涉及植物种类90余个。其中观赏植物品种274个，经济林植物品种128个。“十三五”期间，审定林木良种104个，其中观赏植物品种91个，经济林植物品种13个。建立国家重点林木良种基地2处，分别为“北京黄垡国家彩叶树种良种基地”“北京市十三陵林场国家白皮松良种基地”，总面积129.8公顷，累计生产林木良种穗条61.6万条，培育林木良种近15万株。建立国家林木种质资源库1处，为“北京市海棠国家林木种质资源库”，总面积43.3公顷，累计收集、保存海棠种质资源113份。

花卉产业 截至2020年，种植面积2933.33公顷，年产值10.7亿元，盆栽植物产量超过1.7亿盆，其中花坛植物产量1.3亿盆。直接从事花卉生产的企业217家，花农500余家，从业者超过2万人，大中型花卉市场12个，通过各种花事活动年接待游客量超过1200万人次。“十三五”期间，北京市以筹备2019北京世园会为契机，形成一大批花卉科技成果。其中培育自主产权花卉新品种114个，推广100个，推广面积333.33余公顷。

蜂蚕产业 截至2020年，全市蜜蜂饲养总量为28万群，蜂蜜产量897万千克，蜂王浆产量6.53万千克，蜂花粉9.91万千克，蜂蜡产量8.01万千克。全市共有蜂业专业合作组织71个，蜂业产业基地60个，从业人员2.5万余人，养蜂户1.12万户。养蜂总产值2.1亿元，蜂产品加工产值超过12亿元。

林下经济 截至2020年，全市林下经济累存面积1.53万公顷。“十三五”期间，林下经济产值累计达18.8亿元，有156家企业、81家合作社从事林下经济活动，带动农民5.57万户。延庆、怀柔、房山、门头沟等10个区形成了林药、林花、林蜂、林游等十大林下经济发展模式。培育了7家国家级林下经济示范基地，示范基地经营林地面积840公顷，通过发展森林康养、自然体验、林下休闲游、林产品采集加工等相关产业，实现年产值1亿元，年均带动2238户当地农民就业，户均增收1.8万元。作为全市2019~2020年林下经济试点，房山区大石窝镇完成了林药、林花、林农复合经营等不同林下经济模式的试点示范，全镇林下经济面积达到266.67公顷，实现经济收入12.4万元，带动当地农民就业200余人。

森林资源资产价值 森林资源资产是指以森林资源为内涵的资产，包括林地资产、林木资产和生态资产，其评估的基本方法主要有市场法、收益法和成本法，评估范围不包括古树名木。传统经济社会在关注森林资源的直接物质产品和价值的进程中，其生态服务效益和价值逐步为大众认识并关注。

2020年，全市森林资源资产价值为8214.77亿元，较上年度增加116.81亿元，其中：林地资产价值为456.71亿元，较上年度增加6.49亿元；林木资产价值为304.26亿元，较上年度增加4.32亿元；生态服务价值为7453.80亿元，较上年度增加106亿元。全市林地绿地生态系统年碳汇能力779.9万吨，释放氧气567.2万吨。2018~2020年度新一轮百万亩造林绿化工程中符合碳汇计量条件的面积共计3.63万公顷，经计量在2018~2021年累计产生净碳汇量36.49万吨。

（园林绿化概述：郭腾飞 供稿）

北京市园林绿化局（首都绿化办）机关行政机构系统表

北京市园林绿化局（首都绿化办）

- 办公室
- 法制处
- 研究室
- 联络处
- 义务植树处
- 规划发展处
- 生态保护修复处
- 城镇绿化处
- 森林资源管理处
- 野生动植物和湿地保护处
- 自然保护地管理处
- 公园管理处
- 国有林场和种苗管理处
- 防治检疫处
- 行政审批处
- 产业发展处
- 林业改革发展处
- 科技处
- 应急工作处
- 森林防火处
- 计财（审计）处
- 人事处
- 机关党委(党建工作处、团委)
- 机关纪委（党组巡察工作办公室）
- 工会
- 离退休干部处

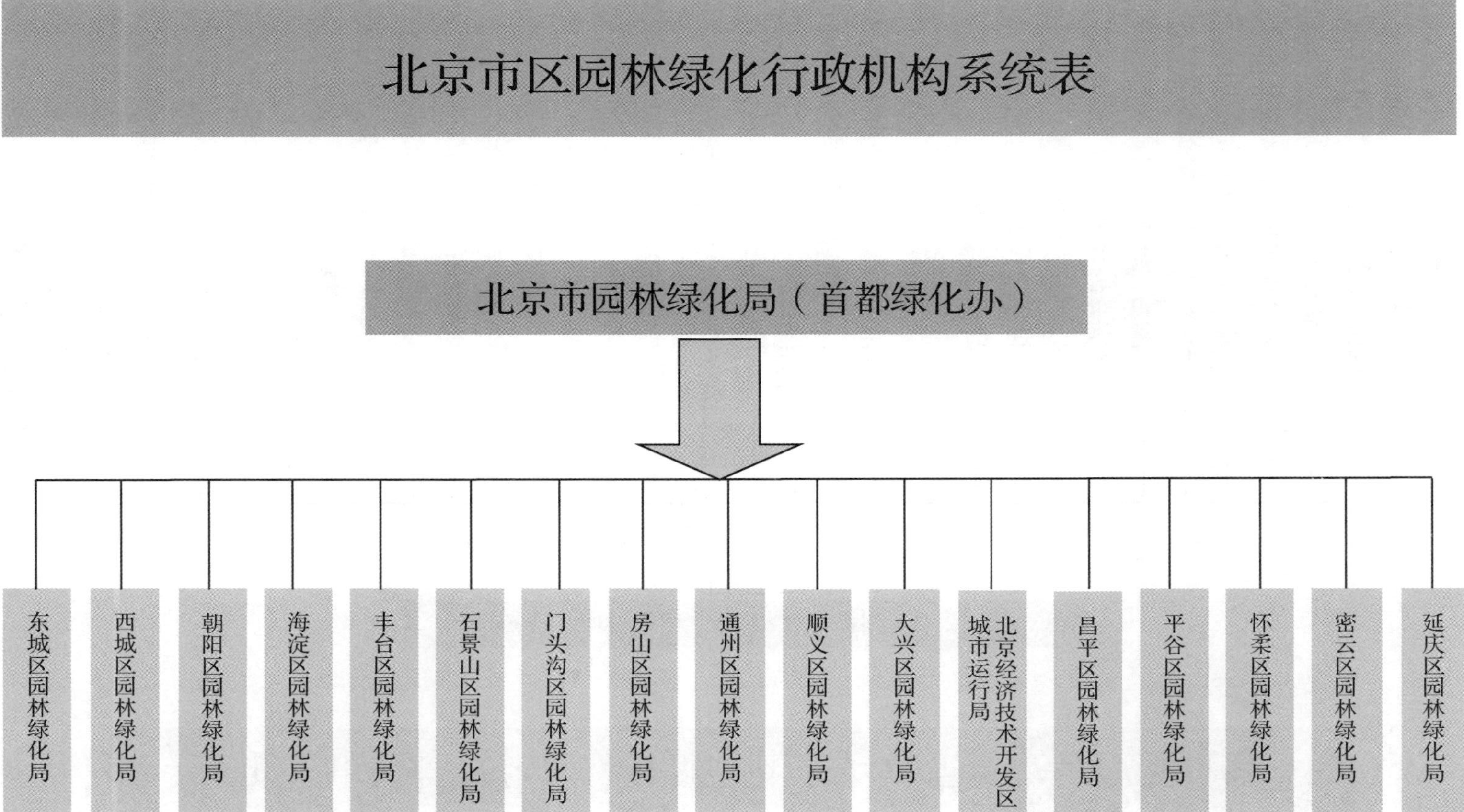
北京市区园林绿化行政机构系统表
北京市园林绿化局（首都绿化办）
东城区园林绿化局
西城区园林绿化局
朝阳区园林绿化局
海淀区园林绿化局
丰台区园林绿化局
石景山区园林绿化局
门头沟区园林绿化局
房山区园林绿化局
通州区园林绿化局
顺义区园林绿化局
大兴区园林绿化局
北京经济技术开发区城市运行局
昌平区园林绿化局
平谷区园林绿化局
怀柔区园林绿化局
密云区园林绿化局
延庆区园林绿化局

北京市园林绿化局（首都绿化办）直属单位行政系统表

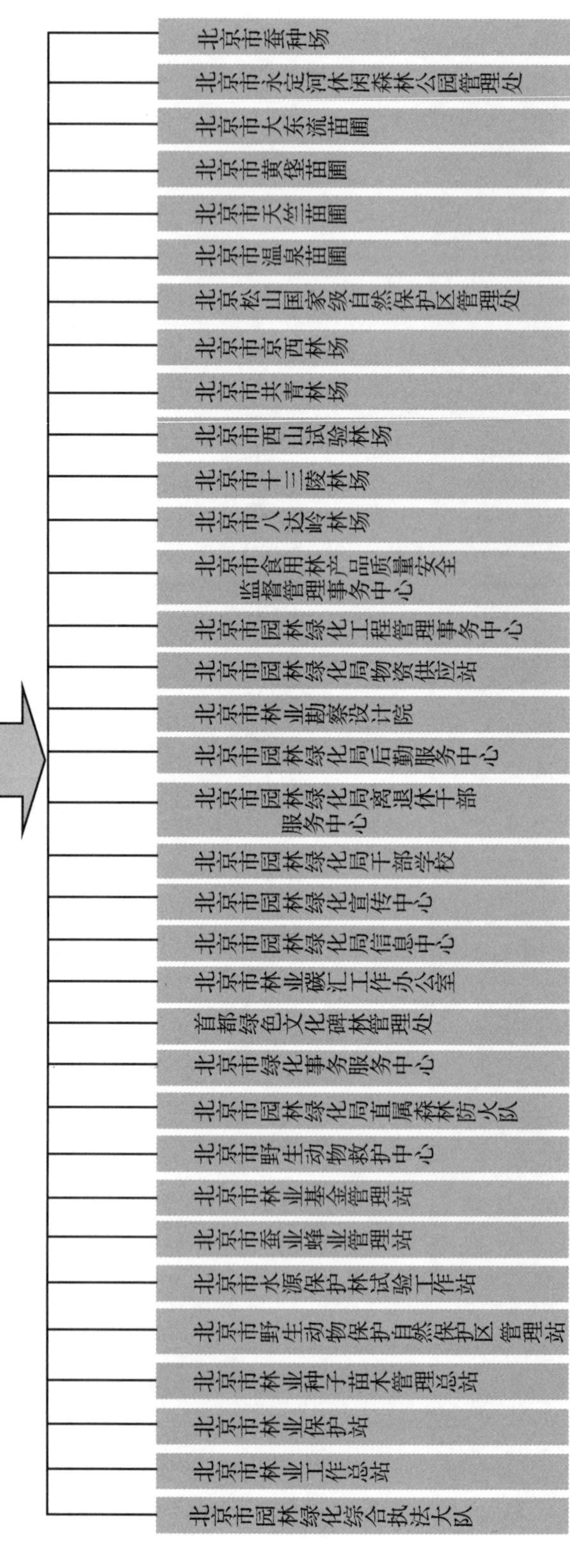

生态环境

生态环境修复

【概　况】 2020年，北京市按照高质量发展要求和既定任务目标稳步推进造林营林各项工程。完成新一轮百万亩造林绿化14000公顷；实施京津风沙源治理二期工程困难立地造林666.67公顷、封山育林26733.33公顷、人工种草1067公顷；太行山绿化人工造林133.33公顷；营造彩叶景观林926.7公顷；实施公路河道绿化150千米；完成乡村绿化美化372公顷；实施森林健康经营林木抚育任务46773公顷。

（李利）

【天然林保护修复】 9月30日，以中共北京市委生态文明建设委员会名义印发《北京市天然林保护修复工作方案》，贯彻落实《中共中央办公厅国务院办公厅关于印发〈天然林保护修复制度方案〉的通知》要求，进一步加大北京市天然林保护修复力度。

（李利）

【退耕还林工程】 北京市退耕还林工程于2000年开始试点，到2004年，北京市退耕还林工程累计完成造林7万公顷，2019年底，国家补助政策全部到期。北京市为切实巩固退耕还林成果，在统筹农村扶持政策、积极扶持退耕农户发展林果绿色产业的基础上，制订《北京市关于完善退耕还林后续政策的意见》，主要内容包括：将重要水源地等部分生态区位重要的退耕还林调整为生态公益林，调整后，由乡镇政府统一经营管理，市级财政按照每年每公顷15000元的土地流转费和每年每平方米1元的林木养护费给予补助；对部分继续由农户经营管护的生态与经济兼用林，市级财政按照每年每公顷7500元的标准给予补贴。根据市级抽查结果，2020年核定纳入退耕还林后续政策的退耕还林面积1.99万公顷，包括调整为生态公益林0.57万公顷、生态经济兼用林1.42万公顷。按照退耕还林后续政策核算，2020年安排市级补助资金1.92亿元，其中土地流转补助资金0.85亿元、生态经济兼用林管护补助资金1.07亿元。2020年5月21日，北京市园林绿化局、北京市财政局联合印发《关于落实〈北京市关于完善退耕还林后续政策的意见〉实施方案》的通知，确保北京市退耕还林后续政策落实到位，保障纳入政策范围的退耕还林地流转和补助等各项工作及时落实到位。

（李利）

【城市绿心绿化建设】 城市绿心是北京城市副中心“两带、一环、一心”绿色空间结构重要组成部分，规划范围为西至现状六环路，南至京津公路，东、北至北运河。项目建设面积555.85公顷。建设内容包括绿化工程、庭院工程、给排水及电气工程等。该项目工程总投资约22.97亿元，该项目于2018年12月启动，于2020年9月底建成并正式对外开放，全园新植各类乔灌木101万株，水生植物4.5万平方米，地被348万平方米，打造80万平方米全市最大生态保育核、5.5千米星型园路、36个景观节点及30多片多功能运动场地。

（李利）

【京津风沙源治理工程】 年内，北京市通过对宜林荒山荒地进行植树造林和生态修复，增强生态功能，提升生态景观；对不适于开展造林的造林地采取封山育林措施，利用人工手段促进天然更新，提升质量效益。完成京津风沙源治理二期工程总任务28467公顷。涉及房山、门头沟、怀柔、密云、延庆、昌平6个区和市属京西林场，其中困难立地造林666.67公顷、封山育林26733.33公顷、人工种草1067公顷。栽植各类苗木50.88万株，修建作业道198千米，铺设浇水管线114.7千米，修建标牌161块、围网57千米，完成封育抚育13733公顷。

（李利）

京津风沙源治理二期工程京西林场大安山骡子运送苗木（崔佟 摄影）

【北京市太行山绿化工程】 年内，国家太行山绿化工程完成人工造林133.33公顷，栽植各类苗木14.8万株。工程全部安排在房山区，涉及霞云岭乡、蒲洼乡、史家营乡3个乡，按照适地适树的原则，造林树种选择耐干旱、瘠薄的造林树种，栽植主要树种有油松、侧柏、落叶松、黄栌、元宝枫、山杏等。通过工程的实施，减少水土流失，有效地改善当地生态环境，同时增加生态涵养区当地群众收入。

（李利）

房山区大石窝镇岩上村太行山绿化景观（生态保护修复处 提供）

【彩色树种造林工程】 年内，北京市实施彩色树种造林工程926.67公顷，涉及密云、延庆等7个区，围绕风景名胜区、生态旅游区、民俗旅游区等重点区域周边，增加黄栌、元宝枫等彩色树种，丰富森林景观色调，提升生态旅游环境质量。截至2020年底，北京市彩色树种分布面积3.64万公顷。

（李利）

【公路河道绿化工程】 年内，北京市完成公路河道绿化150千米。涉及丰台、房山、密云等6个区，主要在区、乡镇和村级道路两侧增加景观树种，提升生态防护功能和绿色廊道景观效果。

（李利）

【森林健康经营林木抚育项目】 年内，北京市完成山区森林健康经营年度林木抚育任务47065.33公顷，其中示范区面积2342.07公顷、重点区森林抚育面积17795.93公顷、一般区森林抚育经营26927.33公顷。其中，怀柔区完成10736.67公顷，延庆区完成8933.33公顷，密云区完成8858.67公顷，门头沟区完成6866.67公顷，房山区完成5933.33公顷，昌平区完成2866.67公顷，顺义区完成204.4公顷，海淀区完成200公顷，丰台区完成198.93公顷。各主要任务区在靠近前山脸地区、风景名胜区、生态旅游区和特色民俗村等重点区域周边，以改善区域林分结构和景观效果为主、结合简易基础设施建设，集中连片建设林木抚育综合示范区15处，平均面积133.34公顷，涉及7个山区及1个半山区。

（李利）

【永定河综合治理与生态修复】 年内，持续推进永定河综合治理与生态修复工程。永定河发源于山西宁武县的桑干河和内蒙古兴和县的洋河，流经内蒙古、山西、河北、北京、天津5个省（区、市），全长759千米。北京段长170千米，流域面积3168平方千米，流经延庆、门头沟、海淀、石景山、丰台、房山、大兴7个区。从2016年工程项目启动到2020年底，北京市园林绿化局负责的13个绿化项目，目前8项任务已经全部完成（延庆区妫水河河岸景观林建设工程66.67公顷，延庆区妫水河河岸景观林改造提升工程760公顷，延庆野鸭湖湿地公园保护与恢复工程80公顷，大兴区永定河外围绿化建设工程1733.34公顷，大兴区永兴河河岸景观林建设工程200公顷，房山区永定河河岸景观林改造提升工程133.33公顷，门头沟区永定河滨水森林公园工程61.40公顷，丰台区北天堂滨水森林公园54.53公顷），正在滚动施工建设的5项（门头沟区永定河和清水河水源涵养林工程0.93万公顷，门头沟区永定河河岸景观林建设工程0.14万公顷，门头沟区永定河森林质量精准提升工程1.35万公顷，门头沟区清水河森林质量精准提升工程0.94万公顷，在首钢遗址周边实施北京冬季奥林匹克公园建设工程，总面积1142公顷）。累计完成新增造林1.14万公顷、森林质量精准提升2.09万公顷。建设湿地公园1处，新增湿地80公顷。完成丰台北天堂滨水郊野森林公园和门头沟永定河滨水森林公园绿化建设。

4月13日，永定河综合治理与生态修复劳动（市永定河休闲森林公园管理处 提供）

（李利）

【京冀水源林合作项目】 年内，京冀生态水源保护林建设合作项目顺利收尾。11年来（2009~2019年）累计营造林66666.7公顷，栽植苗木8009万株，项目区森林覆盖率由37.7%提高到44.77%，建成万亩以上工程地块20处、5000亩以上29处、1000亩以上107处，为当地农民提供绿色就业岗位5760个。

（李利）

（生态环境修复：李利 供稿）

新一轮百万亩造林绿化工程

【概　况】 2020年，北京市计划完成新增造林1.13万公顷，实际完成造林绿化1.4万公顷，其中完成当年任务1.23万公顷、完成2019年扫尾任务0.17万公顷。栽植各类苗木1159万余株，16个区全部超额完成年度计划任务指标。

（李利）

【2022年北京冬季奥运会绿化建设】 年内，启动京张高铁通道绿化建设，涉及昌平、延庆2个区和市十三陵林场，总任务625.75公顷，其中新增造林525.53公顷、改造提升100.22公顷，累计栽植乔木26万株，全力保障通车两侧景观效果。在延庆冬奥赛区周边浅山台地、平缓地重点区域，实施大尺度造林绿化454公顷，栽植各类苗木35.3万株。在延庆冬奥赛区周边继续实施平原重点区域及道路两侧0.97万公顷生态林养护工程全部完工，继续实施森林健康经营0.70万公顷，国家公益林管护抚育工程1933.33公顷，依托2020年新一轮百万亩造林京张高铁昌平段绿色通道建设工程实施，山体创面面积38公顷。

（李利）

【北京城市副中心绿化建设】 年内，按照《北京市新一轮百万亩造林绿化行动计划2020年度建设总体方案》，通州区实施22个项目，新增绿化面积1570.20公顷，其中副中心范围内379.80公顷、副中心外围969.20公顷、战略留白试点任务217.67公顷。完成城市绿心园林绿化视觉识别系统的设计方案，深化城市绿心制高点景观构筑物叠翠轩的设计方案，9月29日城市绿心森林公园开园，标志着城市绿心的绿色本底打造完成。实现23处新建公园绿地开放。通州区2020年实现23处新建公园绿地开放，其中城市类公园6处、湿地公园及村头公园17处，涉及绿化面积约0.34万公顷。

（城镇绿化处）

北京城市副中心绿化建设（何建勇 摄影）

【北京城市副中心外围大尺度绿化】 年内，完成新增造林960公顷。重点实施潮白河森林景观带建设工程（四期）164.85公顷，进一步与前三期融合，逐步在潮白河沿线形成1333.33公顷、长约50千米的大尺度东部生态绿带；继续在宋庄、马驹桥、台湖等地实施景观生态林建设，完成建设任务793公顷，与原有林地连通形成贯穿南北长约32千米的西部生态景观带。

（李利）

【市郊铁路怀密线景观提升工程】 年内，完成建设任务905.9公顷。其中新增造林704.7公顷、改造提升203公顷，栽植各类苗木60万株；对沿线两侧原有林扎实开展秋冬养护作业，确保养护质量效果，展示良好景观效果。

（李利）

【“绿色项链”建设】 年内，完成新增绿化面积453公顷，改造提升77.73公顷。重点推进丰台区南苑森林湿地公园先行启动区、朝阳区广渠路生态公园、京城梨园二期、大兴区聚贤公园、五福堂公园等一绿城市公园建设，实现一道绿隔地区城市公园百园闭合；实施金盏森林公园二期，推进温榆河朝阳示范区、昌平段、顺义段城市森林建设，串联现有生态林资源和森林湿地公园，提升市民绿色福祉。

（李利）

温榆河公园景观（何建勇 摄影）

【浅山生态修复】 年内，完成浅山生态修复造林绿化3947.00公顷。其中，实施浅山平缓地、台地退耕还林1600公顷，累计栽植乔灌木120万余株；实施拆迁腾退地造林25.00公顷；实施宜林荒山造林1827.00公顷；实施通道绿化造林480.00

公顷，改造提升 114.00 公顷。

（李利）

【“战略留白”临时绿化】 年内，完成新实施项目 629.7 公顷。2019~2020 年两年“战略留白”临时绿化任务共计 2387.9 公顷，涉及朝阳、丰台、石景山等 12 个区，至 2020 年底全部完成，栽植各类乔木 97 万株、灌木 53 万株。

（李利）

【疏解整治“留白增绿”】 年内，北京市园林绿化局落实《北京城市总体规划(2016—2035 年)》，全市 2020 年围绕“一核一主一副、两轴多点一区”城市布局，实施“留白增绿”950 公顷，其中涉及园林绿化任务 866 公顷。以大力推动建设多种形态的城市森林、小微绿地和城市公园为抓手，通过“留白增绿”工程在核心区、中心城区、城市副中心、平原新城及生态涵养区，打通景观节点，进一步扩大绿色生态空间，将任务分解为 76 个项目，涉及 14 个区，其中与新一轮百万亩造林绿化工程统筹实施 49 个项目，单独立项实施 27 个项目。截止到 2020 年底，全市留白增绿园林绿化部分完成 874 公顷，超额率 101%。

（规划发展处）

（新一轮百万亩造林绿化工程：李利 供稿）

全民义务植树

【概　况】 2020 年，面对突如其来的新冠肺炎疫情工作，3 月 16 日，印发《关于积极应对新冠肺炎疫情有序开展春季义务植树工作的通知》，要求各区积极组织开展好群众性义务植树活动，依托各级基地，广泛开展“春植、夏认、秋抚、冬防”等多种形式义务植树尽责活动，新植 101 万株，抚育 1005 万株；建成 25 家“互联网+义务植树”基地，形成线上线下尽责新格局。

（杨振威）

【党和国家领导人参加义务植树活动】 4 月 3 日，党和国家领导人习近平、李克强、栗战书、汪洋、王沪宁、赵乐际、韩正、王岐山等在北京市、国家林业和草原局主要领导陪同下，到北京市大兴区旧宫镇参加首都义务植树活动。习近平在参加首都义务植树活动时强调，在全国疫情防控形势持续向好、复工复产不断推进的时刻，我们一起参加义务植树，既是以实际行动促进经济社会发展和生产生活秩序加快恢复，又是倡导尊重自然、爱护自然的生态文明理念，促进人与自然和谐共生。要牢固树立绿水青山就是金山银山的理念，加强生态保护和修复，扩大城乡绿色空间，为人民群众植树造林，努力打造青山常在、绿水长流、空气常新的美丽中国。党和国家领导人栽种了油松、国槐、杏梅、元宝枫、西府海棠、金银木、红瑞木等树木。

（宋兴洁）

【全国政协领导义务植树活动】 4月9日，全国政协副主席张庆黎、刘奇葆、万钢、卢展工、王正伟、马飚、杨传堂、李斌、巴特尔、汪永清、苏辉、刘新成、何维、邵鸿、高云龙和全国政协机关干部职工100余人，到北京市海淀区西山国家森林公园参加义务植树活动。共栽下白皮松、栾树、稠李、山桃、连翘等乔灌木400余株。

（曲宏）

4月9日，全国政协领导在西山森林公园参加义务植树活动(刘晓龙 摄影)

【中央军委领导参加义务植树活动】 4月10日，中共中央政治局委员、中央军委副主席许其亮、张又侠，中央军委委员魏凤和、李作成、苗华、张升民以及驻京大单位、军委机关各部门在北京市主要领导陪同下，到丰台区丽泽金融商务区植树地块参加义务植树活动。这是中央军委和驻京大单位领导连续第38年集体参加首都义务植树活动。长期以来，驻京部队先后参加二环至六环路、机场高速路、京津城际铁路、奥林匹克中心区、怀柔APEC主会场等260多个重点地区绿化及天坛公园、明城墙遗址公园、丰台园博园等60多个大型公园和320多处休闲林地建设。经过一个多小时的劳动，共栽种白皮松、栾树、榆叶梅、玉兰、海棠、银杏等800余株。

（宋兴洁）

4月10日，中央军委领导、军委机关各部门在北京市丰台区丽泽金融商务区绿化地块参加义务植树活动(联络处 提供)

【共和国部长义务植树活动】 4月11日，2020年共和国部长义务植树活动在北京市通州区北京副中心城市绿心地块举行。来自中共中央直属机关、中央国家机关各部门和北京市的128名部级领导干部参加义务植树活动，共栽下油松、法桐、银杏、国槐、八棱海棠等树木2050株。

（曲宏）

【全国人大常委会领导义务植树活动】 4月15日，全国人大常委会副委员长张春贤、沈跃跃、吉炳轩、艾力更·依明巴海、陈竺、王东明、白玛赤林、蔡达峰、武维华，全国人大常委会秘书长、副秘书长、机关党组成员，各专门委员会、工作委员会负责人，在北京市常委会领导的陪同下，到北京市丰台区青龙湖植树场地参加义务植树活动。2019年起，全国人大义务植树场地选定在丰台区青龙湖植树场地，该场地位于丰台区与房山区交界处，规划面积38.33公顷。此次活动共栽种百余株油松、银杏、元宝枫等树苗，为首都的春天增添新绿。

（宋兴洁）

4 月 15 日，全国人大常委会领导在北京市丰台区青龙湖参加义务植树活动（联络处 提供）

【首都绿化委第 39 次全会与首都生态文明与城乡环境建设动员大会合并召开】 4 月 17 日，深入推进疏解整治促提升促进首都生态文明与城乡环境建设动员大会召开。市委书记蔡奇强调，要深入贯彻习近平总书记对北京重要讲话精神，将疏解整治促提升和生态环境建设与疫情防控、复工复产衔接好，更加精准、更加有效、更高质量地推进各项工作，建设国际一流和谐宜居之都。市委副书记、市长陈吉宁主持，市人大常委会主任李伟、市政协主席吉林出席。会上，市委常委、副市长崔述强部署“疏解整治促提升”专项行动、首都生态文明和城乡环境建设 2020 年工作安排。首都绿化委员会第 39 次全体会议与此次动员大会合并召开。会议审议通过《首都绿化委员会工作规则》《围绕中心 服务大局 全面推进首都绿化美化工作高质量发展》——首都绿化委员会第 39 次全体会议报告和《2019 年度首都绿化美化先进集体 先进个人评比结果说明》。首都绿化委员会副主任委员、建设部副部长黄艳，中央军委后勤保障部副部长钱毅平，首都绿化委员会委员、市政府副秘书长陈蓓和部分首绿委成员在主会场参加会议，其他成员单位主要负责同志在分会场参加会议。

（宋兴洁）

【生态文明宣传教育和首都园艺驿站工作座谈会】 5 月 28 日，首都绿化委员会办公室在双秀公园园艺驿站召开生态文明宣传教育和首都园艺驿站工作座谈会。西城区、顺义区，市园林绿化局各处室、各中心站院，公园管理中心，中国人民大学、中央美术学院等有关单位代表 20 余人参加座谈交流。首都绿化委员会办公室副主任廉国钊、二级巡视员刘强出席并讲话。会议认真总结近年来首都生态文明宣传教育和首都园艺驿站工作情况；西城区、顺义区、玉渊潭公园等单位围绕发挥好生态文明宣传教育基地、园艺驿站功能作用，进一步提升市民生态获得感进行典型发言；与会代表围绕首都园艺驿站的建设理念、功能定位、作用发挥以及建设、运营中的法规政策、制度规范等相关内容进行深入研讨。

（宋兴洁）

【“互联网+全民义务植树”基地工作会】 6 月 12 日，北京市“互联网+全民义务植树”基地工作会在八达岭林场“互联网+全民义务植树”基地召开。首都绿化委员会办公室副主任廉国钊、二级巡视员刘强，义务植树处负责同志和相关单位负责同志参加。会议听取共青林场、八达岭林场，京西林场、六合庄林场、首都“互联网+全民义务植树”（房山）基地对 2019 年工作开展情况的汇报及2020年下半年工作计划安排。与会人员充分交流工作经验，互相学习，分享好做法。会后现场踏查八达岭林场"互联网+全民义务植树"基地及"喜庆祖国70年同心共植祝福树"等活动的苗木生长情况。

（杨振威）

【群众性义务植树活动】 年内，全市义务植树计划完成100万株，抚育树木1000万株。面对突如其来的新冠疫肺炎情工作，首都绿化办提前印发通知，坚持一手抓疫情防控，一手抓公民义务植树尽责活动。截至10月底，义务植树完成101万株，抚育树木1005万株，圆满完成年度计划任务。

（杨振威）

【乡村绿化美化】 年内，制定《美丽乡村绿化美化技术规程》地方标准，从技术层面对美丽乡村绿化美化过程中基本要求、绿化美化设计、施工与验收、养护等进行明确；制订《北京市园林绿化局贯彻乡村振兴战略推进美丽乡村建设2020年度任务分工方案》，明确全局相关处室和中心站院工作任务。在年初首都绿化委员会办公室印发的《关于深入开展2020年首都绿化美化工作的意见》中，将2020年度全市乡村绿化美化280公顷任务细化至朝阳、海淀、丰台等13个区，压实各区主体责任。借力"五边"绿化、"留白增绿"项目，利用边角地、农村沟路河渠挖潜增绿。对全市乡镇建设绿地开展规范整治工作，制订《北京市园林绿化局乡镇建设绿地规范整治工作方案》，摸清全市乡镇建设绿地底数；制订印发《北京市园林绿化局关于进一步规范美丽乡村绿化美化相关工作的通知》，明确建立健全工作台账、履行行业监管职责、主动协调推动工作等内容，持续推动乡村绿化美化高质量发展。

（李涛）

【国家森林城市创建】 年内，围绕国家森林城市创建工作，制定印发《关于全面实施〈北京森林城市发展规划(2018—2035年)〉的指导意见》；制订印发《首都森林城镇创建评比办法(试行)》，研究出台《首都森林城镇评价指标》。指导通州、怀柔、密云3个区克服新冠肺炎疫情影响，依据本区国家森林城市建设总体规划，全面完成年度任务目标。指导海淀区全面启动创森工作，6月完成在国家林业和草原局创森备案工作，实现全市有条件的14个区全部完成创森备案目标。指导大兴区、朝阳区、丰台区完成本区国家森林城市建设总体规划编制工作，并以区政府名义印发实施。指导门头沟、石景山、房山、昌平4个区按照本区国家森林城市建设总体规划和实施方案，细化任务分工，推动各项创森年度任务顺利完成。在大兴区启动全国首个森林城市主题公园建设。加大宣传报道力度，在CCTV1《新闻联播》、央视网、《人民日报》、人民网、《中国绿色时报》《光明日报》等广泛开展宣传活动，扩大北京创森工作影响。通过民主推荐、专家审核、社会公示，门头沟区永定镇，房山区张坊镇，顺义区张镇，大兴区庞各庄镇，平谷区夏各庄镇、怀柔区渤海镇6个镇被评为"首都森林城镇"，全市10个区的50个村被评为"首都绿色村庄"。

（李涛）

（全民义务植树：宋兴洁、王文博 供稿）

城镇绿化美化

城市园林绿化建设与管理

【概　况】 2020年，城市园林绿化按照年度工作计划，克服新冠肺炎疫情不利影响，采取有效措施，全力推进工程建设、绿地精细化管护和园林绿化市场化规范管理，城市绿地格局更加完善、绿地服务功能更加丰富、城市生态环境进一步改善。全年完成新增绿地1158公顷，完成全年任务700公顷的165%，超额完成年度建设目标。

（付丽）

【国庆71周年绿化美化服务保障】 年内，市园林绿化局围绕国庆71周年绿化美化搞好服务保障工作。以“硕果累累决胜全面小康、百花齐放共襄复兴伟业”为主题，在天安门广场中心布置“祝福祖国”巨型花篮，两侧绿地新增4900平方米红橙黄三色组成的祥云花卉和18个立体花球，长安街沿线建国门至复兴门布置主题花坛10座、地栽花卉7000平方米、容器花卉100组，为节日营造优美景观环境。全市其他地区，通过立体花坛、地栽花卉、花箱及花卉小品等多种形式，布置各类花卉1000万余株(盆)。9月30日国家烈士纪念日，圆满完成党和国家领导人及首都各界向人民英雄敬献花篮活动的花篮、花束制作及景观保障任务。

（宋学民　胥心楠）

【重大活动园林绿化保障】 年内，市园林绿化局高质量实施中国国际服务贸易交易会景观布置及环境保障工作，结合常态化花卉布置，通过地栽、容器花钵、花箱、立体花架等多种形式，栽摆花卉450余万株。重点做好奥林匹克公园国家会议中心、室外临时场馆、景观大道等道路沿线环境布置，栽摆花卉68万株。“五一”期间，全市园林绿化部门在重点区域、城市道路和街头公园绿地等场所，因地制宜进行花卉布置，栽摆花卉600余万株(盆)，花球240余个。

（宋学民　胥心楠）

【北京城市副中心绿地建设】 年内，北京城市副中心新增城市绿地449公顷。在行政办公区6平方千米内，完成路县故城遗址公园主体绿化39公顷，栽植各类乔木6056株，配合市文物局完成博物馆选址工作。在北京城市副中心155平方千米范围内，新增绿化面积410公顷。完成城市绿心森林公园、北运河东滨河路带状公园、文化旅游区公共绿地一二期、职工周转房南区公园等5处公园绿地、城市森林建设405公顷，结合拆迁腾退建设小微绿地5公顷。加快推进梨园云景公园一期、张家湾公园三期等5个项目建设。高质量建成城市绿心森林公园，按照“一核、两环、三带、五片区”空间布局，打造新型城市森林典范。新植各类乔灌木101万株，水生植物4.5万平方米，地被348万平方米，打造80万平方米全市最大生态保育核、5.5千米星型园路、36景观节点及30多片多功能运动场地。据统计，自9月29日正式对外开放至2020年底，完成市主要领导及四套班子领导参观调研30余次，国庆期间接待游人15.9万人次，推出“畅行绿心”群众健步走活动、“绿享生活”文化集市、“绿动飞扬”绿心互动体验活动、“绿墨华彩”绿心艺术展、“绿意匠心”等系列主题活动，受到各级领导及市民好评。

（宋学民　曹睿）

【城市公园绿地建设】 年内，北京中心城、新城新增公园绿地693公顷。着力提升公园绿地500米服务半径覆盖率、人均公园绿地面积，完成朝阳北花园、海淀闵庄等37处休闲公园主体建设194公顷，实施朝阳润泽、石景山炮山等11处城市森林建设150公顷，完成大兴国际机场绿化建设108公顷，见缝插绿建设西城荷香园、丰台珠翠园等口袋公园及小微绿地50处44公顷，2019年续建项目完成绿化建设75公顷，提升园林绿化服务保障功能；继续推进“留白增绿”建设，完成丰台御路之森、石景山酒吧街等12个单独立项“留白增绿”122公顷。

（付丽）

丰台区久敬庄公园绿地景观(何建勇 摄影)

【健康绿道建设】 年内，市园林绿化局加快绿道规划落地实施，完善绿道功能布局，建设完成通州区重要生态游憩带、延庆蔡家河绿道147千米，构建多功能多层次绿道系统，为市民提供多样化绿色休闲空间。

（曹睿）

顺义区兴峪城市森林健康步道景观(何建勇 摄影)

【道路绿化景观提升】 年内，市园林绿化局完成西城阜成门外大街、朝阳区金榆路、延庆区世园会周边等道路绿化改造 38 万平方米。

（曹睿）

【居住区绿化美化】 年内，北京市新增居住区绿化 16 公顷。实施昌平巩华城、平谷山东庄等居住区绿化工程，新增绿地 16 公顷。完成 1530 条背街小巷环境整治提升绿化美化工作，新增绿化面积 1.6 万平方米，改造绿化面积 7.2 万平方米，摆放花箱花钵 975 个，栽植乔灌木 3.7 万株。

（代元军　曹睿）

【立体绿化建设】 年内，各区在城市生态修复中不断完善绿地综合功能，注重城市第五立面景观设计。完成新建屋顶绿化 5.5 万平方米、垂直绿化 25 千米，不断拓展城市立体绿化空间。

（曹睿）

（城市园林绿化建设与管理：付丽 供稿）

园林绿化市场管理

【概　况】 2020 年，全国上下众志成城抗击新冠肺炎疫情，全市园林绿化市场管理充分发挥园林绿化企业服务管理职能作用，牢固树立服务意识，贯彻落实《北京市建设工程质量条例》《北京市绿化条例》《北京市绿化工程质量监督实施办法》《北京市绿化工程招标投标管理办法》《北京市园林绿化施工企业信用管理办法(试行)》《北京市园林绿化行业安全生产标准化建设工作实施方案》，有序实现全面复工复产。

（李优美）

【质量监督管理】 年内，市园林绿化工程管理事务中心对城市副中心园林绿化建设工程、冬奥会生态修复工程、天安门及长安街沿线花坛布置工程、新一轮百万亩造林绿化工程等重点工程进行质量监督，严格标准规范、加大检查频次。受理施工项目 40 个，开展监督检查 202 次，填写监督记录 122 份，开具《整改通知书》20 份，开展“双随机一公开”检查项目 26 个，参与施工现场全覆盖检查项目 522 个。

（李优美）

【保障北京城市副中心园林绿化工程】 年内，市园林绿化工程管理事务中心以首善标准，全力保障北京城市副中心园林绿化工程建设。受理北京城市副中心申报质量监督项目 23 个，召开告知会 2 次，对竣工验收进行同步监督，实施监督检查 120 次，填写监督记录 115 份，开出《整改通知书》20 份，完成 2020 年北京城市副中心行政办公区绿化养护项目招标、合同签订、全年四个季度资金支付。为确保城市绿心景观效果，打造成为北京城市副中心样板工程，在北京城市副中心绿化监督过程中，对种植土改良情况抽查检测，对重要环节、重点内容进行拉网式排查检查，保证城市绿心森林公园于9月29日正式开园。

（李优美）

【园林绿化工程招投标监督管理】 年内，市园林绿化工程管理事务中心实现园林绿化工程施工招投标全流程电子化，推行“互联网+招投标”，不断优化营商环境。推进《北京市园林绿化工程招标投标管理办法》出台，于6月1日正式生效。受理新入场项目443宗项目（其中有13宗项目进行二次公告），包括公开招标439宗（施工321宗，监理62宗，设计52宗，养护4宗）；邀请招标4宗。受理的325宗施工项目（公开和邀请），计划投资额约80.83亿元，建设面积约49531.94万平方米，中标额78.68亿元。已中标公示施工项目327宗，统计显示111家施工企业中标。已中标公示设计项目62宗，统计显示28家设计企业中标。已中标公示监理项目63宗，统计显示28家监理企业中标。据执法数据记录统计，完成资格预审文件、招标文件审核量706项。累计抽取评审专家637批次、计2794人次，审核招标人选派专家582人次。

（李优美）

11月19日，园林绿化工程管理事务中心在百望山培训基地召开由各区园林绿化局有关人员参加的招投标管理办法宣传贯彻培训会（蔡迪 摄影）

【园林绿化企业管理】 年内，市园林绿化工程管理事务中心坚持“逢提必审”原则，完成对招标的82个项目入围企业基础信息、履约能力信息、良好行为信息梳理。完成线上核验人员证书11346人次、线上核验类似业绩项目1575个。其中人员证书线上确认1953人次，类似业绩项目线上确认163个。对于线上核验存在疑义证书证件、业绩资料组织开展现场原件核查，确保信息准确无误、真实有效。组织核验41家企业104个人员证书和25个业绩资料及发票，其中51人证书信息和22个业绩项目信息通过核验予以采信。

（李优美）

9月22日，园林绿化工程管理事务中心在本单位组织有关企业人员召开调研座谈会（李婕 摄影）

【施工企业信用管理】 年内，市园林绿化局深入推进“放管服”改革，着力优化营商环境，努力营造公平公正、规范有序的市场环境。扎实做好施工企业信用信息管理工作，按照日清日结原则，做好企业信用信息日常审核工作。截至 2020 年底，企信通注册企业 638 家，采集人员信息 10300 余条、业绩信息 6800 余条、良好行为信息 2100 余条。完成招投标管理办法修订工作，积极推进招投标监管方式转变，努力提升行政监管效率。坚持两场一库三方联动，扎实推进标后监管。一方面，坚持“逢用必审”原则，对资格预审入围企业或中标企业在投标文件中使用的信用信息开展真实性核验工作，涉及项目 82 个、企业 90 家，检查信息 2921 条，其中由委办局信息共享或网络核验信息 2116 条。另一方面，协调各区园林绿化局及相关部门，对全市入库施工项目开展一次全覆盖检查，检查工程项目 522 个，检查内容涉及人员到岗履职、工程实体质量、安全生产、文明施工等。配合市发改委完成优化营商环境国考工作。服务监理企业资质升级需求，与市住建委、住建部市场司进行数据对接。

（高然）

【优化营商环境】 年内，市园林绿化工程管理事务中心精简招投标流程和事项，各个流程办理材料精简 50%，所有环节受理审核时限均改为即时办理；推行告知承诺制，采取事中事后监管。疫情期间印发《北京市园林绿化局关于做好疫情防控期间本市园林绿化工程招标投标工作的通知》；修订《北京市园林绿化工程招标投标管理办法》，制订全国园林绿化工程招标资格预审文件和招标文件示范文本，规范招标文件编制行为，推进园林绿化工程招投标全流程电子化和信息化。参与国家优化营商环境评价工作，助力北京市招标投标指标评价考评。

（李优美）

【企业培训补贴发放】 年内，市园林绿化工程管理事务中心有序开展企业培训补贴，完成 2019 年技能提升补贴发放工作，涉及 164 家企业、10530 人次、金额 2704988 元。2020 年度收集到 56 家企业、4442 人次技能提升培训补贴申请信息。符合规定且材料齐全企业 56 家、3651 人次，涉及金额 1307517 元。12 月份完成 38 家企业、1802 人次技能提升补贴申请信息采集，涉及金额 668043 元，助力企业复工复产。

（李优美）

【安全生产标准化达标】 年内，市园林绿化工程管理事务中心安全生产标准化工作组受理 38 家单位安全生产标准化达标申请，完成 7 家单位复评工作，6 家单位核查工作，累计安全生产标准化达标 97 家。

（李优美）

（园林绿化市场管理：李优美 供稿）

城镇绿地管理

【概　况】 2020 年，北京城镇绿地养护管理工作着眼数字化、标准化、专业化、常态化、法治化“五化”工作目标，采取有力措施积极应对疫情带来的不利因素，做到疫情防控和养护管理两不误，注重在抓细求精、提质增效上下功夫，持续提升城镇绿地精细化管理水平。

（王万兵）

【城镇绿地信息化管理】 年内，市园林绿化局围绕推进城镇绿地信息化管理健全数据台账，夯实数字化建设基础，按照城镇绿地类别，完善公共绿地、附属绿地“两本”管理数据台账。建立行道树信息管理平台。采集行道树基础信息，评估行道树健康状况，为推进树木医制度，建立行道树风险预警体系奠定基础。进一步完善北京市城镇园林绿化动态管理考评系统，有效拓展检查指导、督促整改途径，提高养护管理整体工作效率，为加快智慧园林建设提供有力支撑。

（王万兵）

【城镇绿地常态化管理】 年内，市园林绿化局围绕城镇绿地常态化管理，全市园林绿化部门严格落实“疫情”防控措施，层层落实责任制，做到疫情防控不放松，春季养护不耽误，印发《关于做好2020年春季城镇绿地养护管理工作的通知》，要求在严格做好“疫情”防护的同时，做到早计划、早安排、早着手，扎实开展春季绿地养护工作，重点开展绿地清理、浇灌返青水、撤除防寒设施、花灌木修剪、施肥、病虫害防治、补植苗木等工作。撤除挡盐板208.6万延米，拆除防寒风障8.7万平方米，清理枯草落叶等绿化垃圾1.3万立方米，修剪月季藤本类60余万延米、大花和丰花等440余万平方米，补植行道树、绿地乔木、灌木、绿篱色块、月季、宿根花卉、草坪。年初以来，采取明察暗访、培训服务常态化方式，督导各级园林部门不断提高管护工作质量和水平。检查督导上，注重点面结合、纵横交替，增加督导的广度和深度，促进精细化管理向纵深发展。8月26日至9月24日，开展为期2个月的城镇树木“常见问题”专项治理活动，以专项治理落实情况为内容，完成专项工作检查。各单位能够立足区域实际，细化本级工作方案，分阶段推进、分步骤落实，做到有方案、有动员、有排查、有台账、有治理，确保治理活动环环相扣、落地有声。其间，累计治理空树坑、枯树干枝、遮挡、影响通行、树电矛盾、病虫害六大类8737件问题，有效改善区域绿地整体环境。借助城镇园林绿化动态管理考评系统平台通报问题，督促各区盯着问题抓整改，瞄准短板抓提高，促进精细化管理水平提升。借助平台通报日常巡查问题1500件，整改1200件，问题办结率80%。

（王万兵）

【城镇绿地质量等级评定】 年内，市园林绿化局依据《北京市城镇绿地分级分类办法》，采取量化打分、综合评定的方法，核定98块、960公顷特级绿地，125块、925公顷一级绿地，复核96块特级绿地、32块一级绿地均达标，达标率100%，强化管护人员按级养、分类管意识，调动各级绿地管护工作积极性，有效促进城镇绿地精细化管理水平提升。

（王万兵）

2020 年城镇绿地养护管理工作年度检查考评成绩汇总表

区分 单位	日常检查成绩	季度检查成绩	专项检查成绩	综合成绩
东城区	10	77.38	9.8	97.18
西城区	10	77.34	9.82	97.16
朝阳区	10	76.66	9.76	96.42
海淀区	10	76.92	9.72	96.64
丰台区	10	76.46	9.67	96.13
石景山区	9.9	76.14	9.58	95.62
门头沟区	9.84	73.72	9.35	92.91
房山区	10	75.76	9.51	95.27
通州区	9.75	76.36	8.62	94.73
顺义区	9.51	74.06	8.95	92.52
大兴区	9.93	74.9	9.18	94.01
昌平区	9.91	75.06	8.89	93.86
平谷区	10	74.94	9.1	94.04
怀柔区	10	74.24	9.24	93.48
密云区	10	74.88	8.75	93.63
延庆区	9.44	75.44	9.45	94.33
备　注	综合成绩采取百分制，其中：日常检查占 10%、季度检查占 80%、专项检查占 10%			

2020 年城镇绿地质量等级核定结果

单位	绿地名称	面积（平方米）	绿地类别	评定结果
东城区	安德森林公园	12884.9	公共绿地	特级
	校尉胡同口袋公园	3352	公共绿地	特级
	香河园代征绿地 3 号地	9449.58	公共绿地	特级
	景泰公园	7069.5	公共绿地	特级
	燕墩公园（西革新里城市休闲公园二期）	19570	公共绿地	特级
西城区	达官营地铁 B 口口袋公园	1851	公共绿地	特级
	小马厂逸清园城市森林	6840	公共绿地	特级
	逸骏园口袋公园二期	3186.4	公共绿地	特级

（续表）

单位	绿地名称	面积（平方米）	绿地类别	评定结果
西城区	蔺圃园城市森林	10270.8	公共绿地	特级
	京韵园（一期、二期、三期）绿地	5180	公共绿地	特级
	广阳谷 2、3 期（北扩）城市森林	10286	公共绿地	特级
	南新华街口袋公园	6668.8	公共绿地	特级
	蜡烛园口袋公园	3046	公共绿地	特级
	建成园口袋公园	1054	公共绿地	特级
	新街口东光胡同西侧口袋公园	3560	公共绿地	特级
	德胜门对景房古建筑北侧绿地口袋公园	4932.23	公共绿地	特级
	红线胡同南口两侧绿地	1584	公共绿地	一级
	棉花片 A3 地块绿地	2647	公共绿地	一级
	东椿树胡同两侧绿地	1000	公共绿地	一级
	菜市口青年餐厅口袋公园	1942	公共绿地	一级
	北大医院西门口袋公园	1036.55	公共绿地	一级
	西内大街 51 号院内口袋公园	1419	公共绿地	一级
	平安里路口口袋公园	1200	公共绿地	一级
	大红罗厂街（左右两侧）绿地	1225	公共绿地	一级
朝阳区	摩根大厦盘古大观	3381.53	公共绿地	特级
	金茂府代征绿地	63390.24	公共绿地	特级
	广渠路沿线郭家厂村北侧绿地	46708.26	公共绿地	特级
	华都饭店代征绿地	4566.89	公共绿地	一级
	来广营乡永旭置业有限公司开发项目代征绿地	28695.28	公共绿地	一级
	熙悦尚郡代征绿地	21813.7	公共绿地	一级
	华龙美树	10114.17	公共绿地	一级
	东坝项目	172226.46	公共绿地	一级
	首城国际代征绿地	23439	公共绿地	一级
	小郊亭桥南侧绿化项目（二队）	33893.94	公共绿地	一级
	小红门芳林公园	74020.41	公共绿地	一级

（续表）

单位	绿地名称	面积（平方米）	绿地类别	评定结果
海淀区	北四环中路	42157.13	公共绿地	特级
	北三环中路	22717.13	公共绿地	特级
	北三环西路	49359.21	公共绿地	特级
	火器营桥	54608.85	公共绿地	特级
	万泉河路	19716.48	公共绿地	特级
	北四环西路	68759.48	公共绿地	特级
	万柳地区	23222.4	公共绿地	特级
	北京市第一〇一中学校园园区绿地	91657.5	社会单位绿地	特级
丰台区	石榴庄小花园	7081.6	公共绿地	特级
	三环路边带	130409	公共绿地	特级
	芳菲路	7435	公共绿地	特级
	首经贸北路	5102	公共绿地	特级
	夏家胡同北侧绿地（懋源）	6418	公共绿地	一级
	康润城市森林休闲公园	9500	公共绿地	一级
	芳群路	10170	公共绿地	一级
石景山区	委托管理土地二批（闫洪清院及砂石厂绿地）	11263	公共绿地	特级
	平坡草树	4036	公共绿地	特级
	北重北绿地	8949	公共绿地	特级
	严政街	5244	道路绿地	特级
	西山汇 A 区	3461	社会单位绿地	特级
	古城公园	24500	公共绿地	特级
	八角雕塑公园	31700	公共绿地	特级
	永引渠西侧新增绿地	56000	公共绿地	一级
	老山体育场北绿地	5365	公共绿地	一级
通州区	玉桥西路	3821	公共绿地	特级
	临河里路	8476	公共绿地	特级
	日新路	16175	公共绿地	特级
	阳光会议中心绿地	41739	社会单位绿地	特级

（续表）

单位	绿地名称	面积（平方米）	绿地类别	评定结果
通州区	玉桥东路（新增 2019 年通州区小微绿地建设工程紧邻重点工程休闲公园）	877	公共绿地	特级
	减河公园	296144	公共绿地	特级
	区政府办公绿地及绿化停车场	21526	社会单位绿地	特级
	休闲公园（四期）（商务园地块、小中河地块、乔西地块、潞苑北大街地块、周转房地块）	80467.07	公共绿地	特级
	通怀路（宋郎路）	41510	公共绿地	特级
	大运河森林公园（桃柳映岸景区及云帆路沿线）	718019.79	公共绿地	特级
	大运河森林公园（清风园新增）	37901.36	公共绿地	特级
	中国人力资源产业园通州园绿地（紧邻新华大街）	3048.37	公共绿地	特级
	西海子公园	76874.88	公共绿地	特级
	委办局集中办公区绿地	6986.4	社会单位绿地	特级
	宋梁路绿化景观段绿地（通济路丁各庄桥至云帆路）	231427.67	公共绿地	特级
	赵登禹大街	8149	公共绿地	特级
	朝阳北路	28876.1	公共绿地	特级
	京通京哈联络线（含竹木厂路）	96140.85	公共绿地	特级
	潞邑西路（2019 年通州区小微绿地建设工程）	414	公共绿地	特级
	怡乐南街（2019 年通州区小微绿地建设工程）	1742	公共绿地	一级
	荟萃南路-群芳二路	3119.08	公共绿地	一级
	群芳中一路-荟萃东路	9533.46	公共绿地	一级
	云景东路绿地（含公庄村 1、2）	17022	公共绿地	一级
	梨园微循环路	2701.48	公共绿地	一级

（续表）

单位	绿地名称	面积（平方米）	绿地类别	评定结果
通州区	万盛中一街－月异西路	8720.66	公共绿地	一级
	旗舰路	4602.3	公共绿地	一级
	京洲南街	6553	公共绿地	一级
	台湖万亩游憩园（二期）	850507.44	公共绿地	一级
	台湖公园	196667	公共绿地	一级
	马驹桥湿地公园二期	1224597	公共绿地	一级
	梨园中路	7474.53	公共绿地	一级
	颐瑞中一路（新增2019年通州区小微绿地建设工程DBC）	677	公共绿地	一级
	颐瑞中二路	6785.69	公共绿地	一级
	群芳中三街	17150.55	公共绿地	一级
	城市绿心中心公园绿化先行启动区	200000	公共绿地	一级
	西海子公园	22385	公共绿地	一级
	杨庄南街－复兴庄路	2469.2	公共绿地	一级
	京秦铁路绿化景观段绿地	248698.61	公共绿地	一级
	广渠路绿化景观段绿地（广渠路通州段南北两侧，西侧至通州区界，东至杨庄路）	157253.33	公共绿地	一级
	京哈施园桥	20608.27	公共绿地	一级
	土桥中街	4539	公共绿地	一级
	玉桥绿地	3353.65	公共绿地	一级
	潞河中学周边绿地	4893.87	公共绿地	一级
	中仓街道周边绿地	2640.44	公共绿地	一级
	新华北街新增绿地	1142.17	公共绿地	一级
	五里店西路	6152.43	公共绿地	一级
	运河园路－东果园东街	2914.87	公共绿地	一级
	故城东路（含2019年小微绿地建设工程）	15256	公共绿地	一级
	上园路	1515	公共绿地	一级
	运河城市段景观段绿地（通燕高速南侧五河交汇处）	80000	公共绿地	一级

（续表）

单位	绿地名称	面积（平方米）	绿地类别	评定结果
通州区	潞苑北大街绿化景观段绿地	372161.67	公共绿地	一级
	西路苑二街	663.35	公共绿地	一级
	休闲公园（二期）（商务区地块、富力地块、土桥地块、天旭地块、贡院地块）	83200	公共绿地	一级
	小场沟北街（小汤沟、小汤沟北街）	42607	公共绿地	一级
	商务中心区路网绿化（二期）（北关大道、永顺南街、新华东路、上园南街、永顺一街、通燕高速辅路、永顺东一路、12号地）	16340	公共绿地	一级
	潞邑西路（含永顺镇苏坨村）	4957.82	公共绿地	一级
	京津公路（二期）	176064	公共绿地	一级
	内环路	142309	公共绿地	一级
	梨园主题公园	75101.13	公共绿地	一级
门头沟区	消防队前道路绿地	1748	公共绿地	特级
	福幼公园	22000	公共绿地	特级
	莲石路机非	2704.38	公共绿地	特级
	三石路机非	14282.65	公共绿地	特级
	三石路中间	26132.67	公共绿地	特级
	门头沟永定河滨水森林公园	614000	公共绿地	一级
	创客公园	8500	公共绿地	一级
	莲石湖西路两侧	16816	公共绿地	一级
	城子大街路树	3600	公共绿地	一级
	月季园路路树	1960	公共绿地	一级
	黑山安置房集中绿地	4000	公共绿地	一级
	莲石湖西路机非	5240.3	公共绿地	一级
	三家店绿地	4240.7	公共绿地	一级
	华园路	935.89	公共绿地	一级
	A、B、C三地块	72673.77	公共绿地	一级
	棚改石门营安置房项目代征公共绿地（MC18－059地块东部）	5811	公共绿地	一级

（续表）

单位	绿地名称	面积（平方米）	绿地类别	评定结果
大兴区	兴旺公园	262500	公园绿地	特级
	大龙河滨河健康公园	47000	公共绿地	特级
	安定镇驴房村绿地建设工程	13074	公共绿地	特级
	兴安营公园	14329	公共绿地	一级
	后安定公园	17875	公共绿地	一级
	亦庄调节池	120843	社会单位绿地	一级
	天贵大街(庆丰大街-天河西路)	88000	公共绿地	一级
	天贵大街(天河西路-黄良路)	7734.2	公共绿地	一级
	思邈路(天华大街-春林大街)	46000	公共绿地	一级
	天华大街(天河西路-魏永路)	58000	公共绿地	一级
	天荣大街(天河西路-魏永路)	56000	公共绿地	一级
	永兴路(天华大街-春林大街)	126000	公共绿地	一级
	永大路(天华大街-春林大街)	26000	公共绿地	一级
	天河西路(天华大街-春林大街)	56000	公共绿地	一级
	天富大街(天河西路-魏永路)	98000	公共绿地	一级
房山区	清苑休闲公园	25159.5	公共绿地	特级
	广阳城森林公园	35962.46	公共绿地	特级
	新城良乡组团 14-03-13 地块 C2 商业金融用地(超级蜂巢)	20289.2	公共绿地	特级
	琨廷社区公园	25943.02	公共绿地	一级
	天恒休闲公园	17768.53	公共绿地	一级
	阎村休闲公园(公租房西侧)	3868.88	公共绿地	一级
	万紫嘉园公园	8592.1	公共绿地	一级
顺义区	顺义新城滨河森林公园 A 园(部分地块)	480240	公共绿地	一级
	市民中心休闲公园	9218.5	公共绿地	一级
	顺安路	77900	公共绿地	一级

（续表）

单位	绿地名称	面积（平方米）	绿地类别	评定结果
昌平区	回龙观自行车专用路周边绿地	67358	公共绿地	特级
	南邵回迁楼代征绿地	5125	公共绿地	一级
	兴昌佳苑代征绿地	4192	公共绿地	一级
	万科商业代征绿地	4490	公共绿地	一级
	金域国际代征绿地	10860	公共绿地	一级
	天南硕泽红木代征绿地	5000	公共绿地	一级
	清秀尚城代征绿地	14800	公共绿地	一级
平谷区	麦当劳绿地	1595	公共绿地	特级
密云区	上河湾绿地	39030.86	公共绿地	特级
	七小绿地	4745	公共绿地	特级
	清水湾绿地	3440	公共绿地	一级
	唐源小区外绿地	8708.4	公共绿地	一级
	首都师范大学附属中学西侧居住用地	2945	公共绿地	一级
延庆区	悦泽苑东侧绿地	7500	公共绿地	特级
	圣百街回迁房周边绿地	23275.6	公共绿地	特级
	格兰二期北门绿地	5306	公共绿地	特级
	世园会五号门南侧绿地	91647	公共绿地	一级
北京经济技术开发区运行局	亦庄新城滨河公园一期一标	221000	公共绿地	特级
	亦庄新城滨河公园一期二标	109000	公共绿地	特级
	亦庄新城滨河公园一期三标	246000	公共绿地	特级
	亦庄新城滨河公园一期四标	155200	公共绿地	特级
	亦庄新城滨河公园一期五标	229000	公共绿地	特级
	亦庄新城滨河公园二期一标	356000	公共绿地	特级
	亦庄新城滨河公园二期二标	150000.0	公共绿地	特级
	亦庄新城滨河公园二期三标	99000	公共绿地	特级
	亦庄新城滨河公园二期四标	317000.0	公共绿地	特级

（续表）

单位	绿地名称	面积（平方米）	绿地类别	评定结果
北京经济技术开发区运行局	亦庄新城滨河公园二期五标	207000	公共绿地	特级
	亦庄新城滨河公园二期六标	153000	公共绿地	特级
	亦庄新城滨河公园二期七标	239000	公共绿地	特级
	亦庄新城滨河公园二期八标	104000	公共绿地	特级
	亦庄新城滨河公园二期九标	106000	公共绿地	特级
	亦庄新城滨河公园油葵观赏区	257000	公共绿地	一级
北京城市副中心投资建设集团有限公司	城市绿心森林公园1地块（二十四节气核心景观区）	1643611	公共绿地	特级
	城市绿心森林公园2地块（小绿心景观区）	408232	公共绿地	特级
	城市绿心森林公园3地块（樱花庭院、竹轩周边景观区）	625711	公共绿地	特级
	城市绿心森林公园4地块（三大建筑周边景观区）	208096	公共绿地	特级
	城市绿心森林公园6地块（三大建筑周边景观区）	74268	公共绿地	特级
	城市绿心森林公园7地块（三大建筑周边景观区）	50619	公共绿地	特级
	城市绿心森林公园8地块（三大建筑周边景观区）	274177	公共绿地	特级
	城市绿心森林公园9地块（三大建筑周边景观区）	180845	公共绿地	特级
	城市绿心森林公园13地块（东北组团景观区）	280104	公共绿地	特级
	城市绿心森林公园10地块（缓冲区）	48096	公共绿地	一级
	城市绿心森林公园11地块（缓冲区）	42497	公共绿地	一级
	城市绿心森林公园12地块（缓冲区）	201522	公共绿地	一级
	城市绿心森林公园15地块（外围景观区）	167555	公共绿地	一级

（续表）

单位	绿地名称	面积（平方米）	绿地类别	评定结果
	城市绿心森林公园16地块（外围景观区）	68071	公共绿地	一级
	城市绿心森林公园17地块（外围景观区）	99904	公共绿地	一级
	城市绿心森林公园18地块（保育核区域）	780006	公共绿地	二级
北京首都公路发展集团有限公司	京承高速来广营桥	124614.51	高速绿地	一级
	京承高速黄港桥	51080.56	高速绿地	一级
	京承高速泗上桥	42504.52	高速绿地	一级
	京承高速主站	10795	高速绿地	一级
	京承高速土沟服务区	137034.59	高速绿地	一级
	京承高速直线段（来广营桥-酸枣岭桥）	176749.56	高速绿地	一级
	京新高速箭亭桥	118760.38	高速绿地	一级
	京新高速上地桥	10327.57	高速绿地	一级
	京新高速西二旗桥	72258.29	高速绿地	一级
	京新高速直线段K0+000-K21+500	312121.76	高速绿地	二级
	京新高速楼自庄桥	132341.19	高速绿地	一级
	京藏高速西沙屯桥	226762.2	道路绿地	一级
	京藏高速直线段K0+000-25+500	154309.78	道路绿地	一级
	京津高速徐庄桥	122676.81	高速绿地	二级
	京津高速化工桥	133532.81	高速绿地	二级
	京津高速通黄桥	159264.55	高速绿地	一级
	京津高速台湖收费站U转绿地	33418.92	高速绿地	二级
	北务收费站	38419.26	道路绿地	二级
	北务服务区	45681.78	道路绿地	一级
	薛家庄收费站	33425.7	道路绿地	一级
	密三桥	78359.17	道路绿地	一级
	平三桥	55879.6	道路绿地	一级

2020年城镇绿地质量等级复核结果

单位		特级绿地			单位		一级绿地		
		分值	达标率	排名			分值	达标率	排名
核心区	东城区	96	100%	1	核心区	西城区	91.7	100%	1
	西城区	95.6	100%	2		东城区	91.5	100%	2
中心城区	海淀区	95.1	100%	1	中心城区	朝阳区	91.4	100%	1
	朝阳区	95	100%	2		丰台区	91.2	100%	2
	丰台区	94.7	100%	3		海淀区	90.9	100%	3
	石景山区	94.1	100%	4		石景山区	90.4	100%	4
城市副中心和平原新城	通州区	93.9	100%	1	城市副中心和平原新城	房山区	88	100%	1
	房山区	92.9	100%	2		通州区	87.6	100%	2
	大兴区	92.8	100%	3		昌平区	87.3	100%	3
	昌平区	92.1	100%	4		大兴区	85.1	100%	4
	顺义区	91.9	100%	5		顺义区	84.3	100%	5
生态涵养区	门头沟区	93.6	100%	1	生态涵养区	门头沟区	89.7	100%	1
	延庆区	93.3	100%	2		延庆区	89	100%	2
	平谷区	92.6	100%	3		怀柔区	88.6	100%	3
	怀柔区	92.4	100%	4		平谷区	85.7	100%	4
	密云区	92.2	100%	5		密云区	87.1	100%	5

（城镇绿地管理：王万兵 供稿）

森林资源管理

森林资源监督

【概　况】 2020年，园林绿化森林资源管理工作按照市园林绿化局(首都绿化办)党组统一决策部署，坚持党建引领，发挥党支部战斗堡垒作用，克服新冠疫情不利影响，以保护发展森林资源为目标，坚持问题导向，勇于开拓创新，积极推进各项任务落实，确保"十三五"森林资源管理工作圆满收官，资源管理体系建设和服务能力不断增强。

(吴雨霏)

【森林资源管理制度建设】 年内，制订出台《北京市加强森林资源管理工作的意见》，为深化资源管理治理体系和治理能力建设提供制度保障；加强农村集体林地管理研究，制订《关于进一步加强农村集体林地管理的通知(试行)》，明确公益设施占用集体林地和Ⅳ级保护林地管理规范要求；制订《关于进一步加强森林督查工作的通知》，明确森林督查整改原则、标准和问题销账流程，完善森林督查制度。

(吴雨霏)

【"林长制"调查研究】 年内，围绕落实全国森林资源管理会议精神，落实最严格生态保护制度，建立健全森林资源管理体系，压实各级党委政府保护发展森林资源责任，制订《关于推进全面建立林长制的工作方案》，明确时间节点、任务目标，责任到部门、到班子成员；开展调查研究，深入各区、乡镇，听取基层意见建议，梳理园林绿化资源保护发展面临主要任务和突出问题；充分学习借鉴安徽、江西、山东等省实施林长制以及本市河长制有关实施意见、运行机制和经验做法；广泛征求意见，邀请专家学者、人大代表、政协委员和群众代表建言献策，书面征求各相关部门意见，起草形成《关于全面建立林长制的实施意见(报审稿)》。

(吴雨霏)

【森林资源督查】 年内，持续推进2019年国家森林督查问题图斑整改，印发关于加快推进整改工作文件，成立督查组，组织开展专项督查，挂牌督办案件12起，2019年国家森林督察图斑586处，完成整改533处，行政立案74起，共处罚款266.2万元，收回林地面积195.8公顷。完成2020年国家森林督查问题图斑核查，2020年国家森林督查印发北京市疑似问题图斑和变化图斑共3971个，经各区和市属林场逐一核查，违法违规图斑485个。启动运行北京市森林资源管理监督平台，开展应用培训，实施平台操作，强化功能应用，查处整改信息及时录入监督平台，录入信息数据5.7万条，实现监督数据动态化管理。

（吴雨霏）

7月24日，在碑林管理处召开北京市森林督查工作培训会（刑晓静 摄影）

【专项整治】 年内，协调做好北京玉盛祥公司无证开采毁坏林地问题查处和整改，研究制订工作方案，在全市开展毁坏林地等破坏生态资源问题专项整治和“学法规、敢担当、尽职责”学习教育活动，对专项整治情况开展现场督查检查，全市初步排查出121个问题，完成整改57个问题，收回被损毁林地37公顷，有力地保护森林资源。落实《北京市2019年度自然资源督察问题整改工作方案》，梳理与园林绿化行业相关问题，按要求和时限落实督查工作，报送整改任务和进展。按照全市违建别墅整治工作要求，配合全市违建别墅筛查工作，制订分工方案，提供有关园林数据资料，梳理破坏森林资源法规条款，汇总台账，自查自纠，指导各区和直属单位恢复林地工作，市局所属3个国有林场7处107栋违建别墅全部拆除，完成林地生态修复。

（吴雨霏）

【北京专员办督查问题整改】 年内，落实北京专员办2019年监督通报问题整改，制订《关于开展2019年度北京市森林资源管理情况监督通报问题整改工作的通知》，明确整改措施、责任单位和完成时限，对整改落实情况坚持追踪督办，每季度报进展，年底汇总各单位、部门情况，向北京专员办报送整改总体情况，完成整改任务。对京西林场、平谷、顺义3个单位开展林业重点工作摸底调查工作，收集相关材料20余份，汇总成总体报告，完成北京专员办对北京市贯彻落实国家林业和草原局2020年重点工作督查检查。国家林业和草原局先后给市园林绿化局印发中央环保督察涉林问题线索5件，按要求逐件现场调查核实，及时反馈信息，督促相关单位抓好整改落实。

（吴雨霏）

【林地管理】 年内，建立区级林地定额管理制度，在各区编制上报林地供应计划基础上，统筹考虑国家和全市重点项目，积极支持农村公益项目，从严控制开发项目，分解下达年度林地定额指标，对年度定额不足部分区启动适时追加定额程序，快速追加50个项目110公顷，发挥林地定额调控作用；落实审批权限下放政策，保障委托事项依法依规办理。全市批准永久占用林地400公顷，减少使用林地定额400公顷，其中使用区级定额100公顷，委托各区批准50项20公顷。加强工程建设占用林地行政许可执行情况的监督检查，制订《北京市园林绿化局占用林地行政许可被许可人监督检查办法》，落实“谁审批、谁监督”“放管服”等要求。扎实做好2020年森林资源管理“一张图”年度更新工作，制订实施方案和操作细则，开展专题培训，全面整合现有森林资源二类调查、森林资源管理“一张图”、国家级公益林落界成果，组织各区、局属林场开展林地变更调整和质量检查工作，全市共调整林地范围22796个地块，完成数据入库和成果报告。做好国家级公益林补进、调出工作，对2019年国家级公益林年度变化情况进行认真梳理，完成专项审查及成果上报，组织完成对《国家级公益林区划界定办法》和《国家级公益林管理办法》修订工作。开展新一轮林地保护利用规划编制试点工作，制订试点技术方案，指导门头沟区政府制订编制工作方案，总结梳理编制区级林地保护利用规划把握的原则、要求，科学确定规划期相关指标和调控措施，规划好林地“一张图”，实现山水林田湖草统筹一体。

（吴雨霏）

【林木采伐】 年内，北京市林木采伐发证采伐量41.09万立方米，其中占用限额采伐量15.27万立方米，占发证采伐量37.2%，占年采伐限额指标36.4%，从总体看年森林采伐限额供应充足。进一步加强对林木采伐批后监管，印发《北京市园林绿化局林木采伐（移植）监督检查办法（试行）》，制订批后监督检查工作方案，组织开展全市2019年度采伐限额执行情况检查，形成检查报告。对全市2019年度采伐限额执行情况进行梳理总结，报送国家林业和草原局。印发《关于加强普速铁路沿线林木管理确保铁路运行安全与沿线景观的通知》。

（吴雨霏）

【“十四五”年森林采伐限额编制】 年内，印发《关于加快推进“十四五”期间年森林采伐限额编制工作的通知》，对各区和各编限单位报送的采伐限额建议指标统计汇总、分析评估、组织专家评审，编制形成《北京市“十四五”期间年森林采伐限额编制工作报告》并报国家林业和草原局审核同意。经市政府批准正式下达各区和市有关单位采伐限额，在首都园林绿化政务网上向社会公布，并印发《关于加强本市“十四五”期间年森林采伐限额管理工作的通知》，全面完成“十四五”期间采伐限额编制及指标分解下达工作。

（吴雨霏）

【森林资源年度监测评价试点】 年内，按照《国家林业和草原局办公室关于开展森林资源年度监测评价试点工作的通知》和国家林草局森林资源管理司试点工作会议部署，北京市担任试点单位。研究制订《北京市森林资源年度监测评价试点工作方案》，完成试点工作动员部署，先后为调查单位提供所有样地信息资料，指定技术人员引导调查工作组开展样地调查，认真负责有关保障工作。截至2020年底，完成全部样地调查任务。

（吴雨霏）

9月24日，在市园林绿化局召开森林资源年度监测评价试点工作动员部署培训会（森林资源管理处 提供）

【森林经营方案编制】 年内，开展全市技术培训，加强对各经营单位编案工作技术指导、进度督促和编案质量检查评审，科学确定经营目标、森林功能区划和森林分类经营措施等。以国有林场作为经营重点，突出平原造林（生态林）森林生态系统经营目标，确保森林经营方案的可操作性。各编制单位完成森林经营方案（2021—2030年）编制工作，局属单位森林经营方案组织专家进行审查。

（吴雨霏）

【生态保护补偿】 年内，深入贯彻落实市政府办公厅《关于健全生态保护补偿机制的实施意见》要求，统筹协调推进涉及园林绿化生态保护补偿工作，市园林绿化局牵头的6项任务进展顺利，12项配合任务均积极做好相关工作。组织各有关部门认真研究生态保护补偿2020年工作总结及2021年任务计划，正式报市发改委；建立月报制度，做好与市发改委对接；组织局相关部门开展全市森林生态效益补偿有关情况调研，形成《北京市园林绿化局关于北京市森林生态效益补偿调研报告》。

（吴雨霏）

（森林资源监督：吴雨霏 供稿）

森林防火

【概　况】 2020年度森林防火期，全市共发生森林火情、火灾9起，未发生重特大森林火灾，未发生人员伤亡事故，圆满完成全国“两会”“清明”和“五一”等重要时间节点和重大活动期间森林防火任务。多次召开全市森林防火工作部署会，及时印发《北京市园林绿化系统森林防火工作任务清单》《北京市园林绿化系统森林防火工作方案》，安排10余次40余组督导检查。开展全市重点山区实地调研工作，编写调研报告，制订工作措施，着力破解森林防火工作难题。严格火源管控，制订印发《北京市园林绿化系统野外火源管控专项治理实施方案》，开展为期3个月的野外火源管控专项治理行动。消除火险隐患，强化森林火灾风险隐患排查整治，对道路两侧、易燃易爆物品库和山区林地可燃物彻底清除。夯实基础建设，持续开展《北京市森林防火三年行动计划(2018—2020 年)》，森林防火视频监控系统、指挥系统、通信基站等设施进一步完善。

(刘丽)

【森林防火工作调研】 3~5 月，市园林绿化局分管领导带队重点围绕森林防灭火一体化、防灭火衔接、防火基础工作，特别是护林员队伍、镇村专业扑火队、“以水灭火”装备以及山区蓄水池、基础设施建设等，开展全市重点山区实地调研工作，并编写调研报告，制订工作举措，着力破解难题。

(刘丽)

【森林防火工作检查】 年内，市公安局森林公安分局先后组建 8 个检查组，3 轮次深入重点林区、自然保护区、公园景区等督导检查森林防火工作。春防期间，制订《疫情防控执法及森林防火督导检查工作方案》，对全市 16 个区和 6 个市属国有林场疫情防控执法和森林防火工作开展为期 2 个月的突击检查、随机抽查和回头看复查。会同市应急管理局，开展为期 4 个月森林火灾专项整治行动，累计派出督导检查组 7090 个，排查整改各类问题 1416，发出整改通知书 822 份。

森林公安民警在山区检查督导森林防火工作
(森林公安分局 提供)

(刘丽)

【火源管控】 年内，市森林公安局开展为期 3 个月的野外火源管控专项治理行动。在“两会”、清明、“五一”等重要时期，全市 212 座瞭望塔，527 路视频监控系统 24 小时监测，527 座检查站、197 支巡查队、5 万余名生态管护员，全部到岗到位；森林防火相关部门领导、工作人员和森林公安全体停休，持续开展联合巡查行动，日均出动巡查民警 653 人次，生态林管护员及护林员 3.7 万余人次。森林公安机关坚持“见烟查、违章罚、犯罪抓”，查处野外用火违法案件 94 起，处理违法人员 95 人，累计处罚 11.24 万元。

(刘丽)

【火险隐患排查】 年内，市森林公安局强化森林火灾风险隐患排查整治，重点对铁路、公路、道路两侧，易燃易爆物品库、矿山、高压电塔周围以及山区林地、平原林间可燃物彻底清除，清理林下可燃物 14.1 万公顷，新设、维护防火隔离带 416.5 万延长米，形成自然、工程、生物相结合的高效生态森林防火阻隔网络。结合各区实际，采取湿化处理、集中清理等针对性措施，降低森林火灾隐患。

(刘丽)

4 月 5 日，森林公安民警在进山入口处检查森林防火工作(森林公安分局 提供)

【夯实基础建设】 年内，市森林公安局持续开展《北京市森林防火三年行动计划(2018—2020 年)》，建设完成森林防火视频监控系统 253 套，通信基站 30 套、移动背负式 22 套，区级指挥系统 5 套，雪亮工程园林绿化行业视频平台 1 套，整合视频资源 1144 路，指挥管理平台 1 套，测绘防火道路 2500 千米，支援河北环京地区建设指挥系统 4 套，视频监控 44 套，通信基站 13 套，配备各类防扑火装备 4500 件。启动建设森林防火视频监控系统 498 套，改建延庆、京西林场防火道路和步道 122.05 千米。

（刘丽）

【防火宣传教育】 年内，市森林公安局以森林防火“宣传月”和“5·12”全国防灾减灾日为契机，开展大型宣传活动 287 次，印发宣传品 44.5 万余份，发送防火宣传短信 229.4 万条。在林区内、重点防火区周边设立防火宣传牌(电子显示屏)3580 块、悬挂森林防火宣传横幅 6107 条、新建电子语音宣传杆 240 个。

（刘丽）

（森林防火：刘丽 供稿）

公安执法

【概　况】 2020 年，按照中国共产党中央委员会办公厅(简称中共中央办公厅)、中华人民共和国国务院办公厅(简称国务院办公厅)《关于印发铁路、交通港航、森林、民航公安机关和海关缉私部门管理体制调整工作实施方案的通知》和市委编委关于同意调整森林公安机关管理体制并划转机构编制的批复精神，森林公安于 12 月 22 日完成整体划转，市、区两级森林公安机关划归同级公安机关领导管理并相应划转机构编制。年内，共接报和发现警情 835 起，立案 310 起，其中，刑事案件 39 起，林业行政案件 271 起；破获刑事案件 33 起，其中重大案件 4 起，特大案件 1 起。抓获犯罪嫌疑人 47 名，行政处罚 198 人。多次开展专项行动，严厉打击破坏野生动物资源的违法犯罪行为。完善执法联动机制，加强跨区域、多警种警务协作，联合环食药、刑侦等部门，构建属地联查联打机制，同时加强与市场监管、交通、海关、邮政等部门沟通协调，紧密联系市场监管、农业农村、城管执法等部门，分批次重点对各类涉野生动物市场、餐饮场所和物流集散地，连续开展4轮联合执法检查整治工作。全市已建设完善森林公安基层基础业务综合管理平台，建立案件、警务、三情、防火等资料库，录入基础信息20万余条，基本实现基础业务信息化、数据化。不断深化执法规范化建设，制订内部工作规范，开展案件专项督办及清理工作，严把案件审核关口。全面落实从严治党工作，深化学习贯彻习近平总书记系列重要讲话精神，开展党总支中心组学习，督促各党支部组织开展党的理论知识学习。

（刘丽）

【疫情防控期间执法检查】 3月1~31日，市森林公安局联合市园林绿化局执法监察大队开展第三轮疫情防控执法督导检查。重点针对各区固定市场、农村集贸市场、自发市场等，全面系统排查、整治，严守乱捕滥猎、市场交易、运输寄递、终端消费四道防线，加大对非法猎捕、非法人工繁育、非法交易、非法运输、非法食用野生动物五类违法违规行为打击力度。检查过程中，未发现以食用为目的非法经营野生动物行为，未发现运输、携带野生动物的情况。

（白俊丽）

【严查野外违法用火行为】 自4月起，市森林公安局与市公安局相关部门开展联合行动，加大对野外违法用火行为和涉火案件查处，深入林区对重点区域开展不间断巡查检查，严格管控农事用火、祭祀用火、生产用火、野外生活用火，及时发现和查处野外违法用火行为，对涉嫌构成犯罪的迅速立案侦查，对涉火违法犯罪零容忍。截至5月初，全市森林公安累计出动4678人次，侦破涉火刑事案件1起，行政案件27起，抓获犯罪嫌疑人3人，行政处罚27人，罚款7.22万元，制止野外用火94起。

（蔡亚）

【森林公安机关管理体制调整工作部署大会暨市公安局森林公安分局揭牌仪式】 12月22日，大会在市公安局召开。会上宣读《中共北京市委机构编制委员会关于同意调整森林公安机关管理体制并划转机构编制的批复》《关于成立北京市公安局森林公安分局党委的决定以及领导班子的任免决定》。副市长、市局党委书记、局长亓延军，市局党委副书记、常务副局长陶晶共同为调整后的森林公安机关揭牌；森林公安分局党委书记、局长刘润泽代表市区两级森林公安机关作表态发言；市园林绿化局局长邓乃平就加强林警协作、共同做好首都自然资源和生态环境保护工作提出意见。

（刘丽）

12月22日，在北京市公安局召开森林公安机关管理体制调整工作部署大会（森林公安分局 提供）

【市公安局领导检查指导森林公安分局工

作】 12月24日，市公安局党委副书记、常务副局长陶晶到森林公安分局检查指导工作。分局就转隶工作衔接、涉林案件查处、队伍平稳过渡及转隶后需要市局协调解决的事项进行汇报。陶晶对分局长期以来的工作给予充分肯定，他指出，森林公安要积极适应管理体制调整后的新形势、新任务、新要求，抓好队伍管理，尽快把森林公安工作融入首都公安工作大局中来，认真研究谋划2021年工作意见和“十四五”森林公安规划。市局相关部门要统筹保障好分局转隶后各项工作。

（周蕾）

【专项行动】 年内，市园林绿化局森林公安局开展严厉打击查处疫情防控期间破坏野生动物资源违法犯罪活动，打击非法猎捕、贩卖野生动物非法犯罪专项行动，野生动物保护专项执法行动，“昆仑2020”5号行动，打击整治秋冬季盗猎盗捕违法犯罪专项行动和2020年“雷霆”国际行动等8次专项行动。系列行动期间，出动执法力量3610余人次，开展联合执法行动75次，检查农贸市场、商超、餐馆、网络交易平台等3194处，检查野生动物栖息地等925个，检查运输通道、集散地、快递点等621个。

（蔡亚）

7月23日，森林公安民警在门头沟区斋堂镇开展野生动物检查专项行动(森林公安分局 提供)

【全面从严治党】 年内，市园林绿化局森林公安局深化学习贯彻习近平总书记系列重要讲话精神，集中组织开展党总支中心组理论学习12次，专题研讨4次。召开总支会议14次，研究决策事项21项。开展“坚持政治建警全面从严治警”教育整顿，组织各党支部观看典型案件，进行警示大讨论专题教育，坚持以案为鉴、以案明纪，强化全体党员遵纪守法意识，确保每名党员做到“明戒惧、存敬畏、守底线”。落实全面从严治党主体责任签字背书工作，组织全体民警逐级签订岗位廉政风险防范责任书75份。

（姚忠哲）

（公安执法：刘丽 供稿）

种质资源管理

【概　况】 2020年，市园林绿化局围绕林草种质资源保护利用，开展现有种质资源基地摸底调查，加强国家林木种质资源平台维护，开展国家林木良种基地及种质资源库作业设计评审、监督指导和年度考核工作。按照《北京市实施〈中华人民共和国种子法〉办法》要求，完成《北京市重点保护的天然林木种质资源目录》制订，涵盖重点保护的天然林木种质资源47种。

（陈建梅）

【制定〈北京市重点保护的林木种质资源目录〉】 年内，市园林绿化局按照《北京市实施〈中华人民共和国种子法〉办法》相关要求，完成《北京市重点保护的天然林木种质资源目录》制订，共计47种，包括已列入《北京市重点保护野生植物名录》的木本植物30种、北京市其他重要林木种质资源17种。对列入《目录》的天然林木种质资源物种实施北京市全域范围保护。

（陈建梅）

【种质资源保护利用调查】 年内，市园林绿化局对11家采种基地、11家良种基地、2家种质资源库进行现状及发展情况调查摸底，征集种质资源原地/异地保存库储备项目需求，核实国家种质资源平台中528条种质资源信息保存现状。收集到全市各区园林绿化部门和相关单位反馈信息30余件、种质资源原地/异地保存库储备项目需求7件。

（陈建梅）

8月11日，全国绿化委员会办公室一行赴北京市大东流苗圃调研古树名木种质资源收集保护工作（义务植树处 提供）

【国家林木种质资源平台维护】 年内，市园林绿化局完成国家林木种质资源共享服务平台描述、编目信息150份，提交照片900张，对已保存的无性系/品种管理、管护和观测，提供信息服务5次。

（陈建梅）

【国家种苗基地管理】 年内，市园林绿化局开展国家林木良种基地及种质资源库作业设计评审工作。全面总结北京市“十三五”期间林木良种培育补助资金使用情况。开展国家重点林木良种基地“十四五”发展规划编制工作，组织专家评审会。

（陈建梅）

（种质资源管理：陈建梅 供稿）

行政审批

【概　况】 2020年，市园林绿化局在市政务服务中心办理行政审批3654件，其中：涉及固定资产投资行政许可审批970件，非固定资产投资类许可及相关审批2684

件。涉及固定资产投资的行政许可事项中：城市绿地树木771件，避让保护古树3件，占用征收林地审批127件、临时占用林地5件、直接为林业生产服务7件，完成林木采伐许可48件、林木移植许可9件。非固定资产投资类许可及相关审批中：林保类办结2513件，林保类办结2338件，种苗管理类办理林木种子生产经营许可核发18件、从事种子进出口业务林木种子生产经营许可证初审146件。

（李洋）

【工程建设审批制度改革】 年内，市园林绿化局按照国务院和市政府关于推进工程建设项目审批制度改革各项要求，贯彻全国深化“放管服”改革电视会议精神，印发《2020年园林绿化行政审批制度改革工作要点》，重点确定64项改革任务，按照任务台账逐一落实责任、按照时间节点逐一督促任务落实。截至2020年底，除需持续推进分工任务外，其余任务均按时完成。7月1日，将工程建设永久占用林地面积1公顷以下行政许可下放区级实施，11月15日又将砍伐城市树木胸径30厘米以上行政许可委托各区实施。进一步精简行政审批事项、简化审批流程，开展两批“零流量”事项清理，在2019年度申报材料和办理时限各总体压缩60%工作基础上，进一步压减申报材料20%，压减办理时限10%。研究制订第一批包括五项7个办理项实施告知承诺制审批事项目录，制定相应告知承诺书、告知承诺流程。

（李洋）

【优化全市营商环境】 年内，市园林绿化局按照市政府优化营商环境“施工许可指标改革”等专班部署，配合开展《北京市优化营商环境条例》编制和相关指标改革有关工作；在建筑许可指标审批改革中，配合北京市规划和自然资源委员会、北京市住房和城乡建设委员会等部门完成《关于社会投资简低风险工程建设项目规划许可施工许可合并办理的意见》；在市政接入审批改革中，针对电力、燃气、给排水等小型市政接入工程，开展“非禁免批”政策研究制定；在国家优化营商环境督查以及世界银行营商环境评价工作期间，按照专班工作部署，配合市发展改革委、市规自委等牵头部门完成相关材料提供和保障工作。

（李洋）

【创新政务服务方式】 年内，市园林绿化局按照国家市场监督管理总局、农业农村部、国家林业和草原局《关于加强野生动物市场监管　积极做好疫情防控工作的紧急通知》精神，全面收紧野生动物市场监管，及时暂停办理具体行政审批事项。按照市政府办公厅《关于进一步支持打好新型冠状病毒感染的肺炎疫情防控阻击战若干措施》“加大政务服务利企便民力度”要求，以疫情防控为动力，推进审批网办深度，初步实现园林绿化系统内事项办理“零跑动”“网上通办”工作目标。对重点特殊项目，采用特事特办方式，同步推进防疫和复工复产。春节期间，配合工程建设牵头部门，现场指导小汤山医院扩建，将林木采伐“常规审批”按照“应急”状态确定为“事后备案”，保证工程建设施工快速推进；为解决生猪生产民生保障问题，市园林绿化局牵头有关部门和平谷区有关部门、企业协调开展生猪养殖选址工作，特事特办，对规划保护林地等级进行及时调整，妥善解决使用林地审批手续办理。

（李洋）

（行政审批：李洋 供稿）

森林资源保护

野生动植物保护管理

【概　况】 2020年，北京市全面贯彻落实十三届全国人大常委会第十六次会议关于《关于全面禁止非法野生动物交易、革除滥食野生动物陋习、切实保障人民群众生命健康安全的决定》(以下简称《决定》)精神，加强《北京市野生动物保护管理条例》(以下简称《条例》)宣传贯彻执行，强化野生动物管控，推进极小种群野生植物保育拯救，圆满完成野生动植物保护管理工作。

根据《北京植物志》和《北京植物检索表》(1962年、1964年、1975年、1980年及修订版)统计，北京地区有维管束植物169科898属2088种。其中，属于国家二级重点保护野生植物有3种，包括：椴树科椴树属的紫椴、芸香科黄檗属的黄檗及野大豆。北京市重点保护野生维管束植物80种(类)，包括槭叶铁线莲、北京水毛茛等一级重点保护野生植物8种(类)，百花山葡萄、丁香叶忍冬、小叶中国蕨等二级重点保护野生植物72种(类)。

北京地区动物区系为南北方动物过渡性地带，野生动物资源比较丰富，据调查，北京市共有陆生脊椎野生动物500多种，野生鱼类74种。其中：国家重点保护野生动物81种，本市重点保护野生动物222种，包括国家一级保护动物15种，如褐马鸡、黑鹳等；国家二级保护动物66种，如斑羚、大天鹅、灰鹤、鸳鸯等；北京市一级重点保护48种，包括豹猫、北京雨燕、花脸鸭等；北京市二级重点保护174种，包括野猪、黄鼠狼、苍鹭等。

(唐波)

【印发《关于加强对陆生野生动物人工繁育场所监督管理工作的通知》】 1月27日，市园林绿化局印发《关于加强对陆生野生动物人工繁育场所监督管理工作的通知》，通知要求：停止受理陆生野生动物相关行政许可；暂停利用陆生野生动物开展观赏展演活动，各类型养殖场所要采取封闭式管理，严禁外部人员流动参观；各陆生野生动物人工繁育场对饲养动物健康状况和饲养人员健康情况进行监测，落实管理责任和消毒防疫措施，开展存栏动物登记；实行野生动物疫情"零报告制度"；加强对陆生野生动物人工繁育场所监督管理，督促落实好日常消毒防疫，发现野生动物异常情况及时按程序上报；对人工繁育场所现有存栏动物的种类、数量、健康状况等进行登记造册，建立台账管理。

（唐波）

【国家林草局驻北京专员办专员赴市野生动物救护中心检查督导】 2月3日，国家林业和草原局驻北京专员办副专员闫春丽到市野生动物救护中心进行督导检查，并就当前时期全市野生动物救护工作提出要求。

（唐波）

【国家林草局领导赴北京市调研野生动物疫情防控和野保立法工作】 2月5日，国家林业和草原局局长张建龙到北京市调研野生动物疫情防控和野生动物保护立法工作。张建龙强调：当前党中央、国务院高度关注野生动物保护工作，特别是在这次疫情发生后，社会各界对禁止滥食野生动物和加大市场监管等方面广泛关注。北京市在加强野生动物管控、疫源疫病监测和执法检查等方面做了大量工作，成效显著，在《北京市野生动物保护条例》立法中提出保护优先、全面禁猎、明确职责等理念，国家层面将从禁食野生动物、加强疫源疫病监测、强化防疫与检疫、明确执法主体责任等方面采取更大力度推进相关工作。

（唐波）

【局领导到大兴野生动物园和北京麋鹿生态实验中心检查疫情防控期间野生动物保护管理情况】 2月9日，市园林绿化局领导赴大兴野生动物园和北京麋鹿生态实验中心对疫情防控期间野生动物保护管理进行督导检查，现场查看两家单位防控措施落实和防疫物资储备等情况，要求严格执行市园林绿化局与市市场监管局、市农业农村局联合印发的《关于进一步强化新型冠状病毒感染的肺炎预防控制期间野生动物管理工作的通知》规定，认真做好饲养野生动物的消毒防疫、疫源疫病监测、异常情况处置、工作人员防护等工作，同时要结合各自实际，解决好各类饲养野生动物饲料储备及死亡检测和处理等问题。

（唐波）

【局领导赴房山区督导检查野生动物疫情防控】 2月27日，市园林绿化局领导带队实地检查牛口峪市级野生动物疫源疫病监测站、军事医学科学院实验动物中心、上方山国家森林公园，查看疫源疫病监测站日常监测、人工繁育场所消毒防疫制度、上方山猕猴野外监测和食物补充以及人员自我防护等措施落实情况，并提出相关要求。

（唐波）

【国家二级保护动物凤头蜂鹰"现身"海淀区翠湖湿地公园】 5月6日，翠湖湿地公园工作人员在公园开放区观测到74只凤头蜂鹰。近年来，翠湖湿地公园为各种鸟类提供充足食物与良好栖息环境，周边市民爱鸟护鸟意识也不断增强，每到鸟类迁徙时节，众多鸟类都选择翠湖湿地公园作为短暂停留补给食物的"驿站"，待短暂休养后继续飞行。

（唐波）

【召开《北京市野生动物保护管理条例》宣传贯彻动员会】 5月19日，市园林绿化局召开《北京市野生动物保护管理条例》(以下简称《条例》)宣贯动员会。市人大农村办领导对《条例》立法背景、过程、出台意义、总体制度特点，以及宣贯执行、健全制度、完善法规等后续工作7个方面进行讲解；市园林绿化局相关人员从《条例》立法目的、政府和部门职责、保护管理范围、栖息地保护、全域禁猎、危害预防、禁止滥食、交易监管、人工繁育、放生管理、社会参与等10个方面对《条例》进行全面解读。会议以视频形式举行，市农业农村局，市园林绿化局机关有关处室、站院，以及各区园林绿化局和农业农村局100余人参加会议。

（唐波）

5月19日，市园林绿化局召开《北京市野生动物保护管理条例》宣传贯彻落实动员会(野生动植物和湿地保护处 提供)

【市人大常务委员会调研检查《关于全面禁止非法野生动物交易、革除滥食野生动物陋习、切实保障人民生命健康安全的决定》落实情况】 6月10日，市人大常务委员会主任李伟带队调研检查北京市实施全国人大《关于全面禁止非法野生动物交易、革除滥食野生动物陋习、切实保障人民生命健康安全的决定》及野生动物保护法等有关情况，市园林绿化局局长邓乃平陪同参加。市人大常务委员会检查组现场查看市野生动物救护中心野生动物救护、放归及疫源疫病监测情况。市人大常务委员会主任李伟就有关问题作了强调。

（唐波）

【局领导与英国在京爱鸟人士座谈】 6月15日。市园林绿化局领导与英国在京爱鸟人士唐瑞就北京市生物多样性和野生动物保护等进行座谈。唐瑞先生基于在北京工作生活10年的经历，对北京近些年来在野生动物保护方面取得的成绩表示敬佩，同时也提出相关意见建议。

（唐波）

【市园林绿化局对全市野生动物保护执法和管理工作进行部署】 6月30日，市园林绿化局领导就贯彻落实市人大常委会召开的野生动物保护执法检查组第二次全体会议精神，对全市野生动物保护执法和管理工作进行部署，提出具体要求。

（唐波）

【局领导调研检查野生动物养殖情况】 7月8日，市园林绿化局领导现场查看朝阳区、昌平区有关养殖单位，详细了解存栏数量、养殖现状、人员情况，并就有关事项提出具体要求。

（唐波）

【召开野生动物保护许可事项“放管服”有关工作专题会】 9月16日，市园林绿化局召开野生动物保护许可事项“放管服”有关工作专题会。会议强调：进一步落实国务院深化“放管服”改革优化营商环境工作电视电话会议精神，按照局系统深化“放管服”改革工作部署要求，梳理企业情况，查找隐形壁垒，明确企业申请中的困难。多部门协同合作，在优化营商环境、提升政府服务的同时，做好事中事后监管工作。

（唐波）

【落实全国推进禁食野生动物后续工作电视电话会议精神】 9月29日，市园林绿化局有关领导就落实全国推进禁食野生动物后续工作电视电话会议精神，专题部署相关工作。

（唐波）

【秋冬季鸟类保护和鸟市整治行动】 10月27日，市园林绿化局有关领导专题部署秋冬季鸟类保护和鸟市整治工作。会议强调：市区有关部门严格落实上级有关指示要求，切实加强秋冬季迁徙候鸟等野生动物保护工作，有效实施各项保护措施；持续开展秋冬季鸟类保护和非法鸟市专项整治行动，加强栖息地、迁徙通道等重点区域巡查巡护工作，严厉打击滥捕、滥猎、滥食、非法交易等违法行为；加强宣传教育，正确引导舆论导向，通过多种渠道，宣传报道典型违法案例；广泛发动社会力量，营造关爱野生动物、保护野生动物良好氛围；加强督导检查，及时协调解决突出问题，确保各级职责落到实处；畅通信息报送渠道，加强舆情事件、重要案件以及督办案件办理情况报送力度，确保内容全面、及时准确。

（唐波）

【极小种群野生植物保育拯救】 年内，市园林绿化局对北京市一级重点保护野生植物轮叶贝母、北京市二级重点保护野生植物丁香叶忍冬和北京新记录珍贵用材树种铁木，开展本底资源调查和保育研究。加强极小种群野生植物保育项目储备。开展上方山极小种群野生植物保育项目、北京雾灵山极小种群野生植物铁木保护示范项目以及基于菌根共生特性探究北京松山地区极小种群兰科植物种质保育项目3个项目可研报告编制，为后续项目实施奠定基础。

（唐波）

【市园林绿化局专题研究全市室内公共场所动物观赏展示活动监管工作】 年内，市园林绿化局领导专题研究全市室内公共场所动物观赏展示活动监管工作，与市农业农村局、市市场监管局、市商务局、市公安局、市卫生健康委、市疾控中心、市动物疫病预防控制中心等单位，共同研究联合检查执法专项行动等工作。

（唐波）

【《北京市野生动物保护管理条例》实施日主题宣传活动】 年内，《北京市野生动物保护管理条例》（以下简称《条例》）于4月24日，经北京市第十五届人民代表大会常务委员会第二十一次会议审议通过，并于6月1日起正式实施。市园林绿化局在通州区大运河森林公园组织开展《条例》实施日主题宣传活动。现场分别介绍《条例》宣贯工作以及新版《条例》主要特色和亮点，现场放归鸳鸯、红隼、夜鹭等国家和本市重点保护野生动物 11 只，观摩北京行政副中心千年守望林鸟类栖息地恢复示范项目，实地查看鸟巢、鸟食台、饮水槽等生物多样性保护措施，在林地中划出相对隔绝的野生动物保育区域，还布置供小型动物“安家”的本杰士堆，湖中央特别建设“生境岛”。

（唐波）

4 月 15 日，怀柔区组织有关人员在保护区河道撒放鱼苗（怀柔区园林绿化局 提供）

【市领导专题调度室内动物园监管情况】 年内，北京市副市长卢彦专题调度室内动物园监管工作，听取室内动物园底数情况、存在风险以及下一步监管措施。卢彦强调：市园林绿化局、市农业农村局共同牵头，会同有关部门进一步强化室内动物园监管，推进管理的规范化、科学化；开展室内动物园专项联合执法检查，督促落实动物检疫、强制免疫、环境消毒、病死动物无害化处理、疫情防控等各项措施；对未严格落实相关管理要求的，有关部门根据职责分工予以处罚，不符合相关技术规范的依法予以取缔。

（唐波）

【局领导出席移交执法查没象牙等野生动植物制品启动仪式】 年内，市园林绿化局领导出席移交执法查没象牙等野生动植物制品启动仪式，并指出：此次移交工作是落实海关总署、国家林业和草原局有关要求，启动的第二批野生动植物及其制品移交工作，制订了更详细的实施方案。目前，国家北方罚没野生动植物制品储藏库正在建设，建成后，将继续深化与北京海关的合作，建立野生动物制品移交长效工作机制，共同做好北京市野生动植物保护工作。

（唐波）

（野生动植物保护管理：唐波 供稿）

古树名木保护

【概　况】 2020 年，首都绿化委员会办公室紧紧围绕古树名木保护管理与历史文化传承，圆满完成中轴线申遗、首都功能核心区及西山、永定河文化带等涉及古树名木保护与管理事宜的落实、处置。开展全市名木资源普查，编制《北京古树名木保护规划》；出台《首都古树名木检查考核方案》《首都古树名木检查考核标准》；组织全国首部《古树名木评价标准》修订、论证、公示与报审。推进"北京古树名木种质资源保护研究基地"建设，拓宽古树名木保护内涵和外延。开展玉泉山等重点区域古树名木调查、树龄检测和空洞检测等工作。配合市司法局、规自委、文物局等部门和单位做好《北京历史文化名城保护条例》《中轴线文化遗产保护条例》制定与出台。持续开展以"保护古树名木　共建生态北京"为主题的"让古树活起来"系列宣传活动。在北京绿化基金会设立北京古树名木保护专项基金，开展红螺寺"紫藤寄松"等古树名木复壮与修复工程，吸引和利用社会资金参与古树名木保护事业。

截至 2020 年底，全市共有古树名木 41800 余株，其中古树 40000 余株，一级古树 6000 余株，二级古树 34000 余株；名木 1300 余株。共计 33 科 56 属 74 种，主要集中在侧柏、油松、桧柏、国槐等乡土树种，白皮松、银杏、榆树、枣树、华山松、楸树、落叶松等也占一定比例。

（曲宏）

【太庙古树名木保护方案线上专家论证】 2 月 24 日，为进一步推进中轴线申遗，首都绿化办组织有关专家对劳动人民文化宫(太庙)700 余株古树名木保护方案通过专家线上论证。

（曲宏）

【国家林业和草原局生态保护修复司有关人员调研北京古树名木保护管理工作】 5 月 22 日，国家林业和草原局生态保护修复司有关人员调研北京古树名木保护管理工作。调研组实地调研北京市园林科学研究院，听取北京市古树名木保护管理和京津冀古树保护研究中心有关研究重点、方向、成果及推广应用等工作汇报，考察古树基因保存圃、树龄实验室、树洞检测室、标本室等，并对北京古树名木保护管理工作给予充分肯定。

（曲宏）

【印发《首都古树名木管理检查考核工作方案(试行)》】 6 月 28 日，首都绿化委员会办公室印发《首都古树名木保护管理检查考核工作方案(试行)》的通知。明确从 2020 年开始，首都绿化委员会办公室将组织市级联合检查组在各区古树名木管护责任单位自查、街道(乡镇)日常巡查、区绿化委员会办公室本区检查及量化考核基础上，对市域内所有古树名木，包括乡镇人民政府、街道办事处负责管理的，区级直管、市级单位自管以及在京中央、国家单位自管的古树名木进行抽查、复查，并通报年度考核结果。

（曲宏）

【首都绿化办领导赴北京市大东流苗圃调研】 7 月 14 日，首都绿化委员会办公室领导调研市大东流苗圃，实地查看苗圃北场扦插场、组培室、现代温室、南场及温榆河会议中心等区域，详细听取近期古树名木工作进展和下一步关于种质资源基因库建设构想，对大东流苗圃前一阶段古树名木资源收集、保存、扩繁等工作给予肯定，并提出具体要求。

（曲宏）

【首都绿化办组织专家研究老果树纳入古树

名木保护事宜】 7月15日，首都绿化委员会办公室组织北京林业大学、北京果树学会、北京市园林科学研究院等有关专家研究北京郊区散生果树纳入古树名木保护范畴事宜。专家一致认为：特色果树承载着历史、文化、乡愁，生态、经济功能兼备，是郊区珍贵的生态资源，应该加强保护。专家建议：一方面及时开展资源调查、摸清底数。另一方面，分类施策，积极争取相关政策支持。同时，在现有古树名木保护法规、规范体系下，结合《北京市古树名木评价标准》修订，可将部分承载着历史、文化、乡愁，在北京市具有一定代表性的、知名、长寿、珍稀濒危物种、种质资源或地理标志、产地标志等经济树种中的珍贵单株，经论证后按程序纳入古树名木保护范围。

（曲宏）

7月15日，市园林绿化局组织专家研究老果树纳入古树名木保护事宜（义务植树处 提供）

【市领导调研北京市古树管理情况】 7月17~27日，市委书记蔡奇以"四不两直"（不发通知、不打招呼、不作汇报、不用陪同接待，直奔基层、直插现场）的方式，分别对门头沟区、密云区和东城区的古树名木管理情况进行调研。蔡奇强调，古树是不可多得的资源，要加强监测，做好保护。

（曲宏）

【首都绿化办组织专家论证北京古树名木种质资源保护】 7月19日，首都绿化委员会办公室组织召开北京古树名木种质资源保护专家座谈会。来自中国林科院、北京林业大学、北京园林科学院等知名专家详细听取市大东流苗圃古树名木保护相关工作进展和下一步关于种质资源基因库建设的思路、方向及构想。专家团队提出了意见建议。

（曲宏）

【市领导指示保护好平谷区古树】 8月18日，北京市委书记蔡奇到平谷区调查研究。蔡奇强调，平谷是北京城市副中心的后花园，山水宜人，花果飘香；要深入贯彻习近平生态文明思想，坚持生态立区、绿色发展，守护好首都东部绿色生态屏障，打造宜居宜业宜游生态谷；要依托山水旅游资源，发展精品民宿；推进上宅博物馆和上宅考古遗址公园建设；保护好古树。

（曲宏）

【首都绿化办启动北京名木调查工作】 9月8日，首都绿化委员会办公室组织开展的全市名木及纪念林调查工作正式启动。北京市园林古建设计研究院、市大东流苗圃等专业人员组成的调查队伍会同各区、各有关单位，分多个调查组同时对历年来党和国家领导人、全国人大常委会领导、全国政协领导、中央军委领导、中直机关和中央国家机关的部级领导以及国际友人等连续数十年参加首都地区义务植树活动形成的六大类100余处4万余株名木、纪念林、纪念树等开展详细调查。

（曲宏）

【全国古树名木保护管理业务培训班】 9月24~25日，全国绿化委员会办公室组织的2020年全国古树名木保护管理业务培训班在北京召开，来自全国绿委办、中直机关、中央国家机关、全军绿委办，有关部门绿委办及各省、市绿委办的相关领导和主管负责同志100余人参加培训。北京、湖南等5个省（区、市）作典型经验介绍，讨论研究《中华人民共和国古树名木保护条例》《全国古树名木保护规划》等文件，总结2019年以来古树名木保护管理工作，部署下一阶段重点工作，实地考察学习颐和园、红螺寺及北京市园林科学研究院等古树名木保护管理，交流古树名木保护抢救复壮技术、经验、标准等。

（曲宏）

9月24日，参加2020年全国古树名木保护管理业务培训班的人员实地考察北京市园林科学研究院古树体检工作（义务植树处 提供）

【研究“北京古树名木种质资源保护研究基地”建设】 10月9日，首都绿化委员会办公室领导专题研究在大东流苗圃推进“北京古树名木种质资源保护研究基地”建设事宜。会议听取义务植树处和北京市园林古建设计研究院关于推进“北京古树名木种质资源保护研究基地”建设情况汇报。首绿办领导指出：古树名木种质资源是国家重要的生物资源，进一步加强保护意义重大，刻不容缓，是落实“让古树活起来”的重要举措，是加强生态文明建设的需要。会议还围绕“北京古树名木种质资源保护研究基地”建设问题提出要求。

（曲宏）

【市领导赴昌平区调研时指示做好古树体检】 10月20日，北京市委书记蔡奇围绕谋划“十四五”规划、推动首都新发展赴昌平区调查研究。蔡奇在明十三陵检查文物保护及安全管理时强调，要打通神道，保护风貌，做好古树体检，加强遗产文化研究。

（曲宏）

10月20日，市委书记蔡奇（中）到昌平区调查研究，强调做好古树体检工作（义务植树处 提供）

【首绿办首次组织全市古树名木保护管理市级检查考核】 12月2~29日，按照《首都古树名木保护管理检查考核工作方案（试行）》要求，首都绿化委员会办公室首次组织城管、公安及相关专家参加的市级联合检查组在各区古树名木管护责任单位自查、街道(乡、镇)日常巡查、区绿化委员会办公室本区检查及量化考核基础上，对16个区和市公园管理中心所有古树名木进行抽查、复查。包括内业、外业两部分24项内容。

（曲宏）

【在建109国道新线高速公路为古树让路】 12月21日，市交通委在门头沟区政府组织召开会议专题研究109国道新线高速公路齐家庄段涉及古树群道路改线事宜。北京市园林绿化局(首都绿化委员会办公室)，门头沟区委、区政府，北京市交通委、规划委等相关部门本着“要为古树让路，全力保护古树资源”的理念，反复论证优化109国道新线改线方案，决定通过下穿隧道形式对新发现古树群及生长环境进行整体保护。

（曲宏）

（古树名木保护：王文博 供稿）

林业有害生物防治

【概　况】 2020年，市园林绿化局认真贯彻落实国务院办公厅《关于进一步加强林业有害生物防治工作的意见》和2020年首都园林绿化工作会议精神要求，加强防控体系建设，强化责任落实，持续推动京津冀协同联动，狠抓松材线虫病等重大林业有害生物防控，不断推动首都林业有害生物防治工作高质量发展。

（高灵均）

【完成《2015—2017年重大林业有害生物防控目标责任书》整改】 年内，针对国家林业和草原局向北京市反馈的《2015—2017年重大林业有害生物防控目标责任书》检查考核结果中指出的不足，市园林绿化局立行立改，及时制订《北京市重大林业有害生物防治目标责任书履责检查整改方案》，对整改工作进行部署。按照“分级整改、分阶段到位、易改先改”原则，紧紧围绕反馈意见指出的三个方面问题开展并完成整改工作。

（高灵均）

【2020年松材线虫病春秋两季普查】 年内，市园林绿化局按照“监测全覆盖，普查无盲区、疑似尽排查”工作要求，组织全市做好2020年春秋两季松材线虫病普查工作，完成普查任务107473.33公顷，覆盖16个区、178个乡镇、146个街道、11个市属公园、24个林场、350个苗圃。检查没有发现松材线虫病疫情，监测过程中，尚未发现松材线虫病主要传播媒介昆虫——松墨天牛。

（高灵均）

【冬奥会延庆场馆区域林业植物检疫防控】

年内，市园林绿化局对北京城建集团有限责任公司(高山滑雪中心标段工程项目经理部)、上海宝冶集团有限公司(国家雪车雪橇中心工程项目部)、江苏澳洋生态园林股份有限公司等多家施工单位下达《调运松类植物、松木及其制品检疫事项告知书》，并签字盖章，明确检疫有关规定。联合多部门、单位对冬奥会部分场馆建设施工现场防控松材线虫病责任落实情况开展3次联合检查，对发现的松木及其制品堆放、处理不规范等存在管理漏洞情况要求予以限期整改。从2019年9月开始，组织市、区林业植物检疫机构与各施工企业对接，确定延庆区林业植物检疫机构2名检疫人员每日驻场开展检疫复检和苗木“两证一签”检查核验工作，市级林业植物检疫机构进行不定期抽查，累计检疫复检394车，涉及各类乔灌木75.1万株(其中油松类1.6万株)，检查电缆盘151件，包装箱材料171件。进场苗木和木质包装复检率100%。本地苗木大部分悬挂“苗木电子标签”，实现苗源清楚，检疫可追溯，“两证一签”完备，未发现违法调运行为和携带松材线虫病等林业检疫性有害生物等现象。

(高灵均)

【重点地区林业有害生物防控】 年内，市园林绿化局加大冬奥会延庆赛区等重点地区松材线虫病监测和排查，对松木及其制品加强检疫监管。全市累计出动8462人次，完成围环监测排查7600公顷，未发生春尺蠖灾害及草履蚧扰民事件。做好飞机防治组织工作，历时167天，完成飞机防治作业986架次，作业面积约98600公顷。

(高灵均)

【重大林业有害生物防治】 年内，市园林绿化局根据国家林业和草原局部署，向各区印发《关于下达2020年度松材线虫病美国白蛾等重大林业有害生物防治任务的通知》，将红脂大小蠹、白蜡窄吉丁纳入年度防治任务予以布置，要求各区结合重大林业有害生物发生和防治特点，进一步分解防治任务，明确防治责任，完成防治任务。10月份，市园林绿化局对各区年度防治任务进行考核，各区均圆满完成各项防治任务。

(高灵均)

10月29日，大兴区开展越冬基数调查监测有害生物发生情况(市林业工作总站 提供)

【编制林业有害生物防治“十四五”规划】 年内，市园林绿化局编制林业有害生物防治“十四五”规划，组织专家对方案进行论证。专家组听取北京市林业有害生物防控工作“十三五”工作总结和“十四五”规划方案汇报，对“十四五”规划相关内容进行讨论，对科学研究、重点防治对象、检疫管理等方面提出相关意见。专家组一致认为该规划确定以服务新一轮百万亩造林、2022年北京冬奥会场馆建设、北京城市副中心等重点工程与地区为核心，在组织机构、技术安排、立法管理、防控体系和防控效果等各个方面明确具体目标，从制度机制、设施建设、精准测报、防控技术应用、检疫制度和手段、绿色防控策略与措施、京津冀协同发展、宣传培训等进行部署，在组织领导、责任落实、资金保障和技术创新等方面确定相关保障措施，建议依据规划方案，尽快制订具体实施方案，推动首都园林绿化事业高质量发展。

（高灵均）

研究编制林业有害生物防治“十四五”规划

【启动《北京市林业有害生物防治条例》立法筹备工作】 年内，市园林绿化局启动《北京市林业有害生物防治条例》立法前有关准备工作，起草《〈北京市林业有害生物防治条例〉立法建议》。

（高灵均）

【在建涉林涉绿工程检疫检查】 年内，市园林绿化局联合市林保站、市种苗站等单位对新一轮百万亩造林工程苗木质量进行检查，严格检查“两证一签”，推进检疫追溯，进一步堵死产地检疫证“倒苗”漏洞。会同市林保站开展百万亩造林植物检疫情况检查，每个区抽查两个平原造林地块，现场抽查《植物检疫证书》、苗木电子标签等，未发现违法调运行为。加大市园林绿化局所属单位涉松涉木工程检疫复检排查力度，对局属林场、苗圃、自然保护区内架线、建塔、修路、建筑施工等涉及松树、松木线缆轴及松木质包装使用的加大检疫复检力度，加强事中和事后监管。组成复检小组对永定河休闲森林公园、北京十三陵林场进行检查和复检，未发现带疫苗木。

（高灵均）

6月11日，通州区开展林业有害生物防控交流研讨现场会(市林业工作总站 提供)

【违规农药使用专项检查】 年内，市园林绿化局会同市林业站、市林保站等单位联合开展平原生态林违规使用农药专项检查，检查抽查地块主要林业有害生物防治任务完成情况和防治成效等。另外，每区抽查2家养护单位对农药使用情况、是否危害生态环境、农药包装废弃物处置情况、农药贮存和档案记录情况等事项进行分组抽查和重点检查，未发现违规使用农药的行为。会同相关单位开展2020年食用林产品农药规范使用情况专项检查试点工作。在大兴、门头沟、昌平、延庆4个试点区抽取13.33公顷以上果园的60%作为检查对象，对农药使用、农药包装废弃物处置、农药存贮和档案记录三方面情况进行检查，未发现违规使用农药行为。

（高灵均）

【完善林业有害生物防控制度机制】 年内，市园林绿化局印发《北京市防控危险性林木有害生物部门联席会议议事规则》，更新完善联席会议成员和联络员名单，重新梳理各成员单位主要职责，推进北京市防控危险性林木有害生物部门联席会议规范化、制度化、科学化。修订并向各成员单位和各区人民政府印发《北京市突发林木有害生物事件应急预案（2020 年修订）》。为进一步完善园林绿化防治检疫相关法律法规配套制度，编制印发《北京市林业有害生物（新传入）检验技术指南》。

（高灵均）

【京津冀重大林业有害生物联防联控】 年内，市园林绿化局协调召开三省市联席会议，对京津冀重大林业有害生物发生趋势进行会商，探讨防控形势，交流防控经验，共享动态信息，协商解决问题，科学制订区域林业有害生物防治检疫工作计划。各片区召开联席会议，对各片区内防控工作情况、信息交流和技术支持等方面进行交流。继续实施《京冀林业有害生物防控区域合作项目》，结合河北省实际和需求，采购各种防治设备、诱捕器及药剂等，组织完成《2020 年京冀林业有害生物防控区域合作项目》。继续在三省市开展京津冀林业植物检疫追溯系统试运行工作，初步实现在试点区域内重点工程调运植物全程追溯，确保区域生态资源安全。

（高灵均）

（林业有害生物防治：高灵均 供稿）

林业改革发展

【概　况】 2020 年，北京林业改革发展工作坚持以习近平新时代中国特色社会主义思想为指导，全面贯彻新发展理念、高质量发展要求和市委市政府工作部署，在探索完善集体林权制度改革相关政策、创新集体林业发展体制机制、大力推动新型集体林场试点、发展林下经济等方面取得明显成效。

（梁龙跃）

【房山区全国集体林业综合改革试验示范区建设】 年内，完成房山区全国集体林业综合改革试验示范区建设任务。探索培育新型林业经营主体，先后成立北京市房山大石窝集体林场和北京房山水峪集体林场，分别探索不同组建方式（镇级、村级）和不同区位集体林（平原、山区）经营管护模式。大石窝集体林场经营管护平原集体生态林 329.99 公顷，水峪集体林场经营管护山区集体生态林近 333.33 公顷。创新森林经营管理制度，以窦店镇为试点，探索部分集体林林木采伐审批权限制度，提高审批效率。以大安山乡为试点，探索精准化森林健康经营模式。推动一、二、三产业融合创新集体林业发展模式，通过政企结对、项目帮扶，利用大安山乡水峪村333.33公顷生态林资源，引入铭泰旅游发展有限公司，修建登山步道15000余米，其中木栈道6478米，同时，开发特色餐饮，提升景区承载能力，打造“峪壶峰”旅游景区。以大石窝集体林场为平台，集成政策、资金和科技人才资源，打造大石窝市级林下经济示范区200公顷。

（梁龙跃）

【房山区全国集体林业综合改革试验示范区检查验收】 年内，按照《国家林草局发改司关于开展集体林业综合改革试验示范区试验任务总结评估工作的通知》要求，市园林绿化局认真组织对试验示范区建设情况进行复查及自评，全面评估试验示范区建设任务绩效，总结试验示范典型经验及做法，分析研究有关案例问题，提出深化推进发展对策。

（梁龙跃）

【新型集体林场试点建设】 年内，市园林绿化局持续推进新型集体林场试点建设任务。2018~2020年，北京市在门头沟、房山、昌平、大兴、通州、顺义、怀柔、密云、延庆组建42个新型集体林场，试点林场涉及9个区、49个乡（镇）、765个村、30333.33公顷集体生态林地，为当地提供8108个就业岗位，聘用当地农民6491个，当地农民占职工总数80.1%。所建集体林场全部为集体所有制林场，其中，区级集体林场2个，均在延庆区，管护面积约5000公顷；乡镇级集体林场35个，9个区都有，管护面积约22666.67公顷；村级集体林场5个，分布在房山、昌平、怀柔和密云4个区，管护面积2666.67公顷。

（梁龙跃）

北京市在通州区开展市新型集体林场试点现场会（林业改革发展处 提供）

【制订《关于发展新型集体林场的指导意见（征求意见稿）》】 年内，市园林绿化局制订《关于发展新型集体林场的指导意见（征求意见稿）》，并征求市财政局、发改委、人力社保局等22个（委、办）局及12个区政府意见，依据征求意见进行修改完善。

（梁龙跃）

【完成大石窝镇林下经济试点任务】 年内，市园林绿化局克服疫情影响，与北京农林科学院专家一起，及时开展技术下乡、引种、栽植、搭棚等现场指导和服务工作，打造出辛庄等3个村林下低密度油鸡养殖、广润庄等两个村林下食用菌种植、南尚乐等3个村林下中药材种植、北尚乐等3个村林下花卉种植、王家磨等7个村林下种草等林下经济建设，全镇林下经济面积266.67公顷，累计实现经济收入12.4万元，带动当地农民就业170余人。

（梁龙跃）

【总结“十三五”时期林业改革成果】 年内，市园林绿化局全面总结“十三五”时期林业改革成果，全市完成六项集体林业改革任务：集体林权制度改革逐步深入，进一步完善生态效益补偿政策机制，国家集体林业综合改革试验示范区初见成效，积极培育新型林业经营主体，建立健全生态公益林保险制度，林下经济建设稳定有序。

（梁龙跃）

【制订“十四五”时期林业改革发展规划】 年内，市园林绿化局系统谋划“十四五”时期林业改革任务目标。“十四五”时期，在巩固完善现有成果基础上，以提升集体林经营规模化、组织化、产业化水平为导向，以建立集体林业良性发展机制为主线，放活集体林经营权为着力点，加快培育新主体、新模式、新业态，建立健全集体林业高质量发展的政策体系，主要开展四项工作：进一步完善集体林权制度，推进集体林“三权分置”试点，引导集体林规范、有序流转；推进集体林分类经营管理；培育壮大新型林业经营主体；完善生态效益补偿政策机制。

（梁龙跃）

（林业改革发展：梁龙跃 供稿）

绿化资源监测与规划设计

【概 况】 2020年，北京市林业勘察设计院（以下简称市林勘院）开展北京市第九次园林绿化资源专业调查、北京市第六次荒漠化沙化监测、利用高分遥感技术开展全市湿地资源监测监管、2020年森林督查和资源管理“一张图”年度更新、北京园林绿化生态系统监测网络建设等绿化资源监测工作。完成北京市“十四五”时期园林绿化发展规划、北京市“十四五”时期森林采伐限额编制、森林经营方案编制后续工作、北京市“三北”工程总体规划修编和“三北”防护林体系六期工程建设规划、新一轮林地保护利用规划编制前期工作、新时期北京市林业勘察设计院改革和发展研究规划等规划设计相关工作。

（韦艳葵）

【北京市第九次园林绿化资源专业调查】 年内，持续推进北京市第九次园林绿化资源专业调查工作。此工作于2019年启动，外业调查于2020年初结束，随后转入数据处理和报告编写阶段。在内业数据处理中，对分区数据进行最终逻辑检查、拓扑检查、数据合并等工作，保证调查数据准确性和科学性。统计结果经多次分析与论证，并与国土“三调”数据进行对接，对发现的各类问题召开多次会议进行讨论，确定最终成果数据，编写《2019北京市园林绿化资源报告》。调查工作组织小班区划培训200余人，二类及绿地共区划小班88万余个。外业调查人员培训近2000人，确保每一位调查人员均经过严格培训才能开展外业调查工作。严格执行工组自查、区级检查、市级核查“三级”质量检查体系，抽查小班29255个，合格率93%。

（韦艳葵）

【北京市第六次荒漠化沙化监测】 年内，市林勘院开展第六次荒漠化沙化监测。此次监测采用遥感影像划分图斑、地面核实图斑界线和调查各项因子方法，提供各级行政单位的各类型荒漠化和沙化土地面积和分布。外业调查工作全部完成。

（韦艳葵）

【利用高分遥感技术开展全市湿地资源监测监管】 年内，市林勘院开展利用高分遥感技术开展全市湿地资源监测监管工作。通过应用高分辨率遥感数据（1米级），对湿地资源变化进行监测，监测湿地资源增减变化情况，现地核实资源具体变化原因，建立湿地资源变化数据库，2020年底进行湿地资源变更，更新湿地资源数据库，实现全市按年度动态监测，形成年度湿地资源动态变更成果。

（韦艳葵）

【2020年森林督查和资源管理“一张图”年度更新】 年内，市林勘院开展2020年森林督查和资源管理“一张图”年度更新工作。编写2020年森林督查和资源管理“一张图”年度更新工作方案及技术细则；参加国家林业和草原局组织的东北监测区在线培训，与国家林业和草原局规划院等就如何开展工作进行深入探讨；获取全市数据及遥感影像，并将影像及最新一期的“一张图”数据、森林督察数据等下发各区；组织全市技术人员培训，全程线上线下深入指导各区及各相关单位解决相关技术问题；完成各区变更地块抽查工作，对检查过程中发现的问题要求各相关单位整改上报。汇总全市数据上报至国家林业和草原局，编写《2020年北京市森林资源管理“一张图”年度质量检查工作报告》。森林督查工作中，森林督查平台共下发原始督查图斑3968个，经过核实、补充及移交后，最终全市提交原始图斑3971个，经切割细斑后最终生成图斑4765个，均纳入森林督查数据库。督查图斑中违法图斑485个，市级检查组依照检查方案优先林地保护利用规划中认定是林地的图斑，依据情况抽取若干图斑进行现地检查，核实各块变化原因。全市共抽取原始图斑147个，生成督查图斑201个。经核查，最终违法图斑72个，建设项目使用林地61个，毁林开垦3个，采伐林木8个。最终以督查检查结果为依据在全市范围发布通告，要求各相关单位针对违法图斑逐一进行整改查处并最终销账。

（韦艳葵）

【《北京园林绿化生态系统监测网络建设》】 年内，市林勘院继续开展北京园林绿化生态系统监测网络建设。全面启动15个新建监测站点建设工作，调整并最终确定监测站仪器设备和样地布设具体位置，设计站点支撑设备的布置方式，对各项技术、系统方案进行论证，编制项目建议书；协调资金已落实的监测站点提交申报材料进行财政评审，根据财政提出的具体要求调整项目建议书，补充申报材料；对有要求的部分监测站点提供项目设计方案和项目预算，完成财政评审；督促资金没有落实的监测站点落实项目。全年13个监测站点进入财政评审阶段或者完成财政评审。协助监测站点完成监测站的仪器设备采购和支撑设备建设，安装相关监测仪器设备，同时完成各监测站点生物多样性样地选点工作。13个监测站点中已有2个监测站（十三陵林场监测站、密云水库监测站）处于建设阶段中。

（韦艳葵）

【《北京市“十四五”时期园林绿化发展规划》】 年内，市林勘院开展《北京市“十四五”时期园林绿化发展规划》编制工作。完成北京市园林绿化局“十四五”发展规划前期成果（重大问题认识、基本思路、实施计划）、关于“十四五”时期园林绿化发展规划研究报告、北京市“十四五”时期园林绿化发展规划（要点稿）、北京市“十三五”时期园林绿化工作总结、北京市“十四五”时期园林绿化发展重大问题研究、北京市“十四五”时期园林绿化发展“五个重大”研究、北京市“十四五”时期园林绿化发展重点专题研究等十多个重要稿件起草。规划文本编写中经调研、资料收集与分析、大纲编写、初稿编写、讨论修改、征求意见、专家论证等阶段，先后3次在北京市园林绿化局干部学校密云培训中心、百望山封闭编写规划文本，十余次开会讨论、征求意见，修改规划文本十余次，形成《北京市“十四五”时期园林绿化发展规划》。

6月12日，市园林绿化局召开“十四五”规划编制工作推进会（市林勘院 提供）

（韦艳葵）

【北京市“十四五”时期森林采伐限额编制】

年内，市林勘院开展北京市“十四五”时期森林采伐限额编制工作。全面负责全市“十四五”时期森林采伐限额编制相关技术工作，组织技术人员紧密和各区及相关编限单位联系对接，负责技术解答和数据审核，并对各编限单位上交编限成果进行严格技术审查。审查通过后，将全市森林年采伐限额汇总平衡，提出北京市“十四五”时期年森林采伐限额建议指标50.7万立方米，通过市园林绿化局专题研究会后报送国家林业和草原局。国家林业和草原局审定通过北京市森林采伐限额建议指标，将指标下发分配。

（韦艳葵）

【森林经营方案编制后续工作】 年内，市林勘院持续推进森林经营方案编制工作。此项工作于2019年启动。组织技术人员全程对各区、国有林场和国有林单位编制各级的森林经营方案进行技术指导，对各单位提交的森林经营方案进行质量检查，提出详细修改意见和建议，组织专家对这些方案进行评审。完成评审的有西山林场、八达岭林场、十三陵林场、京西林场、松山林场（包括松山自然保护区）、共青林场、永定河休闲森林公园、碑林（百望山森林公园）8个市属单位和石景山区、丰台区、怀柔区、顺义区4个区级单位。

（韦艳葵）

12月9日，在市林勘院召开北京市森林经营方案编制技术规范结题验收评审会议（市林勘院提供）

【北京市“三北”工程总体规划修编和“三北”防护林体系六期工程建设规划】 年内，市林勘院开展北京市“三北”工程总体规划修编和“三北”防护林体系六期工程建设规划编制工作。完成总体规划工程区现状、建设任务与投资估算表，六期规划工程区现状、建设任务与投资估算表等相关表格填写和申报。汇总相关资料，整理相关内容，完成《北京市“三北”工程总体规划（修编稿）》和《北京市“三北”防护林体系六期工程建设规划（初稿）》。

（韦艳葵）

【新一轮林地保护利用规划编制前期工作】

年内，市林勘院开展新一轮试点林地保护利用规划编制前期工作。根据《森林法》等相关法律法规和技术规范，总结实践经验，广泛听取各方意见，研究制订《北京市区级林地保护利用规划修编试点技术方案》。

（韦艳葵）

【《新时期北京市林业勘察设计院改革和发展研究规划（2021—2030年）》】 年内，市林勘院开展《新时期北京市林业勘察设院改革和发展研究规划（2021—2030年）》编制工作。全面回顾林勘院68年来发展历程，深入总结发展优势，直面面临问题，以问题为导向，以长远健康发展为目标，制订《新时期北京市林业勘察设计院改革和发展研究规划（2021—2030年）》，对市林勘院到2030年的发展进行全面规划，提出新的改革发展方向，改变林勘院无发展规划的现状。

（韦艳葵）

（绿化资源监测与规划设计：韦艳葵 供稿）

公园 湿地 自然保护地

公园行业管理

【概　况】 2020年，公园管理工作坚持以习近平总书记视察北京系列讲话精神和生态文明建设系列指示为基本遵循，以市委全会精神和全市园林绿化工作会议要求为指导，坚持抓管理促规范、抓服务搞保障、抓基础促发展、抓帮扶上台阶、抓整治促提升、抓宣传树品牌，全市公园管理和服务水平稳步提升。突出抓好新冠肺炎疫情防控期间全市公园管理和服务工作，为广大市民疫情期间释放压力、舒缓心情提供良好休闲空间。

（刘涛）

【全市公园疫情防控】 年内，面对突如其来的新冠肺炎疫情，市园林绿化局团结一心，深入一线，指导全市公园坚持一手抓疫情防控，一手抓游客服务，在确保全市公园系统干部职工自身安全基础上，严格疫情防控措施，千方百计为游客服务，按照“外防输入、内防扩散”要求，牢固树立“抓好疫情防控就是做好公园服务”理念，迅速行动、科学决策、有效应对、积极防疫。根据疫情防控各个阶段不同要求，制订下发30余个疫情防控文件通知，指导全市公园科学防控；严格落实入园前“扫码、测温、1米线排队、科学佩戴口罩”等疫情防控措施，确保游客安全游园；采取预约、限流等多项措施，积极应对大客流；建立

3月13日，朝阳区在日坛公园南门开展疫情期间游客限流管控演练活动（朝阳区园林绿化局提供）

沟通联动机制，保障疫情防控工作正常开展；组织开展检查巡查，及时堵塞疫情防控漏洞、补齐短板；稳妥做好舆情处置，积极回应社会关切。全市公园3万多名干部职工满负荷运转、超负荷工作，坚守岗位，无私奉献，全市公园系统未发生疫情，疫情防控工作取得阶段性成果。

（刘涛）

【文明游园专项整治】 年内，市园林绿化局与首都精神文明办、市公安局、市文化和旅游局、市水务局、市城管执法局等部门联合印发《北京市文明游园整治行动实施方案》，在全市公园联合开展为期三年的不文明游园行为专项整治行动，倡导文明游园理念、整治不良游园陋习、引导公众文明游园。先后向社会公布17项不文明游园行为清单，针对季节特点和疫情防控需要，把“采挖野菜、踏踩草坪、攀折花木、营火烧烤、携犬入园、伤害动物、乱涂滥刻、野泳垂钓、随地吐痰”9种行为以及疫情期间“不戴口罩、扎堆聚集、不守秩序、倒卖门票”4种不文明游园行为确定为全市重点整治对象。联合发布“文明游园倡议书”，宣传“公园游客守则”，在公园周边居住小区、社区、行政及企事业单位的宣传栏、告示栏、视频栏，张贴宣传画报、发布文明游园行为规范、播放公益广告，曝光不文明游园典型案例，督促公众文明游园，编辑刊发《文明游园整治行动专刊》13期，劝阻不文明游园行为239019次，全市公园游园秩序明显好转。

开展文明游园专项整治行动（市园林绿化局宣传中心 提供）

（刘涛）

【大客流管控】 年内，市园林绿化局针对公园内可能出现的大客流提前进行充分研判，提前制订针对性强、有效到位的预案措施，指导全市游客量较大的85家公园制订大客流管控预案，按照“园内限流量，园外重疏导”思路进行动态限流。对游客量较大的公园，与属地相关部门进行联动，实行门票预约、门区点数、媒体宣传引导、关闭部分门区及停车场等措施控制客流量，防止公园内因出现人群聚焦造成交叉感染。

（刘涛）

【全市公园结对帮扶工作】 年内，按照市领导指示要求和市园林绿化局党组安排部署，自7月份开始，在全市公园组织开展市属公园与郊区公园结对帮扶行动。借助结对帮扶工作，补齐郊区公园管理服务短板。按照“设施相对齐全，功能相对完善，距离相对合理，管理基本到位，服务基本覆盖，环境基本安全”标准建设让市民满意的公园，使公园成为城市中有生命的基础设施，成为展现首都经济社会发展、市民文化文明的窗口。各区公园结对帮扶工作按照要求有序推进。全市共有48个公园参加结对帮扶工作，已全部进行对接，其中39个公园已签订结对帮扶框架协议，31个公园进行实地走访交流。全市结对帮扶公园均已制订改进措施，组织开展“一对一”帮扶培训、交流研讨会，全市郊区公园管理养护水平稳步提升。

（刘涛）

8 月 18 日，召开朝阳区城市公园与郊区公园结对帮扶工作部署会（朝阳区园林绿化局 提供）

【“提升公园品质　提高公园综合服务保障水平”整治提升行动】 年内，市园林绿化局聚焦公众关注问题，针对不文明游园行为治理、接诉即办服务水平提升、补植增绿、园容卫生改善、安全风险排查、管理服务细化规范、厕所革命、志愿者服务进公园 8 个方面开展系列专项行动，抓整治、促提升、补短板、强监管，全面提升公园为民服务水平和精细化管理水平。全年共整治露天黄土 631652 平方米，诊治清理枯死树 11296 株，补植树木 52008 株，补植花草 229783 平方米，新增认建认养树木 315 株，清理卫生死角 5380 处，清理废弃物 66373 立方米，清理水面 687 万平方米；补设警示标识 1118 处，补设防护栏 4333 处，修复破损设施 10269 处，补签安全责任书 928 份，补拟安全方案 173 份，补设监控设施 799 处；补设防护栏 483 处，处理服务纠纷 456 起，整治不合格牌示 558 处，纠正服务态度不端正 340 次，纠正未持证上岗 44 次；新增厕所 36 座，改造厕所 156 座。

（刘涛）

【公园配套用房出租清理整治收尾工作】 年内，市园林绿化局按照《北京市公园配套用房出租整改标准》要求，督促各单位做好 2019 年各区公园配套用房出租整治遗留问题收尾工作，推进公园配套用房 1619 个问题的持续整改工作，组织对全市公园配套用房出租整治情况进行复查，坚决杜绝已整改问题再次出现。

（刘涛）

【编制《“十四五”公园保护管理规划》】 年内，市园林绿化局针对公园管理实际情况和存在问题，在充分调研基础上，编制《“十四五”公园保护管理规划》。

（刘涛）

【爱国卫生运动】 年内，市园林绿化局按照市委、市政府工作部署，结合全市公园实际，深入开展新时代爱国卫生运动。6 月 23 日，制订印发《北京市公园生活垃圾分类指导意见》。据统计，全市各类公园累计新设和改造垃圾桶 21000 余个，更新垃圾桶标识 16000 余张；设置生活垃圾暂存点 400 余处，园林绿化废弃物暂存点 200 余处。全市公园设立垃圾分类引导员 4771 人次，平均每周进行垃圾分类引导 14000 余次。

（刘涛）

【公园风景区公众服务品牌建设】 年内，市园林绿化局持续加强“北京公园和风景名胜区”官方网站、微博及微信等公众服务平台建设。对官方网站、微博、微信同步进行改版升级。在网站建设上，策划设计15张焦点图，发布稿件400余篇。在微博运营上，发布文章550余条，“美丽北京，魅力园林”“这周去哪儿玩”两个微博话题阅读量达320万人次，推出5项线上活动，累计阅读量110万人次，参与讨论人数6500余人，活动直接参与人数1685人。在微信运营上，发布微信文章830条，为游客推荐景区活动95项，独自开展3项微信活动，直接参与4700余人。

（刘涛）

【全市重点公园风景区游人量信息监测工作】 年内，市园林绿化局为进一步加强全市公园风景区客流管控，规范重点公园风景区游人量信息报送工作，组织制订印发《北京市园林绿化局公园风景区游人量信息报送工作管理办法(试行)》，开发“全市公园风景区游人量信息报送系统”。全市重点监测的433个公园风景区每天逐级上报游人量信息，市园林绿化局每天对游人量超过1万人次以上的公园进行提醒，为各级领导抓疫情防控和游客服务工作统筹决策提供可靠依据。

（刘涛）

（公园行业管理：刘涛 供稿）

森林公园建设与管理

【概　况】 2020年，市园林绿化局按照“以总体规划引导建设、以森林文化引领发展”总体思路，强化保护理念，完善规范标准，提供优质生态服务产品，突出示范引领，推动全市森林公园规范管理和创新发展。

（陈建梅）

【疫情期间森林公园管理】 年内，市园林绿化局在3月和6月两次对森林公园疫情期间开放情况进行摸底调查，全市31个森林公园除8家森林公园不具备开放条件外，其余23家森林公园30个景区全部对外实行预约制开放，年接待人数260万人次。印发《关于进一步加强全市森林公园疫情防控和森林防火工作的通知》和《关于进一步加强全市森林公园管理的通知》，组织局属森林公园召开森林公园综合服务能力提升工作会，部署疫情防控要求，强调重要时间节点游客数量把控和园区安全管理及森林防火、防汛等工作。

（陈建梅）

【森林文化建设】 年内，北京市各森林公园结合自身特点，有序开展森林文化活动，创新“线上+线下”活动方式，在原有活动基础上，更加突出文化特色，举办了西山线上森林音乐会、“云游”八达岭森林公园等线上活动，丰富首都绿色文化。疫情防控常态化后，各公园积极开展森林体验、自然教育、专题森林疗养等森林文化活动，获得较好宣传效果与社会反响。全市13家森林公园举办21项100余次活动。

（陈建梅）

大运河森林公园观景（通州区创森办 提供）

【“无痕山林”活动】 年内，市园林绿化局开展“无痕山林，我的垃圾我带走”行动。倡导游客文明游园，掀起全市森林公园无痕山林行动热潮。率先在西山国家森林公园、八达岭国家森林公园等局属森林公园推广实践，游客积极参与，反映良好。

（陈建梅）

（森林公园建设与管理：陈建梅 供稿）

郊野公园建设与管理

【概　况】 2020年，北京绿隔地区按照既定目标推进公园环建设和郊野公园管理工作。加大绿隔公园建设力度，加快“绿色项链环”逐步闭合，完成对全市一道绿隔地区60处（50个）郊野公园养护管理检查。

（李利）

【公园建设】 年内，北京市重点建设朝阳区京城梨园(二期)、丰台区南苑森林湿地公园先行启动区、大兴区五福堂公园、聚贤公园5处一绿城市公园，新增造林绿化约143.33公顷；实施朝阳区金盏森林公园二期、温榆河公园朝阳段、昌平段、顺义段4个郊野森林公园项目，建设面积393.47公顷，加快二道郊野公园环建设步伐。

(李利)

4月16日，朝阳区领导机关干部到温榆河公园环示范区参加义务植树活动(朝阳区园林绿化局 提供)

【绿隔公园管理】 年内，北京市对朝阳、海淀、丰台、石景山、大兴、昌平6个区及首农食品集团南郊农场管辖的全市60处(50个)郊野公园进行两次年度养护管理检查，在春节、清明、“五一”等重要节假日期间巡查检查20余次。全市各区郊野公园体制机制逐步健全、管护措施日趋精准化、综合服务能力不断提升。

(李利)

(郊野公园建设与管理：李利 供稿)

国有林场建设与管理

【概　况】 2020年，是北京市国有林场改革后转型发展开局之年，全年工作立足“四个林场”发展目标，围绕精准提升森林资源质量中心任务，以严格保护为基本要求，以森林经营为重要任务，以创新机制措施为主要手段，巩固提升国有林场改革成果，促进国有林场管护能力、营林水平双提升。

(陈建梅)

【森林资源保护和培育】 年内，市园林绿化局根据《森林公园运营维护项目管理暂行办法》《国有林场森林管护项目管理办法》等规定，对2020年局属林场森林管护项目和森林公园运营维护项目实施方案进行评审，并完成批复工作。完成对2019年森林管护、森林公园运营维护项目核查工作，形成核查报告。

(陈建梅)

【国有林场森林经营方案编制】 年内，按照北京市森林经营方案(2021—2030年)编制工作方案要求，市园林绿化局多次组织局属林场森林经营研讨会、理论技术培训会，讲解森林经营理论与技术，重点解读编案大纲，量化经理期主要目标，提升林业技术人员业务水平，召开局属林场森林经营方案专家初审会，完成8个局属单位森林经营方案初步审阅任务。

（陈建梅）

【国有林场营林样板地建设】 年内，市园林绿化局率先在局属林场开展国有林场样板地建设，指导西山林场完成《2020年—2021年全国森林经营试点工作实施方案》，推动八达岭林场建立1333.33公顷森林抚育示范区。

（陈建梅）

9月16日，八达岭林场开展2019年森林抚育项目检查（吴佳蒙 摄影）

【全市国有林场改革成果专题调研】 年内，市园林绿化局按照《国家林草局关于进一步巩固和提升国有林场改革成效的通知》精神，开展区属林场专题调研工作。自7月以来陆续到延庆区、通州区、顺义区、密云区、平谷区的区属林场调研改革发展情况，全面了解区属林场改革及发展情况，强化对区属林场监督指导力度。

（陈建梅）

【全国十佳林场选拔申报】 年内，市园林绿化局按照《中国林场协会关于推选全国十佳林场的函》精神，在全市国有林场范围内，开展十佳林场调研选拔。经研究决定，推选顺义区北大沟国有林场参加2020年度全国十佳林场评选活动。

（陈建梅）

【局属林场苗圃拉练检查】 年内，市园林绿化局围绕疫情防控物资储备、项目建设进度、森林防火及防汛等工作内容，开展局属林场苗圃拉练检查。总体来看，局属场圃全面落实局（办）党组工作要求，积极推进垃圾分类、安全防汛、疫情防控工作，较好完成相关工作任务，成效比较明显。

（陈建梅）

（国有林场建设与管理：陈建梅 供稿）

湿地保护修复

【概　况】 2020年，市园林绿化局结合新一轮百万亩造林绿化行动计划，以集雨型小微湿地建设为切入口，以温榆河公园、南苑森林湿地公园建设为重点，加大湿地恢复与建设力度，推进温榆河公园规划建设，全年恢复建设湿地2223公顷。编制完成《北京市湿地保护发展规划（征求意见稿）》，报请市政府主管副市长专题会讨论并原则通过。推进北京市第二批市级湿地名录出台，12月17日，北京市政府办公厅公布第二批市级湿地名录，批建北京市南海子湿地公园，使北京市湿地公园达到12个，总面积2900余公顷。

据北京市湿地资源调查，北京湿地总面积58682.86公顷，占全市总面积3.6%。其中河流湿地26592.12公顷，占湿地总面积45.3%；湖泊湿地491.69公顷，占0.9%；沼泽湿地782.73公顷，占1.3%；人工湿地30816.32公顷，占52.5%。从各区分布看，密云区湿地面积最大，共16378.1公顷，占全市湿地总面积27.9%；房山区位居第二，共6510.37公顷，占全市湿地总面积11.1%；东城区湿地面积最小，为87.95公顷，占全市湿地总面积0.1%。

（唐波）

【汤河口镇后安岭村小微湿地设计方案专家评审会】 5月15日，市园林绿化局组织召开汤河口镇后安岭村小微湿地设计方案专家评审会。北京林业大学、中国林科院湿地研究所有关专家参加评审会。与会专家听取设计单位关于汤河口镇后安岭村小微湿地设计方案汇报，一致认为，该设计方案符合《北京市湿地保护条例》有关要求，保护修复措施合理可行，充分利用现状自然资源条件，通过水体生态化改造、增设生境岛、配置湿地植被、营造多种生境，实现水体生态化、驳岸自然化、植物丰富化、生境多样化，对充分发挥湿地调蓄雨洪“海绵”作用和维护生物多样性“物种基因库”作用，提升周边区域生态环境、促进美丽乡村建设，实现区域经济社会协调发展具有重要意义。

（唐波）

【温榆河公园示范区游园体验活动】 7月29日，市园林绿化局组织北京师范大学、北京林业大学、中国林科院等专家，局规划发展处、生态保护修复处、公园管理处等处室以及朝阳区、顺义区、昌平区三区园林绿化局对温榆河公园朝阳示范区进行全面游园体检。与会人员一致认为，温榆河公园严格遵循公园控制性详细规划，坚持“生态、生活、生机”内涵理念，塑造蓝绿交融、清新明亮、生态自然、充满生机的整体风貌，达到预期规划建设目标。同时，也提出意见建议。

（唐波）

【《北京市湿地保护发展规划》编制研究会】

8月20日，市园林绿化局召开专题会议研究《北京市湿地保护发展规划》编制工作。会议强调：根据北京自然资源禀赋特点，深入分析湿地保护修复主要问题和薄弱环节，因地制宜增加湿地面积，提升现状湿地生态质量；进一步细化完善近期、远期工作目标，优化湿地空间布局，提出

8月20日，市园林绿化局专题研究《北京市湿地保护发展规划》编制工作(野生动植物和湿地保护处 提供)

针对性、可操作性的保护措施；加强与上位规划以及专项规划相互衔接，做好与自然保护地体系、生态保护红线统筹协调，确保落实、落细、落地。

（唐波）

【批准建设北京市南海子湿地公园】 9月16日，市园林绿化局批准建设北京市南海子湿地公园（规划面积401.26公顷）。至此，北京市湿地公园达到12个，总面积2900余公顷。南海子湿地公园位于大兴区东北部、北京城南中轴延长线东侧的亦庄、旧宫和瀛海三镇交界处，北至公园北环路，南至公园南环路，西至旧忠路。区域内湿地资源较为丰富，分布有青头潜鸭、疣鼻天鹅等珍稀野生动物，也是麋鹿的重要繁育地。

（唐波）

【第八个"北京湿地日"主题宣传活动】 9月19~20日，北京市举办以"强化湿地保护修复，维护湿地生物多样性"为主题的第八个"北京湿地日"主题宣传活动。9月19日上午，市园林绿化局在北京市南海子湿地公园举行湿地日主会场宣传活动。现场为北京市南海子湿地公园举行揭牌仪式，向市民发放宣传资料，设置宣传展板，安排现场咨询与答疑、湿地知识竞猜、健步走、摄影等活动。同时，"北京秋季观鸟月"鸟类摄影暨观鸟大赛同步启动，成功放归救护的国家二级保护野生动物红隼6只、鸳鸯2只，北京市二级保护野生动物小白鹭1只，共3种9只。东城、西城、海淀、通州、顺义等区也分别设立分会场。此次主题活动，市、区悬挂宣传横幅100余条，组织发放各类宣传材料20万余份，受宣传教育群众20余万人。国家林业和草原局湿地司、北京市园林绿化局、北京经济技术开发区管理委员会有关领导以及市规划自然资源委、市水务局、市生态环境局、市农业农村局等部门负责人出席活动。

（唐波）

9月19日，第八个"北京湿地日"主会场宣传活动（野生动植物和湿地保护处 提供）

【组织专家赴野鸭湖湿地调研指导国家重要湿地申报工作】 9月23日，市园林绿化局组织国家林业和草原局调查规划设计院有关专家到野鸭湖湿地调研指导国家重要湿地申报工作。与会专家现场实地踏查野鸭湖湿地，对申报书内容、图件以及后续保护管理要求等方面逐一进行指导。大家一致认为野鸭湖湿地区位特殊、生境多样、生态系统结构稳定、鸟类等生物多样性十分丰富、生态功能特别重要，完全符合《国家重要湿地确定指标》申报条件，建议抓紧修改完善相关申报材料。

（唐波）

【指导沙河湿地公园规划建设】 年内，市园林绿化局组织专家实地查看沙河闸、浅滩修复、休闲步道等区域，听取规划建设方案，指出：坚持生态优先、自然恢复为主，充分体现新发展理念；对标“自然生态型”河流湿地等有关要求，提前谋划，加强系统研究，分区域推进湿地生态保育、生态修复以及游憩、科普宣教等配套设施建设；深化鸟类等野生动物及其栖息地保护、恢复措施，尽最大限度减少公园建设对现有鸟类影响；加强专家技术支撑，做好规划设计方案解读，加强正面宣传引导，及时回应社会关切。

（唐波）

【《〈北京市湿地保护条例〉解读》正式出版发行】 年内，市园林绿化局组织编写《〈北京市湿地保护条例〉解读》（以下简称《解读》），并由中国林业出版社出版发行。《解读》围绕《条例》6 章 46 条内容，链接相关法律法规，从条文主旨、立法背景、目的、意义等方面，力求准确、详尽、通俗地解释每一条内容，旨在帮助湿地相关从业人员和广大读者更好地学习和理解《条例》规定，推进湿地保护工作高质量发展。

（唐波）

【野鸭湖湿地 2020 年林业改革发展资金项目实施方案专家评审】 年内，市园林绿化局组织开展野鸭湖湿地 2020 年林业改革发展资金项目实施方案专家评审。评审专家要求：要围绕恢复野鸭湖湿地生态系统、提升湿地生态质量、提高湿地保护管理能力，进一步找准项目建设必要性，细化深化建设内容，明确绩效考核目标，修改完善实施方案文本，尽快批复实施；进一步深化生态监测方案，充分发挥对保护成效评估、保护管理指导、公众科普宣教支撑等方面作用；严格执行有关规定，规范资金使用管理，建立全过程预算绩效管理机制，提高资金使用效益。

（唐波）

【温榆河公园一期建设项目树木移植等审批事项】 年内，市园林绿化局召开工作现场会，与市、区有关部门及建设单位就落实上级指示要求、树木移植审查、审批事项办理流程要求等内容进行对接，现场解答树木移植申报程序、林木补偿协议等问题，对提前开展树木勘查、林地勘查、树木移植方案及加强沟通协调、信息反馈等达成共识。2020 年温榆河公园一期建设项目计划实施 4 个，其中，园林项目 3 个，水务项目 1 个。

（唐波）

（湿地保护修复：唐波 供稿）

自然保护地管理

【概　况】 自然保护地是由各级政府依法划定或确认，对重要的自然生态系统、自然遗迹、自然景观及其所承载的自然资源、生态功能和文化价值实施长期保护的陆域或海域。北京市有自然保护区、风景名胜区、森林公园、湿地公园、地质公园五大类自然保护地79个。其中，自然保护区21个(国家级2个、市级12个、区级7个)，总面积约13.8万公顷；风景名胜区11个(国家级3个、市级8个)，总面积约19.5万公顷；森林公园31个(国家级15个、市级16个)，总面积约9.6万公顷；湿地公园10个(国家级2个、市级8个)，总面积约2343公顷；地质公园6个(国家级5个、市级1个)，总面积约7.7万公顷。在空间分布上涉及12个行政区(除东城、西城、朝阳、通州区之外)，主要集中分布在生态涵养区，在保护生物多样性、保存自然遗产、改善生态环境质量和维护首都生态安全方面发挥重要作用，使北京市90%以上国家和地方重点野生动植物及栖息地得到有效保护。

(冯沛)

【编制《北京市自然保护地整合优化预案》】 年内，根据自然资源部、国家林业和草原局部署会要求，按照北京市委、市政府关于自然保护地整合优化工作安排，市园林绿化局组织全市13个区(不含东城区、西城区和朝阳区)完成自然保护地整合优化预案编制工作。自然保护地整合优化预案重点解决交叉重叠问题，妥善解决城镇建成区、永久基本农田、村庄和人口、集体人工商品林等4类历史遗留问题，通过新设、扩划、归并等方式，增强自然保护地系统性，实现大尺度生态板块连通性和完整性，落实京津冀协同发展规划纲要，推进京津冀自然保护地体系建设保护协调一致，结合全市资源评估和保护空缺分析，将未纳入自然保护地、又具有潜在保护价值区域纳入自然保护地储备库。预案于9月底经市政府同意，报送国家林业和草原局审核。

(冯沛)

【制订《关于建立以国家公园为主体的自然保护地体系的实施意见》】 年内，为贯彻落实中办、国办《关于建立以国家公园为主体的自然保护地体系的指导意见》，市园林绿化局结合北京市自然保护地实际情况，研究制订北京市《关于建立以国家公园为主体的自然保护地体系的实施意见》。主要包括总体要求、主要任务和保障措施3部分内容。总体要求提出建设北京市自然保护地体系总体思路、指导思想、基本遵循和阶段性目标。主要任务包括构建科学合理的自然保护地体系、建立统一规范高效的管理体制、建设健康稳定高效的自然生态系统、创新自然保护地建设发展机制、加强生态环境监督考核等18项任务。制订加强组织领导、强化资金保障、加强管理机构和队伍建设、加强科技支撑4个方面的保障措施。经市委、市政府同意，于2020年12月23日执行。

(冯沛)

【自然保护地监督管理】 年内，市园林绿化局注重加强自然保护地监督管理。与市生态环境局对“绿盾”问题点位整改情况进行联合督查并印发2020年度“绿盾”强化监督工作方案，针对重点区域召开视频会议，建立协调整改机制，加速推动问题查处整改。2017~2019年问题点位基本整改到位，2020年问题点位正在核查整改中。完成国家林业和草原局北京专员办森林资源督查涉及北京市自然保护地相关点位核查整改。及时提供中央环保督察组要求的各类相关资料，对督察组提出的拒马河水生野生动物自然保护区内相关问题进行现场督导。按照疫情防控要求，督促各类自然保护地落实市委、市政府疫情防控工作各项部署，监督自然公园制订开放应急预案，严格落实各项措施。收集和整理自然保护地基本情况信息，将相关文件及图表和影像资料收集汇总，建立健全自然保护地管理档案。

（冯沛）

5月8日，北京市副市长卢彦（左二）到房山区调研自然保护地整合优化工作（房山区园林绿化局 提供）

【自然保护地建设基础性工作】 年内，市园林绿化局围绕自然保护地体系建设工作，启动“北京市自然保护地摸底调查和评估审核”和“拟设立燕山国家公园咨询方案”两个项目。形成《北京市自然保护地摸底调研报告》，为北京市自然保护地体系建设提供基础支撑。形成《燕山国家公园范围区划方案》《燕山国家公园设立社会经济影响评估报告》等4项报告，为北京市规划建设国家公园储备技术资料。

（冯沛）

【自然保护地体系建设宣传】 年内，市园林绿化局启动《自然保护地体系建设专刊》，及时做好政策解读、信息沟通、工作交流、舆论引导，对全市自然保护地工作开展发挥推动作用，截至2020年底刊发16期。结合市园林绿化局青年干部培训，讲解北京市自然保护地体系建设情况，推动全局各部门、各单位了解北京市自然保护地建设任务和相关工作。

（冯沛）

（自然保护地管理：冯沛 供稿）

绿色产业

种苗产业

【概　况】 2020年，北京市种苗产业坚持以习近平新时代中国特色社会主义思想为指导，全面贯彻党的十九大和十九届二中、三中、四中全会精神以及习近平总书记对北京系列讲话精神，坚持新发展理念，推动高质量发展，着力提升首都林草种苗产业发展水平、着力服务优化行业营商环境、着力助推产业创新发展、着力加强造林苗木质量监管、着力夯实种苗行业法治基础、着力维护生物多样性，攻坚克难、团结协作，不断推进种苗生产和管理的现代化，全力保障新一轮百万亩造林工程，“十三五”任务圆满收官。

（陈建梅）

【保障本地苗高质量供应】 年内，市园林绿化局累计开展24次现场调研，指导苗圃企业制订疫情防控预案和复工复产计划，4月底实现全市主要苗圃复工率100%。建立在圃苗木大数据平台，对北京市712家主要苗圃的在圃苗木进行统计、制作可销售苗木信息电子手册、发布59个造林绿化工程苗木需求，平台自动匹配采购信息，主动推送、精准对接。引导协会开展9次“网上会客厅”，组织技术专家以网络授课方式讲解苗木提前假植、断根、容器苗培育、病虫害防治等技术，策划《北京苗圃去库存，一定要抓住这个机会》报道，保障反季节用苗或秋季集中供苗。

（陈建梅）

【规模化苗圃管理】 年内，发布《关于做好2020年北京市平原地区规模化苗圃建设管理工作的通知》，召开全市规模化苗圃检查验收工作会，完成全市133个7673.33公顷规模化苗圃2019年度经营情况市区两级检查验收，33家规模化苗圃检查验收结果为优秀，其他均为良好。鼓励各区根据评分结果采取分级管理。2020年全市规模化苗圃吸纳2113人绿岗就业，其中本地劳动力 1633 人，占比 77.28%，涉及低收入户 9 人。

（陈建梅）

4 月 24 日，市园林绿化局局长邓乃平（中）到通州区实地调研规模化苗圃建设情况（市林业种子苗木管理总站 提供）

【林木品种审定】 年内，市园林绿化局发布 2019 年度林木品种审定公告，现场踏查 7 个国审申报品种区域试验点，完成 10 个林木品种审定，全市累计审（认）定林木良种 402 个。启动修订《北京市主要林木目录》。组织品种审定相关培训，筛选国审适宜北京生长林木良种目录，对适宜北京推广及应用良种进行推介。

（陈建梅）

【起草《〈北京市实施中华人民共和国种子法办法〉立项报告》】 年内，市园林绿化局按照市人大立法工作安排，配合市农业农村局相关部门完成《北京市实施〈中华人民共和国种子法〉办法》立项报告，组织企业、科研单位座谈会，听取修法意见建议。

（陈建梅）

【造林工程苗木质量检查】 年内，市园林绿化局严厉打击生产经营假冒伪劣林木种苗行为，9 月 9~24 日，对全市造林绿化工程使用林木种苗进行检查。抽查 14 个区 28 个造林绿化工程施工标段，发出现场意见书 28 份，抽查树种（品种）30 余种 88 个苗批，苗批合格率 95.4%，造林作业设计、供苗单位的林木种子生产经营许可证、植物检疫证、林木种苗标签拥有率 100%。

（陈建梅）

【林木种子“双随机”抽查】 年内，市园林绿化局每月对全市林木种子生产经营单位进行林木种苗质量“双随机”检查。上半年为减少人员接触，采取电话询问及微信图片和视频相结合的检查方式开展工作，保障春季造林用苗质量。8 月起开始实地检查。全年共检查生产经营单位 828 家，未发现制售假冒伪劣种苗和侵犯植物新品种权违法行为。

（陈建梅）

【修订《北京市林草种子标签管理办法》】 年内，市园林绿化局根据新《种子法》规定，在总结多年来管理经验基础上，对 2013 年施行的《北京市林业种子标签管理办法》完成修订，将部分要求与新《种子法》表述修正一致，重新定义林草种子概念及林木种子相关约束内容。

（陈建梅）

【推广电子标签使用】 年内，市园林绿化局种苗站与市林保站联合编写《北京市本地苗木电子标签使用指南》，规范电子标签申领、使用，明确电子标签与纸质标签具有同等法律效力，并组织区林保站、种苗站专项培训9次。发放《关于新一轮百万亩造林绿化工程落实本地苗木使用电子标签的告知书》，将电子标签推广到新一轮百万亩造林绿化工程中应用。

（陈建梅）

11月19日，市种苗站在黄垡苗圃组织电子标签新功能培训（市林业种子苗木管理总站 提供）

【优化营商环境推进行政审批改革】 年内，根据《中华人民共和国种子法》《中华人民共和国行政许可法》《北京市实施〈中华人民共和国种子法〉办法》及《北京市优化营商环境条例》等相关法规要求，市园林绿化局制订并实施《北京市林草种子生产经营许可告知承诺制实施意见》，实行网上申报、网上办理，压减审批材料和审批时限，精简审批事项，研究落实"全网通办""一证通办""全城通办""联审联办""电子证照"等便民服务措施。

（陈建梅）

【林木种苗行政审批】 年内，经与国家林业和草原局、农业农村部、北京市林业保护站等相关单位沟通，草种进出口审批由市农业农村局划为市园林绿化局，局审批处决定由市种苗站具体承担申请材料审查及受理。完成草种进出口审批145单；办理林草许可证审批业务20件（以告知承诺方式办理11件），其中从事种子进出口业务的林木种子生产经营许可证初审3件（网上办理2件），新办林木种子生产经营许可证12件（网上办理5件），变更林木种子生产经营许可证5件（网上办理4件）。

（陈建梅）

【打造"圃园一体化"示范基地】 年内，市园林绿化局推荐6家苗圃企业积极申报"北京园林绿化科普教育基地"，组织3家条件成熟的规模化苗圃对照生态文明教育基地申报条件及考核标准要求做好创建准备工作，开展4次科普宣传活动。

（陈建梅）

（种苗产业：陈建梅 供稿）

果品产业

【概　况】 2020年，北京市果树种植面积13.56万公顷，其中鲜果6.88万公顷，干果6.44万公顷，其他果树0.24万公顷。年内，全市春季发展果树607.53公顷、677831株。其中鲜果547公顷、595715株，干果60.53公顷、82116株；新植果树166.2公顷、24.6万株，更新423.13公顷、41.4万株，高接换优18.2公顷、1.8

万株。果品总产量为 5.1 亿千克，同比下降 27.1%，其中受春季低温冻害和 8 月大风、冰雹天气影响，鲜果较上年减产 29%，干果增产 8.9%；实现果品收入 36.1 亿元，同比下降 10.3%。全市 28 万户果农户均果品收入 1.28 万元，其中 16 万户鲜果果农户均果品收入 1.9 万元。

（解莹）

【2021 年第九届国际樱桃大会筹备工作】 4 月 27 日，北京市副市长卢彦主持召开 2021 年第九届国际樱桃大会组委会第一次会议，审议大会《总体方案》。按照会议的讲话精神，市园林绿化局作为大会组委会办公室单位，会同顺义区、中国园艺协会樱桃分会进一步完善大会《总体方案》并正式印发，同时制订大会涉及果园提升、宣传、学术会议、疫情防控下的备选方案等大会各项子方案。

（解莹）

【疫情防控期间果树产业】 年内，制订印发《关于疫情防控与产业发展两不误协调做好林业产业发展工作的通知》，指导和督促各区做好疫情防控和复工复产有关工作。积极搭建平台，对接资源。结合各产业受疫情影响面临的问题，积极协调有关销售渠道，搭建产销对接平台。在了解平谷区镇罗营镇 90 万千克果品滞销后，积极对接中国邮政、果树产业基金合作企业等，助力果品销售；同时，积极了解国家林业重点龙头企业疫情期间经济林产品疫情影响情况，协助搭建平台，对接阿里巴巴“农产品滞销卖难信息反馈通道”。

（解莹）

延庆区优质葡萄品种——兴华一号（雷志芳 摄影）

【产销对接联动机制建设】 年内，与市农业农村局、市商务局联合印发《关于建立京郊农林产品产销对接联动工作机制的实施方案》，建立市、区、企业联动机制以及滞销林果产品分级响应处理机制。

（解莹）

【果园有机肥替代化肥试点工作】 年内，继续开展果园有机肥替代化肥试点工作，在经营面积在 6.67 公顷以上且已取得无公害认证面积 6.67 公顷以上的企业、合作社、种植大户、家庭农场等经营的主体果园进行试点，覆盖全市 3333.33 公顷鲜果园，施入有机肥 10 万吨。

（解莹）

大兴区梨园施用有机肥替代化肥进行土壤改良（产业发展处 提供）

【2022年冬奥会和冬残奥会第一批水果干果供应基地遴选】 年内，按照《北京2022年冬奥会和冬残奥会餐饮原材料备选供应基地遴选工作方案》要求，组织开展第一批北京2022年冬奥会和冬残奥会餐饮原材料水果干果供应基地遴选工作，按照《北京冬奥组运动服务部专题会议纪要》的要求，在各区推荐和市级考核的基础上，于2020年10月9日组织专家对备选基地进行遴选评审，结合北京市公安局安全风险排查意见，综合考虑备选基地资质条件、生产基地管理、产品质量和认证及仓储能力等方面，推荐北京三仁梨园有机农产品有限责任公司等3家为第一批水果干果备选供应基地。

（解莹）

【食用林产品合格证试点】 年内，为深入贯彻落实习近平总书记关于农产品质量和食品安全"四个最严"指示精神，落实国家要求，创新完善食用林产品质量安全制度体系，督促生产者落实主体责任、提高质量安全意识，探索构建以合格证管理为核心的质量安全监管新模式。2月，联合市农业农村局印发《北京市2020年试行食用农林产品合格证制度实施方案》，组织开展培训，指导顺义、延庆、密云3个区启动试点工作。

（解莹）

【落实市委、市政府关于食品安全管理改革工作】 年内，按照《北京市食品药品安全委员会关于印发贯彻落实〈中共中央国务院关于深化改革加强食品药品安全工作的意见〉〈北京市关于深化改革加强食品安全工作的若干措施〉分工方案的通知》内容，制订关于贯彻落实《北京市关于深化改革加强食品安全工作的若干措施》的分工方案和工作任务表，由市园林绿化局产业发展处、科技处、防治检疫处、食品安全中心、蚕蜂站等16个单位共同落实29项具体工作，"十四五"期间完成。

（解莹）

【"十四五"规划编制，开展调查研究】 年内，在二类资源调查数据基础上，开展经济林生态服务价值评估和生态保护补偿机制政策研究，推动经济林生态保护补偿机制纳入《北京市生态涵养区绿色发展条例》；开展果树政策性保险政策调研，积极推动有关保险优化、创新；组织制定本市果树、花卉产业垃圾分类标准；协调推动果树、花卉生产附属设施政策完善；甄别梳理本市果树、花卉文化遗产目录。

（解莹）

【北京采摘果园一张图】 年内，配合国家林草局开展"全国采摘果园一张图"北京试点工作，遴选首批安全认证的130家果园入驻"高德地图app"，形成果园免费上图、信息发布的标准流程，消费者可实现"一键直达"。上线2个月，北京市3000家采摘果园总曝光量达到200万次。8月10日，国家林草局举办新闻发布会，向全国推广"采摘果园一张图"模式。

（解莹）

【启动花果观光采摘季促消费活动】 年内，结合"北京消费季""市属公园与郊区公园结对帮扶"等系列活动，开展"平谷瑞桃·祝福京城"主题活动，联合北京市公园管理中心、平谷区人民政府举办“北京果品花卉休闲观光采摘季”系列活动启动仪式及首场主题活动“平谷大桃进北海”，带动京郊果品、蜂产品、花卉产品销售。展出优质大桃品种20余种，加工产品十余件，同时进行“线上”销售；大兴、房山、延庆等区也结合本区特色，启动果品观光采摘、葡萄酒品鉴等消费活动，全市近千个各具特色的观光果园持续推出梨、苹果等观光采摘，进一步释放消费潜力，促进农民增收。

（解莹）

【产业信息化建设】 年内，基于“大数据的果树产业管理系统”及“领导驾驶舱”正式上线，启动“北京市花卉现代交易服务平台”建设。

（解莹）

【果树技术培训】 年内，结合果树生长物候期，围绕果树保险、夏季修剪、科学施肥、土壤改良和修复等技术问题，赴平谷、延庆、房山、通州等10个区组织开展培训，深入到田间地头指导实际生产；充分利用网络直播的形式，组织果农收看“北京春季樱桃管理技术”“团体标准概况和制定”等专题讲座。市级层面直接举办线上、线下技术培训班10次，培训果农、种植大户、合作社、农业企业经营者400余人次，深入农户70余户，现场指导600余人次；全市各级果树产业部门组织各类果树技术培训5万人次，科技服务跨越“最后一公里”向基层延伸。

（解莹）

6月22日，顺义区园林绿化局邀请果树乡土专家在双河果园为果农讲解示范果树修剪技术（顺义区园林绿化局 提供）

（果品产业：解莹 供稿）

花卉产业

【概　况】 2020年，北京市花卉产业工作在市园林绿化局（首都绿化办）党组正确领导下，贯彻落实党的十九大会议精神和市委、市政府各项战略部署，以“四个服务”和“四个中心”建设为引领，统筹推进新冠疫情防控和产业发展各项工作有序开展。截至2020年底，全市花卉种植面积2933.33公顷，产值10.7亿元，花卉企业217家，花卉市场12个。

（李美霞）

【筹备参加2021年第十届中国花卉博览会】

由国家林业和草原局、中国花卉协会、上海市人民政府主办的第十届中国花卉博览会(以下简称十博会)定于2021年5月21日至7月2日在上海市举办。市园林绿化局代表北京市参加室外展园建设、室内展区布展和评奖工作。年内，完成十博会北京室内外展园展区方案设计。室外展园占地3400平方米，方案汲取北京园林精华，提取景观特色加以重塑，利用乔灌木栽植、微地形和水面景观营造，点缀独具京味元素的特色构筑物及景观小品。采用立体花坛、花台等形式，集中展示花卉新品种、新技术、新景观，以北京市市花月季作为主干花卉，突出北京特色。室内展区设计方案以“花样·京味生活”为主题，以胡同与四合院为基础，使用现代艺术手法和制作工艺，将传统元素进行创新性表达，描绘出“四水归堂”“胡同串巷”的老北京生活图景。广泛征集十博会北京地区参展展品及科技成果，实地走访6个区、25家企事业单位，征集到62家单位、800余份展品和75份科技成果。完成十博会室内外展园展区建设项目招标采购。

(李美霞)

【编制北京市“十四五”花卉产业发展规划】 年内，市园林绿化局重点开展全市花卉产业研发、生产、经营、消费等调研，从科技创新、高效生产、文化推介、重大活动筹办和花卉新业态培育等方面，对“十三五”期间全市花卉产业工作、存在问题及原因进行全面分析和总结，根据十九届四中全会精神和北京市城市功能定位，提出未来五年全市花卉产业发展的思路、方向和目标任务，形成《北京市“十四五”花卉产业发展规划》。

(李美霞)

【2020年北京迎春年宵花展】 年宵花展于1月11日在北京花乡花卉嘉年华艺术中心拉开序幕。活动以“组合盛世福祉·盆栽佳节芬芳”为主题，全市23家花卉市场及相关单位参与。同日举行第十届组合盆栽大赛和插花花艺展赛颁奖仪式。参赛作品130件，设置10组，每组不小于20平方米的情景展示区域，引领家居花卉应用展示新浪潮。年宵花展活动2月底结束。

(李美霞)

【北京月季文化节】 2020年北京月季文化节于5月18日开幕，6月18日结束，历时一个月。北京纳波湾园艺有限公司、世界花卉大观园、蔡家洼玫瑰情园、北京国际鲜花港、北京园博园、世界月季主题园六大展区联合承办。活动期间各展区月季景观面积170多万平方米，种植数量50多万株，参观人数35万余人次。

(李美霞)

【北京菊花文化节】 2020年北京菊花文化节于9月12日开幕，11月底结束。在北京国际鲜花港、北海公园、天坛公园、北京植物园、北京花乡世界花卉大观园和世界葡萄博览园六大展区同时举办。在历时两个多月的展期内，集中展示1000余个品种、40余万株(盆)菊花，总面积12万平方米。文化节期间各展区举办各种科普宣传、休闲体验、健身活动和文艺表演等活动，深受北京市民喜爱。

(李美霞)

2020 北京月季文化节蔡家洼玫瑰情园展区月季盛开(产业发展处 提供)

2020 北京菊花文化节延庆展区参展菊花(延庆区园林绿化局 提供)

【挖掘梳理北京花卉传统文化】 年内，市园林绿化局按照北京市领导在北京信息第144期《激活古都文化，发掘与展示并重》上批示要求，结合专家建议和相关标准，调查梳理中国传统插花之宫廷插花、颐和园桂花、北海公园菊花、丰台花乡花卉种养植市场民俗综合系统、门头沟玫瑰栽培系统5项北京花卉传统文化遗产，初步确定列入北京市重要农业文化遗产目录。

（李美霞）

【花卉文化宣传】 年内，市园林绿化局围绕花卉研发、绿色生产、市场消费、花卉文化等方面全方位宣传北京花卉产业，在《中国花卉园艺》杂志刊发以市花月季、菊花育种研发与产业发展为主题的两期宣传报道；组织相关单位参加第二十二届中国国际花卉园艺展览会，宣传“十三五”全市花卉产业科技成果；编写《北京花讯》22期，在局官网、官方微博等媒体刊登转载，宣传北京花卉、即时花讯及相关花卉知识。

（李美霞）

【指导全市花卉企业应对新冠肺炎疫情】 年内，市园林绿化局持续跟踪调查全市花卉企业复工复产情况。截至5月底全市花卉生产全部复产，复工率90%，花卉市场、零售花店陆续营业。按照《市园林绿化局关于疫情防控产业发展两不误协调做好林业产业发展工作的通知》要求，坚持科学防治，加强对行业主体疫情防控、监督检查与指导。

（李美霞）

【北京市花卉设施用地管理相关政策研究】 年内，市园林绿化局会同市规划自然资源委、市农业农村局起草形成《北京市关于加强和规范设施农业用地管理的通知》初稿。通过对全市花卉生产及辅助设施类别、现状及其用地需求进行广泛摸底和实地调研，编制完成《北京市花卉规模化生产设施用地管理导则》。

（李美霞）

【编制北京市花卉产业垃圾分类实施方案】 年内，市园林绿化局走访、调研全市主要花卉生产区重点花卉企业、市场和观光园区，梳理全市花卉产业产生的垃圾种类，并结合产业生产实际，编写、制订北京市花卉产业垃圾分类实施方案，指导全市花卉产业垃圾分类和合理处置。

（李美霞）

【启动北京花卉现代化交易服务体系平台建设】 年内，市园林绿化局结合北京首都功能定位和北京花卉交易流通环节存在的突出问题，通过技术集成和研发，启动建设以花卉供应链质量管理、服务体系标准化、产业大数据平台为核心的场景化花卉交易示范平台；结合现有全市花卉产销统计数据基础，根据“市领导驾驶舱”建设需要，研究全市花卉综合数据平台数据模块方案，纳入交易平台，拟构建全市花卉产业服务体系。

（李美霞）

【行业规范管理】 年内，市园林绿化局开展花卉从业人员培训，加强技能人才培养，服务花卉企业。联合北京花协组织召开2次“北京花卉产业创新发展论坛”，全市

300余人参加现场交流，5000余人在线同步学习；结合产业发展实际，加强花卉标准化技术开发与推广应用，修订地方标准3项，研究并提出制定(地方标准)2项。

(李美霞)

【全市花卉产业史志档案资料整理】 年内，市园林绿化局首次整合资源，与北京花卉协会等单位共同整理新中国成立以来全市花卉产业发展历史、重要事记及活动资料，拟形成一套完整电子档案。截至2020年底，实物档案资料收集整理完毕并移交首都碑林文化管理处展陈，完成部分电子档案。

(李美霞)

(花卉产业：李美霞 供稿)

蜂产业

【概　况】 2020年，全市蜜蜂饲养量28万群，比2019年年底增长0.86%。蜂蜜产量897万千克，蜂王浆产量6.53万千克，蜂花粉产量9.91万千克，蜂蜡产量8.01万千克；全市有蜂业专业合作组织71个，有蜂业产业基地60个，有养蜂户1.12万户，养蜂总产值2.1亿元，蜂产品加工产值超过12亿元。

(范劼)

【“世界蜜蜂日”庆祝活动】 5月20日，北京市启动“世界蜜蜂日”系列庆祝活动，将密云区作为全国主会场承办中国养蜂学会2020年“5·20世界蜜蜂日”主题活动。活动以“蜂宇同舟，中国力量”为主题，以线上直播方式开展，旨在向广大市民传播蜜蜂文化、弘扬蜜蜂精神。共3000人同时在线参加此次庆祝活动。同时，在顺义区蜜蜂授粉基地举办“5·20世界蜜蜂日庆祝活动暨中国蜜蜂授粉博物馆运营启动仪式”；在昌平区举办“5·20世界蜜蜂日”庆祝活动。

(范劼)

【市领导对蜂产业作出重要批示】 6月24日，北京市委书记蔡奇在《关于密云区蜂产业发展情况的报告》上批示：密云区坚持抓蜂产业，是绿色发展的生动案例。小蜜蜂可做大文章，人人都要争做守护生态文明的小蜜蜂。7月24日，蔡奇到密云区调研生态涵养区，要求密云区践行“两山”理论，要加强产销对接，发挥合作社作用，擦亮“蜂盛蜜匀”品牌。

(范劼)

【编制《北京市蜂产业“十四五”发展规划》】 年内，市蚕业蜂业管理站认真总结全市蜂产业“十三五”时期工作完成情况，在深入调研、专家论证和广泛征求意见基础上，编制《北京市蜂产业“十四五”发展规划》，明确首都蜂产业在“十四五”时期总体目标和发展思路。

（范劼）

【新冠肺炎疫情防控】 年内，市蚕业蜂业管理站制订疫情防控工作方案和应急预案，出台《北京市新型冠状病毒感染肺炎抗疫期养蜂生产指导意见》，开通北京市养蜂绿色通道，有序推动首都蜂产业复工复产。北京市蜂群繁殖生产率100%，蜂业企业复工复产率100%。2月21日，发起“甜蜜守护，支援一线”捐款捐物活动，组织北京多家蜂业龙头企业和养蜂协会向医院、社区、基层政府等抗疫一线捐赠价值80余万元蜂产品。

（范劼）

【精准帮扶低收入农户】 年内，北京市在密云区、平谷区和昌平区3个养蜂重点区选择20个低收入户，为每户免费发放蜂群30群，扶持发展蜂产业；对密云区23个低收入散户蜂场进行标准化改造。为全市低收入养蜂户及郊区蜂农免费发放购置优质种蜂王1320只、新蜂箱2万套、蜂机具5000套、蜂饲料2.5万千克。对低收入户销售的蜂产品，各区合作社以高于市场15%的价格进行收购。在密云区、昌平区和怀柔区开展蜂业气象指数保险运行工作，78户蜂农、20564群蜂群参保，投保金额87.29万元，实现风险保障419万元。

（范劼）

11月14日，市蚕业蜂业管理站在西山国家森林公园举办“品红叶　赏京蜜”活动（梁崇波 摄影）

【蜜蜂授粉】 年内，北京市继续实施“京津冀现代化蜂授粉服务区建设工程”，组织10支蜜蜂授粉专业队开展授粉服务。投入授粉示范蜜蜂1.2万群，熊蜂3万箱以上，为京津冀蓝莓、草莓、西甜瓜、樱桃、梨、番茄等设施农业和大田果蔬授粉总面积超过33333.33公顷，总增产值5亿多元。

（范劼）

【规模化蜂场建设】 年内，北京市建成规模化蜂场2个，其中密云区1个，蜂群规模1000群，昌平区1个，蜂群规模6000群，蜂场推广特型高品质巢蜜、自流蜜、无公害蜂产品等生产技术与生产模式，推进养蜂机械化、自动化，降低养蜂劳动强度，提高养蜂效率和规模化程度。

（范劼）

北京市昌平区规模化养蜂场（梁崇波 摄影）

【推广多箱体饲养技术】 年内，在北京市推广多箱体蜜蜂饲养技术，生产高浓度成熟蜂蜜。在密云区、平谷区、房山区、怀柔区、昌平区建成 5 个多箱体养殖业和高浓度成熟蜂蜜生产示范区，示范蜂群 1 万群，蜂群单产提高 50%以上。

（范劼）

【中国地图特型巢蜜生产技术获得国际专利】 年内，由北京市蜂业公司牵头申报的“一种巢蜜生产方法”获得国际发明专利，这是中国在巢蜜生产技术方面获得的首个国际专利。

（范劼）

（蜂产业：范劼 供稿）

法制　规划　调研

政策法规

【概　况】 2020年，园林绿化法治建设紧紧围绕局(办)党组中心工作，严格落实局疫情防控要求，以"加强制度体系建设、加强普法宣传、推进法治政府建设步伐"为重点，全面推进园林绿化系统治理体系和治理能力现代化，在局领导高度重视和大家共同努力下，圆满完成年度各项工作。

(蔡剑)

【《北京市野生动物保护管理条例》立法】 年内，遵照北京市委书记蔡奇批示精神和2020年立法工作计划，市园林绿化局与市农业农村局共同起草《北京市野生动物保护管理条例》，完成6项支撑报告，编写9件宣传材料。《北京市野生动物保护管理条例》于4月24日经市人大常委会审议通过，6月1日起正式施行。

(蔡剑)

【配合市农业农村局做好《种子条例》立项论证】 年内，为全面总结2006年以来市园林绿化局根据《北京市实施〈中华人民共和国种子法〉办法》开展的各项工作，对市农业农村局起草的立项报告，提出修改意见。依据行业特色，针对实际管理中的突出问题增设修订内容。

(蔡剑)

【配合野保处开展《北京市重点保护陆生野生动物造成损失补偿办法》修订启动工作】 年内，市园林绿化局正式启动《北京市重点陆生野生动物造成损失补偿办法》(以下简称《补偿办法》)修订工作，对《补偿办法》修订的必要性、可行性、主要内容等提出修改建议，完成三稿修改工作，并由专家组提出《补偿办法(修订草案第一稿)》。

(蔡剑)

【修订印发《北京市园林绿化局规范性文件合法性审核管理办法》】 年内，市园林绿化局根据《北京市人民政府办公厅关于全面推行行政规范性文件合法性审核机制的实施意见》要求，对2014年市园林绿化局制订的《北京市园林绿化局行政规范性文件管理办法》进行修改完善。《北京市园林绿化局规范性文件合法性审核管理办法》对规范性文件的范围、禁止性的要求以及程序等方面提出明确要求，并重新印发执行。

（蔡剑）

【配套制度体系建设】 年内，市园林绿化局重点开展对64部涉林涉绿法律法规规章配套制度梳理工作。梳理出国家层面和市级层面配套制度96项，其中国家层面共48项，有11项尚未制定；市级层面共48项，有26项尚未制定。市园林绿化局细化责任清单，明确完成时限，经局（办）专题会审议后确定为重点工作督办事项。

（蔡剑）

【修订行政处罚权力清单及自由裁量权基准】 年内，市园林绿化局根据《森林法》《北京市野生动物保护管理条例》的修订和公布，对行政处罚职权进行重新梳理，职权总数由148项变为144项，调整并公布园林绿化行政处罚自由裁量权基准。

（蔡剑）

【制定林地林木及树木补种标准】 年内，市园林绿化局根据新《森林法》及有关文件精神，起草《北京市恢复植被和林业生产条件、树木补种标准（试行）》，解决因恢复植被和林业生产条件、树木补种的标准不明导致的行政处罚案件执行难问题，于2020年底公布实施。

（蔡剑）

【普法依法治理】 年内，市园林绿化局落实“七五”普法规划，积极做好普法依法治理，推进“七五”普法自查、总结工作。组织新《森林法》学习宣传，全系统400余人参加《森林法》学习培训。

（蔡剑）

【新《森林法》学习辅导】 年内，市园林绿化局组织三次新《森林法》普法专题讲座。7月9日，市园林绿化局召开《森林法》学习辅导暨宣传贯彻动员部署会，法制处组织专人从森林权属保护、森林分类经营、资源保护、林木采伐、目标责任与监督检查、规划统领六个方面深刻解读新《森林法》；7月28日，市园林绿化局派专人在大兴区园林绿化局组织召开学习贯彻《森林法》培训会上解读《森林法》；10月16日，市园林绿化局赴京西林场解读《森林法》。

（蔡剑）

【全市依法行政培训班】 年内，市园林绿化局于9月22~25日，组织市、区局共计90余人开展依法行政培训。通过培训，提升本系统执法人员法治思维和依法行政能力。

（蔡剑）

【编制园林绿化执法系列丛书】 年内，市园林绿化局编制《北京市园林绿化法规知识题库汇编（2020版）》《园林绿化行政执法典型案例评析》《北京市园林绿化行政执法手册》，发放2300本。

（蔡剑）

【完善“互联网+监管”信息】 年内，按照市政务服务局要求，在前期工作基础上，结合北京市地方性法规、规章要求，市园林绿化局在“互联网+监管”平台中对应补充完善高频使用的监管事项，确保监管平台中信息完整性。

（蔡剑）

【推进生态环境保护综合行政执法工作衔接】 年内，市园林绿化局按照国家和北京市有关要求，与市生态环境局多次研究后，最终确定本系统行政处罚职权清单中 8 项职权划入本市生态环境部门。

（蔡剑）

【对接市检察院搭建野生动物领域犯罪两法衔接机制】 年内，市园林绿化局有关部门与市检察院及市检察院第二分院，就如何加强野生动物保护领域的两法衔接工作进行座谈，形成初步工作衔接机制。

（蔡剑）

【园林绿化行政执法体制改革】 年内，为做好森林公安转隶和事业单位改革后园林绿化执法体制改革工作，市园林绿化局对相关执法数据及人员情况进行汇总、分析，组织召开 4 次座谈会，形成调研报告，于 5 月 14 日报送市委编办。

（蔡剑）

【行政处罚信息公示制度】 年内，市园林绿化局制发《北京市园林绿化行政违法行为分类目录》，起草《北京市园林绿化领域行政处罚公示期暂行规定》及配套文书模板，明确行政处罚信息公示、缩减公示期标准、程序等内容。

（蔡剑）

【行政执法绩效任务完成】 年内，市园林绿化局建立行政执法绩效情况季度通报制度，9 月底全系统执法绩效任务全部完成，各区园林绿化局“两法衔接”案件完成线上移送工作，通过督促和编制复习材料等方式，提高本系统执法资格考试通过率。

（蔡剑）

【生态环境损害赔偿制度改革试点】 年内，市园林绿化局印发《园林绿化生态环境损害赔偿制度改革工作实施方案（试行）》，通过北京玉盛祥石材有限责任公司无证开采毁坏大片林地警示案例，组织座谈、研讨，研究解决之道，为领导决策提供参考。申请成立环境损害司法鉴定机构，编辑《北京市生态环境损害赔偿资金管理办法》等汇编读本。

（蔡剑）

【行政调解】 年内，市园林绿化局按照《北京市行政调解办法》和《北京市园林绿化局关于贯彻执行〈北京市行政调解办法〉的实施方案》要求，各单位按照季度填报行政调解季报表，统一汇总后，经行政执法信息平台报送至市司法局。

（蔡剑）

（政策法规：蔡剑 供稿）

规划发展

【概　况】 2020年，北京市园林绿化规划管理工作以落实新北京城市总体规划为根本遵循，坚持山水林田湖草生命共同体发展理念，积极落实京津冀协同发展和多规合一，按照市园林绿化局党组对全市园林绿化高质量发展的要求，高标准做好全市园林绿化规划和园林绿化各项专项规划工作，全力推进首都生态文明建设，圆满完成规划管理各项任务。

（张墨）

【2019年园林绿化规划体检自检】 年内，成立北京市园林绿化局2019年城市体检自检工作领导小组。明确自检要求，聚焦成效、存在难点和对策建议，实化细化自检工作要求。落实任务分工，落实责任处室，明确时限要求。组织局属相关单位和有关处室，依据各自工作职责，开展自检工作，顺利完成自检任务。

（张墨）

【编制市园林绿化专项规划】 年内，市园林绿化局编制完成《北京市园林绿化专项规划》，并获得市委城工委审议通过。

（张墨）

【北京城市总体规划督查】 年内，市园林绿化局全面加强新一轮百万亩造林绿化工程、城市公园、小微绿地建设、绿道建设等规划实施任务督察，将任务完成情况及时报送市规划自然委、市委督查室。同时，积极推进市委城工委对《北京市园林绿化专项规划》等相关工作的部署和要求。

（张墨）

【核心区及重点区域控规有关园林绿化规划工作】 年内，市园林绿化局会同市规划自然资源委认真研究核心区园林绿化特点、存在问题及发展方向，形成共识并在控规中积极落实。落实首都功能核心区控规，同时配合做好重点区域控规编制。在控规编制过程中，对重点区域控规进行认真研究，并对大兴生物基地等5个重点区域的规划编制提出意见建议。

（张墨）

【北京城市副中心园林绿化规划建设管理】 年内，市园林绿化局落实《北京城市副中心控制性详细规划（街区层面）（2016年—2035年）》和《北京城市副中心控制性详细规划实施工作方案（2019—2022年）》，按照北京城市副中心党工委管委会有关要求深入落实园林绿化规划建设管理工作。制订《市园林绿化局关于贯彻落实〈2020年北京城市副中心重大工程行动计划〉的工作方案》，为北京城市副中心园林绿化重点任务落实提供保障。按照北京城市副中心“两带、一环、一心”绿色空间结构要求，协调各部门及单位，明确在东部生态带上实施宋庄、潞城平原重点区域造林绿化工程等

6个项目，在西部生态带上实施文化旅游区公共绿地、台湖平原重点区域造林绿化工程等5个项目，在环城绿色休闲游憩环上实施张家湾公园(三期)、梨园文化休闲公园(一期)等重点绿化项目并有序推进。

(张墨)

【城市绿心森林公园规划设计】 年内，市园林绿化局按照市领导指示精神，有序推进城市绿心森林公园规划设计落地工作，为如期开园提供保障。编制完成《城市绿心视觉识别系统设计方案》，包括形象标识、照明系统、公共设施设计和环境标识系统专项方案设计。开展公园命名工作，制订《城市绿心命名方案》，并通过专家评审。优化绿心制高点方案，会同北投集团经过对绿心制高点景观建筑方案反复论证，编制完成城市绿心叠翠轩方案。会同市外事工作办公室组织专家对城市绿心森林公园景点说明开展研究，形成以绿心36景为主、以其他特色景点为辅的中英文景点说明体系。

(张墨)

【六环路公园规划建设】 年内，市园林绿化局按照市委书记蔡奇关于加快推进六环路公园规划建设系列重要指示精神及落实北京城市副中心控制性详细规划等相关工作要求，积极推进六环路公园建设有关工作。会同市规划和自然资源委初步确定六环路公园园林绿化规划设计范围；开展六环路公园规划设计专项研究，取得初步成果；会同市发展改革委等部门多次研究六环路公园建设相关工作，着手研究方案征集任务书编制工作。

(张墨)

【持续推动“留白增绿”】 年内，全市计划实施“留白增绿”950公顷，其中涉及园林绿化任务867公顷，并围绕“一核一主一副、两轴多点一区”城市布局，大力推动建设多种形态城市森林、小微绿地和城市公园，在核心区、中心城区、城市副中心、平原新城及生态涵养区扩大绿色生态空间，任务分解为76个项目，涉及14个区，其中与新一轮百万亩造林绿化工程统筹实施49个项目，单独立项实施27个项目。按照市专项办要求各区陆续开始地块上账工作，市园林绿化局会同市规划自然资源委联合发布通知，确保各区园林绿化局与规自委分局在上账前对所有拟上账地块再次与已拆地块台账进行分析核对，确保数据准确。指导所有项目完成土地流转及勘察设计招投标、施工招投标等工作。督促各区推进施工进度，实现进场率100%、栽植率100%。

(张墨)

【2021年百万亩造林绿化工程选址工作】 年内，市园林绿化局、市规划自然资源委重启造林绿化选址专班，对造林潜力资源选址逐地块研究，全市累计完成2021年造林绿化选址10000公顷。深入细致挖掘造林绿化资源，结合分区规划、正在编制的镇域空间规划、街区控规等，提取代征绿地等宜林空间作为造林潜力资源；以“疏解、整治、促提升”为抓手，协调规自部门通过建设用地清理腾退，整治出大量空地，用于造林绿化；加大调研力度沟通政策口径，在专班进驻对应区开展督导基础上，

由相关部门负责人牵头到各区，与区规自分局、区园林绿化局等区属部门，开展实地调研，逐地块了解各乡镇实地情况，提出意见建议；造林绿化选址专班建立“微办公系统”及时沟通各区进展及存在问题，第一时间解答各区反馈的各类政策问题、分享工作经验。

（张墨）

【全国文化中心建设】 年内，市园林绿化局按照市推进文化中心建设领导小组统一部署，与市文物局密切配合，积极推进西山永定河文化带建设，同时全面参与“一城三带”有关园林绿化各项建设任务。在西山永定河文化带上，全面推进南大荒水生态修复、衙门口城市森林公园、永定河生态补水、北法海寺二期遗址保护、西山方志书院、香山二十八景等文化遗产保护项目；在大运河文化带上，积极推进路县故城考古遗址公园建设、城市绿心、六环路公园等重点项目规划建设，开展“北京市大运河文化景观规划研究”，大运河沿线38个现状公园已初步形成“一水串珠”式公园体系；在长城文化带上，延庆区、昌平区、怀柔区围绕长城本体保护，实施封山育林和困难地造林，进一步筑牢长城周边生态基底，并开展生态长城规划研究工作；在老城保护上，制订园林绿化中轴线申遗3年行动计划，在市属公园全面推进天坛、颐和园、景山等文物古建修缮任务，同时深入挖掘文化内涵，进行园林绿化文史资料收集，开展生态文化展览等一批系列文化活动、宣传活动，启动生态文化规划编制工作。

（张墨）

【市规划和自然资源领域专项治理园林绿化相关工作】 年内，市园林绿化局深入落实开展市规划和自然资源领域专项治理涉及园林绿化相关工作。稳步推进专项治理整改工作，积极和市工作专班做好工作对接，每月及时向市工作专班汇报工作进展；完善工作制度，强化组织实施，积极推进工作方案部署和落实；按照市专项办工作安排，会同市农业局、市纪委等部门，完成对丰台、门头沟、房山等区的规自领域专项治理察访工作；梳理园林绿化各项任务，圆满完成专项治理小组对市园林绿化局察访迎检工作。

（张墨）

【园林绿化无障碍环境建设专项工作】 年内，市园林绿化局认真贯彻市委、市政府指示精神，全面落实《北京市进一步促进无障碍环境建设2019—2021年行动方案》要求，做好全市园林绿化系统无障碍环境建设。提升全市各类公园、绿地、风景区无障碍服务水平，为有需要的人群提供满意服务；开展园林绿化无障碍培训工作，为后续无障碍设施落实提供保障。

（张墨）

【参与做好相关部门专业规划】 年内，市园林绿化局配合国家和市相关部门就有关规划提出书面意见，先后对温榆河公园、大运河文化公园、生态保护红线划定调整征求意见等事项，提出绿化保护意见和空间避让相关要求。积极为重大工程提供规划落地保障，参加市规划自然资源委、市发展改革委、市水务局等部门组织召开的大兴临空经济区中央公园、中宣部“二一工程”等重大工程涉及绿化方案审查会议。

（张墨）

【公共绿地设计方案审查】 年内，市园林绿化局克服疫情带来的困难，依据《公园设计规范》等相关技术标准，组织专家对全市规模较大的公共绿地设计方案逐一进行审查，重点推进北京城市副中心、首都功能核心区项目，并加强“节水集雨型绿地林地”设计内容审查，要求在新建和改造绿地方案中，凡是具备条件的绿地，均明确要求在设计方案中进行相应的设计。组织公共绿地方案审查专家会议 15 次、完成公共绿地设计方案审查 49 项。

（张墨）

【园林绿化专业审查】 年内，市园林绿化局在开展建设项目园林绿化专业审核中，变被动审核为主动服务，积极联系各相关部门，指导和帮助设计单位优化绿地比例和布局，高效做好建设工程园林绿化专业审核，提供专业咨询 105 次、完成项目审查 22 项。同时积极参加市规划自然资源委优化营商环境工作会，会同规划部门研究“多规合一”平台，进一步提升工作网络化水平，为项目落实提供便捷服务。

（张墨）

（规划发展：张墨 供稿）

调查研究

【首都园林绿化“十四五”发展战略研究】 市园林绿化局党组书记、局长（首都绿化办主任）邓乃平完成“首都园林绿化‘十四五’发展战略研究”的调研，并编写出调研报告。调研报告，第一，“十三五”首都园林绿化取得的成绩。服务保障首都核心功能成效显著，首都绿色生态空间大幅拓展，京津冀生态协同稳步推进，生态资源保护管理全面加强，兴绿富民水平不断提高，生态文化建设繁荣发展，园林绿化改革不断深化，园林绿化治理体系和治理能力不断完善提升。第二，科学把握“十四五”时期首都园林绿化面临的发展形势。从发展机遇看，习近平生态文明思想为首都园林绿化高质量发展提供了新契机，京津冀协同发展国家战略为夯实首都绿色生态安全屏障提供了新空间，新版城市总规为首都园林绿化高质量发展绘就了新目标，推进治理体系和治理能力现代化为首都园林绿化高质量发展提供了新动力。从面临的挑战看，主要面临生态产品不平衡不充分的挑战，生态保护从严从紧的挑战，生态治理精治共治的挑战，外部风险更加深度演变发展的挑战。第三，“十四五”时期首都园林绿化发展战略。实施扩绿提升行动，着力夯实首都绿色生态基底，实施资源培育行动，着力提升生态功能和质量，实施生态惠民行动，着力提升城乡人民绿色福祉，实施绿色名片行动，着力繁荣发展生态文化，实施固本强基行动，着力提升园林绿化治理能力。

（袁定昌）

【重大公共卫生事件下市属公园运行管理的思考】 市园林绿化局党组成员、市公园管理中心党委书记、主任张勇完成“重大公共卫生事件下市属公园运行管理的思考”的调研，并编写出调研报告。调研报告，第一，重大公共卫生事件对市属公园提出的挑战。市属公园是城市公益性开放性基础设施，防范难度大；重大公共卫生事件防范应对是系统工程，综合提升难；广大市民游客对市属公园普遍较为信赖，安全期望高；市属公园工作人员与游客面对面接触，风险隐患多。第二，市属公园抗击新冠肺炎疫情的具体实践。始终把服务市民、保障运行作为根本宗旨，始终把科学管理、严格防控作为基本任务，始终把筑牢阵地、加强宣传作为重要职责，始终把维护秩序、净化环境作为基础工程，始终把精心统筹、整体推进作为工作方法。第三，提升重大公共卫生事件下市属公园运行管理能力的对策思考。明确自身重要地位作用，不断提高科学管理水平，持续做好环境整治工作，积极完善应急处置预案。

（袁定昌）

【关于深化局属事业单位改革的调研与思考】 市园林绿化局一级巡视员高士武完成“关于深化局属事业单位改革的调研与思考”的调研，并编写出调研报告。调研报告，第一，基本情况。主要对编制规模和分类情况两个方面进行论述。第二，存在的问题。生态建设和服务水平有待于进一步提升，生态资源监管保护力度有待于进一步加强，园林绿化科技支撑体系有待于进一步完善，“四个服务”能力有待于进一步提高，为机关提供支持保障的机制有待于进一步优化。第三，意见建议。突出国有林场公益性主体地位，提高精细化管理水平；对标园林绿化高质量发展要求，完善科技和数据支撑体系；加强城乡统筹和工程质量监管，提高生态建设能力；主动适应新形势新要求，强化生态资源监管与保护；确保服务保障和生态产品供给质量，提升“四个服务”水平；优化服务保障体系，提高为机关提供支持保障的能力。

（袁定昌）

【关于森林公安转隶后进一步健全完善全市森林防火管理体制问题研究】 市园林绿化局党组成员、副局长戴明超完成“关于森林公安转隶后进一步健全完善全市森林防火管理体制问题研究”的调研，并编写出调研报告。调研报告，第一，全市森林防火工作现状。领导机构完善，应急预案完备；明确责任主体，厘清机构职能；完善基础设施，壮大队伍建设；完善联防联动，推进协同建设。第二，全市森林防火管理体制存在的问题。森林防火机构有待进一步完善，森林防火责任有待进一步细化落实，森林防火“四个队伍”建设有待进一步提升，森林防火宣传教育有待进一步加强，野外火源管控和隐患治理有待进一步加强，森林防火基础设施有待进一步提升。第三，全面提升新形势下森林防火行业管理水平。进一步落实森林防火行业管理责任，进一步加强森林防火网格化管理，进一步提升“四个队伍”建设，进一步加强森林防火宣传教育，进一步加强野外火源管控，进一步加强森林防火隐患治理，进一步加强森林防火基础设施建设，进一步加强森林火灾早期处理，进一步强化协同能力建设。

（袁定昌）

【关于公园文创产业发展的思考】 市园林绿化局党组成员、副局长高大伟完成“关于公园文创产业发展的思考”的调研，并编写出调研报告。调研报告，第一，相关背景。北京有3000多年建城史和850多年的建都史，是举世闻名的历史文化名城和世界著名文化古都。在北京文化创意产业中，公园蕴含的文化底蕴具有唯一性，是潜在的文化生产力，将成为北京发展文化创意产业的最大着力点和重要品牌。第二，存在的问题。创新能力不足，品牌培育尚有差距；营销手段较为保守，授权模式有待探索；智力支撑明显缺位，人才队伍建设滞后；市场风险难以预测，资金扶持不到位。第三，下一步工作思考。采取集群发展战略，做大做强优势资源；提高文创产品开发水平，彰显首都文化气质；完善文创产品营销体系，打造“北京品牌”；完善文创人才储备，提升公园文化解读能力；优化财政金融扶持体系，做好相关保障。

（袁定昌）

【关于建立首都特点“林长制”问题研究】 市园林绿化局党组成员、一级巡视员、副局长朱国城完成“关于建立首都特点‘林长制’问题研究”的调研，并编写出调研报告。调研报告，第一，森林资源保护管理现状及面临问题。从现状看，园林绿化系统为主体多部门协同管理体制，城乡统筹园林绿化法律法规体系基本形成，园林绿化资源保护执法监管力量总体较弱，森林资源监管制度措施手段日趋加强。从面临的问题看，森林资源保护压力依然很重，森林资源监督责任还需压实，森林资源总量质量还需提升，森林资源惠民水平有待提高。第二，经验借鉴。注重健全责任体系，注重政策集成，注重信息化建设，注重督查考核，注重资源利用，注重加强基层建设。第三，政策建议。建立党委领导、党政同责、部门协同、齐抓共管的新型资源管理体制机制，建立城乡统筹、生态一体、覆盖全域、系统治理的资源保护发展长效机制，建立总规统领、规划管控、用途管制、有偿使用的园林绿化用地管理机制，建立法规完善、执法有力、智慧管理、末梢贯通的生态安全支撑保障机制。

（袁定昌）

【加强园林绿化施工企业信用管理的研究】 市园林绿化局党组成员、首都绿化办副主任廉国钊完成“进一步加强园林绿化施工企业信用管理的研究”的调研，并编写出调研报告。调研报告，第一，信用体系建设与信用管理。第二，全市园林绿化施工企业信用建设和管理的实施效果。明确园林绿化施工企业信用信息分类、采集、公布、企业及人员信用评价标准、不良行为记分标准；在行业政务网站设专栏，集中、实时公示入库信用信息及信用评价结果，进一步增加信息的公开度、透明度；加快推进行业及部门间信息共享，实现信用信息系统与招标投标系统的对接；明确在施工项目招标环节设置信用标，鼓励市场主体使用入库信用信息和信用评价结果，并将其作为投标人资格审查、评标、定标和合同签订的重要依据；建立招投标市场、施工现场与信用信息库三方联动工作机制；根据企业及人员信用评价情况，设置红、黑名单。第三，目前信用管理中存在的问题。第四，进一步加强施工企业信用管理的措施。进一步规范信用信息归集的覆盖面和时效性，探索加强对信用承诺的后续监管途径和措施，完善修正信用评价指标和标准，有效发挥市场、用户、社会等多元评价主体作用，探索和完善信用分级分类监管和信用修复机制，积极推动联合奖惩机制。

（袁定昌）

【北京市自然保护地体系建设的思考】 市园林绿化局二级巡视员周庆生完成“北京市自然保护地体系建设的思考”的调研，并编写出调研报告。调研报告，第一，北京市自然保护地现状和发展历程。第二，北京市自然保护地存在的问题。管理机构不健全，管理体制不顺；法规政策不完备，管理能力严重不足；范围边界不清晰，管理对象不准确；交叉重叠情况复杂，整合难度大；历史遗留问题多，管控矛盾大；规划管理未重视，缺乏管控抓手；保护资金投入少，制约保护地发展。第三，国家对自然保护地体系建设的要求。党的十九大报告正式提出建立以国家公园为主体的自然保护地体系，党的十九届五中全会进一步明确人与自然和谐共生的新发展理念，印发实施《关于建立以国家公园为主体的自然保护地体系的指导意见》。第四，北京市自然保护地体系建设的主要工作。编制完成《北京市自然保护地整合优化预案》，研究制订北京市落实《指导意见》的实施意见，加强自然保护地监督管理工作，开展自然保护地建设基础工作，加强日常管理和宣传工作。第五，下一步工作着力点。抓好《实施意见》贯彻落实，按照要求开展自然保护地整合优化方案编制，持续做好自然保护地监督管理工作，积极开展生物多样性工作。

（袁定昌）

【新时期北京高质量森林生态体系构建的对策研究】 市园林绿化局二级巡视员王小平完成“新时期北京高质量森林生态体系构建的对策研究”的调研，并编写出调研报告。调研报告，第一，北京市森林资源基本情况。第二，北京市森林资源存在的问题。主要是北京市森林分布不均、质量不高、功能不强，生态系统生物多样性低，生态系统连通差。第三，森林建设面临的形势。主要从习近平生态文明思想、新版城市总体规划、京津冀协同发展、“十四五”新征程四个方面进行了分析。第四，主要对策。坚持规划引领，理论引导；完善市域绿色空间格局，实施高质量造林；坚持尊重自然、顺应自然、保护自然，开展近自然经营，提升现有森林质量；提高土壤肥力，夯实森林生长基底；着力打造高质量亲民城区森林体系；加强生物多样性保护，提升森林生态系统稳定性；实施数字化管理，构建森林生态系统数据平台；发挥森林生态服务功能，构建森林生态文化，建设新型森林产业。

（袁定昌）

【关于首都纪念林管理和作用发挥的思考】 市园林绿化局二级巡视员刘强完成“关于

首都纪念林管理和作用发挥的思考”的调研，并编写出调研报告。调研报告，第一，首都纪念林基本情况。北京市现有纪念林345处，总面积约2513公顷，是全国纪念林最多的城市。第二，当前纪念林管理面临的问题。本底资源体系待梳理，登记建档工作有待完善，纪念林养护管理水平参差不齐，纪念林文化宣传有待加强，早期纪念林种植密度过大。第三，加强纪念林管理及作用发挥的对策及建议。以名木保护为核心，实现纪念林分级保护；创新管理机制，形成多方合力共管共享；细化养护管理标准，加强管护责任单位技术培训；明晰保护管理资金，重点保障名木养护管理；加大宣传推介力度，展示纪念林鲜明时代特征和内涵；引导青少年爱绿增绿，形成社会实践大课堂。

（袁定昌）

（调查研究：袁定昌 供稿）

科技　信息　宣传

科学技术

【概　况】 2020 年，北京市园林绿化科技工作以创新、服务、保障为重点，以推动园林绿化高质量发展为导向，紧密围绕全市园林绿化建设中心任务，开展科研攻关、成果转化与推广、标准化建设以及科学普及等工作，有效保障各项工作顺利开展，并取得明显成效。

（孙鲁杰）

【科学技术研究及平台搭建】 年内，新立项各类科研项目 6 项，其中市科委项目 4 项，分别为主要果品真菌霉素分布规律和形成机理及控制技术研究与示范、水果制品加工危害物行程规律与控制技术研究、北京花卉质量标准化研究与现代化交易体系创新、示范及北京城市副中心绿色景观应用场景建设科技示范；国家林业和草原局科技发展中心项目 1 项，为盐生野大麦资源遗传多样性调查与评价项目；住房和城乡建设部自筹建设项目 1 项，为月季等长花期植物改善人居环境质量关键技术示范工程。同时，加大科技创新平台搭建，建立国家林业草原创新产业联盟 2 个、创新团队 2 个。

（孙鲁杰）

【节水型园林绿化建设】 年内，编制印发《适宜北京地区节水耐旱植物名录（2019 版）》，收录 161 种耐旱节水植物，节水耐旱木本植物 441 余万株。开展节水督导，检查杜绝“跑”“冒”“漏”和“雨天灌溉”等浪费水的行为；制定北京地方标准《节水评价规范 第十三部分：公园》。

（孙鲁杰）

【北京城市生物多样性恢复与公众自然教育二期建设】 年内，完成对全市生物多样性数据库动态更新和 160 种鸟类、兽类及两栖类动物生态环境图绘制。建设奥林匹克森林公园、野鸭湖自然保护区、京西林场

3 处生物多样性恢复示范区。通过线上线下多种形式举办公民科学和自然教育活动 17 场，线下参与 669 人次，线上观看 786 人次，增强公众对生物多样性保护意识。

（孙鲁杰）

【杨柳飞絮综合防治】 年内，持续加强杨柳飞絮综合防治。建立健全高位推动机制、联防联动机制、会商机制、预测预报机制、日巡查机制和 30 分钟反馈机制 6 项机制。抓好“整、注、喷、湿、清、堵、疏、改、换、滞”10 项措施，累计出动防治人员 203.22 万人次，防治车辆 40.24 万辆次，清扫湿化 150.43 亿平方米，整形修剪 30 余万株，重点区域注射 26.5 万株，繁育优良雄性毛白杨 30 余万株。通过市新冠肺炎疫情防控工作新闻发布会等平台，权威发布专家解读，普及飞絮防护 10 项措施。制作杨柳飞絮科普动画 2 部，组织 2 场大型宣传活动，分时段、分重点、分人群开展防治技术、防治工作、防治效果宣传。回复市民各类电话、信件 300 余次。

（孙鲁杰）

【增彩延绿科技创新工程】 年内，重点推进 2019 北京园林绿化增彩延绿科技创新工程。收集毛白杨优良无性系 200 个，建设展示林 1 处；开展包含雄性毛白杨、栎属、椴属、流苏等大规格乔木培育技术研究；开展冬奥会场馆周边、京津冀乃至三北地区优良野生观赏植物种质资源收集工作，建设种质资源库 1 处，约 10 公顷，筛选驯化 10~15 种木本植物；在西山法海寺、永定河森林公园、昌平太平郊野公园等建设 3 处示范区，综合示范增彩延绿植物品种、土壤治理提升、集雨节水等新技术、新材料和新方法。7 月 26 日，北京电视台《我爱北京》栏目报道丰台区增彩延绿科技创新示范区；7 月 31 日组织全市园林绿化管理人员和技术人员 60 余人在丰台区莲花池增彩延绿科技创新示范区开展现场参观和技术培训，普及增彩延绿理念。

（孙鲁杰）

【推进生活垃圾分类】 5 月 16 日，印发《北京市园林绿化局生活垃圾分类工作方案》。统筹做好园林绿化行业生活垃圾分类工作，参加市指挥部调度会 92 次，园林绿化行业相关专题会 16 次。对各类公园、自然保护地开展监督检查 420 余次。联合印发《关于印发北京市固废处理领域补短板项目政策指南的通知》，拟在全市建立 6 处园林绿化废弃物集中处理厂，集中解决园林绿化废弃物资源化利用难题。制订《北京市平原生态林厨余垃圾资源化产品应用管理办法（初稿）》《2020 年度北京市平原生态林达标厨余垃圾资源化产品试点建设实施方案》。在北京市西山国家森林公园试点“垃圾不落地”工作，从 8 月 15 日起开展“无痕西山”垃圾不落地活动。

（孙鲁杰）

【启动生态系统监测网络建设项目】 年内，启动 15 个新建监测站点建设工作。加大调研确定监测站具体位置，编制项目规划设计和财政评审材料。根据生态监测网络建设需求，联合市生态环境局组织编制地方标准《园林绿化生态系统监测网络建设规范》。组织技术支撑单位对建设单位管理和技术人员开展专业技能培训，包括监测

丰台区莲花池公园增彩延绿示范区景观(张博 摄影)

仪器设备和数据处理培训，为各站点建设和运行维护做好技术支撑。建立进度督查制度，要求各建设单位每月报送建设工作进度情况，确保建设过程中各项问题得到及时梳理和解决。

(孙鲁杰)

【园林绿化知识产权保护】 年内，每月采取“双随机、一公开”方式对全市林木种子生产经营单位进行监督检查，检查生产经营单位276家，未发现制售假冒伪劣种苗和侵犯植物新品种权违法行为；疫情缓解后，对全市新一轮百万亩造林绿化工程质量开展检查，检查13个区、44个造林地块、35个施工单位、217个苗批，未发现制售假劣种苗或侵犯植物新品种权线索；组织开发电子标签代替纸质标签，落实重大园林绿化工程中每株大规格苗木上必须悬挂电子标签，保证苗木来源和质量可追溯。

(孙鲁杰)

【科技成果推广】 年内，加快实施2019年中央财政林业科技推广示范项目，建设平原生态林经营示范区120公顷；建设自动精准混药移动监测站1个，示范推广333.33公顷；建立北京地区栎类资源圃1处，示范栎类播种容器苗木灌溉施肥技术及多年生苗木高效培育技术；开展侧柏林分景观提升示范核心区建设，面积66.67公顷；在房山区西苑村和下寺村建立优良宿根地被植物提升乡村景观示范区2处，面积累计6.67公顷；建立森林疗养示范区2处，面积66.67公顷，设置标准化森林疗养设施2套，集中展示森林疗养基地建设成果。

（孙鲁杰）

有机覆盖物被应用到天安门广场冬季景观改造中(张博 摄影)

【园林绿化行业污染防治】 年内，按照《北京市污染防治攻坚战2020年行动计划》部署，完成19项重点任务。建立扬尘管理责任体系，强化扬尘监督和执法力度。加大水生态保护力度，完成新增水源涵养林1466.67公顷。印发《北京市园林绿化用地土壤环境管理办法(试行)》，指导各区加强土壤污染源头预防。完成全市13个区共3333.33公顷果园的有机肥替代化肥试点工作。

（孙鲁杰）

【冬奥会生态监测】 年内，编制《延庆赛区及周边区域生态监测方案》。在松山自然保护区布设红外相机225台，收集照片和视频2177张，记录到中华斑羚、豹猫、狍和貉。加强松山生态监测站运维和监测，收集空气、水文、土壤等监测数据21次，完成144份水质调查，8份土壤调查工作。

（孙鲁杰）

【园林绿化科普基地管理】 年内，对第一批园林绿化科普基地进行考核评估，紫竹院公园等30家基地通过评估考核。同时开展第二批园林绿化科普基地审核认定工作，经推荐、申报、评审和公示四个环节，认定北京麋鹿生态实验中心等20家单位为第二批北京园林绿化科普基地。在12月1日召开的科普基地总结会上为50家北京园林绿化科普基地颁发牌匾及证书。

（孙鲁杰）

12月1日，市园林绿化局在北京贵州大厦召开2020年园林绿化科普基地培训总结大会(何建勇 摄影)

【北京与山西大同合作项目】 年内，完成北京与山西大同合作项目验收，项目建立大同地区新优植物品种科技示范区8万平方米，收集、引种各类植物80余种5400余株；完成园林植物和有害生物标本室、展厅建设，展示标本300余份；多次开展合作交流，累计培训技术人员200余人次，完成大同市中心城区概念性绿地系统规划。

（孙鲁杰）

【园林绿化高质量发展实施方案落实】 年内，制订印发《北京市园林绿化局推进园林绿化高质量发展技术指导书》。建立北京市地方标准《城市树木健康诊断技术规程》，截至2020年底全市范围内共建设生物保育小区466处，栽植蜜源食源植物285176株，建设小微湿地412处，创建本杰士堆1442处，悬挂人工鸟巢3167处，摆放昆虫旅馆3处，放置小动物隐蔽场所5处；完成3166.67公顷局直属林场和7个区建设示范区10处山区森林质量精准提升工程，完成市级20个、区级34个平原生态林高质量养护管理综合示范区建设。完成新建40处节水型公园绿地。

（孙鲁杰）

【园林绿化各种标准制定修订】 年内，制定修订园林绿化各类标准26项。制定《植物新品种测试指南 黄檗属》《枣主要病虫害防治技术规程》等林业行业标准。在前期试验和调研基础上，开展北京市地方标准《园林绿化生态系统观测网络建设规范》《春花落乔花期延迟技术规范》编制工作，加大京津冀标准和百项节水标准申报工作。制定并发布实施《绿地保育式生物防治技术规程》《美丽乡村绿化美化技术规程》等17项北京市地方标准。逐步完善北京市园林绿化标准体系，支撑以新一轮百万亩造林、美丽乡村绿化美化工程为重点的大尺度绿色生态空间构建中心工作，为首都园林绿化工作高质量发展提供技术支撑。

（孙鲁杰）

【园林绿化各种标准组装集成示范推广】 围绕落实《主要果树害虫监测调查技术规程》，对各区主管部门、防治公司技术人员进行技术培训，对12个区的102个主要监测调查点进行技术指导。据监测，通过实施精准监测、精准防治，40公顷果园可减少农药使用量120千克。加强《城市树木健康诊断技术规程》应用，截至2020年底，在东、西城区共建有12处城市绿地树木精细化养护示范区和60处城市道路树木精细化养护示范区，以此带动树木养护相关产业发展，促进种苗、肥料、灌溉、检测等行业提质增效，转型发展，提高当地居民经济收入。加大《露地花卉布置技术规程》宣传、应用。组织10次宣传推介，发放标准宣传文本400份，解读花坛花卉的相关定义、设计要求、选苗用苗要求、施工流程、养护管理等，提高参会人员技术水平。

（孙鲁杰）

【科普宣传】 年内，继续打造“绿色科技 多彩生活”科技品牌活动，开展“森林与人”“走进绿色”等系列活动以及“北京科技周”“爱鸟周”等主题宣传活动300余场次，辐射受众800余万人次。针对疫情防控工作，创新科普宣传推广新形式，利用丰富网络资源，启动“线上”宣传模式，将“网络平台”打造成科普发展新动力。累计开展线上活动120余场次，线上观看人数500万人次。结合“北京科技周”“世界野生动植物日”“北京湿地日”“爱鸟周”“义务植树日”“防灾减灾日”等主题，开展各类主题宣传活动近100场，发放各类宣传材料150余万份，辐射人群近100万人次。

（孙鲁杰）

【获奖情况】 在2020年8月国家林业和草

原局开展的"2020 年全国林业和草原科普讲解大赛"中，市园林绿化局推选天坛公园、颐和园、香山公园 3 家单位的选手代表北京市参加比赛，其中天坛公园张玺荣获一等奖，颐和园黄璐琪及香山公园张梦瑶荣获二等奖。天坛公园张玺同志代表北京林草系统参加全国科普讲解大赛获三等奖。

（孙鲁杰）

（科学技术：孙鲁杰 供稿）

信息化建设

【概　况】 2020 年北京园林绿化信息化工作按照提升数据治理能力和现代化水平，促进首都园林绿化高质量发展要求，进一步强化"让数据说话、用数据决策、靠数据管理"管理模式，夯实大数据基础，加强数据汇聚管理，推进数据分析利用，不断提升信息化服务支撑能力。

（赵丽君）

【智慧园林系统运行】 7 月 30 日，"北京城市副中心行政办公区智慧园林项目"顺利通过专家验收。"智慧园林项目"建成包含监测、管理和服务三大部分的智慧园林系统，实现园林绿化全要素自动化监测、全过程精细化管理、全方位个性化服务等建设目标。通过项目建设挖掘园林看、听、感、互动等方面服务潜力，实现人与自然互感、互知、互动，提供科普教育、生态教育、自然教育等多方面价值，打造智慧园林示范应用样板。

（赵丽君）

【"入云""上链""汇数""进舱"工作】 年内，园林绿化资源动态监管系统、公园风景区管理工作平台、双随机抽查系统等 11 个信息系统顺利迁移到市级云平台，完成"入云"任务；野生动物疫源疫病监测系统、全市平原地区林木资源监管网格化系统、综合报表系统等满足条件的 7 个系统已全部"上链"；园林绿化工程施工信息、城镇公共绿地信息等 39 类 192 项园林绿化基础数据，提交到市级平台共享；安全生产标准化管理评审、园林绿化资源动态监管、报表系统、公园风景区管理工作平台、政府网站 5 个园林绿化局系统接入市领导驾驶舱，市领导在办公室可直接登录系统查看情况。

（赵丽君）

【完善园林绿化数据资源】 年内，建立园林绿化大数据管理平台，实现全局 292 项职责目录、900 多个数据项资源及 30 多个信息系统统筹管理，数据汇聚共享，促进业务协同，提高公众服务能力；完成 10378 个新百万亩造林选址数据整理和落图定位工作；梳理"留白增绿"325 个地块数据叠加到北京市第二季度卫片，逐一截取每个地块现状图片提交业务部门，为推

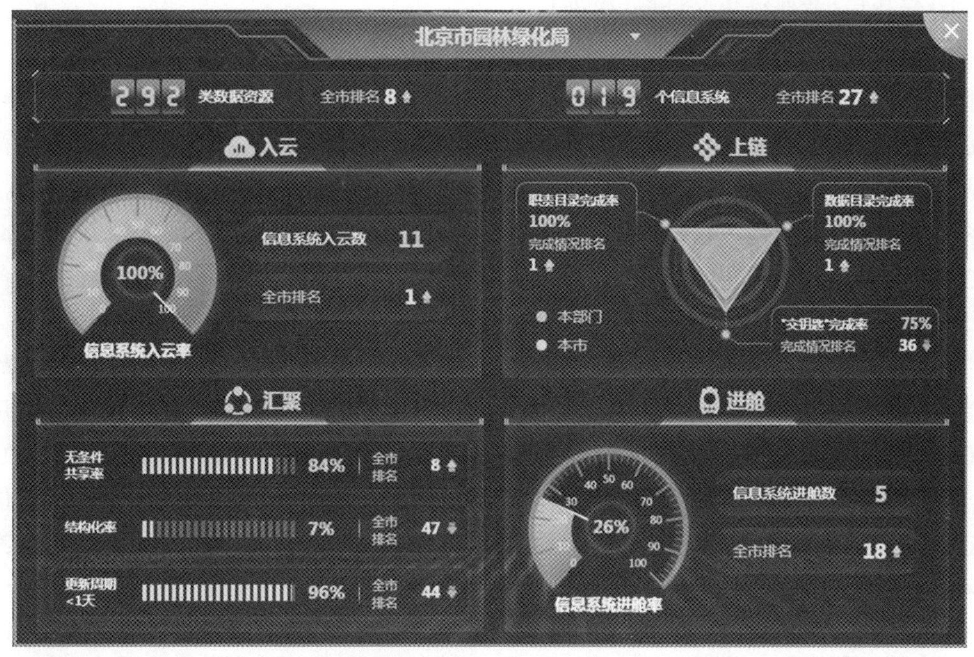

市园林绿化局 2020 年信息系统“入云”“上链”“进舱”情况截图（赵艳香 摄影）

进疏解整治促进“留白增绿”实施提供支持服务；完成全市 1059 个各类公园数据整理和落图定位工作，助力提升全市公园绿地、风景区精细化管理水平和服务保障能力；维护更新园林绿化资源动态监管系统，更新古树名木台账、湿地台账、自然保护区台账等数据 53000 余条。

（赵丽君）

【助力全市公园疫情防控和精细化管理】 年内，按照局领导要求和疫情防控工作需要，主动对接市雪亮工程视频图像信号，成功连接全市 63 家公园和其周边 2570 路视频图像，及时提供视频信号给业务处室，确保疫情期间公园信息互联互通，夯实决策指挥视频图像数据基础；建设并推广应用“公园风景区游人量报送平台”，实现市级、区级园林绿化管理部门对公园游人量数据分级分类审核管理，保证游人量数据时效性和真实性。全市 434 家公园风景区每天通过系统实时上报当日游人量、当日瞬时在园最大游客量和当日收入，实现对重点公园风景区精细化管理。

（赵丽君）

【北京园林绿化“十四五”信息化发展顶层设计】 年内，立足园林绿化工作实际，坚持前瞻性和可行性，开展北京市园林绿化“十四五”时期信息化发展顶层设计，明确北京市园林绿化信息化步入智能发展新模式工作目标，提出建设公园和风景区游客监测管理平台、城市绿地规划实施监测管理平台、园林绿化生态资源监测系统等 8 项重点工作任务，更好地发挥信息化“赋能增效”和“创新推动”作用，为园林绿化治理体系、治理能力现代化和高质量发展提供服务、支撑和保障。

（赵丽君）

【市园林绿化局(首都绿化办)网站建设】 年内，按照北京市政务服务局关于《北京市政府网站页面设计统一规范》要求，3月底完成网站页面规范改版工作。改版后网站实现页面框架、头尾标识、栏目设置、字体字号、颜色搭配整体风格统一。立足生态文明建设成果和市民关注热点，网站新建“北京市野生动物保护管理条例宣传贯彻专栏”“祝福祖国71华诞国庆花坛”等12个专题，更新维护“杨柳飞絮治理”“北京花讯”“互联网+全民义务植树”“爱鸟周活动”等23个专题；围绕全市园林绿化工作，重点加强首都园林绿化系统在疫情防控、野生动物保护、杨柳飞絮治理等方面的信息发布。截止到2020年12月31日，网站更新信息3892条；印发《市园林绿化局(首都绿化办)网站栏目管理办法》。

(赵丽君)

【信息化技术助力杨柳飞絮治理】 年内，采用信息化手段广泛开展北京市五环范围内杨柳雌株调查工作，尽快摸清全市杨柳雌株基数。将五环内区域划分为389400个50米×50米的网格，利用系统通过任务方式，将网格分发到各区及各乡镇街道，采集人员通过手机客户端对网格内杨柳雌株进行定位，快速填写胸径、长势、照片等数据。共采集156038个网格数据、81659株杨柳雌株信息，将采集到的树木点位信息在绿化资源地理信息系统上展示，为杨柳飞絮精准治理提供数据支持。

(赵丽君)

(信息化建设：赵丽君 供稿)

新闻宣传

【概　况】 2020年，北京园林绿化宣传工作坚持正确舆论导向，尊重新闻传播规律，创新方式方法，统筹做好疫情防控和生态建设宣传，组织各种宣传活动上百次，召开园林绿化主题新闻发布会12次，在新闻媒体刊发园林绿化宣传稿件2000余篇(幅、条)，新浪政务微博发布1086条，政务微信公众号发布606条，今日头条发布文章及视频298篇，为首都园林绿化事业发展提供良好舆论氛围。

(马蕴)

【杨柳飞絮治理宣传】 4月11日，以《飞絮季节话杨柳》为题在局政务微博、微信发布科普宣传文章。4月13日，在丰台花乡桥杨柳飞絮治理现场组织新闻发布活动，集中对外发布分区施策、多措并举治理杨柳飞絮详细情况。4月30日，为应对杨柳絮第二次高发期舆情，在海淀区褐石园召开第二次杨柳絮清理现场会，发布重点为全市设立80条巡查路线，开展每日巡查飞絮情况并限时整治，降低对市民生活影响。相关发布活动邀请《人民日报》、中央电视台、《北京日报》等20多家媒体参加，并将市园林绿化局创作的杨柳飞絮宣传作品与各家媒体共享。同时，严格把握发布口径，确保始终一致地传达权威科学观点，在中央和市属主要媒体刊发稿件 100 多篇，网络转发数万次。

（马蕴）

4 月 30 日，市园林绿化局在海淀区海淀公园周边开展杨柳飞絮治理宣传活动（何建勇 摄影）

【新一轮百万亩造林绿化工程宣传】 4 月 23 日，市园林绿化局在北京城市绿心森林公园召开“新一轮百万亩造林绿化建设现场发布会”，通报 2020 年全市春季造林植树 112 万株，新一轮百万亩造林绿化超过 33333.33 公顷，任务完成过半。中央电视台、《北京日报》、北京电视台等 20 多家媒体发稿 30 余篇。

（马蕴）

【野生动植物保护宣传】 年内，在新冠肺炎疫情期间，野生动植物保护受到各级巨大关注。3 月 3 日，市园林绿化局发布《北京进入候鸟迁飞高峰期，野生动物异常情况第一时间发现、第一现场处置》新闻。3 月 31 日，发布《北京迎来第 38 个“爱鸟周”，多种珍稀候鸟现身京城》。6 月 1 日，在大运河森林公园举办“京版野生动物保护条例正式实施”新闻发布会和宣传活动，相关负责人接受采访并解读《北京市野生动物保护管理条例》相关内容，活动发稿 20 余篇。

（马蕴）

6 月 1 日，市园林绿化局在通州区大运河森林公园开展《北京市野生动物保护管理条例》宣传活动（何建勇 摄影）

【舆论热点宣传】 年内，面对突如其来的新冠肺炎疫情，宣传中心结合全市疫情防控等级变化，聚焦全市公园游园秩序引导，开展多轮宣传，特别突出公园入园限流、网络预约购票、游园安全引导等重点内容，在保证全市公园游园秩序平稳的同时，充分体现疫情期间全市公园绿地为首都市民带来不可替代的绿色福祉。围绕全民抗疫，与《北京日报》等主流媒体合作，宣传首都园林绿化人积极参与疫情防控，打造防疫绿色长城。4 月 17 日，在《北京日报》刊登抗疫专刊《战“疫”一线闪耀着“园林绿”》，生动展示首都园林绿化干部职工在全民抗疫一线中发挥的重要作用。

（马蕴）

【新媒体原创发布与线上线下活动】 年内，宣传中心注重围绕全局性重点工作、推进北京生态文明建设以及回应社会关切等内容开展宣传活动，“首都园林绿化”新浪微博发布微博 1086 条，阅读数 2000 余万人次，粉丝量 16.6 万人；微信公众号发布文章 606 条，阅读数 50 万余人次，粉丝量 3 万余人；今日头条发布文章及视频 298 篇，总展现量 688.8 万，总阅读（播放）量 21.4 万次。举行线上活动 19 场，线下活动 4 场，直接参与体验人数 4900 余人次。

（马蕴）

（新闻宣传：马蕴 供稿）

党群组织

党组织建设

【概　况】 2020年，市园林绿化局(首都绿化办)机关党委在局(办)党组坚强领导下，坚持以习近平新时代中国特色社会主义思想为指导，深入贯彻党的十九大、十九届四中、十九届五中全会精神，严格落实中央和市委疫情防控部署要求，认真落实管党治党责任，不断提高党建工作水平，为推动园林绿化事业高质量发展提供坚强政治和组织保障。

（乔妮）

【党员学习教育】 年内，市园林绿化局(首都绿化办)直属机关党委持续推进“两学一做”学习教育常态化、制度化，坚持用习近平新时代中国特色社会主义思想武装党员干部头脑。把习近平新时代中国特色社会主义思想作为培训重要内容，举办十九届四中全会精神学习培训班3期，基层党组织书记培训班、党务干部培训班、纪检干部培训班、科级以下党员培训班各1期，团员青年忠诚教育培训班2期；深入开展党史教育、国史教育和忠诚教育。以纪念中国共产党成立99周年为契机，组织召开座谈会、“共产党员献爱心”捐款活动、讲党课、主题党日等多种形式庆祝活动。贯彻落实市委书记蔡奇关于“绿化要走心，可作文章很多”批示精神，在局系统组织开展“首都园林绿化工作走心”大讨论，形成推动首都园林绿化高质量发展、精细化管理等方面建议成果157项。

（乔妮）

【基层党组织建设】 年内，市园林绿化局(首都绿化办)直属机关党委协助局党组召开全面从严治党工作会议，对全年全面从严治党工作进行部署。指导8个基层党组织完成换届选举工作，新成立党组织1个，撤销党组织3个。进一步规范党员发展工作，严把发展党员政治关，新发展党员11名。落实党内组织生活制度，成立11个督导组，由局领导带队指导32个直属单位召开2020年民主生活会。117个党支部按要求开展组织生活会和民主评议党员。持续推进“双报到”工作，截至2020年底，全局党员累计参加社区防控4545人次。做好党内关怀帮扶工作，走访慰问生活困难和生病党员31名。及时做好党员信息数据日常输入、增减和维护工作，确保党员信息系统准确完善。持续加大党务和政务信息公开力度。党组研究决策的问题、党费收缴支出、党员捐款和其他基层党组织研究的涉及广大党员干部职工切身利益事项通过会议纪要、简报等形式进行公示。开展2020年度基层党组织书记述职工作，直属单位党组织书记进行现场述职；机关处室支部书记进行书面述职。组织开展基层党组织2020年度全面从严治党主体责任落实情况检查考核。

（乔妮）

【党风廉政建设】 年内，市园林绿化局（首都绿化办）直属机关党委深入落实党风廉政建设责任，督促指导基层党组织和处级以上党员领导干部落实2020年度全面从严治党主体责任，科以下党员干部签订岗位廉政风险责任书。坚持每季度召开会议对党风廉政建设形势进行研究分析，及时了解情况，改进工作。协助局党组每半年开展一次全面从严治党形势分析。牵头落实完成市反腐倡廉建设领导小组办公室对市园林绿化局2019年全面从严治党检查反馈意见指出的问题整改工作。坚持惩前毖后、治病救人原则，针对党员干部反映出来的苗头性倾向性问题，利用谈心谈话、民主生活会、组织生活会等契机，经常性地进行思想交流，开展批评与自我批评，让红脸出汗成为常态。

（乔妮）

【团员青年工作】 年内，北京市园林绿化局（首都绿化办）团委围绕弘扬“五四”运动精神，在局系统开展“青年心向党 、建功新时代”主题实践活动。组织全局近100名团员青年参加2020年度城市树木养护管理线上培训。组织青年观看《秀美人生》电影，学习黄文秀基层扶贫事迹。指导2个基层单位建立团支部，1个团支部完成换届选举工作，2个团组织完成撤销归档；在其他不满足建立团组织条件的15个单位设立青年员，做到推进基层青年工作全覆盖。按期完成19个团支部对标定级工作，推动3星以下团支部开展整改。开展青年志愿服务，组织青年团员回社区参与疫情防控和垃圾分类桶前值守，服务总时长近1000小时。5名团员下沉昌平区支援社区疫情防控，64名团员和团干部参与垃圾分类桶前值守。局系统2020年发展的11名预备党员中有35岁以下青年8人，团员2人。利用“书香园林”服务品牌开展青年读书分享活动，局图书室扩充藏书1000册。开展“好书伴成长”——为新疆和田地区中小学生捐赠国语图书活动，向新疆等地捐赠图书3000余册。持续开展“野鸭湖”观鸟、“认识身边的植物”等户外书香大讲堂活动，向市民宣传生态保护理念。开展“我身边的抗疫先锋”征文活动，在书香园林公众号发布先进事迹文章100多篇，编辑制作宣传视频3个，编制“同心抗疫”专刊两期。局机关被评为“第十届书香中国·北京阅读季”书香机关。开展“我为改革献一策”活动，市园林绿化局执法大队青年胡玥荣获B类奖项。开展第3届“首都园林绿化局十杰青年”评比，宁少华等10名同志获得“首都园林绿化十杰青年”称号。市园林绿化局团干部张博荣获“北京市人民满意的公务员”称号。开展青年文明号创建，北京市西山森林公园和北京市野生动物救护中心列为重点创建单位。开展2020年度书香青年评选活动，魏琦、荣岩等10名同志被评为2020年度书香青年。

（乔妮）

（党组织建设：乔妮 供稿）

干部队伍建设

【概　况】 2020年，在北京市委、市政府正确领导下，市园林绿化局（首都绿化办）党组深入学习贯彻习近平新时代中国特色社会主义思想，学习贯彻党的十九大，十九届二中、三中、四中、五中全会及市委全会精神，贯彻落实市委组织部2020年工作要点和全市组织部长会议要求，统筹推进领导班子和干部队伍建设、干部监督管理和事业单位改革，为京津冀协同发展、北京城市副中心建设、新一轮百万亩造林、园林绿化治理能力提升等重点工作、重大任务提供坚强的组织和人才保障。

（王超群）

【制度建设】 年内，市园林绿化局严格落实《干部任用条例》和全市处级干部任免流程，制订《局（办）处级领导干部选拔任用工作流程》《局（办）调研员职级晋升工作流程》《局（办）机关科级干部职级晋升工作流程》和《局属单位科级领导干部选拔任用工作流程》，进一步规范干部选拔任用工作。修订完善《局（办）处级干部交流工作办法》，加强干部多岗位锻炼，丰富工作经历，提升领导班子和干部队伍建设水平。制订《局（办）干部重要事项请示报告有关规定》，严格领导干部重要情况报告、干部选拔任用重要事项请示报告、干部工作有关文件审核备案等工作，加强干部监督管理。

（王超群）

【机构改革】 年内，市园林绿化局全面落实中央和北京市关于综合执法改革精神，将局属有关单位的执法职能整合至执法大队，执法监察大队调整更名为北京市园林绿化综合执法大队。扎实做好森林公安转隶市公安局各项工作，新增内设机构森林防火处，承接森林防火相关职能。落实局属经营类事业单位改革，完成天竺苗圃、温泉苗圃撤销和人员安置。充分调研、提前谋划，研究制订深化事业单位改革方案，为改革工作全面落实打好基础。

（陈朋 宋泽）

【组织建设】 年内，市园林绿化局注重加强二级班子和干部队伍综合研判，树立正确用人导向，积极推进干部交流，加大年轻干部使用力度。调整处职干部43人，其中平职交流30人；提拔任职8人、调任2人、免去兼职3人。注重统筹兼顾、公平公正，强化正向激励，有序开展职级晋升工作，晋升二级巡视员3人、一至四级调研员75人。局机关和各单位调研员职级(岗位等级)晋升工作基本实现全覆盖，科级晋升已全部完成并进入常态化。招录公务员9人、事业编16人，接收军转干部6人。强化实践锻炼培养，积极选派年轻干部参与冬奥会筹办、人才京郊行、北京城市副中心建设等重大活动、重点任务，提升干部能力素质。

(王超群 宋泽)

【干部教育培训】 年内，市园林绿化局坚持把学习贯彻习近平新时代中国特色社会主义思想摆在干部教育培训突出位置，努力通过加强干部思想淬炼和专业训练，引导各级干部不断提高适应新时代中国特色社会主义发展要求的能力，强化运用习近平新时代中国特色社会主义思想指导首都园林绿化实践。聚焦优秀年轻干部，创新培训机制，采取集中调训方式，分党性教育、领导能力提升、专业能力提升三个板块进行系统培训，开展党性教育现场教学，安排“处长上讲台”，开展闭卷理论测试，创新思路，开阔视野。组织开展近两年招录招聘和专业干部入职培训工作，提升干部政治素养和综合能力。针对疫情防控特殊情况，组织全局党员干部利用“北京干部教育网”“学习强国”等平台及订阅的报纸杂志，开展“互联网+”学习教育；将“学深悟透习近平新时代中国特色社会主义思想(微课)”等有关课程列入重点学习内容，做好在线学习日常监督管理工作。

(王超群)

2020年北京市园林绿化局新入职人员培训班(局干部学校 提供)

【干部监督管理】 年内，市园林绿化局进一步加强干部监督管理，组织211名处级干部现场学习个人有关事项填报事宜，统一要求，集中部署，重点抽查核实80名处级、8名科级干部，随机抽查核实22名处级干部，全部如实报告。根据市委组织部统一部署，完成局个人有关事项专项整治工作。按照社会组织年检工作联审联查制度，完成11家所属社会组织年检工作。对局领导和相关部门负责人兼职事宜，按干部管理权限分别报请市委组织部和局党组审批。严格落实《局因私出国(境)管理办法》，积极加强因私出国(境)管理，全局(办)备案人员(含涉密人员)304人，其中104人持有有效期内因私出国(境)证件114本，全部由人事处保管。对因私出国(境)人员，及时做好证件收回管理工作。

(冯喆 杨道鹏 王超群)

(干部队伍建设：姚立新 供稿)

工会组织

【概　况】 2020年，北京市园林绿化局(首都绿化办)工会紧紧围绕维护广大职工群众利益主线，着力提高干部职工政治素质、业务素质和健康素质，服从服务首都园林绿化发展大局，努力为广大职工办实事、办好事，为推进首都园林绿化事业科学发展提供保障。

(孙树伟)

【为一线职工免费体检】 4月23日，北京市总工会为北京市园林绿化行业职工提供的免费体检项目在北京康复医院正式启动。北京市园林绿化局2019年为全行业职工争取到793万元在职一线职工免费体检项目。年内共有3500名北京市园林绿化行业职工受益。

(孙树伟)

【局(办)工会三届二次会员代表大会】 8月18日，市园林绿化局(首都绿化办)工会第三届委员会第二次会员代表大会在北京职工服务中心召开。工会第三届会员代表78人参加会议。大会依照法定程序补选局(办)工会第三届委员会委员、经费审查委员会委员。

(孙树伟)

【市园林绿化企业工会联合会二届一次全会】 8月19日，北京市园林绿化企业工会联合会第二届委员会第一次全体会议在北京职工服务中心召开，大会选举产生新一届领导集体。大会依照法定程序，选举侯雅芹为北京市园林绿化企业工会联合会主席，田玮、高然、宋家强、张瑞国、杨希、刘健、蒙广福、刘雪梅8名同志为北京市园林绿化企业工会联合会副主席。

(孙树伟)

【全国人大常委会领导调研北京市园林绿化行业工会】 8月26日，全国人大常委会副委员长、中华全国总工会主席王东明一行到北京花乡花木集团有限公司调研北京市园林绿化行业工会工作，看望慰问劳模和职工代表，与劳模、职工代表一起座谈。调研结束后，参观中国插花艺术博物馆。

(孙树伟)

【参加市劳动模范先进工作者和人民满意公务员表彰大会】 12月22日，北京市劳动模范、先进工作者和人民满意的公务员表彰大会在北京会议中心召开。北京市园林绿化局野生动植物保护处处长张志明被评为北京市先进工作者、科技处一级主任科员张博被评为北京市人民满意的公务员，北京京彩燕园园林科技有限公司王开勇、北京纳波湾园艺有限公司王波、北京花乡花木集团有限公司林巧玲被评为北京市劳动模范，北京市花木有限公司被评为北京市劳动模范集体接受表彰。

(孙树伟)

【市第五届"金剪子"竞赛】 年内，举办北京市第五届职业技能大赛园艺修剪(金剪子)竞赛。此次大赛为市一级一类竞赛，全市16个区91家企事业单位的近千名修剪技术能手参加比赛。经过14个赛区初赛、北京市复赛两次沙场点兵式激烈角逐，历时14天，共有30名选手脱颖而出。

（孙树伟）

【园林绿化最美家庭评选活动】 年内，北京市园林绿化局在全局系统内开展"2020年园林绿化最美家庭"评选活动，由局属各基层工会组织自下而上推出北京市园林绿化局10个"最美家庭"。北京市园林绿化局工会、妇女工作委员会组织10个"最美家庭"到花卉大观园拍摄"全家福"，留下最美瞬间。

（孙树伟）

【帮助生活困难职工】 年内，市园林绿化局对局系统因本人或直系亲属患大病造成家庭生活相对困难的13名干部职工发放帮扶慰问金3万元。

（孙树伟）

（工会组织：孙树伟 供稿）

社会团体

【概　况】 2020年，市园林绿化局共有社会组织13个。分别为北京林学会、北京园林学会、北京屋顶绿化协会、北京果树学会、北京野生动物保护协会、北京市盆景艺术研究会、北京生态文化协会、北京绿化基金会、北京林业有害生物防控协会、北京花卉协会、北京树木医学研究会、中华民族园管理处、北京酒庄葡萄酒发展促进会。

（宋泽）

【北京林学会】 北京林学会于1955年由北京地区林业科学技术工作者自愿发起成立，1962年正式更名为北京林学会，1987年3月经北京市民政局核准注册登记，学会致力于推动首都林业的发展，主要负责开展林学科学研究、学术交流、专业培训、咨询服务、专业刊物编辑。截至2019年底，有单位会员17个、个人会员3138人。年内，举办、参与第三届森林疗养国际研讨会、2019全国森林疗养论坛等大型学术研讨3场，参会代表300余人次。开展森林音乐会、森林大课堂、"悦"读森林、森林大篷车、特殊群体森林体验课程、青少年冬奥会周边生态监测科考活动、"森林与人"大众长走等森林文化系列活动110场，成立并启动首都自然体验产业国家创新联盟以及举办自然解说员培训等活动。通过多途径、多层次向公众宣传森林疗养知识，继续推进跨领域交流与合作，开展联合技术攻关，推进森林疗养产业快速发展，拍摄森林疗养专题宣传片，出版发行专业书籍《森林疗养学》《森林的答案》，举办首届森林疗养课程设计大赛等，举办1次亚洲区域保护论坛。完成换届选举，产生新一届理事会理事57人，常务理事15人，监事会监事3人，中国工程院尹伟伦院士当选为第十届理事会理事长，智信当选为秘书长。

（宋泽）

【北京园林学会】 北京园林学会于1992年8月获准成立，是北京地区园林科技工作者的学术性群众团体，是发展北京园林科学科技事业的重要社会力量，现有团体会员78家。截至2019年底，有单位会员77个、个人会员704人。年内，举办“2018年会暨新时代北京园林绿化高质量发展”学术论坛，团体会员及部分个人会员代表、主管部门以及市、区两级园林科技工作者近300人出席会议。围绕“融合创新　传承发展”主题开展论文征集活动，共征集论文74篇。完成《2018北京园林绿化建设与发展》论文集和2019年学会会刊《北京园林》编辑、出版工作。邀请国内外专家开展学术交流，组织会员单位40余名专业技术人员赴广西南宁进行专业考察。完成中国风景园林学会2019年度科学技术奖北京地区绿化项目初审及推荐工作，推荐项目105个，其中71个项目获奖。围绕“走进绿色”主题，开展特色科普体验活动31次，科普活动受众约12000余人，开展“送服务下基层”活动12场，直接参与人数1200余人。

（宋泽）

【北京屋顶绿化协会】 北京屋顶绿化协会于2006年3月12日获准成立，是致力于建设生态环保节约型、宜居靓丽绿色城市的崭新领域，涉及城市规划设计、建筑结构、建筑防水、农业、林业、园艺、环保、市政管理等诸多相关专业学科。截至2019年底，主要配合市园林绿化局（首都绿化办）工作，加强与各区联络，开展“上门”服务，树典型，以点带面，承担首都绿化办部署的“绿色植物进家庭”活动，多次组织并协助首都绿化办召集相关座谈会，部署全市开展阳台绿化工作事宜，举办屋顶绿化专业技术培训，积极跨界交流，拓展为会员服务职能，举办相关屋顶绿化公益讲座，在成都、海口协办绿色宜居生态城镇规划建设学术研讨会。助力家庭园艺种植典型，通过接待新闻媒体采访、联系市农业技术推广站、对接沟通市农业局，全面提高全社会对屋顶绿化和家庭园艺种植的认识。坚持广泛联络和宣传，通过新闻媒体、协会网站、课题调研，不断建言献策，谋求发展。组织专家和有实际经验的同仁，跟踪调研，不断完善技术规范，参编《种植屋面疑难问题解答》和《京津冀立体绿化经典案例》。

（宋泽）

【北京果树学会】 北京果树学会最早成立于1956年，1981年重新登记注册，由北京果树科技工作者自愿联合发起成立。学会主要开展果树学术交流及教学活动，举办各种形式的专业培训，接受有关科学技术政策和问题咨询；开展国际科技交流。截至2019年底，有会员201名。年内，举办2019北京世园会优质果品大赛、2019北京世园会优质果品大赛获奖果品展示品鉴活动，全国21个省（直辖市）349个合格果品参赛，央视新闻频道《朝文天下》节目、北京财经频道《首都经济报道》节目、北京新闻频道《北京您早》节目，《北京日报》《农民日报》《中国绿色时报》《科技日报》等多家报纸，世园会官网、北京园林绿化局官网、搜狐网等多家媒体，对大赛的举办、进展和结果都进行广泛宣传。科技助力乡村振兴，深入贯彻落实中央脱贫攻坚重大决策部署和北京市低收入农户增收及低收入村发展工作要求，组织专家以科技力量助力乡村振兴工作，开展“延庆区金剪子果树服务队知识更新与技能提”项目。发放《北京市林果乡土专家培训口袋书——杏》《地方标准——低效果园改造技术规范》等技术材料120余册，发放粘虫板及诱捕器各200套、《板栗实用栽培技术手册》60册，开展业务活动5次。

（宋泽）

【北京野生动物保护协会】 北京野生动物保护协会于1986年12月获准成立，由野生动物保护管理工作者、科研教育、经营利用、宣传工作者、愿为保护野生动物资源作出贡献的单位和个人自愿组成。截至2019年底，单位会员181个，个人会员20863个，理事29人。年内，主办北京市第三十七届“爱鸟周”启动仪式及系列公益宣传活动，参与北京动物园举办的以“保护城市物种，传承生态文明”为主题的“世界野生动植物日”宣传活动。创建具有首都特色的优质宣教活动品牌，合作举办第七届“北京中小学野生动物保护知识论坛”系列活动，举办9场“野生动物保护知识大讲堂”公益活动，出版《自然笔记》图书，举办“本土野生鸟类保护”主题海报征集，征集到海报作品130余份，举办“北京秋季观鸟月”活动，记录到鸟种数210种，推进“北京十佳生态旅游观鸟地”建设。加强与其他生态环保单位、组织合作，举办3次观鸟培训、13次市民观鸟导赏活动。协助开展雨燕、鸳鸯、鸟类环志科学调查，记录雨燕调查图片1000余幅、视频200余段，初步掌握北京市区鸳鸯冬季越冬种群的分布与数量，完成2019年秋季鸟类环志工作，包括环志鸟类49种1344只，其中环志雨燕165只。

（宋泽）

【北京盆景艺术研究会】 北京市盆景艺术研究会于1992年6月30日获准成立，由北京盆景艺术专家学者、盆景艺术爱好者、赏石收藏鉴赏家及收藏爱好者自愿联合发起成立，致力于推动首都盆景赏石传统文化的发展。截至2019年底，研究会有单位会员5个，个人会员64个。年内，围绕“北京2019世界园艺博览会”举办“京味盆景艺术展”“京派盆景、赏石艺术展”，从中选拔的17件盆景作品参加世园会盆景国际竞赛展览活动，获得六金、二银、五铜。推广盆景观赏，举办“咫尺山林：清风拂绿”“木石舒意：咫尺乾坤”，展出作品250余件，观赏人群3万余人。与市总工会、劳动人民文化宫共同举办第三届北京市总工会职工盆景培训班，与中国园林博物院共同举办“中国赏石盆景艺术研讨会”。

（宋泽）

【北京生态文化协会】 北京生态文化协会于2013年6月注册成立。协会由北京地区从事生态文化建设、经营、管理、研究的企事业单位、科研院所、大专院校、新闻出版单位以及关心和有志于推动首都生态事业发展的社会各界人士组成，主要开展生态领域的政策宣传、专业培训、专题调研、对外交流、咨询服务、组织考察、承办委托、专业刊物编辑。截至2019年底，有单位会员70个，个人会员124个。年内，围绕生态北京建设要求开展各项生态文化理论研究工作。大力开展生态文明理念宣传工作，举办让森林文化走进普通家庭等大型生态文化活动，开展2019爱绿一起等活动，鼓励市民爱护北京生态文明，倡导绿色出行等理念。

（宋泽）

【**北京绿化基金会**】 北京绿化基金会于1996年获准成立，协会依靠募集资金开展绿化活动，是社会性的公募基金会。基金会主要接受政府资助和热心绿化事业的国内外团体和个人捐助资金，通过基金的运作，组织绿化工程项目，治理、保护首都及周边区域的林木绿地资源；开展社会宣传，交流合作，技术开发，推动首都绿化事业的发展。截至2019年底，研究会有单位会员70个，个人会员124个。年内，为响应“首都全民义务植树尽责”政策和实施办法，号召全民尽责。5月，廖理纯捐赠榆树2万株支援内蒙古自治区锡林郭勒盟正蓝旗宝绍岱苏木政府及当地牧民，促进区域经济发展；6月，北京森源达园林股份有限公司为丰富首都园林景观，捐赠五彩杨2950株苗木用于奥林匹克森林公园、北京市八达岭野生动物园、丰台区园林绿化局、朝阳区望和公园的种植；10月，北京找树网科技股份有限公司捐赠70棵白皮松树在北京八达岭林场组织“喜迎祖国70年　同心共植祝福树”建国70周年纪念林植树活动。北京市区级社会单位、团体参与本区绿化美化建设，拓展公民履行植树义务形式，各区开展单位出资委托本会代收延庆、平谷、房山义务植树尽责费用，根据各区绿化办指示拨付延庆区北京康绿园林绿化有限公司用于蔡家河义务植树基地林木抚育项目，并按照首都绿化委员会办公室关于扎实开展义务植树工作有关要求，进一步动员赴区、驻区、区直等义务植树单位，通过多种尽责方式履行公民植树义务。

（宋泽）

【**北京林业有害生物防控协会**】 协会成立于2016年12月，主要开展林业有害生物防控领域的政策宣传、专业培训、对外交流、科普宣传、展示展览、咨询服务、承办委托、专业刊物编辑。截至2019年底，研究会有单位会员140个，个人会员200个。年内，注重发挥专家智库作用，长力引智保障行业发展，以“三诊一报告”等主要形式指导北京市有害生物防控工作。广泛发展志愿力量，维护首都生态安全，推动行业发展，组建北京林业有害生物防控协会志愿者总队、志愿者延庆分队，在“绿色知识进学校、绿色文化进社区、绿色技术进企业”的“三进活动”基础上，新增“生物多样性昆虫标本展览”展示活动，在北京各区建设志愿者实践基地并挂牌，首批确定与24家基地建立长期志愿合作关系，组织开展“天敌工厂——西山林场生防中心科普实践活动”“蚕宝宝的一生——北京市蚕种场科普实践活动”“救助人类的伙伴——

北京市野生动物救护中心科普实践活动”等系列活动12次。开展延庆志愿者试点示范工作，组建延庆志愿者队伍，支援世园会、冬奥会林业有害生物防控工作和生态林日常防护。开展专业技能培训、评比及职业资格鉴定工作，面向林业部门和社会化服务企业开展更全面的专业技能培训，鼓励广大从业人员参与《林业有害生物防治员》学习，逐步推进林业有害生物防控从业人员持证上岗。

（宋泽）

【北京花卉协会】 北京花卉协会于1987年6月成立，主要由花卉及相关主管行政部门、企事业单位、科研院校、社团及个人组成。协会主要职能是制定行业标准，建立行业自律机制，推广花卉生产新技术，开展国内外交流合作，维护行业利益。截至2019年底，研究会有单位会员206个。年内，主办北京迎春年宵花展，开展“组合盆栽和插花花艺比赛颁奖仪式”。参与的香港花展再创佳绩，展示“大红花说愿”主题，荣获本届展览最高奖项——金奖。主办第十届北京郁金香文化节、首届北京牡丹文化节、月季文化节、第五届北京百合文化节、第十一届菊花文化节，展示优质郁金香130余种、400余万株，约2000余个月季品种、近100万株(盆)月季，约800多个品种菊花、60万余株(盆)。

（宋泽）

【北京树木医学研究会】 北京树木医学研究会于2020年12月17日成立，研究会成立后按照宗旨和业务范围积极开展工作。搭建政府、科研单位、企业和科技工作者合作共赢平台，推动北京乃至中国建立树木医生制度，致力于培养北京高技术水平的树木医学专业人才队伍；加强树木医学科的深度和广度研究、树木健康体检和病害虫害的预防与管理，保护绿化资源，提升树木健康质量，推动首都园林绿化高质量发展；全面提升首都园林绿化行业科技水平、实现城市公园绿地树木精细化、标准化养护，山区林木镇、街、村绿地规范化保护，填补我国大陆树木医学研究社会组织空白；为树木医疗机构如树木医院、诊所的资质以及从业者资格提供技术等级标准，为树木健康医疗提供支撑。目前，北京树木医学研究会已有第一批单位会员36家，个人会员200多人申报入会。

（宋泽）

【北京中华民族园公园管理处】 北京中华民族园1992年经北京市政府批准建立，1994年6月北园建成并对外开放，1996年纳入北京市公园行业管理，2001年9月29日南园建成对外开放，是市园林绿化局为业务主管部门的民办非企业单位，坐落在北京市亚运村西南，占地28.2公顷。中华民族园是京城第一座大型民族文化基地，旨在展示民族文化传统，增强国民爱我中华的民族意识，促进青少年对民族文化的认知。年内，移栽植物147株，其中竹子30株、灌木51株、月季50株、攀缘植物16株；伐除病死树40株，其中乔木30株、灌木10株。注重日常管护，春季做好全园乔灌木打石硫合剂广谱性预防病虫害，“五一”“十一”前全园范围打药2次防治蚜虫和红蜘蛛。同时，开展“少数民族体育项目展示及体验”“少数民族服装服饰展演”“鼓

舞中华 民族鼓文化展演”“少数民族红歌会”“少数民族非物质文化遗产展演”等活动。进行3项活动项目合作，包括“我在首都秀巴州”展览及民族交流演出、“云南非遗走进中华民族博物院暨云南非遗文化全国巡演(北京站)”活动、“一切为了孩子——中华红丝带基金2019年夏令营”启动仪式。

（宋泽）

【**北京酒庄葡萄酒发展促进会**】 北京酒庄葡萄酒发展促进会于2018年由中国葡萄酒杂志社有限公司、北京市房山区葡萄种植及葡萄酒产业促进中心、北京市房山区酒庄葡萄酒协会等单位共同发起，旨在推动北京及周边酒庄葡萄酒的生产、流通、销售、推广、科技水平的不断提高以及与国际交往的不断扩大，为北京酒庄葡萄酒发展作贡献。2019年，因促进会法人证书未更换，暂未开展相关工作。

（宋泽）

（社会团体：宋泽 供稿）

党风党纪监督检查

【**概　况**】 根据2019年1月11日，北京市委办公厅、市政府办公厅印发《北京市园林绿化局职能配置、内设机构和人员编制规定》要求，北京市园林绿化局设立机关纪委。机关纪委编制人员4名，设处长1名，巡察办副主任1名，主要职责：负责机关及所属单位的纪检、党风廉政建设工作。12月，经市委编办同意加挂党组巡察工作办公室牌子，负责拟定本局党组巡察工作规划计划和规章制度并组织实施。

（苏岩）

【**持续整治形式主义官僚主义问题**】 年内，按照市委督查室关于《持续解决困扰基层的形式主义问题为决胜全面建成小康社会提供坚强作风保证相关任务分解》通知精神，制订印发《北京市园林绿化局关于持续解决形式主义官僚主义问题进一步改进工作作风的通知》，梳理防止对上级决策部署只传达不落实、文山会海反弹回潮、督查考核重复无用、调查研究实效不明显等13项突出问题清单，明确牵头部门和责任单位，对照任务清单持续深入防范和解决形式主义、官僚主义突出问题。为处级以上党员干部配发《习近平关于力戒形式主义官僚主义重要论述选编》学习资料，推动工作落实。

（苏岩）

【**经常性监督检查**】 年内，针对新冠肺炎疫情防控严峻形势，印发《关于对新冠肺炎疫情防控措施落实情况进行监督检查的通知》，编发《新冠肺炎疫情防控违规违纪典型案例汇编》，为打赢新冠肺炎疫情防控阻击战提供纪律保证。对13个直属单位疫情防控措施落实情况和消毒措施落实情况开展2次实地检查。针对元旦、春节、国庆等重要节假日，印发节假日期间坚决防止“四风”问题反弹的通知，及时进行监督提醒。联合驻局纪检组实地抽查各单位贯彻落实节日期间十三个严禁、垃圾分类、光盘行动等情况。针对天竺苗圃和温泉苗圃单位改革工作，制订印发《北京市园林绿化局机关纪委关于事业单位改革中严明纪律要求的通知》，明确“六个严守”“七个不准”纪律要求。组织各处室(单位)认真梳理编制《2020年权责清单》，通过全面理清权力事项、规范权力运行程序、明确责任主体，找准找实风险点，消除盲点，提高廉政风险防范精准度。对3个机关处室、7个直属单位贯彻落实党风廉政建设个性化责任书，持续开展整治形式主义、官僚主义，党规党纪学习教育及警示教育，监督执纪“四种形态”以及公车使用等情况进行动态检查。按月向驻局纪检组报送局(办)“三重一大”决策制度落实情况以及落实市领导指示批示精神情况。同时，认真做好廉政鉴定意见回复工作，办理廉政鉴定意见140余人次。

(苏岩)

【严格落实执纪问责各项规章制度】 年内，扎实开展信访举报问题线索处置工作，每季度向驻局纪检监察组上报信访情况，全年没有收到反映局(办)系统党员干部违纪问题信件。按照中纪委、市纪委和驻局纪检组工作部署，在全局各单位开展2019年4月至2020年4月纪律处分决定执行情况“拉网式”自查工作，把受纪律处分各项规定要求落到实处，处分材料及时归入本人档案，评优评先、晋职晋级、工资绩效等严格按规定执行。9月，市园林绿化局接受市纪委监委贯彻落实党纪政务处分执行情况案卷评查。认真贯彻落实《北京市实施〈党组讨论和决定党员处分事项工作程序规定(试行)〉细则》，不断规范市园林绿化局党组讨论和决定党员处分事项工作。年内，对8名(王民中、傅秋彤、赵信海、任云卯、焦建中、杨昌、朱虹、丰凡丁)违纪违法人员进行党纪政务处分。

(苏岩)

【“以案为鉴　以案促改”警示教育】 年内，不断创新形式开展警示教育。4月8日，组织市园林绿化局系统40名处级党员干部代表通过远程视频，在线旁听王民中违法犯罪案件庭审。5月15日至6月10日，在市园林绿化局系统开展“以案明纪，警钟长鸣，夯实反腐倡廉根基”警示大讨论专题教育，局领导分头指导参加7个单位大讨论活动。认真贯彻落实北京市市长陈吉宁关于“园林局要举一反三，落实从严治党主体责任，深化审批制度改革，切实织密制度的笼子”批示精神。制订《关于落实陈吉宁市长批示的工作措施及任务分工》，召开相关处室落实工作推进会，进行专题研究，推进行政审批工作监督落实。

(苏岩)

【建立健全巡察工作制度】 年内，坚持把握政治巡察职能定位，围绕“三个聚焦”，科学编制巡察监督清单，深化政治巡察，扎实推进2019年4家被巡察单位巡察整改工作，确保巡察整改落到实处。按照市委巡视工作领导小组工作部署和要求，结合市园林绿化局工作实际，市园林绿化局党组开展两轮巡察工作，成立2个巡察组对林业站、颐和园等12家单位进行巡察。巡察工作牢牢把握政治巡察职能定位，突出“三个聚焦”监督重点，坚持以发现问题为导向，深入扎实开展巡察。两轮巡察共发现五个方面343个问题，充分发挥巡察工作对全面从严治党工作的促进作用。

（苏岩）

【队伍建设】 年内，及时传达学习中央纪委和市纪委全会精神。两次组织机关纪委委员和处室工作人员，传达学习中纪委四次全会精神，对市直机关纪工委下发的相关精神理论知识测试题组织闭卷测试，进一步巩固学习成果。参加驻局纪检监察组组织的业务学习培训。以视频会议形式，组织市园林绿化局系统纪检干部培训。重点学习研究围绕“三个聚焦”，如何开展巡察，做好日常监督工作；如何防范和监督园林绿化工程招投标中的廉政风险问题。认真贯彻落实《中国共产党党和国家机关基层组织工作条例》，积极抓好处室自身理论学习。深入学习习近平新时代中国特色社会主义思想，学习《习近平谈治国理政》第三卷。组织收听收看全国抗击新冠肺炎疫情表彰大会实况，学习习近平总书记在全国抗击新冠肺炎疫情表彰大会上的重要讲话精神。开展党日活动，强化党员意识，锤炼党性。结合工作学习《中国共产党纪律处分条例》《中国共产党问责条例》《行政机关公务员处分条例》《事业单位工作人员处分暂行规定》《中华人民共和国公务员法》等相关业务理论，不断提高监督能力素质。

（苏岩）

（党风党纪监督检查：苏岩 供稿）

离退休干部服务

【概　况】 2020年，市园林绿化局离退休干部服务工作深入学习贯彻党的十九届二中、三中、四中、五中全会精神以及《习近平谈治国理政》第三卷和市委十二届十五次全会精神。强化政治引领、突出三项建设、落实两项待遇、搭建发挥正能量平台，圆满完成各项工作，取得打赢抗击新冠疫情战役全面胜利，实现让局党组放心、让老干部满意工作目标。

（吕红文）

【疫情防控】 年内，市园林绿化局按照中央、市委关于疫情防控工作决策部署，把疫情防控当作第一要务，听从指挥，闻令而动。及时成立疫情防控工作领导小组，制订疫情防控方案，严格落实“四方责任”，严把场所门区“入口关”，落实测温登记、绿码通行和场所消杀制度，严格做好阵地管理。及时购买消毒液、口罩、体温计、防护手套等物资，组合“爱心包”，为老同志阻击疫情提供充裕物资。积极参加“温暖武汉”爱心捐献活动，累计捐助善款89386元。

（吕红文）

【学习制度】 年内，依托离退休干部服务中心这个阵地，坚持每月集中学习、举办学习班、日常阅读、收看电视、集中听汇报、部分人员座谈、发放资料、播放光盘、送学上门等和办板报、宣传栏等形式组织离退休干部认真学习党的十九届二中、三中、四中、五中全会精神以及习近平新时代中国特色社会主义思想和《习近平谈治国理政》第三卷，学习市委十二届十五次全会精神和市老干部工作会议精神。

（吕红文）

【通报工作情况制度】 元旦至春节期间，市园林绿化局（办）党组书记、局长邓乃平向参加迎新春团拜会的局级离退休干部汇报 2019 年全局开展的主要工作和取得的主要成绩以及 2020 年全局将要开展的重点工作。

（吕红文）

【阅读文件制度】 年内，坚持每季度组织局级老干部集体阅读有关文件，为老干部阅览室订阅《人民日报》《参考消息》《中国老年报》《北京日报》《前线》《求是》《大讲堂》《北京支部生活》等 30 种报纸杂志。

（吕红文）

【慰问制度】 年内，春节前坚持在职局领导上门慰问局级离退休干部，坚持为离休干部送生日祝福，“七一”和国庆对全系统离休、局职等老党员、老干部进行走访慰问，对常年不能参加活动和生病住院老干部以及离休干部遗属、家庭困难者进行走访慰问。

（吕红文）

【文娱活动】 年内，为离退休老干部开展丰富多彩的文娱活动。疫情严重期，通过线上举办每周书法学习班，推送教学视频，点评作品，交流互动。疫情好转期，坚持每周举办一期手工班、书法班。组织“健康体检报告解读”、消防知识讲座、垃圾分类知识分享讲座各一次，结合纪念建党 99 周年，开展“筑梦有我、敢为先锋”摄影绘画作品展一次。

（吕红文）

【参观活动】 年内，分别组织离退休老干部参观抗美援朝出国作战 70 周年纪念展、温榆河公园朝阳示范区、城市绿心等。

（吕红文）

（离退休干部服务：吕红文 供稿）

市公园管理中心

北京市公园管理中心

【概　况】 北京市公园管理中心(简称市公园管理中心)为市园林绿化局归口管理的副局级事业单位，负责市属公园和其他所属机构的规划、建设、管理、保护、服务、科技工作，以及财务管理审计、劳动人事、安全保卫等工作。市公园管理中心机关设办公室、计划财务处、审计处、综合管理处、服务管理处、安全应急处、科技处(信息中心)、组织人事处、党建工作处和宣传处10个处室。下辖颐和园管理处、天坛公园管理处、北海公园管理处、中山公园管理处、香山公园管理处、景山公园管理处、北京市植物园管理处、北京动物园管理处、陶然亭公园管理处、紫竹院公园管理处、玉渊潭公园管理处、中国园林博物馆北京筹备办公室、北京市园林学校、北京市园林科学研究院、市公园管理中心党校、市公园管理中心后勤服务中心16家单位。截至2020年底，在编职工6557人，其中管理岗位1293人，专业技术岗位1879人，工勤技能岗位3385人。市公园管理中心所属11家公园全部列入北京首批历史名园，均为国家4A级旅游景区，其中包括2家世界文化遗产单位、9家全国重点文物保护单位、10家国家重点公园，拥有20.43万平方米、6627间古建筑、57367件(套)可移动文物、13973株古树名木。

2020年，市公园管理中心服务游客5439.79万人(次)，完成市级重要民生实事1项，办理市领导批示和市委市政府督办事项122件，办理人大代表建议和政协委员提案11件，完成市公园管理中心重点任务折子59项，全年总收入282859.97万元，其中自创收入41566.22万元。

(訾瑞雪)

【历史名园保护工程】 年内，市公园管理中心坚决贯彻北京中轴线申遗保护“三年行动计划”，完成天坛神乐署“中和韶乐”非遗展示升级改造、建坛600周年系列活动、西门环境整治及视频监控新增工程，中山路灯改造任务，景山西区景观提升、北海漪澜堂建筑群修缮和原状式展览展陈任务。大运河、西山永定河文化带建设稳步推进。完成颐和园文物古建消防和画中游建筑群修缮、动物园农事试验场旧址修缮工程。完成颐和园须弥灵境建筑群遗址保护与修复和画中游建筑群彩画保护、植物园科普馆升级改造任务。

（訾瑞雪）

【生态环境建设】 年内，市公园管理中心完成公园绿地改造面积45.32万平方米，新植树木11651株，移植树木10642株，完成大树修剪1.58万株次，花灌木修剪22.24万株次。花卉环境布置面积14.56万平方米，摆放立体花坛12组，设置花境花带101处，摆放盆景及花钵等特色容器1779组，年用花量153万盆(株)。使用各色花卉品种240余种，其中新优品种60余种。

（訾瑞雪）

【接诉即办】 年内，市公园管理中心出台《中共北京市公园管理中心委员会关于加强党建引领“接诉即办”工作的意见》。成立“接诉即办”专班，采取“逐个过”的方式，对11家市属公园贯彻落实《意见》情况进行检查调研。制订《北京市公园管理中心2020年“接诉即办”工作绩效考评细则》。受理群众诉求663216件。

（訾瑞雪）

【不文明游园行为治理】 年内，市公园管理中心按照《北京市旅游不文明行为记录管理暂行办法》，做好不文明行为信息采集、证据留存等工作。截止到2020年11月30日，各单位劝阻不文明行为20万余次，出动人员18万余次。推进不文明行为“黑名单”制度落实，将在市属公园倒卖门票、攀折花木、非投喂区违规投喂动物、非游泳区游泳、故意破坏围挡等不文明行为为17人纳入“旅游不文明行为记录”。

（訾瑞雪）

【科研课题研究】 年内，市公园管理中心承担国家级和省部级课题24项，完成77项在研课题检查，24项市公园管理中心课题验收及2021年32项课题立项。作为国家重点研发计划“科技冬奥”重点专项课题，园科院申报的“滑雪场道沿线抗寒、抗旱彩枝彩叶树成苗壮苗与景观营造管护技术研发与集成示范”正式立项。植物园申报的市科委课题“园艺体验技术产品研发与应用示范”成功立项。景山、陶然亭、香山等单位依托课题服务公园生态环境建设。北京动物园建立野生动物生物样品资源库、信息数据库，利用分子技术解决长臂猿、褐马鸡种群管理难题。天坛公园依托文化研究为“天坛神乐署中和韶乐”申请国家级非物质文化遗产提供理论依据。统筹推进重点古树保护、鸟类调查与保护、乡土地被植物应用等项目实施，通过“重点古树保护研究专题”研究初步建立中山公园重点古树监测方案，古树基因分析及树龄测定相关技术取得新进展，完成13株古树后代嫁接繁殖，完成137株古树5000余个后代个体繁殖，栽植保存106株重点古树克隆后代；通过“市属公园鸟类调查与保护研究专题”研究，展开市属公园鸟类调查，记录鸟类 17 目 45 科 144 种，包括优势种 2 种、CITES 附录Ⅰ鸟类 1 种、国家二级重点保护鸟类 15 种。

（訾瑞雪）

【科研平台建设】 年内，市公园管理中心完成 2000 余件“样式雷”图档信息采集和皇家园林资源库搭建，北京植物园建成国际海棠网并获批国家海棠种质资源库。园科院获批月季选育及推广应用全国林草科技创新团队、月季产业国家创新联盟、北京乡土观赏植物育种国家长期科研基地。北京植物园、园科院成功获批设立博士后科研工作站。1 项成果获华夏建设科学技术奖二等奖，4 项成果获中国风景园林学会科学技术奖；7 项标准颁布实施；17 个成果获国家专利；1 项成果获计算机软件著作权。

（訾瑞雪）

【技术推广服务】 年内，市公园管理中心推进技术推广与服务，园科院推广应用“抑花一号”治理杨柳树 25 万株，生产天敌 60 余万头。推广月季、一串红、苔草、花坛花卉种苗及盆花 500 余万株。首次完成北海唐槐 2 株无性后代的迁地回归；完成 691 株古树树龄鉴定，为多家单位提供技术服务。

（訾瑞雪）

【园林科普与教育】 年内，市公园管理中心强化园林科普“4+100”品牌建设，参加全国科技周、全国科普日活动；开展科普活动 187 项 587 次，包括线上活动 84 项 288 次，展览 70 次，服务社区、学校 50 个，利用官方微博、微信公众号等网络传播平台推出科普线上文章、科普视频 968 篇；线上线下科普受众累计 1004.08 万人。新研发“一园一品”科普课程 39 项，配套教具教材 70 套、科普视频 47 个、科普宣传品 94 种。探索疫情常态化下的科普线上新模式，玉渊潭公园承办中心线上科普游园会，展示中心五类百项科普成果，上线 4 项“云科普”“云游园”小程序；举办“园林大讲堂”4 期，邀请行业专家线上展开园林古树、园林文化、动植物相关科普讲座，部分项目被录入“学习强国”平台，全国关注度破 200 余万；线上暑期夏令营推出“云课堂”等系列活动。

（訾瑞雪）

北海公园举办“御苑荷风”花艺进社区主题活动
（市公园管理中心 提供）

【文化创意活动】 年内，市公园管理中心实现文创总产值 6477 万元，文创产品销售 4743 万元，市属公园游客人均消费 1.19 元。升级七大类 304 种文创产品，新增文创空间 443.5 平方米。

（訾瑞雪）

2020 年中国国际服务贸易交易会公园礼物展区颐和园展台(市公园管理中心 提供)

【红色文化传承保护】 年内，市公园管理中心完成陶然亭慈悲庵、高君宇烈士墓和中山来今雨轩茶社 3 项红色展示工程。香山革命纪念地接待重要政务活动 113 批次，服务接待游客 182 万人次，入选全国首批中华民族文化基因库(一期)红色基因库试点和革命文物保护利用十佳案例。

(訾瑞雪)

(市公园管理中心：訾瑞雪 供稿)

直属单位

北京市园林绿化综合执法大队

【概　况】 2020年7月31日，《印发关于同意整合组建北京市园林绿化综合执法大队的函》，同意整合北京市园林绿化局执法监察大队机构和职责以及北京市林业保护站、北京市林业种子苗木管理总站、北京松山国家级自然保护区管理处(北京市松山林场)的行政执法职责，组建北京市园林绿化综合执法大队(简称市园林绿化执法大队)，为市园林绿化局管理的正处级行政执法机构，以市园林绿化局名义执法，不再保留北京市园林绿化局执法监察大队。主要负责集中行使法律、法规、规章规定的应由省级园林绿化主管部门行使的行政处罚权以及与之相关的行政检查、行政强制权；负责相关领域重大疑难复杂案件和跨区域案件的查处工作；监督指导、统筹协调各区园林绿化执法工作；完成市委、市政府和市园林绿化局交办的其他任务。核定市园林绿化执法大队行政执法专项编制30名，其中大队长(正处级)1名，副大队长(副处级)2名。

2020年，市园林绿化执法大队严格执行市委、市政府和市园林绿化局(办)党组决策部署，强化“守土有责、守土担责、守土尽责”责任担当，健全执法体系，规范执法行为，提升执法效能，保护首都森林资源安全。截至2020年12月31日，市园林绿化执法大队办理市委、市政府和市园林绿化局(办)领导批示件53次，加强林业行业执法机构队伍建设6次，涉及毁坏林木林地线索督办批示17次，涉及野生动物保护督办批示30次。累计执法检查出动行政执法人员1796人次、出动车辆5613台次，现场检查点位702处。

(朱小娜)

【野生动物保护专项巡查检查】 1月27日至8月底，市园林绿化执法大队加大对非法猎捕、非法人工繁育、非法运输、非法交易、非法食用野生动物5类违法行为的打击力度，特别是在3~5月候鸟迁徙期，组织力量重点加强对候鸟繁殖地、迁飞停歇地、迁飞通道等集中分布区域开展野外巡查巡护，清网、清套、清夹和清除毒饵等专项行动，严厉打击非法猎捕、运输、售卖野生鸟类的违法行为。9月1日至11月25日，开展异地联合执法行动，对全市12个区、110余个重点猎捕点、23个室内公共场所动物观赏展示活动单位及20余个非法交易场所进行拉网式巡查检查，严厉打击乱捕滥猎滥食、非法交易和展演展示鸟类等野生动物行为。

（朱小娜）

【野生植物保护专项执法检查】 11月18日至12月31日，市园林绿化执法大队开展打击整治破坏野生植物资源联合检查执法专项行动，严守乱采滥挖、运输寄递、市场交易、终端消费四道防线，加大对乱采滥挖野生植物、破坏生态环境和非法采集违法行为打击力度。市、区两级对全市480余家各类农贸市场、花卉市场、绿植商铺、人工培植单位等场所检查1140余次，出动执法人员1.7万余人次，出动车辆4250余台次。

（朱小娜）

【森林资源专项执法行动】 年内，市园林绿化执法大队在林木林地保护方面，参与森林资源专项执法行动。重点处理房山区长阳镇马坊村毁坏林地林木信访案件、昌平区兴寿镇西新城村毁树信访案件、朝阳区酒仙桥树木截头问题，协助调查嘉里中心砍树、侵占绿地问题，昌平区乐多港占用林地、砍树问题调查等17起涉及毁坏林木林地举报线索。

（朱小娜）

【查处某石材公司违法采石毁坏林地案件】 年内，为落实中央环保督查组、市领导和市纪委市监委重要指示、批示精神和要求，在局专案组直接领导下，市园林绿化执法大队于9月13日完成立案程序，并与市森林公安局，昌平区公安、纪委、规自委和园林绿化等部门保持密切联动，强力加快推动对某石材有限责任公司采石毁坏林地案件查处力度，到11月30日，此案调查终结。12月1日，对某石材有限责任公司采石毁坏林地违法行为，市园林绿化局依照自由裁量权高限，按每平方米30元罚款标准，从严从重从快，依法作出罚款1267331.4元行政处罚决定。

（朱小娜）

10月2日，市园林绿化综合执法大队组织相关人员赴昌平区对玉盛祥石材公司毁坏林地情况进行现场勘验鉴定(王荣川 摄影)

【市委新冠肺炎疫情防控检查】 年内，市园林绿化执法大队持续参加市委指导组防控检查工作，总体工作分为三个阶段：第一阶段(6月15日至6月28日)重点对东城、石景山、大兴、门头沟4个区餐饮企业、农贸市场、商场超市、食堂等重点区域开展疫情防控专项执法检查行动；第二阶段(6月29日至7月20日)，重点对大兴区核酸检测点、集中观察点、工地防控情况开展疫情防控专项执法检查行动；第三阶段(7月21日至12月31日)重点针对疫情防控常态化情况，包括冷链物流、食品安全、复工复产、开学季防控、爱国卫生运动、“双节”防控等方面进行全面检查和指导，累计检查460个点位，出动检查人员1167人次，车辆371车次。

(朱小娜)

【获奖情况】 年内，向德忠、胡玥在北京政府法制研究会、北京市法学会行政法学研究会联合组织的“共抗疫情、法制同行”建言征集、论文评选活动中，《对北京市野生动物保护执法工作的思考》论文获一等奖；向德忠、胡玥在北京政府法制研究会、北京市法学会行政法学研究会联合组织的北京市疫情防控法治实践与探索活动中，《对北京市野保新时代执法工作的思考》获优秀研究成果一等奖。

(朱小娜)

【领导班子成员】

大队长　向德忠

党支部书记、二级调研员　牛树元

副大队长　王国义

副大队长　杜德全(2020年9月任职，试用期一年)

三级调研员　谷伟学(2020年9月任职)

四级调研员　王怀民　王　刚

滕玉军　薛杰喜

苏志军(2020年9月任职)

吴先靖(2020年9月任职)

(朱小娜)

(北京市园林绿化综合执法大队：朱小娜 供稿)

北京市林业工作总站

【概　况】 北京市林业工作总站(以下简称市林业站)系北京市园林绿化局所属公益一类事业单位。主要职能是保护辖区森林资源，促进林业发展，重点承担北京市平原生态林的养护和管理工作；负责北京市绿色通道、播草盖沙工程管护工作；承担林果技术推广，新技术与新品种的引进、试验、示范工作；负责北京市乡镇林业站建设管理、人员培训工作。现有在岗职工50人，专业技术人员27人，其中教授级高级工程师2人，高级工程师11人，工程师12人，助理工程师2人。核定内设科室9个，分别为办公室、工程科、经营利用科、资源管护科、科技科、推广科、乡镇林业站管理科、政策研究科、规划设计科。

(于青)

【平原生态林养护管理】 年内，北京市平原生态林养护100433.33公顷，其中养护平原造林73186.67公顷，完善政策林27246.66公顷。养护作业累计施工93400公顷，补植补造17.3万株，清理枯死树34.9万余株，修剪树木1294.4万株，修整围堰4820.6万余株，浇水9664.3万株、累计192933.33公顷，有害生物防治累计9120.2万株、169066.67公顷。清明节期间加强林地护林防火巡查，全市共开展防火巡查8786人次，消除安全隐患点408个，劝阻上坟烧纸1330人；加强永定河通水期间沿岸平原生态林养护管理，累计巡查702人次，设置警示牌277个。推进平原生态林分级分类养护管理，修订完善《北京市平原生态林分级分类养护经营管理办法》；制订印发《关于开展平原生态林林分结构调整工作的意见》。推进平原生态林养护网络化、数字化管理，全面开通北京市平原生态林养护管理系统网络平台，初步实现养护网络化管理。平原生态林建设实现农民就业46858人，本地农民就业32350人，占比69.04%，促进本地农民稳定就业和增收致富。

市林业工作总站组织养护乡土专家开展林木养护现场培训会(林业工作总站 提供)

（于青）

【新型集体林场试点建设】 年内，修改完善北京市新型集体林场年度检查考核评分标准，起草《北京市园林绿化局关于规范平原生态林林下经济发展的意见》，以房山大石窝新型集体林场为试点，开展平原生态林林下经济开发利用试点工作，探索林下种植、林下养殖新模式。

（于青）

【绿隔郊野公园管理】 年内，市林业站配合市园林绿化局生态保护修复处对市内50个郊野公园开展实地调研，修订完善相关制度及管理办法，印发《北京市绿隔公园分级分类管理办法(试行)》《北京市绿隔公园检查考核办法(试行)》《关于加强本市绿化隔离地区公园建设和管理的指导意见》，并对郊野公园养护管理及日常运营开展督导检查工作。

（于青）

【林业科技成果推广】 年内，开展中央财政林业科技推广项目和北京市科技重大项目4项。推进杨柳飞絮综合防治技术应用。按照《2020年北京市园林绿化局杨柳飞絮综合防治实施方案》要求，开展全市杨柳雌株详查及杨柳飞絮预测预报工作，编制《北京市杨柳雌株详查技术方案》并开展详查。建立预测预报机制，研究编制2020年杨柳飞絮预测预报实施方案，建立联合工作机制，举行6次会商会，研究确定预报信息。报送杨柳飞絮监测报告860份，巡查路线累计报送杨柳飞絮监测动态1875条。联合北京市气象服务中心，在首都园林绿化和气象北京官方网站、微博、微信和北京电视台《天气预报》栏目联合发布北京杨柳飞絮始期预报和高发期预报信息，准确预报杨柳飞絮始飞期及第二、第三次高发期，为全市杨柳飞絮精准防治和广大市民出行采取防护措施奠定基础。推广平原人工林多功能经营技术，以近自然经营理念为引领，以建设“复层-异龄-混交-多功能”平原森林生态系统为目标，开展中央财政推广项目“北京平原人工林多功能经营技术示范与推广”，初步完成《北京地区平原人工林多功能经营示范技术规程草案》。完成生态廊道示范区建设，初步建设完成“生态廊道生物多样性保护与提升关键技术研究与示范”项目33.33公顷示范区，栽植观赏草等地被植物，运用生态景观草配置模式营造景点生态景观效果，推进示范区生物多样性建设，栽植乔木、灌木、水生植物，新建木栈道2000余米，组织落实悬挂鸟类巢箱100个。

（于青）

【乡镇林业站建设管理】 年内，完成2018年度9个标准化林业站建设市级验收，均被评为优秀；落实2019年度7个标准化林业站建设项目实施，完成项目建设自查验收工作；启动2020年度3个标准化林业站建设项目。提升基层林业站管理能力，针对新冠疫情，加大线上培训检查督导力度，依托“全国乡镇林业工作站岗位培训在线学习平台”，确保覆盖率100%、参学率90%以上；依托“林业工作站建设管理能力提升项目”，对“北京市林业工作站管理信息系统”进行升级。加强信息报送，向国家林业和草原局林业工作站管理总站报送工作信息200篇。

（于青）

市林业工作总站开展乡镇林业站基础建设研讨座谈会（市林业工作总站 提供）

【人才技术培训】 年内，市林业站组织“林保大讲堂”直播、平原生态林林分结构调整专题培训以及绿隔公园管理经验交流现场培训等活动，培训全市林业各类从业人员2万人次。完成乡镇林业站站长能力测试培训，106人参加。疫情期间，针对杨柳飞絮的综合治理，通过微信、邮件、电话等方式，对各区从业人员进行线上培训，为治理工作作好技术支撑。

（于青）

【党建工作】 年内，市林业站召开支委会15次，党员大会1次，党小组会27次；支部书记讲党课1次；制订《2020年林业站党支部学习方案》和《2020年林业站领导班子理论学习中心组学习方案》；组织理论中心组集中学习5次，自学4次；利用线上线下相结合的方式组织党小组学习27次，讨论15次；购买《习近平关于生态文明的重要论述》《民法典》等理论书籍150余本；

开展“首都园林绿化工作‘走心’”大讨论主题党日活动。规范组织建设，着力加强干部队伍素质提升。严格党员发展程序，年内预备党员转正1名；完成党员信息采集和党费收缴工作；坚持党管干部原则，严格落实《领导干部选拔任用条例》，年内调整干部12人次；抓好干部学习教育工作，组织干部职工参加各类学习培训。强化廉政作风建设，营造良好政治生态。开展防止“四风”反弹宣传与监督检查工作，加强对重点人群、重点环节的排查和防范工作，从管理源头纠正“四风”问题；加强廉政勤政的警示教育，以领导干部、关键岗位人员为重点，开展专题教育活动；召开党风廉政建设形势分析会，对站务管理和审计巡察过程中存在问题进行剖析，全站干部职工结合自身工作开展自查，积极整改。抓好意识形态工作，加强精神文明建设。市林业站党支部将文明单位创建工作纳入重点工作，成立意识形态工作领导小组，定期开展学习交流研讨，不断增强党支部的战斗堡垒作用。组织职工积极参与垃圾分类、爱国卫生运动，倡导践行公勺、公筷使用和光盘行动等健康文明生活方式。发挥工会职能，增强集体凝聚力，关心关爱职工，在重大节日对全站职工进行慰问；组织开展摄影比赛、棋牌比赛、知识竞赛、健步走、生日祝福、购买公园年票与电影票等各项活动丰富职工业余生活。

（于青）

【获得荣誉】 年内，市林业站评为“2018—2020年度首都精神文明建设单位”。

（于青）

【领导班子成员】

站长　杜建军

党支部书记、二级调研员　张继伟

二级调研员　王连军

副站长、三级调研员　秦永胜

三级调研员　李荣桓　张小龙　徐记山

（于青）

（北京市林业工作总站：于青 供稿）

北京市林业保护站

【概　况】 北京市林业保护站（以下简称市林保站）系北京市园林绿化局所属参公事业单位，现有在岗职工22名，其中专业技术人员23名，高级工程师13名，工程师8名，助理工程师3名；一级调研员1人，二级调研员2人，三级调研员2人，副站长1人，一级主任科员11人，二级主任科员3人，高级工2人。全站设办公室、测报科、检疫科、防治科、科技管理科和后勤服务科。

2020年，北京市林业有害生物发生面积31346.67公顷，防治作业面积261533.33公顷次，其中飞机防控作业面积约98600公顷次。种苗产地检疫率、成灾率、测报准确率、无公害防治率分别为100%、0‰、94.68%、99.39%，测报准确率、无公害防治率分别比国家下达指标任务提高3.68%、9.39%，成灾率比国家下达指标任务降低1‰；美国白蛾防治作业面积216697公顷次，发生面积1186.67公顷，未发生严重的美国白蛾灾害；全市共计完成松材线虫病监测任务106801.6公顷，未发现松材线虫病疫情，全面完成国家林草局下达给北京市的“四率”指标和各项防控任务。

（周在豹）

【服务新一轮百万亩造林绿化工程】 年内，市林保站联合市园林绿化局和市林业种子苗木管理总站组成联合执法检查组对北京市造林工程用苗质量和苗圃生产经营情况进行检查，排查有无新版《植物检疫证书》、是否伪造新版《植物检疫证书》、货证是否相符等情况，同时加强对栽植前和栽植后苗木质量和有害生物的检查；要求各区严格执行《森林植物检疫要求书》制度，全面贯彻疫区管理办法，严禁未经检疫的苗木和其他繁殖材料进入绿化造林地，确保绿化造林质量；同时全力开展本地苗木全过程监管追溯工作，通过绑定电子标签，推进本地应施检疫林业植物全过程追溯，进一步规范新一轮百万亩造林工程管理。全年累计发放苗木电子标签200万枚，在本地苗木绑定标签数量约74万个。

（周在豹）

【松材线虫病防控】 年内，市林保站采用地面定点监测、巡查踏查和空中遥感监测相结合方式，在全市范围内科学开展松材线虫病春秋季普查工作，春季普查107400公顷松林、秋季普查107473.33公顷松林，对疑似松材线虫病疫木的样品在海淀、延庆和怀柔3个市级松材线虫病分子检测中心进行初检，累计送检样品1429份，未检出松材线虫。联合市重大项目办及冬奥组委总体策划部、规划建设部等单位对冬奥会部分场馆建设施工现场防控责任落实情况和松材线虫病检疫检查，累计复检46.5万株，复检木制电缆盘和包装箱等322件。发布《关于进一步加强重点区域松材线虫病防控工作的通知》，拍摄制作松材线虫病动画片。

（周在豹）

【林业植物检疫】 年内，市林保站签发《产地检疫合格证》2876份，签发《植物检疫证书(出省)》322份，签发《森林植物检疫要求书》49816份。同时，根据《国家林业和草原局关于印发〈引进林草种子、苗木检疫审批与监管办法〉的通知》要求，做好从国外引进林木种子、苗木审批和监管工作。截至2020年12月，共计签发《引进林木种子、苗木和其他繁殖材料检疫审批单》2451张。

（周在豹）

【林业有害生物预测预报】 年内，市林保站在完善国家级、市级、区级三级测报监测预报网络体系基础上，使用测报APP、自动测控物联网、远程监控、无人机监测等立体监测系统对林业有害生物进行监测，开发社会虫情上报平台，完善和优化测报APP，上报数据34775条。落实监测设施用品采购与分发，实施市级监测测报点监测调查委托业务，完成各项监测数据采集、审核和上报，推进监测预报各项工作。全年以园林通手机短信、微信群发等方式向各区林保部门及相关有林单位发送监测预警信息118条，信息覆盖京津冀园林绿化行业5.9万余人次。

（周在豹）

【杨柳飞絮监测】 年内，市林保站借助自身监测平台优势，在全市布设6个杨柳飞絮始期监测点、23个杨柳飞絮发生期监测点、81条杨柳飞絮监测巡查路线，依托9家业务委托单位，对全市16个区进行杨柳飞絮监测，自2020年3月31日起全面启动飞絮监测工作，连续监测巡查59天，投入监测巡查人员72人、车辆37辆，上报监测点数据报告860份、巡查动态信息1875条；为全市各区飞絮防控工作提供依据，为飞絮防控工作取得实效夯实基础。

（周在豹）

7月7日，北京市林业保护站在通州区开展飞机防治林业有害生物作业（刘平 摄影）

【飞机防治林业有害生物】 年内，北京市飞机防治作业从4月12日启动，在10个区完成飞防作业986架次，作业面积98600公顷。

（周在豹）

【林业有害生物绿色防控】 年内，市林保站制订《北京市绿色防控林业有害生物试点实施方案》，通过释放天敌、悬挂粘虫色板等生物和物理措施进行绿色防控试点工作，在全市7个公园、北京城市副中心行政办公区内以及延庆蔡家河平原造林地、怀柔区雁栖湖APEC会址周边等处开展林业有害生物绿色防控工作。全年累计释放周氏啮小蜂6.665亿头、赤眼蜂4.72亿头、异色瓢虫185.4万粒、管氏肿腿蜂179.8万头、白蜡窄吉丁肿腿蜂128万头、花绒寄甲10.2万头，悬挂诱捕器8476套、粘虫色板13610张等。其中在支持北京城市副中心和城市绿心公园绿色防控工作中，释放周氏啮小蜂等多种天敌2000多万头，提供诱捕器500余套。

（周在豹）

【京津冀林业有害生物协同防控】 年内，市林保站协调召开京津冀联席会商会，对冬奥会赛场及周边松材线虫病等重大林业有害生物防控检疫工作进行联合调研会商；完成《2020年京冀林业有害生物防控区域合作项目》实施任务；将雄安新区划入京津冀林业有害生物协同防控联动京南片区，并将雄安新区纳入《京冀林业有害生物跨区域合作项目》实施范围，向雄安新区规划建设局移交价值55.6万元林业生物防控物资。举办京津冀松材线虫病无人机普查、黄栌病虫害防治等技术培训和美国白蛾应急防控演练。

（周在豹）

【北京林业有害生物防控协会】 年内，市林保站制订并发布《关于印发〈北京林业有害生物防控协会团体标准管理办法（试行）〉的通知》和《北京林业有害生物防控协会团体标准知识产权管理规定（试行）》等近10项文件材料，初步完成协会团体标准工作制度设计，指导收集企业报送团标，共14家单位报送团标40项；开展专家巡诊、会诊、出诊“三诊一报告”活动9次，25名专家150人次参与其中。推进协会志愿者平台建设，截至2020年底，北京林业有害生物防控协会注册志愿者共计146人；同时开展林业有害生物防治员职业资格培训、鉴定考核工作，319人获得职业资格认证证书。

（周在豹）

1月13日，北京林业有害生物防控协会在海淀区园林绿化职业技能培训学校开展林业有害生物防治员职业资格培训（赵宏坤 摄影）

【农药减量】 年内，市林保站通过实施“农药施用量精准控制在北京的示范与推广”项目，在大兴区榆垡镇、房山区周口店镇、通州区西集镇完成3个自动精准混药固定监测站建设，通过对作业车辆轨迹和施药量采集模块，形成有效数据；开展农药使用种类调查，对平原造林地树干涂白进行调研，加大科技成果推广应用，推进农药减量工作。

（周在豹）

【宣传培训】 年内，市林保站举办林用药剂药械管理及应用技术培训班、国家级中心测报点和林业有害生物测报技术培训班、北京市林业有害生物测报与检疫技术培训班等线下培训班；举办“林保大讲堂”线上直播培训，北京、河北、内蒙古等29个省（区、市）、近2万人观看直播培训，200余人次参与专家互动问答。对市区林保机构和防治公司技术人员在药剂药械使用、监测和检疫技术等方面进行培训；利用抖音官方账号进行林业有害生物防控知识视频宣传，发布林业有害生物防控动态、科普培训等小视频31个，360人关注，累计点击量3万余次；在北京电视台、《北京日报》《北京晚报》《劳动午报》、中国新闻网、新浪、搜狐等多家电视、报纸、自媒体约十几家媒体，宣传北京市飞机防治工作、绿色防控工作；编制印发园林、平原和山区有害生物防治口袋书4400余册。

（周在豹）

【林业有害生物绿色防控技术及成果现场交流会】 年内，市林保站和通州区林业保护站联合召开“林业有害生物绿色防控技术及成果现场交流会”，在通州区大运河森林公园、城市绿心公园、通济路等绿色防控试点区进行现场技术交流介绍。会上，通州区介绍全区绿色防控工作开展情况，并展示绿色防控技术及应用效果。参会各区表示要结合本区林地、绿地实际情况，加强绿色防控技术推广应用和实用技术指导，充分发挥其在减少农药用量和生物多样性保护方面的积极作用。

（周在豹）

【领导班子成员】

站长、一级调研员　朱绍文

党支部书记　关玲（2020 年 3 月免职）

副　站　长　潘彦平

二级调研员　闫国增

陈凤旺（2020 年 1 月任职）

三级调研员　王　合　肖海军

（周在豹）

（北京市林业保护站：周在豹 供稿）

北京市林业种子苗木管理总站

【概　况】　北京市林业种子苗木管理总站（以下简称市种苗站）1989 年成立，是具有独立法人资格的全额拨款事业单位。主要负责全市林木种苗普法宣传；负责全市林木种苗行业管理；负责全市林木种苗工程管理等。内设机构为一室四科，即办公室、综合科、种苗科、质量检验科（质检站）、推广科。2020 年 4 月，中共北京市委组织部印发《关于北京市林业保护站、北京市林业种子苗木管理总站继续列入参照公务员法管理范围的批复》。2020 年 7 月，《中共北京市委机构编制委员会办公室关于同意整合组建北京市园林绿化综合执法大队的函》整合行政执法职责，种苗站编制从 21 名减至 18 名。2020 年底，市种苗站编制 18 人，在编 17 人，全部达到大专以上学历。其中硕士 7 人，博士 1 人；有专业技术人员 9 人，其中工程技术人员 8 人；工程技术人员中教授级高级工程师 1 人，高级工程师 2 人，工程师 5 人；会计师 1 人。

2020 年，市种苗站坚持新发展理念、推动高质量发展，以党建为引领，着力提升首都林草种苗产业发展水平、着力服务优化行业营商环境、着力助推产业创新发展、着力加强造林苗木质量监管、着力夯实种苗行业法治基础、着力维护生物多样性，有序做好防控疫情与复工复产工作，不断推进种苗生产和管理现代化，全力保障新一轮百万亩造林绿化工程，确保“十三五”任务圆满收官，为首都生态文明建设奠定基础。

（王畅）

【种苗生产供应】　年内，市种苗站开展 24 次现场调研，指导苗圃企业制订疫情防控预案和复工复产计划，4 月底实现全市主要苗圃复工率 100%。建立在圃苗木大数据平台，对北京市 712 家主要苗圃的在圃苗木进行统计，制作可销售苗木信息电子手册，发布 59 个造林绿化工程苗木需求，平台自动匹配采购信息，主动推送、精准对接。开展线上苗木展示交流企业秀 18 场。发证苗圃 1367 个，发证面积 17733.33 公顷，育苗面积 16066.67 公顷，全年产苗 8542 万株。

（王畅）

【规模化苗圃精细化管理】 年内，市种苗站印发《北京市园林绿化局关于做好2020年北京市平原地区规模化苗圃建设管理工作的通知》，细化17项考核指标。全市验收合格133个规模化苗圃，总计0.77万公顷。全市规模化苗圃吸纳2113人绿岗就业，其中本地劳动力1633人，占比77.28%，涉及低收入户9人。开展规模化苗圃面积核查项目，核查苗圃地理位置、苗圃面积、占用基本农田情况等信息，绘制北京市规模化苗圃面积情况图件。

（王畅）

【植物种质资源创新化管理】 年内，市种苗站完成国家重点林木良种基地及种质资源库2020年作业设计评审、生产建设调研，国家重点林木良种基地“十四五”发展规划评审。完成对11家采种基地、11家良种基地、2家种质资源库现状及发展情况调查摸底、征集种质资源原地/异地保存库储备项目需求、核实国家种质资源平台中528条种质资源信息的保存现状。加强国家林木种质资源平台维护，完成平台描述、信息编目150份，提交照片900张，对已保存的无性系/品种的管理、管护和观测，提供信息服务5次。开展新的种质资源收集与保存，重点调查杨树种质资源以及欧李种质资源迁移和保存。

（王畅）

【修订《北京市主要林木目录》】 年内，市种苗站组织召开《北京市主要林木目录》修订专家评审会，对《北京市主要林木目录》进行再次修订，将太平花扩展至山梅花属，将刺柏属（含圆柏属）替换为白鹃梅属，将马鞭草科海州常山替换为虎耳草科溲疏属，形成公示稿和修订说明。

（王畅）

11月11日，在种苗站召开《北京市主要林木目录》修订专家评审会（市林业种子苗木管理总站提供）

【林木品种审定规范化管理】 年内，市种苗站组织2020年度国家级和省级品种审定申报工作。开展桃、菊花、观赏海棠和豆梨共11个品种审定工作。2006~2020年共产生良种402个，其中通过审定399个，认定3个。

（王畅）

【造林工程苗木质量检查】 年内，市种苗站参加春季、秋季造林苗木质量抽查工作，检查新一轮百万亩造林地72个地块305批次，确保新一轮百万亩平原造林工程苗木质量符合《北京市园林绿化局关于加强新一轮百万亩造林绿化工程苗木质量管理的通知》及《北京市新一轮百万亩造林绿化工程建设技术导则》要求，苗木“两证一签”拥有率100%。

（王畅）

【修订《北京市林业种子标签管理办法》】 年内，市种苗站完成《北京市林业种子标签管理办法》修订工作，编写标签使用说明，调整标签内容及格式。2020年12月28日，《北京市林草种子标签管理办法》和标签参考样式，经第83次局长专题会审议通过，于2021年3月1日实施。《办法》除文字表述与新《种子法》一致，包括重新定义林草种子概念、明确新版“北京市林草种子标签”功能和法律效力、减少标签填写内容、增加二维码形式的栽植使用说明和特殊栽植说明、确定标签的固定方法、新增林草种子生产经营者对标注内容的真实性和种子质量负责的约束内容等。向全市在册企业免费发放林草种子标签10万张，在检查中对标签不规范企业提出整改要求。

（王畅）

【拓展电子标签功能】 年内，市种苗站通过进一步研究开发，实现电子标签在入圃管理、在圃管理、出圃管理、造林地养护档案、造林地苗木质量复检等日常管理记录信息化，入圃时可以直接导入苗木数据，在圃管理时随时保留记录，监理可以检查苗木信息并留存检查记录。全年下发电子标签150万个，使用近80万个。

（王畅）

【推广电子标签】 年内，市种苗站与市林保站联合推广电子标签，联合编写《北京市本地苗木电子标签使用指南》，推广电子标签应用，要求在新一轮百万亩造林绿化工程中，每株大规格苗木使用一个电子标签；加强人员培训，市区林保站、种苗站共组织9次培训，包括管理人员和苗圃技术人员400余人次；加大宣传，发放《关于新一轮百万亩造林绿化工程落实本地苗木使用电子标签的告知书》，介绍电子标签申领、绑定和使用的方法，在苗圃微信群或“双随机”检查中告知2000余人次。

（王畅）

【加大“双随机”“双打”抽查力度】 年内，市种苗站、市园林绿化局印发《北京市园林绿化局关于开展2020年打击制售假劣种苗和保护植物新品种权工作的通知》。将全市约1400个林木种子生产经营单位全部纳入“双随机”检查范围，联合各区种苗管理机构开展“双随机”检查12次，抽查828个企业，每月抽查结果通过首都园林绿化政务网进行公开。

（王畅）

【林木种苗行政审批】 年内，市级新办林木种子生产经营许可证14件(网上办理5件)，变更林木种子生产经营许可证5件(网上办理4件)，完成从事种子进出口业务的林木种子生产经营许可证初审5件(网上办理2件)，办理草种进口审批145件，指导各区发林木种子生产经营许可证161个。全市在册林木种子生产经营许可证1515个，发证面积17733.33公顷，实现北京市苗圃全覆盖。按照“双公示”原则，将市级办证企业《行政许可决定书》通过首都园林绿化政务网进行全文公示，接受社会监督。

（王畅）

【优化营商环境推行告知承诺审批】 年内，市种苗站制订《北京市林草种子生产经营许可告知承诺制实施意见》，通过告知承诺书向申请人充分说明事项设立的依据、办理条件及事中事后监管方式，并修改申请表，便于全面了解申请人信息。该文件同时明确市级、区级审批权限。文件下发后，及时组织各区通过线上培训等方式解读告知承诺制度，指导全市落实，各区同步执行。

（王畅）

【完成“北京浅山区造林绿化树种筛选及应用示范”】 年内，市种苗站提交《北京浅山区造林绿化树种配置模式》研究报告1篇、申报发明专利1项、发表学术论文3篇；带动当地农民实现绿岗就业24人，实现年就业增收2.75万元/人。筛选出省沽油、短梗五加等树种在造林绿化中推广使用，提出的适宜浅山区造林绿化植物配置模式，为浅山区平原造林绿化工程项目提供设计参考。

（王畅）

6月30日，市种苗站召开“北京浅山区造林绿化树种筛选及应用示范”课题验收会议（市林业种子苗木管理总站 提供）

【完成“紫叶稠李繁育及在北京园林绿化中的示范推广项目”】 年内，市种苗站建设紫叶稠李种苗繁殖示范基地1.33公顷、繁殖种苗10000株、培育大规格苗木500株，示范推广区2处、面积7.33公顷，编写完成并发放《紫叶稠李繁育及栽培技术》手册500本。

（王畅）

【珙桐引种繁育及试种试验项目】 年内，市种苗站根据“珙桐引种繁育及试种试验项目”工作方案，组织开展珙桐的播种繁育、大试验苗木栽植、物候观测及日常管护细化等试种工作。珙桐春季播种出芽率6.25%左右，引进苗木整体成活率70%。高质量实施北京城市副中心苗木调运及栽植工作。

（王畅）

【北京地区栎类优质苗木培育技术示范与推广项目】 年内，市种苗站根据项目方案，挑选落叶栎树共140棵优良单株，采集8万余粒种子，出苗18000株。在北京市内3个示范区种植1223株，并研究示范多年生栎类容器苗高效栽培技术。

（王畅）

【种苗行业标准化】 年内，市种苗站推动制定《原冠苗培育技术标准》，组织制订《大规格容器苗培育技术规程》，修订《林木育苗技术规程》，推动种苗产业规范性管理。

（王畅）

【树立标杆打造行业示范品牌】 年内，市种苗站推荐6家苗圃企业积极申报“北京园林绿化科普教育基地”；组织3家条件成熟的规模化苗圃做创建“生态文明教育基地”申报准备工作；推荐5家苗圃企业获评“中国林业产业5A级诚信(企业)单位”；推荐1家苗圃企业获评首批中国林草产业关爱健康品牌。开展多次科普宣传活动、“十一京郊苗圃旅游开放地”活动。

(王畅)

【苗木金融服务】 年内，市种苗站实地调研通过苗木抵押成功获批贷款的北京亿赫达园林绿化有限公司，总结推广成功经验，推动金融机构开发苗木抵押融资业务，切实帮助苗圃企业解决融资难、融资贵问题。

(王畅)

【林木种苗相关技能类培训】 年内，市种苗站分6次，面向企业管理人员、苗圃专业技术人员、低收入村村民等，围绕林木品种审定、林木种苗培育技术、栎类等优良乡土树种推广利用、种苗产业发展趋势、林木种苗工技能、林草种苗技术人员培训等方向，在疫情期间以“线上+线下”多种形式组织开展各类培训，近3300人次参加。组织“普法云课堂”两期，讲解新《森林法》、行政执法“三项制度”等内容，全市种苗管理人员约100人参加。协助有关单位向全市种苗管理机构执法人员讲解植物新品种保护、种苗数据统计等内容，约50名执法人员参加。市区林保站、种苗站共组织9次电子标签相关培训，管理人员和苗圃技术人员400余人次参加。

(王畅)

【领导班子成员】

书记、站长　姜英淑(女)(兼职)

二级调研员　贺　毅(2020年1月任职)

副站长　贺　毅(2020年1月免职)

沙海峰(2020年12月免职)

李　扬(2020年3月任职，2020年9月免职)

三级调研员　张运忠

四级调研员　孙洪玲(女)(2020年3月免职)

(王畅)

(北京市林业种子苗木管理总站：王畅 供稿)

北京市野生动物保护自然保护区管理站

【概　况】 北京市野生动物保护自然保护区管理站(以下简称市野保站)系北京市园林绿化局所属事业单位。下设办公室、业务科。现有职工6人，其中兼职1人，全职5人。

2020年，市野保站在市园林绿化局(首都绿化办)正确领导下，积极开展野生动物保护宣传，进一步优化营商环境，克服疫情影响，圆满完成各项任务。

(孙雷)

【行政许可和行政检查】 年内，市野保站办结行政许可事项369件，其中法定本级事项办结169件，受国家林业和草原局委托事项办结200件。同时对12家申请单位开展库存情况核实，对4家申请人工繁育单位开展专家论证。

（孙雷）

【陆生野生动物危害补偿】 年内，北京市共有6个区申报野生动物造成财产损失，发放补偿款378万元。

（孙雷）

【禁食野生动物处置及相关补偿】 年内，为贯彻落实《全国人民代表大会常务委员会关于全面禁止非法野生动物交易、革除滥食野生动物陋习、切实保障人民群众生命健康安全的决定》精神，市野保站配合相关部门完成相关陆生野生动物处置工作，涉及收容动物活体85只、处置动物产品5600千克、发放补偿款920508元。

（孙雷）

【推行告知承诺制审批制度】 年内，市野保站为推进复工复产，优化营商环境，将一批有人工繁育技术标准的野生动物物种，纳入第一批以告知承诺制审批对应事项中，于2020年5月22日开始实施。所涉及事项办理时间由15个工作日缩短到0.5个工作日，缩减办理时限97%。

（孙雷）

【野生动物人工繁育场所重点人员健康情况监测】 年内，自2月16日起，市野保站协同各区园林绿化局对在北京市各野生动物人工繁育单位工作的饲养员及相关密接人员进行健康情况动态监测，进一步完善野生动物疫源疫病防控工作，避免人与动物共患疫病交叉感染。

（孙雷）

【领导班子成员】

站　长　张志明(兼职)

副站长　张月英(女)

（孙雷）

（北京市野生动物保护自然保护区管理站：孙雷 供稿）

北京市水源保护林试验工作站（北京市园林绿化局防沙治沙办公室）

【概　况】 经北京市编委批准，1995年11月3日北京市水源保护林试验工作站成立，2002年6月加挂北京市林业局防沙治沙办公室牌子，2006年北京市园林局和北京市林业局合并后更名北京市园林绿化局防沙治沙办公室，2011年4月经北京市人力资源和社会保障局批准，北京市园林绿化局防沙治沙办公室(北京市水源保护林试验工作站)列入参照《中华人民共和国公务员法》管理范围。办公地点在北京市西城区裕民中路8号北京市园林绿化局院内。2020年所设科室为综合科、工程科、监测科、科技科、产业科、应急科。人员编制26人，现有工作人员26人，其中主任(站长)1人，副主任(副站长)1人，四级调研员2人；科级干部22人，其中博士3人、硕士7人。

(李子健)

【京津风沙源治理工程】 年内，完成京津风沙源治理二期工程林业建设总任务28467公顷，其中困难立地造林667公顷、封山育林26733公顷、人工种草1067公顷，涉及房山、门头沟、怀柔、密云、延庆、昌平6个区和市属京西林场。全市京津工程共组建43个施工队，1227人。工程于2020年4月20日开工建设，到年底完成全部建设任务。共计栽植各类苗木50.88万株，修建作业道198千米，铺设浇水管线114.7千米，修建标牌161块、围网57千米，完成封育抚育13733公顷。同时，制订《京津风沙源治理工程——人工种草项目管理办法(试行)》。

(李子健)

【退耕还林惠民政策】 年内，联合市财政局印发《关于落实〈北京市关于完善退耕还林后续政策的意见〉实施方案》《关于落实〈北京市关于完善退耕还林后续政策的意见〉的实施细则》，进一步明确落实退耕还林后续政策重点任务、各方职责、实施步骤及工作要求。加强政策宣传，组织编写《退耕还林后续政策50问》，设置热线电话，组织有关区通过微信群、公众号等方式提供有关政策解读。全面进行摸底调研和数据梳理，完成退耕还林地块区级核查，建立全市退耕还林数据库，对全市退耕还林合格兑现面积实行动态管理。

(李子健)

【总结与宣传】 2020年是“十三五”规划收官之年，也是京津风沙源治理工程实施20周年。联合各工程区组织做好工程建设总结和宣传工作。编写报送《北京市京津风沙源治理工程二十年建设总结》《北京市京津风沙源治理工程二十年建设成效案例》及《市京津工程二十年建设成效宣传方案》，同时编写上报《“十三五”防沙治沙工程总结及“十四五”思路》和《防沙治沙工程建设管理制度总结》等。在北京电视台和多家报刊媒体对北京市防沙治沙工作进行宣传。参加国家林草局退耕中心“退耕还林还草标识征集活动”，推荐的“水墨山水，诗意林园”获得二等奖；报送退耕还林后续政策落实等有关信息30余条，在中国退耕还林网发布动态信息11条。

(李子健)

【从严治党】 年内，注重健全完善学习制度，制订2020年度中心组学习计划，深入推进“两学一做”学习教育常态化、制度化，践行“不忘初心、牢记使命”主题教育活动成果，以集中学习、定期讨论等不同形式组织领导班子理论中心组学习。认真落实“三会一课”“三重一大”等相关制度，坚持党支部民主集中制原则，认真组织讲好党课及开好民主生活会和组织生活会。做到民主充分、集中有力、决策科学。召开党员大会10次，支部委员会25次。抓好党员经常性教育工作。学习《习近平谈治国理政》等系列书籍、习近平总书记参加重大活动讲话精神，以及学习党的十九届五中全会精神，学习传达“以案为鉴、以案促改”警示教育大会讲话精神等。积极参与和开展爱国卫生运动和生活垃圾分类工作。

（李子健）

【领导班子成员】

站长(主任)、书记　胡　俊

副站长(副主任)　续　源(女)

四级调研员　翁月明　张俊民

（北京市水源保护林试验工作站：李子健供稿）

北京市蚕业蜂业管理站

【概　况】　北京市蚕业蜂业管理站(以下简称市蚕蜂站)系市园林绿化局所属事业单位。下设办公室、技术开发服务部、生产管理科3个科室。现有在岗职工9人，其中高级工程师3人、中级职称5人。主要负责全市蜂业资源管理、蜂业生产标准化管理、安全蜂产品生产标准化示范区建设、蜂业产业基地建设、蜂产品质量监督、蜂业科研与技术推广、蜂业科普培训与宣传、蚕蜂品种审核管理等工作。

北京市蜜蜂饲养量28万群，蜂蜜产量897万千克，蜂王浆产量6.53万千克，蜂花粉产量9.91万千克，蜂蜡产量8.01万千克；全市蜂业专业合作组织71个，蜂业产业基地60个，养蜂户1.12万户，养蜂总产值2.1亿元，蜂产品加工产值超过12亿元。

5月20日，中国蜜蜂授粉博物馆开馆启动仪式在顺义区举行(梁崇波 摄影)

（范劼）

【“双随机”检查】　年内，市蚕蜂站继续开展“双随机”和行政执法检查工作。完善“双随机”检查对象库和执法人员库，开展“双随机”检查12次，完成蜂业质量安全监督检查180次，出动执法人员400人次，并针对中华老字号百花蜂蜜1批次产品检测出禁用兽药诺氟沙星事件，开展专项执法检查，要求相关单位认真整改，从源头抓起，严把质量关。

（范劼）

【行业管理】　年内，市蚕蜂站结合全市蜂业生产实际，制定《北京市蜂产业垃圾分类标准》，明确全市蜂产业行业垃圾分类标准、相关要求等，加大宣传、指导、监督和检查力度。同时，在北京市农业机械购置补贴范围中扩大蜂机具补贴种类。

（范劼）

【职业蜂农培养】 年内，市蚕蜂站采取“线上培训”和“线下指导”相结合方式开展职业蜂农培养工作，通过抖音、映客直播、密云360网、有播等多种平台同步直播。共组织各类培训班25期，现场培训蜂业管理人员、技术人员及蜂农1000人次，线上培训蜂农11万人次。

（范劼）

【蜂业科研推广】 年内，市蚕蜂站完成国家蜂产业技术体系北京综合试验站工作，连续13年在全国考核中名列前茅。开展规模化智能蜂场设施及生产模式研究与示范、蜜蜂多箱体饲养与高浓度成熟蜂蜜生产技术研究与示范、授粉蜜蜂、雄蜂自动化饲喂与标准化繁育技术研究与示范，建成规模化智能蜂场2个、高浓度成熟蜂蜜生产示范基地5个、授粉蜂标准化繁育技术示范基地1个，获得国家发明专利1项。

（范劼）

北京市第一辆养蜂专用车（梁崇波 摄影）

【领导班子成员】

党支部书记、站长

刘进祖（2020年4月免职）

方锡红（2020年4月任职）

副站长 汪平凯

（范劼）

（北京市蚕业蜂业管理站：范劼 供稿）

北京市林业基金管理站

【概 况】 北京市林业基金管理站（以下简称基金站）系北京市园林绿化局所属全额拨款事业单位。下设贷款科、稽查科、财务科和办公室。在职职工11人，退休5人。

2020年，基金站认真贯彻落实习近平总书记对北京重要讲话精神，落实全面从严治党主体责任，以党建工作为统筹抓好基金站疫情防控工作。积极推进森林保险工作，完成2019年度林业项目贷款财政补贴项目，完成局属5个单位会计核算服务及其他任务。

（崔晓舟）

【森林保险】 年内，基金站完善生态公益林保险实施方案，保险总面积77.27万公顷。16个参保单位分别与人保财险支公司签署北京市森林综合险（生态公益林专用）保险单，3月末保单签署工作全部按时完成；组织参保单位和有关保险支公司共78

人次开展森林保险政策和业务培训；对有关区园林绿化局、国有林场开展防灾防损项目需求调查工作；组织资产评估公司对2015~2017年防灾防损建设项目开展资产评估工作。

（崔晓舟）

【将全市平原生态公益林和城市绿化林纳入森林保险保障体系】 年内，基金站重点开展调查研究，研究破解推进平原公益林和城市绿化林纳入保险保障体系难点堵点，摸清资源底数，组织林业、保险专家座谈，对平原公益林和城市绿化林保险实施方案进行修改完善。与相关部门沟通协调，大力推进平原生态林和城市绿化林保险项目落地实施。

（崔晓舟）

【林业项目贷款财政补贴】 年内，基金站充分利用财政政策，结合市集体林权制度改革和首都生态建设，突出重点扶持方向，优先扶持保障首都生态建设规模化苗圃、经济林种植；重点支持信誉好、示范带动强的加工类项目；继续支持农户个人从事的小额林业贷款项目。完成近533.33公顷平原规模化苗圃建设项目，提高大规格苗木自给率，同时增加平原地区绿化总量和生态景观，促进农民就业增收。完成93.33公顷经济林种植（含林下经济）项目，包含樱桃、苹果等种植。完成133.33公顷苗木种植（包含白皮松、银杏等）。完成430万千克板栗收购、林下养殖水貂等多种经营项目。实现农户每户年均增加经济收入13000元，安排劳动就业1000余人。基金站组织人员对贷款项目材料进行严格审核把关，并按时申报中央财政补贴资金。2019年度市级财政补贴全部拨付到贷款项目单位。

（崔晓舟）

【会计核算服务】 年内，基金站安排专业技术人员负责原执法监察大队、食用林产品安全中心、林业干部学校、物资站、园林学会5个单位出纳、会计核算、财政预算和财政决算工作，配合各单位完成资产清查、产权登记及税务年审工作，完成财务核算和政府部门财务报告等工作，获得服务单位好评。

（崔晓舟）

【政治思想建设】 年内，基金站领导班子始终把政治建设摆在首位，坚持用习近平新时代中国特色社会主义思想武装头脑，开展理论中心组学习、在线学习，在读原著、学原文、悟原理上下功夫。组织全体党员每月集中学习，学习习近平总书记对北京工作重要讲话等内容。在全体党员中开展4次集中学习研讨，结合工作实际，落实习近平总书记对北京重要讲话精神。压紧压实全面从严治党主体责任，落实全面从严治党主体责任报告制度，每半年向市园林绿化局机关党委报告基金站党支部主体责任落实情况。完成党内信息管理系统党员E先锋——北京市基层党建综合管理平台系统党组织和党员信息基础信息更新和维护工作；完成3名党员组织关系转接工作。

（崔晓舟）

【严格制度执行】 年内，基金站严肃党内政治生活，认真落实“三会一课”制度，严格执行《关于新形势下党内政治生活的若干准则》，召开基金站民主生活会和组织生活会，班子成员讲党课2次，开展党员民主评议，认真开展批评与自我批评。领导班子坚决按照民主集中制原则议事决策，严格落实“三重一大”制度、重大事项请示报告制度，基金站重大决策、科级干部任免、项目安排和资金使用坚持由基金站党支部集体研究决策，大额资金报请市园林绿化局党组会审议。严格落实中央八项规定精神。基金站党支部严格落实《局(办)党组落实中央八项规定实施细则精神的实施办法》，严格控制三公经费，三公经费支出均有事前审批，事后审核。严格执行办公用房规定，处级、科级办公用房均不超标。严格执行公务用车规定，非应急不动车。

(崔晓舟)

【领导班子成员】

站　长　马彦杰(2020年4月免职)

党支部书记　马彦杰(兼)(2020年4月免职)

副站长　李　军(女)

(崔晓舟)

(北京市林业基金管理站：崔晓舟 供稿)

北京市野生动物救护中心

【概　况】 北京市野生动物救护中心(以下简称救护中心)系园林绿化局所属事业单位，内设一室四科，分别为办公室、饲养繁育科、救护体系建设与管理科、疫源疫病监测科、综合管理科。主要承担全市范围的陆生野生动物救护、珍稀物种繁育、疫源疫病监测、保护科学研究、科普宣传教育以及国内外技术交流等工作。截至2020年底，救护中心在职职工23人，其中高级职称4人，中级职称11人。

2020年，救护中心在疫情防控背景下，围绕陆生野生动物救护体系和疫源疫病监测体系建设工作思路，立足科学救护、科学监测、科学饲养、科学放归原则，积极开展各项工作，圆满完成年内各项重点工作任务。

(石迎亮)

【市领导调研】 6月10日，北京市人大常委会主任、党组书记李伟到救护中心调研，对救护中心全面工作给予肯定，并对今后工作提出要求。

(石迎亮)

6月10日，市人大常委会领导到北京市野生动物救护中心调研(燕阳 摄影)

【野生动物救护】 年内，救护中心接收市民救护以及公安等执法部门罚没野生动物254种2688只(条)，其中：国家一级保护野生动物(含《濒危野生动植物种国际贸易公约》附录Ⅰ物种)9种46只、国家二级保护野生动物(含《濒危野生动植物种国际贸易公约》附录Ⅱ物种)42种489只、列入《国家保护的有重要生态价值、科学价值、社会价值的野生动物名录》的野生动物和其他野生动物203种2153只。

(石迎亮)

【野生动物移交放归】 年内，救护中心移交野生动物至相关保护部门851只(条)。其中移交北京绿野晴川动物园有限公司18种160只、移交北京动物园20种158只、移交黑龙江省小兴安岭野生动物救护繁育研究中心23种161只、移交济南野生动物世界有限公司转移物共55种240只等。同时，开展科学放归宣传活动，在通州区大运河森林公园、顺义区北大沟林场、密云区滨河森林公园、密云区水库走马庄副坝等地放归野生动物7种82只。

(石迎亮)

【野生动物救护体系建设】 年内，救护中心在房山、密云、延庆等区开展救护站建设调研，充分了解各区救护工作现状、问题和需求，全面加强技术培训。规范野生动物救护流程，完成《野生动物处置办法》等文件起草工作。主持建设北京野生动物救护繁育平台项目，并正式上线运行。举办全市陆生野生动物疫源疫病监测技术培训班以及野生动物救护技术培训班，对《北京市野生动物保护管理条例》以及野生动物治疗技术等内容进行详细讲解。

(石迎亮)

【野生动物疫源疫病监测】 年内，救护中心注重全市16个区园林绿化局监测主管部门以及10个国家级、33个市级陆生野生动物疫源疫病监测站协调管理工作，维护野生动物资源监测平台每日监测数据审核、统计、分析相关工作，做到异常情况第一时间发现、第一时间上报。接收各监测站报送监测记录87504条，监测到野生鸟类386.61万只次。实施野生动物疫源疫病监测主动预警工作，收集检测北京地区野生动物疫源疫病样品，评估主要野生动物疫病发生风险和流行趋势，形成2020主动监测预警分析报告，完成主动预警采样2500份。持续推进京津冀野生动物疫源疫病监测协同发展，在河北地区完成采样202份。

(石迎亮)

【野生动物保护科普宣传】 年内，救护中心举办北京市第三十八届“爱鸟周”暨“野生动物保护月”活动、第八届“北京市中小学野生动物保护知识论坛”“野生动物保护知识大讲堂”公益讲座、2020年“北京秋季观鸟月”等活动，34000余人次参与。制作“爱鸟周”科普宣传片以及《野生动物保护知识手册》电子版图书，通过各相关自媒体平台发布。开发“我们身边的野生动物”主题折扇、湿地水鸟帆布包以及北京常见野生鸟类冰箱贴、钥匙链、徽章等文创产品，促进野生动物保护科普宣传工作。

(石迎亮)

11 月 14 日，北京市野生动物救护中心在野鸭湖组织志愿者观鸟活动(奥丹珠拉 摄影)

【特色动物调查】 年内，救护中心选取北京雨燕、鸳鸯为特色动物调查对象，通过调查物种数量、分布等信息，进一步充实北京地区野生动物基础资源数据。设立 20 余个调查点，招募社会各行业志愿者 200 余人，调查发现北京雨燕 3394 只，与 2019 年相比总体数量较为平稳，1 月调查发现鸳鸯 563 只，12 月调查发现 657 只，与 2019 年相比总体数量呈逐步上升趋势。

(石迎亮)

【新冠肺炎疫情常态化防控】 年内，救护中心制订《北京市野生动物救护中心(国家级陆生野生动物疫源疫病监测站)关于野生动物疫源疫病监测工作应急预案》《北京市野生动物救护中心应对新型冠状病毒疫情防控工作应急预案》以及《北京市野生动物救护中心关于新型冠状病毒防护措施》等文件。设立人员健康监测台账，做好人员健康监测、环境消毒消杀、食堂分时分餐等工作，组织两次全体职工核酸检测，共计 95 人次，结果均为“阴性”。

(石迎亮)

【工会建设】 年内，救护中心完成工会换届工作，选举产生救护中心第四届工会委员会，纪建伟任工会主席，进一步落实文化建设，打造职工之家。持续落实厂务公开制度，通过公示、说明讲解等方式确保职工知情权。组织职工“齐心抗疫”共渡难关，落实消费扶贫方案。组织女职工开展“凝聚巾帼力量，助力打赢疫情防控阻击战”“网上厨艺交流会”、职工徒步健走比赛等活动。

(石迎亮)

【领导班子成员】

党支部书记、主任 杜连海

副主任 胡 严 纪建伟

(石迎亮)

(北京市野生动物救护中心：石迎亮 供稿)

北京市园林绿化局直属森林防火队（北京市航空护林站）

【概　况】 北京市园林绿化局直属森林防火队(北京市航空护林站)(以下简称森林防火队)主要承担北京市森林灭火专业技能培训和航空护林协调、保障工作，参与森林火灾扑救；承担北京市及国家森林防火物资的储备管理和收发，以及森林防火通信系统维护、管理和相关培训工作。内设办公室、作训(航护)科、物资科和财务科。现编制正式管理人员 15 名，森林消防队员 60 名。灭火作战主要装备有高压灭火水泵、高压细水雾灭火机、风力灭火机等轻型灭火机具以及直升机吊桶、直升机索降器材、移动通讯指挥系统等。

2020 年，森林防火队在市园林绿化局(首都绿化办)党组正确领导下，经过全体干部职工共同努力，圆满完成各项任务。

(化君鹏)

【应急出警】 年内，森林防火队参加清明节期间全市航空护林巡护，“5・12”防灾减灾宣传，5 月 14 日在北京冬奥会延庆赛区进行的联训联动森林消防演练，9 月 24 日与北京首都绿色文化碑林管理处在百望山森林公园进行森林防火联动联训演练，提升森林消防队伍灭火作战协作能力。2020 年度防火期内出警 2 次，出动人员 90 人次，车辆 12 台次。完成 3 月 18 日延庆区永宁镇四司村和房山清龙湖晓幼营村森林火灾扑救任务。

(化君鹏)

【防火物资管控】 年内，森林防火队完成国家及北京市森林防火物资储备库收发、采购管理及安全生产工作。库存物资主要分为防护装备、灭火机具和电子通讯三大类，国家库结存物资 15807 台(件、套)；出库 4 批次，发往四川、黑龙江、吉林、北京，共计 14138 台(件、套)。北京库结存物资 25122 台(件、套)。森林防火队进出库物资 8 批次，其中进库 3 批次，1200 台(件、套)，出库 5 批次，766 台(件、套)，库存物资 5232 台(件、套)；协助国家林业和草原局、国家应急部完成 2020 年森林防火物资招标工作。为招标工作提供会议场地、测试场地、测试人员等保障服务；落实国家林业和草原局森林防火物资储备库划转应急管理部相关数据信息核对工作，主机进行升级维护，配合物资数据系统完善，提升物资储备库仓储管理规范化和快速收发能力。

(化君鹏)

【森林防火视频监控重大项目】 年内，市园林绿化局将森林公安局转隶后 2020 年森林防火项目实施主体变更为市直属森林防火队，继续开展森林防火视频监控项目后续建设。森林防火视频监控项目共498套，是市政府折子工程，时间紧、任务重、责任大。为做好项目后续建设和项目验收，森林防火队抽调精兵强将，组成项目建设小组，选派专人熟悉项目总体情况及各标段技术特点、施工难点，开展前期调研和倒排工期，全面了解项目进展和实施情况。每周召开一次项目监理例会，每月向市园林绿化局领导汇报工期进展情况，确保项目顺利推进。

（化君鹏）

【党员干部学习教育】 年内，森林防火队以贯彻落实党的十九大精神为主线，深入学习党章、党规和上级批示等有关文件精神，每月政治理论学习除规定学习内容外，坚持“三个一篇”活动，即每月从《前线》《求是》《支部生活》刊物上各选一篇优秀文章进行学习。以随机教育和经常性警示教育为载体，把党风廉政建设贯穿到班子建设、组织建设、干部队伍建设全过程。严格落实党风廉政建设各项工作，制订《队(站)2020年全面从严治党主体责任实施方案》和《队(站)2020年全面从严治党责任清单》，层层签订岗位廉政风险防范责任书。召开干部职工大会，宣传学习上级关于党风廉政建设和反腐败工作要求，强化领导干部和职工廉洁从政、反腐倡廉思想意识。

（化君鹏）

【精神文明建设】 年内，森林防火队定期开展交心、谈心活动，广泛听取群众意见，尊重干部职工重大事务知情权、参与权、选择权和监督权，营造干部职工有话方便说、有意见随时提的民主氛围。关心干部职工工作及生活，及时看望退休干部及生病职工，组织干部职工和退休干部身体健康检查，认真解决干部职工工作难题，着力改善工作条件，创造安全、整洁、优美工作环境。抓好干部职工业余文化生活，鼓励干部职工在职学习，在做好疫情防控前提下，坚持开放图书室、健身室，做到集合站队有歌声、节假日有活动、重大节日有宣传。

（化君鹏）

【领导班子成员】

队长(站长)、党支部书记　张克军
副队长(副站长)　向　群

（化君鹏）

（北京市园林绿化局直属森林防火队：化君鹏 供稿）

北京市绿化事务服务中心

【概　况】 北京市绿化事务服务中心(以下简称绿服中心)系首都绿化委员会办公室直属正处级“公益一类”事业单位，编制10人，现有干部8人，其中处级干部1人。主要职责是提供花卉相关服务，促进花卉发展；开展绿化科技推广、技术咨询和业务培训，为重点工程提供服务；受国家林业和草原局委派，组织实施首都重点绿化工程，为中央有关机关提供绿化工程服务。

2020年，实施首都重点绿化工程，为在京中央单位和部队提供绿化服务保障，完成首都重大义务植树活动相关保障工作。

（冀耀君）

【绿化美化工程】 年内，绿服中心克服疫情影响，努力围绕新型生态观，统筹管理山水林田湖草和土壤，努力提升工程区域内整体生态环境格局，完成首都重点绿化工程各项绿化施工任务。坚持以问题为导向，配合工程建设方领导到大东流苗圃等单位调研。在国家林业和草原局和市园林绿化局（首都绿化办）支持下，优化《首都重点绿化工程施工管理规范》，实现工程资金规范化管理。落实新发展理念，坚持园林景观与自然生态协同发展，持续挖掘园林文化传承，探索传统文化与现代表达方式相结合的绿化养护思路。以科技园林为抓手，以生态园林为突破口，继续丰富有害生物防治手段，提高苗木种植科技含量，增加新品种栽种范围，提升生态环境质量。

（冀耀君）

【北京医院南院区室外绿化改造工程】 年内，绿服中心完成北京医院南院区室外绿化景观改造工程。主要是结合立地条件做好设计，根据季节特点做好前期景观提升，协调院方拆除原有硬隔离，摆放黄杨球、龙柏等绿植，冬季景观效果得到明显改善。

（冀耀君）

【普法宣传】 年内，绿服中心配合市园林绿化局开展首都园林绿化普法宣传进园艺驿站活动，在全市7家园艺驿站开展普法答题、宣传片播放和展板展示等活动，向广大市民宣传新《森林法》，活动达到预期效果。

（冀耀君）

【首都重大义务植树活动服务保障】 年内，绿服中心承办2020年中央领导及在京中央单位义务植树绿化服务保障工作。协调各苗木供应单位及时提供植树活动所需苗木，同时，从项目立项到合同签订以及资金拨付，确保全流程规范操作。

（冀耀君）

【疫情防控】 年内，绿服中心结合施工任务开展疫情防控工作，春节期间制订工程人员、车辆和宿舍消杀应急防疫方案。联防联动，及时排查掌握全体工程人员行程，为工人采购2万余个一次性医用口罩。在疫情初期工人行程受阻情况下，共产党员干部冲锋在前，十余人完成前期春季绿化养护任务。按照工程建设方要求进场施工，建立人员健康日报、宿舍区日常消杀等防控制度，施工人员管理做到全封闭，切实将常态化疫情防控工作落到实处。

（冀耀君）

【领导班子成员】

主任、党支部书记　张　军

（冀耀君）

（北京市绿化事务服务中心：冀耀君 供稿）

首都绿色文化碑林管理处

【概　况】 首都绿色文化碑林管理处（以下简称碑林管理处），位于北京市海淀区黑山扈北口19号，面积244.6公顷，主峰海拔210米，森林覆盖率95%，建有特色景观——绿色文化碑林，镶嵌宣传绿化、生态、环保及爱国主题碑刻1000余通。是北京市园林绿化局直属正处级全额拨款事业单位。设办公室、园容绿化科、计财（审计）科、游客服务科、后勤保卫科、资产管理科、文化管理科、森林体验科8个科室。现编制51人，在职35人，其中处级领导编制一正三副，高级工程师3人、中级工程师3人、助理工程师5人、高级技术工3人。博士1人，硕士7人，本科、专科学历23人。现为国家3A级旅游景区、首都生态文明宣传教育基地、北京市科普基地、北京市中小学生社会大课堂基地、北京园林绿化科普基地、北京红色旅游（爱国主义教育）景区。

2020年，碑林管理处坚持党建引领，着力加强森林防火、防汛工作，稳步推进生态建设、文化建设、服务接待、基础建设及日常管理工作。全年接待游客116.49万人次，其中免票人数34.43万人次。门票收入366.08万元，同2019年相比增长39%。

（何慧敏）

【市领导赴碑林管理处检查调研】 4月22日，北京市副市长卢彦到碑林管理处检查疫情防控、森林防火等工作。市园林绿化局局长邓乃平陪同检查。

（何慧敏）

【绿色文化碑林建设】 5月11~27日，碑林管理处对绿色文化碑林进行养护，采取碑面除尘、打专业蜡油、字体描漆等方法养护碑刻作品12通；8月6日，完成西环路碑刻作品清洁除尘100通。6月16日，请中华辞赋杂志社编辑部副主任马建勋创作《百望山赋》一篇，书法家刘汝龙书写后刻碑，于9月26日安装于东门登山大路入口护坡墙。选取古代关于植树诗词名句，请中国书协理事等书法名家书写后刻碑，于10月安装于碑亭广场南碑墙，共刻碑20通。

（何慧敏）

5月16日，碑林管理处组织工人对黑山扈战斗纪念碑刻开展养护工作（高源 摄影）

【圣母山遗迹文化挖掘与保护】 5月17日至7月20日，碑林管理处实施圣母山遗迹文化挖掘与保护工作。通过查阅文献资料、咨询北京市天主教爱国会等方法进行挖掘。经考证，圣母山遗迹为一座石砌拱形建筑，长约11米，高约5米，于1923年由法国天主教中国教省兴建，与园内圣母院、主教堂圣约瑟楼(第八医学中心院内)为同期天主教建筑，是退休神父和年轻修士们朝圣、弥撒、祈祷之地，原供奉有圣母像。圣母山后有一块倒下的墓碑，碑文用法文、中文(繁体)镌刻，大部分文字尚存。墓碑主人为荷兰籍神父 Pierre Willems，于1931年起在黑山扈传教16载，1947年8月26日安逝于本会院，享年71岁，同年11月1日立碑于圣母山后。2020年6~7月碑林管理处对遗迹进行保护，完成圣母山前小路改造、面积45.6平方米，在圣母山四周安装木制护栏、长44米，制作圣母山遗迹指示牌、中英文介绍牌、墓碑说明牌，将墓碑从圣母山山后移至圣母山山前加装玻璃罩保护，请文物修复专家制作墓碑拓片保存。

(何慧敏)

【百望山彩叶摄影作品展】 5月16日至6月16日，碑林管理处在东门碑亭广场举办“初夏百望品秋意　应吟红叶送秋凉——赵大督摄影作品展”，展出中国摄影家协会理事赵大督拍摄的百望山彩叶风光图片65幅。

(何慧敏)

【房屋空间利用调整】 5月28日至8月10日，碑林管理处对百望草堂二号院客房进行改造，将一楼北侧8间客房改造为园林绿化文史资料存储区、二楼北侧客房改造为办公区，改造面积298.76平方米；12月，将原办公区调整为园林绿化文史资料收集编研区，设资料编研办公室、资料阅览室、资料整理室，调整面积231.5平方米。

(何慧敏)

【成立碑林工会委员会】 7月6日，碑林管理处经市园林绿化局工会批准，召开全体干部职工大会，审议并通过成立碑林工会委员会，按程序选举产生第一届工会委员会委员5人。同日，工会委员会召开首次会议，选举任玉龙担任工会主席。

(何慧敏)

7月6日，碑林管理处在百望山草堂三号院会议室召开全体干部职工大会，审议并通过成立碑林工会委员会(任玉龙 摄影)

【百望山雪景摄影作品展】 7月25日至8月16日，碑林管理处在东门碑亭广场举办“闻道碑林观雪影　百望盛夏享清凉——赵大督摄影作品展”，展出中国摄影家协会理事赵大督拍摄的百望山雪景风光图片67幅。

(何慧敏)

【西山永定河文化带图片展】 9月19日至11月15日，碑林管理处利用园林绿化文史资料，在北区竹园举办“京西山水传古韵千年文脉谱华章——西山永定河文化带图片展”，展出作品75幅，由北京摄影爱好者协会会员拍摄，以图片形式展示西山永定河文化带生态、历史和人文之美。接待参观者1.4万人次，好评留言90条。

（何慧敏）

【北京林木保护资料展】 11月7至12月6日，碑林管理处利用园林绿化文史资料，在东门艺园举办“守护绿水青山 造福兆姓家园——北京园林绿化文史资料展之林木保护篇”，展出图片66幅、实物近百件，向公众普及林木保护知识。接待参观者近万人次，好评留言42条。

（何慧敏）

【森林防火】 年内，碑林管理处修订《森林防火应急响应预案》、编印《防火指导手册》100册、制定《森林防火隔离带技术实施指导手册》；清明节前后，加强园区散坟值守，护林员分两班从5点30分至19点30分不间断盯守，清明祭扫期间没有发生上坟烧纸情况；4月2日15点48分，山顶望京楼西侧突发火情，市森林公安局、海淀区政府有关领导到场指挥督导，经组织扑救，未发生人员伤亡和树木损失情况。据市森林公安机关调查，事故原因系游人吸烟引起。4月4日，北京市副秘书长陈蓓到园区检查森林防火及大客流管控工作。管理处迅速贯彻落实市领导及上级部门指示要求，将原40名防火人员增至50人，一线下沉干部30人；4~5月，租用两辆洒水车对防火公路及两旁草木进行湿化作业，每辆车每天洒水4车次；在高火险期租用无人机进行空中防控；增设3处瞭望点；在两个门区设置火种自弃箱，新增手持安检仪4个；在门区设立安全检查岗，检查出游客携带打火机等火种2000余个；挂防火宣传横幅125条，护林员佩戴森林防火语音播放器、入园处放置音箱循环播放防火提示；配置高压细水雾灭火机等防火扑救设备84套；沿园区10个消防取水点铺设500米消防专用水管；组织员工与市直属扑火队在园区开展森林防火演练和设备设施使用培训；清理林内可燃物120立方米、清理防火隔离带面积50.04公顷次；协调周边接壤单位开展联防联控，在森林高火险期关闭各自上山道口，在重点区域安排保安人员与村护林员共同协调管控，规劝游人从正规入口入园；封闭高森林火险区3处，架设隔离栏并安装提示牌，封闭林地面积53.33公顷；招募7名“文明监督员”志愿者，监督制止游客吸烟等不文明行为近百次。

（何慧敏）

6月25日，百望山森林公园北门入口处放置火种自弃箱，安保人员手持安检仪，加强门区火源管护（高源 摄影）

【园林绿化文史资料收集整理】 年内，碑林管理处加强文史资料收集整理，收集12家单位和20位个人捐赠文史资料14321

件，其中图书文献类2077件、文书类307件、实物类208件、照片类10623件、声像类249件、电子类728件，图纸类129件；提供工作查阅服务2467件次；数字化处理园林绿化工作历史照片1000张。

（何慧敏）

【智慧景区建设】 年内，碑林管理处开展智慧景区建设，在百望山森林公园微信公众号上线“语音导览系统”“园区360全景导览”“在线预订购票”“四分类垃圾桶电子地图查询”等功能。在两个门区安装闸机，游客通过手机预约购票，扫码入园。停车场开通ETC电子摄像进场与无感支付功能。

（何慧敏）

【旅游服务接待】 年内，碑林管理处接待游客116.49万人次，其中接待持老年卡、残疾证等免票证件游客34.43万人次。门票收入366.08万元，同2019年相比增长39%。百望草堂接待会议89次。

（何慧敏）

【森林健康经营】 年内，碑林管理处实施景观提升及森林健康经营，栽植白皮松、彩叶杜梨、山桃、山杏、银杏等乔木160棵；栽植绣线菊、锦带、连翘、月季等花灌木455棵；栽植迎春10墩；扦插爬山虎500株；栽植扶芳藤、崂峪苔草、连钱草等花草地被2600株；补植花草80平方米；清理林间堆积落叶、干枯枝等80公顷；割除影响目标树生长的酸枣、荆条、构树等杂灌木；割除全园大路小路两侧及近几年新栽苗木周边杂草36公顷；对近两年新栽种的1282棵白皮松和115棵珙桐进行抚育，清理树穴及周边杂草、树穴中耕松土；采集栓皮栎和山桃种子69.5千克，播种于282号路西坡区域；对友谊亭红叶观赏区及游击队之林区域黄栌树进行叶面施肥3次；将修枝、清枯清杂、割灌等抚育剩余物进行集中粉碎，粉碎物351立方米，覆盖秋季新栽树树堰73个、铺设道路两侧裸露地面2.8公顷；对近三年新栽树木浇冻水、刷涂白剂防寒、防病虫害；对碑亭广场4棵国槐树安装竹板树盘保护。

（何慧敏）

【病虫害防治】 年内，碑林管理处采取多种措施防治病虫害，初春和冬季开展全园虫情调查，包括油松毛虫、侧柏林与元宝枫林蛀干害虫和黄栌跳甲卵块检查等；在侧柏、元宝枫林释放管氏肿腿蜂16万头，防控天牛；在元宝枫林及槭树科彩叶树释放花绒寄甲5000头，防控光肩星天牛等；在阔叶林释放周氏啮小蜂两次共计900万头，防控美国白蛾；在油松林、黄栌林释放赤眼蜂2400万头，防控油松毛虫等鳞翅目害虫；悬挂桃潜叶蛾诱捕器400个，更换诱芯及粘板2次，悬挂白蜡窄吉丁诱捕器3个、黄绿粘板100张；悬挂美国白蛾诱捕器2个；悬挂黄色粘虫板2000张防治黄栌丽木虱、有翅蚜虫等；人工剪除美国白蛾网幕29处，进行喷药、填埋销毁处理；在天摩沟元宝枫林地选择保留构树8棵，作为蛀干害虫诱饵树；对银杏树采取灌根施药3次并施肥1次，防治叶枯病和叶斑病；清理并集中销毁黄栌黄萎病干死枝及油松落针病病枝。全年病虫害防治面积208.8公顷次。

（何慧敏）

【节日景观布置】 年内，碑林管理处围绕庆祝“五一”“十一”等节日，摆放各类花卉17407盆；春节期间，在门区和主要景点悬挂红灯笼、中国结等烘托节日气氛。

（何慧敏）

【垃圾分类】 年内，碑林管理处购买分类垃圾桶31个、调整垃圾桶60个、增设内桶252个、更新垃圾桶分类标识200个，在门区、停车场等区域设置6处完整四分类垃圾桶，两处三分类垃圾桶，其他游览区域设置“可回收物”和“其他垃圾”两分类垃圾桶；开展垃圾分类宣传，通过电子屏滚动播放宣传标语、制作宣传展板7套、悬挂宣传横幅7条、张贴宣传海报30份、在自媒体发表宣传生活垃圾分类文章4篇；组织员工培训，发放宣传彩页20份、垃圾分类应知应会材料50份；全年共分拣游园垃圾，塑料类13039千克、纸类11250千克、玻璃1430千克、金属3660千克、织物类38千克、厨余垃圾15760千克、有害垃圾3千克、其他垃圾145060千克，可回收率20%。

（何慧敏）

【基础设施维修改造】 年内，碑林管理处完成望乡亭和友谊亭防雷设施改造，取得检测合格报告；在东门出口处安装电动伸缩门；在两个门区停车场安装无障碍线路图说明牌，修整北区停车场地面，铺设透水砖58平方米；在2号路桃花源景点安装竹木亭一座；在2号路东南侧入口处新砌护坡墙25.8米；修复2号路石质护坡、3号路土质护坡以及路肩护坡；修补游览步道路面620平方米；对曲径烟深木栈道进行维修加固，维修护栏110延米，对木栈道平台刷桐油养护、木栈道钢结构除锈刷漆养护。

（何慧敏）

【牌示建设】 年内，碑林管理处设计安装各类牌示362块，其中在道路护坡墙、原有牌示标杆上安装182块，安装设计有中国森林防火吉祥物“虎威威”标志和注有“火险等级、防火禁令、防火警告、消防设施”四类防火标志牌113块；安装垃圾分类指示牌10块；安装防蛇蜂蚊出没安全警示牌52块；安装临时厕所开放时间告知牌4块；安装景点说明及指示牌2块；更换2号路破损警示牌1块；在园区休憩座椅、垃圾桶上张贴防火标语牌180块。

（何慧敏）

【建蓄水池】 年内，碑林管理处在黑山头、友谊亭、望乡亭和圣母院区域修建4座蓄水池，总蓄水量444立方米，蓄水池用于收集道路径流，建两处泵站，铺设输水管线1658米，将道路积水输送至蓄水池内，削减雨季洪峰流量，缓解城市防洪压力，为园区提供消防应急、林木灌溉和野生动物饮用水源。

（何慧敏）

【宣传工作】 年内，碑林管理处多形式开展宣传工作，2月23日，《北京新闻》栏目播出《百望山森林公园筑牢疫情防控的防护林》；碑林微信公众号发布关于生态文化、生态文明建设等主题文章27篇；百望山森林公园微信公众号发布关于防疫防火、百望山四季风光等文章110篇，其中，在疫情期间发布“云游百望山”系列文章获众多读者关注，公众号关注人数由年初的0.3万人增长到10万余人。两个微信公众号中多篇文章被首都园林绿化、北京青年报社北京头条、北京旅游、海淀旅游等新媒体转载。

（何慧敏）

【党建工作】 年内，碑林管理处落实“两个责任”和“一岗双责”，层层签订岗位廉政风险防范责任书29份，召开支委会26次，其中召开“三重一大”会议14次；修订《碑林党支部委员会议事制度》《碑林党支部“三重一大”决策制度(试行)》；制订《碑林党支部2020年度工作学习计划》，为全体党员配发《新时代党的意识形态思想研究》等书籍，组织党员集体学习12次，党员提交学习《习近平谈治国理政》第三卷心得体会17篇，开展专题研讨4次，党支部书记讲党课2次；开展“垃圾分类，党员在行动”主题活动，结合党员“双报到”，动员全体党员回社区参与垃圾分类“桶前值守”50小时。

（何慧敏）

【签订安全责任书】 年内，碑林管理处负责安全工作的主管领导与各科室签订安全生产责任书、消防安全责任书、交通安全责任书、防汛责任书、森林防火责任书共计40份。

（何慧敏）

【领导班子成员】

主任、党支部书记　高　源(2020年3月免主任职务)

主　任　孙　熙(2020年3月任职)

副主任　王文学(女)

（何慧敏）

（碑林管理处：何慧敏 供稿）

北京市林业碳汇工作办公室（北京市园林绿化国际合作项目管理办公室）

【概　况】 北京市林业碳汇工作办公室(以下简称碳汇办)(北京市园林绿化国际合作项目管理办公室)是北京市园林绿化局直属正处级全额拨款事业单位。内设综合管理科、林业碳汇管理科、国际合作科，编制15人。主要职责为参与研究北京市林业碳汇政策措施和相关标准制定；承担林业碳汇项目组织实施工作；宣传推广林业碳汇理念；运行管理北京碳汇基金；负责全市园林绿化合作项目信息收集、评估、立项、申报及日常管理工作；开展全市园林绿化技术引进和对外交流与合作。

2020年，碳汇办大力推动林业应对气候变化，积极开展国际合作与交流，全力服务园林绿化高质量发展，努力打造提升绿色福祉。启动15个领域园林绿化国际合作示范基地提升工作；启动全市碳中和宣传触摸查询系统，并在30个宣传点同步运行；组织培训交流会5次，270余人次参加；开展“线上+线下”森林文化活动138场，累计参与人数200余万人次；完成提案议案3项；编制、发布各项《指南》《办法》《建议》4部，发布地方标准1部；在2020年度市园林绿化局（首都绿化办）直属单位检查考核中，获得“优秀等次单位”称号。为服务首都生态文明建设、推动行业转型升级、助力北京国际交往中心功能建设提供技术支撑。

（孙莹）

【林业碳汇】 年内，碳汇办开展冬奥碳中和造林工程计量监测，开展覆盖全市11333.33公顷工程的苗木种类、数量、规格、造林地块等碳计量基础数据信息收集，经系统分析，制订碳计量工作方案和监测样地布设计划，完成工程碳汇能力计量。该工程在2020~2021年所产生的碳汇量，将在经过具有国际认证资质的第三方机构审核后，捐赠给北京冬奥组委，用以中和冬奥会筹办及运行期间部分碳排放量。推动“北京冬奥会碳中和专项基金”成立，配合开发便于公众参与的专项手机应用程序，搭建全民参与冬奥会绿色低碳行动平台，倡导公众积极践行绿色低碳生活方式。面向全市启动碳中和宣传触摸查询系统，在西山国家森林公园、北京动物园、北京植物园等20个园林绿化科普教育和生态文明教育基地，通州区城市绿心公园等5处园艺驿站，通州小学等5个学校、企事业单位宣传点同步启动运行。完善行业非道路移动源排放统计，开展30个典型公园、40个大中型施工单位18种园林绿化非移动源排放机械抽样调查，编制完成《北京市园林绿化非道路移动源操作技术指南》，用以指导一线技术人员开展节能减排行动。

（孙莹）

【国际合作】 年内，碳汇办启动全市首批15处园林绿化国际合作示范基地建设，选定生态、文化、产业3类，共15个领域园林绿化国际合作示范基地作为提升改造对象，召开基地提升改造启动会并授牌，编写《北京市园林绿化国际合作基地提升改造总体方案（草案）》和《北京市园林绿化国际合作基地管理办法（草案）》，启动国际机构及科研院所与基地结对共建工作，将国际经验植入基地建设。完善园林绿化国际合作网络，组织在京国际机构为贯彻落实习近平总书记回信精神，为密云水库流域生态可持续保护与发展建言献策，并形成行动计划，践行绿色发展；与英国谢菲尔德大学园艺专家进行视频交流、在线指导，邀请其驻京团队参与城市绿心森林公园景观提升设计，开展新建公园绿地及国有苗圃资源圃展示区景观提升工作；与荷兰范登博克苗圃及瓦赫宁根大学专家进行多次交流，商讨栎类等国际优质种质资源在京落地展示及保存方案。

（孙莹）

【园林绿化高质量发展】 年内，碳汇办结合行业发展实际需求，研究制订《北京市园林绿化高质量发展指导意见（征求意见稿）》。“北京城市生物多样性恢复与公众自然教育二期”项目顺利实施，持续开展生态监测活动，完成对全市生物多样性数据库动态更新和160种鸟类、兽类及两栖类动物生境图绘制。完成奥林匹克森林公园、野鸭湖自然保护区、京西林场3处分别代表城市、湿地、山区三种不同类型生物多样性恢复示范区建设。项目品牌活动“2020北京自然观察节”吸引600余名市民走进奥森，探索大自然奥秘，同步发起“城市生物钟”——2020自然北京公众摄影征集活动，发动公众用镜头记录城市中的动植物多样性及人与自然和谐相处的生态建设成果。完成12处城市绿地树木精细化养护示范点和60处城市道路树木精细化养护示范点建设，完成并发布《北京城市重点园林绿化树木栽培管护技术手册》及北京市地方标准《城市树木健康诊断技术规程》(2020年4月1日实施)，推进全市树木健康诊断与风险预警标准化工作。完成新一轮树木医培训，将树木健康诊断相关标准和技术手册等科技新成果及时向一线管理及技术人员普及，受训人员60名，加快构建培育“树木医”体系，培养一批稳定的“树木医生”团队。

（孙莹）

【森林疗养】 年内，碳汇办启动怀柔区西台子村与密云区史长峪村森林疗养基地试点建设，编制森林疗养基地建设示范方案。编制北京地区森林疗养指数，起草《森林疗养资源评价标准》，启动全市自然休养林规划和政策研究。召开第四届森林疗养国际研讨会，完成第五届森林疗养师培训，培训疗养师50名。完成两部森林疗养科普绘本，并结合案例收集开展森林疗养公共宣传工作。完成北京市科技计划“森林疗养标准及关键技术研究与示范”结题验收工作，研究成果为产业化和福祉化发展森林疗养奠定坚实基础。

（孙莹）

【森林文化】 年内，碳汇办首次开创森林文化“云”形式，将森林音乐会、森林大课堂、森林大篷车、“悦”读森林等活动通过抖音、一直播等网络进行直播，与观众实时互动，累计开展“线上+线下”活动138场，累计参与人数200余万人次。其中，森林音乐会首次以“线下录制+线上宣传”“森林音乐+森林课堂”的形式呈现，扩大宣传范围、提升宣传效果。持续推进首都自然体验产业国家创新联盟工作，组建核心工作团队，构架联盟组织形式，创建联盟微信公众号，组织十余家成员单位与北京市园林绿化科普教育基地、北京园艺驿站50余人开展交流培训会。完成北京自然教育“十四五”发展建议，对“十四五”期间自然教育发展提出建设性意见。

（孙莹）

【外事人才培训】 年内，碳汇办以“园林绿化国际合作基地人才能力提升”为主题，举办第六届北京市园林绿化外事人才培训，邀请行业领军专家授课，培训国际合作基地外事人才63名。以国际合作基地人才培养为抓手，提高国际合作示范基地骨干业务能力和水平；结合国际合作时事及国际履约等行业发展热点进行解读，帮助学员梳理掌握国际合作发展脉络和新兴理念。

（孙莹）

【领导班子成员】

主任、党支部书记　马　红(女)

副主任　朱建刚　李　伟

（孙莹）

（北京市林业碳汇工作办公室：孙莹 供稿）

北京市园林绿化局信息中心

【概　况】 北京市园林绿化局信息中心（以下简称局信息中心）系市园林绿化局直属事业单位，承担本局机关电子政务方面的建设、管理和技术保障工作；承担园林绿化方面的相关信息收集、处理工作，维护和管理信息系统。编制 13 人，内设综合科、建设科、运维科。截至 2020 年底，信息中心实有在职职工 12 人，其中研究生以上学历 6 人，本科学历 6 人；具备高级职称资格 2 人；退休职工 2 人。

2020 年，局信息中心按照提升数据治理能力和现代化水平，促进首都园林绿化高质量发展要求，积极应对新冠疫情，全力攻坚克难，进一步强化"让数据说话、用数据决策、靠数据管理"管理模式，积极推进"上云""入链""汇数""进舱"工作，不断完善园林绿化数据资源，夯实大数据基础，加强数据的汇聚管理；应用信息化技术助力全市公园疫情防控和精细化管理；开展北京园林绿化"十四五"信息化发展顶层设计，推进北京城市副中心行政办公区智慧园林系统运行，打造智慧园林示范应用的样板，有效提升信息化服务支撑能力。

（赵丽君）

【智慧园林项目建设】 年内，局信息中心在行政办公区守望林园区部署生境监测仪、智能虫情灯、园林小哨兵等监测设备，公众和各级管理人员可实时直观查看园区空气质量、土壤墒情、动植物动态等各类信息，实现生态监测由定性到定量、由人工到自动的转变，提升园林生态环境自动监测能力。运用物联网、大数据和人工智能等新一代信息技术，建设拥有上万条园林专业知识的知识库系统，相互关联形成知识图谱，使系统具有主动学习和思考的能力。系统可以自动采集园区环境、病虫害等各类信息，自动识别出病虫害种类数量、物候变化、野生动植物动态等信息，为各级管理人员提供智能化管理工具，提升精准化和精细化管理能力。在园区建设包括由智能语音亭、自然声景观、AI 智能跑道、趣味机器人、虫害防治、智能垃圾桶等组成的公众智能交互服务系统，在适时感知基础上，给出决策建议，形成园林管理服务闭环，使公众与生态园林的互动更加有趣和有效。

（赵丽君）

【市园林绿化局（首都绿化办）网站惠民信息创新升级】 年内，新建"2020 年全国两会顺利召开"专栏 、"新冠肺炎疫情防控专题”集中展示全国两会及园林绿化行业与群众利益密切相关疫情防控文件。网站发布全市公园风景区预约入园统一入口，提供市属及区属35家公园二维码，落实疫情期间全市公园限流及预约入园政策，助力全市公园精准服务。对局(办)网站公园基本情况的信息和图片全部进行更新，新增318个公园信息，使网站公园信息增至612个。完成局(办)网站科技创新专题园林绿化行业专家库调整更新工作，专家人数增至608人，涉及森林经营管理、园林植物、园林绿化工程与养护、森林培育等25个专业领域。

（赵丽君）

【园林绿化政务服务】 年内，局信息中心将行政许可结果数据接入行政办公系统，做到审批后监管数据精准推送，为相关部门审批后监管工作提供数据支撑，为双公示工作提供数据支持，减少工作人员二次录入工作。同步各类审批结果数据9096条，在门户网站公示本部门审批结果数据610条。

（赵丽君）

【视频会议系统服务保障】 年内，市园林绿化局(首都绿化办)视频会议系统设39个分会场。截至12月31日，市园林绿化局(首都绿化办)召开视频会议118场次，参会人员9000余人次。

（赵丽君）

【网络信息安全保障】 年内，局内网络带宽由80兆提高至160兆，17家直属单位网络带宽由10兆提高至20兆；持续做好网络和信息系统安全保障工作。坚持对全局网络和信息系统24小时监控，及时开展全网病毒查杀、重要信息系统巡查、正版软件管理等工作，发现问题及时整改。完成对公园风景区管理工作平台、二维码标签应用系统、企信通系统、行政办公区智慧园林平台4个系统等级保护备案准备工作。

（赵丽君）

【领导班子成员】

主任、党支部书记　胡　永

副主任　赵丽君(女)

（赵丽君）

（北京市园林绿化局信息中心：赵丽君 供稿）

北京市园林绿化宣传中心

【概　况】 北京市园林绿化宣传中心(以下简称宣传中心)是北京市园林绿化局(首都绿化办)所属规范性事业单位。主要负责全市园林绿化宣传规划的组织、指导、策划、实施以及宣传工作的规划。下设新闻科、宣传科、网络科和综合办公室4个部门。宣传中心共有编制17人，现有工作人员16人。

2020年，北京园林绿化宣传工作重点围绕首都园林绿化抗疫、园林绿化行业复产复工、野生动植物保护、新一轮百万亩造林绿化建设等重点工作开展丰富多彩宣传活动。开展各种宣传活动上百次，召开园林绿化主题新闻发布会 12 次，在新闻媒体刊发园林绿化宣传稿件 2000 余篇(幅、条)，新浪政务微博发布 1086 条，政务微信公众号发布 606 条，今日头条发布文章及视频 298 篇，为首都园林绿化事业发展提供良好舆论氛围。

（马蕴）

【党组织建设】 年内，宣传中心领导班子始终将履行全面从严治党责任作为首要政治任务，按要求详细拟订全面从严治党主体责任清单、党员干部岗位廉政风险防范责任书。在日常工作中及时落实党建工作新要求、解决新问题，坚决做到与上级党组织保持一致。积极开展谈心谈话和纪检提醒，防微杜渐，让红脸扯袖成为常态。宣传中心领导班子与各科室(所)签订全面从严治党责任书、岗位廉政风险防范责任书，确保相关工作责任落实到人，实现全覆盖。

（马蕴）

【宣传视频拍摄工作】 年内，宣传中心累计拍摄图片资料 2000 余张，视频资料近 15 小时，历史影像素材资料数字化存档已完成 20 小时；完成 2020 年重大义务植树活动拍摄工作；先后制作疫情防控、杨柳飞絮、“五一”游园、野保条例、垃圾分类等主题宣传短片、动画近 10 部。

（马蕴）

【通讯员队伍建设】 11 月 10～11 日，举办全市园林绿化系统通讯员培训。市园林绿化局(首都绿化办)各处室、各单位、各区园林绿化局 120 名宣传工作主管领导和通讯员，接受提高宣传工作专业素养短期培训。此次通讯员培训邀请中国林业大学、人民网、《人民日报》等单位宣传领域专家、学者，在《新时代园林绿化宣传工作的重大意义和重要价值》《舆情应对，新意识与边界感》《人民日报眼中的北京园林绿化——浅谈基层实践与党报需求》《1 小时教你快速成为影像达人》《新时代的网评工作：概述与实务》等方面进行讲授。

（马蕴）

【领导班子成员】

主　任　　吴志勇
副主任　　胡　淼
四级调研员　郑蓉城

（马蕴）

（北京市园林绿化宣传中心：马蕴 供稿）

北京市园林绿化局干部学校

【概　况】 北京市园林绿化局干部学校(以下简称干部学校)系北京市园林绿化局

(首都绿化委员会办公室)[以下简称局(办)]所属事业单位。干部学校主要承担局(办)系统党员干部职工教育培训工作，下设干部教育培训部、技术技能培训部、办公室和密云教育培训基地等内设机构。干部学校编制11人，截至2020年12月31日实有在编在职人员9人。

2020年，干部学校配合局(办)人事处、机关党委、团委、计财处、种子苗木管理站等部门共同举办系列专题培训班，完成相应培训项目工作。全年举办各类短期培训班等16批次，培训学员近3000人次，其中组织局(办)在职干部464名学员完成北京市干部教育网在线学习任务。

(蒋薇)

【十九届四中全会精神专题研讨班】 8月10~12日，干部学校配合局人事处组织全局处级干部参加"全市领导干部学习贯彻党的十九届四中全会精神专题研讨班"，研讨班采取"视频会议+线上学习"方式，共184名处级干部参加培训。

(蒋薇)

【基层党组织书记暨纪检干部培训】 9月9~11日，干部学校配合局机关党委(党建工作处、团委)组织开展基层党组织书记暨纪检干部培训，来自局(办)系统基层党组织书记及纪检干部180名学员参加培训。培训采取视频教学方式，培训课程包括《中国共产党支部工作条例(试行)》解读、《中国共产党纪律处分条例》等。

(蒋薇)

【乡村振兴计划培训】 9~11月，干部学校联合市林木种苗总站、北京市园林科学院和北京农学院师资力量，组成网络课程制作团队，录制林木种苗培育专题网络课件32学时，包括《苗圃地的建立》《园林苗木种子生产》《播种育苗》《营养繁殖育苗》《大苗培育》《苗木的出圃与检疫》《设施育苗》《杂交选育》《园林树木识别》等教育课程，并通过小鹅通网络平台播放。本网络教育平台面向全市种苗行业技术人员进行推广，实现对全市园林绿化行业企业员工和郊区农民就业创业培训，培训课程覆盖惠及2000余人，结合乡村振兴计划培训以训稳岗，助力疫情防控常态化时期社会全面复工复产，推进园林绿化行业技术技能科普工作发展。

(蒋薇)

【科级以下党员培训班】 11月5~6日，干部学校配合局机关党委(党建工作处、团委)以"线下+线上""集中+视频"相结合的方式，开展局(办)系统科级以下党员培训，参加培训人数750名。培训内容包括学习党章、学习党的十九届五中全会精神、观看党性教育宣传片和研讨交流活动等内容。

(蒋薇)

【积极分子培训】 11月26日，干部学校配合局机关党委(党建工作处、团委)以集中授课方式组织开展培训，局(办)系统50名入党积极分子参加培训。培训重点为学习党的章程以及党的发展历程、基本知识。

(蒋薇)

【财务人员项目管理能力与专业技能提升培

训班】 12月3～4日，干部学校配合局(办)计财处举办2020财务人员项目管理能力与专业技能提升培训班，局系统财务人员95名学员参加培训。着重开展相关财务知识、财经法律法规培训。

(蒋薇)

【新入职人员培训班】 12月9～11日，干部学校在密云基地举办新入职人员培训班，参加培训61人。培训采取面授与现场实习相结合、视频教学与分组讨论相结合、破冰游戏与拓展训练相结合的方式进行。其间，邀请局(办)重要业务和行政部门专家领导讲授相关知识。

2020年北京市园林绿化局新入职人员培训班(干部学校 提供)

(蒋薇)

【党务工作者培训】 12月16日，干部学校配合局机关党委(党建工作处、团委)以集中培训方式组织开展党务工作者培训，共90名党务干部参加培训。培训重点为学习党的十九届五中全会精神，并对如何有针对性开展党务工作进行重点解读。

(蒋薇)

【基层党组织换届选举培训】 12月17日，干部学校配合局机关党委(党建工作处、团委)开展基层党组织换届选举培训。参训人数120人，集中学习《中国共产党支部工作条例(试行)》，重点对基层党组织换届选举应关注问题等内容进行解读。

(蒋薇)

【干部在线学习】 年内，干部学校配合局(办)人事处承担局(办)系统干部2020年度在线学习管理工作。全年组织包括局级、处级、科级在内在职干部464名学员参加北京市干部教育网在线学习，完成年度在线培训任务。

(蒋薇)

【优秀年轻干部培训班】 年内，干部学校配合局(办)人事处组织开展2020年局(办)优秀年轻干部培训班。培训对象为局(办)40周岁以下优秀副处职干部和科级干部，共计32人。培训设置党性锻炼、领导能力提升、专业能力提升三个板块，分别于9月21～23日、9月24～29日、11月16～18日，采取分段培训方式实施。旨在积

市园林绿化局优秀年轻干部培训班培训总结大会(干部学校 提供)

极开拓格局和视野，推广园林绿化业务工作精讲学习，促进青年干部队伍综合能力和素质提高，着力提升青年干部“七个方面能力”，为首都园林绿化建设事业输送“想干事、能干事、干成事”的青年骨干。

（蒋薇）

【对口支援培训】 年内，干部学校配合局（办）人事处完成市园林绿化局与拉萨圣地生态园林建设投资有限公司来京培训。培训分两期进行，9月21~29日、10月11~20日，共20人参加。通过培训了解首都园林绿化发展历史以及绿色生态经营理念和倡导生态保护等方面工作，重点在园林设计与施工、造林成活与养护、园林工程项目管理等方面落实课程讲授、现场观摩和顶岗培训等环节。

（蒋薇）

【领导班子成员】

校长、党支部书记　佟永宏（2020年3月免校长职务）

校长　蒋　薇（2020年3月任职）

（蒋薇）

（北京市园林绿化局干部学校：蒋薇 供稿）

北京市园林绿化局离退休干部服务中心

【概　况】 北京市园林绿化局离退休干部服务中心（以下简称离退休干部服务中心）系北京市园林绿化局所属事业单位。截止到2020年底，有在岗职工16名，其中干部13名，工勤人员3名。

2020年，离退休干部服务中心坚持以习近平新时代中国特色社会主义思想为指导，认真学习贯彻习近平总书记系列重要讲话精神和党的十九届五中全会精神及市委十二届十五次会议精神，综合统筹疫情防控和老干部工作，担当作为，履职尽责，多法并举抓教育强引导，引领干部职工和离退休干部凝心聚力、众志成城抗击新冠肺炎疫情，丰富老干部精神文化生活，推进全面从严治党工作，离退休干部政治思想保持整体稳定，离退休干部服务中心全面建设保持良好发展态势。

（王宇生）

【新冠肺炎疫情防控】 年内，离退休干部服务中心成立疫情防控工作领导小组，制订工作方案，强化组织领导。严格落实门区管理、场所消杀、体温监测、佩戴口罩、保持1米社交距离等防控制度，科学筑构防护网。12名党员、1名入党积极分子先后下沉昌平区北郝庄、葫芦河及东城区胡家园社区值班值守，助力基层防疫。多方筹措，购买消毒液、口罩、体温计、防护手套等防疫物资，全力保障阻击疫情所需。开展“温暖武汉”爱心捐献活动，捐助善款89386元。

（王宇生）

【全面从严治党】 年内，离退休干部服务中心坚持把政治建设摆在首位，着力政治思想引领，因势而导，深入学习宣传习近平新时代中国特色社会主义思想，举办《习近平谈治国理政》第三卷和党的十九届五中全会精神学习辅导班，引领干部职工和老同志学新理论、悟新思想，增强“四个意识”“四个自信”“两个维护”政治自觉、行动自觉。层层签订责任书，传导治党从严主基调。组织“以案为鉴、以案促改”警示教育大会和“王民中违法犯罪案件警示大讨论”专题教育活动，教育干部职工把纪律挺在前面，知敬畏、受警醒、守底线，做忠诚、干净、担当时代新人。

（王宇生）

【开展健康有益活动】 年内，离退休干部服务中心在疫情防控中，开展“凝心聚力抗疫情，平安健康乐生活”“十佳之星”等网上云活动。结合垃圾分类工作，开展“垃圾分类，我有金点子”和“垃圾分类网上答题”活动。组织参观抗美援朝出国作战70周年纪念展；组织参观温榆河公园朝阳示范区。结合纪念建党99周年，开展“筑梦有我、敢为先锋”摄影绘画作品展，引领老同志牢记初心使命，保持阳光心态，为中华民族伟大复兴出力献策。

（王宇生）

【服务保障】 年内，离退休干部服务中心积极落实“老有所学、老有所教、老有所乐、老有所为”要求，拓展阵地功能，努力为老同志对美好生活的需要和多样化需求提供服务保障。组织局级干部阅读文件8次，积极落实政治待遇要求；8月，分批组织180多人健康体检；“七一”“国庆节”“中秋节”等重大节日组织“送温暖、送关怀”走访慰问活动；为老同志订阅《中国老年》等杂志，拓展老同志获取信息、了解社会渠道。组织“健康体检报告解读”讲座，努力满足老同志多样化需求，增强幸福感、获得感。

（王宇生）

【巡察反馈意见整改】 年内，离退休干部服务中心接受市园林绿化局党组工作巡察和经济责任审计，对巡查、审计反馈意见，虚心接受，认真整改。以问题为导向，以促提升为目标，从政治自觉、思想自觉、行动自觉高度，制订整改方案和问题清单，对标对表逐项细致整改，固弱补缺，先后修订完善制度16项、200余条，推进离退休干部服务中心管理制度化、规范化。

（王宇生）

【获奖情况】 2019年12月15日，离退休干部服务中心被市委组织部、市委老干部局、市人力资源和社会保障局授予“北京市老干部工作先进集体”荣誉称号；退休干部韩英俊被授予“北京市离退休干部先进个人”荣誉称号。

（王宇生）

【领导班子成员】

主任、党委副书记	赵伟琴（女）
党委书记、工会主席	张宝珠（女）
副主任	朱晓梅（女）
副主任、纪委书记	赵　兰（女）

（王宇生）

（北京市园林绿化局离退休干部服务中心：王宇生 供稿）

北京市园林绿化局后勤服务中心

【概　况】 北京市园林绿化局后勤服务中心(以下简称后勤中心)为北京市园林绿化局直属事业单位。有在编在岗人员 60 人，其中主任 1 名、党支部书记 1 名、二级调研员 1 名、副主任 2 名，设办公室、人事科、财务科、机关服务科、房管科、车队、安全管理科 7 个科室。

2020 年，后勤服务中心紧紧围绕习近平总书记关于疫情防控工作重要指示精神，紧密结合后勤工作实际，坚持高站位统筹规划、高标准落实工作、高水平服务保障，在立足长远，不断完善长效机制，推进后勤整体建设基础上，突出班子队伍综合素质和能力建设，以加强学习教育、健全制度机制为抓手，着力推进各项服务标准化、规范化、精细化，在扎实做好疫情防控的同时，较好地完成全年各项服务保障任务。

(罗霜)

【疫情防控】 年内，后勤中心累计组织动员全体干部职工及外协单位人员 15000 余人次投身战疫一线，对办公区、食堂、会议室、公务车等公共区域、重点部位累计开展消杀 11279 次；采取分餐制为东、西两区干部职工服务用餐近 27375 人次；严格落实人员出入管控措施，累计测温登记 130465 人次，确保东、西两处办公区和西区家属院疫情期间安全平稳有序。

(罗霜)

【垃圾分类】 年内，后勤中心结合机关办公楼实际情况，修改制订《市园林绿化局后勤服务中心关于生活垃圾分类工作的实施方案》，创新推行“五分四定”工作方法及“三员”工作体系，促进多方联动；利用电梯显示屏、大厅 LED 屏、宣传条幅、海报等多方式、分阶段广泛宣传，先后开展 6 场培训，基本覆盖局系统全体职工；采取分桶到人措施，促进源头分类减量；推行垃圾分类台账化管理和常态化监督检查工作模式，开展“光盘行动”，致力于从源头减少浪费。其间，局机关厨余垃圾月均减量 1.88%，其他垃圾月均减量 2.73%，受到各级好评，做法被《北京机关党建》杂志刊载。

(罗霜)

5 月 12 日，局后勤服务中心领导督促检查局机关部分办公室垃圾分类落实情况(罗霜 摄影)

【爱国卫生运动】　年内，后勤中心按照市爱卫会通知要求，结合实际，深入开展爱国卫生运动。制订《北京市园林绿化局后勤服务中心爱国卫生运动实施方案》，明确细化三年工作目标及工作措施，悬挂条幅、张贴海报进行广泛宣传，开展机关办公楼卫生大扫除活动4次，持续做好日常办公区域、会议室、食堂等重点部位清洁消毒和机房、后厨等重点部位灭蟑灭虫工作。

（罗霜）

【扶贫采购】　年内，后勤中心联系“扶贫双创中心”，核实物品种类、规格、价格等信息，掌握农副产品动态，签订年度《采购合同》。与市扶贫支援办有关人员沟通协调，推进办公场所布放消费扶贫专柜工作，在机关办公楼内设置消费扶贫自动售货机，出售扶贫相关产品近10种，完成扶贫采购工作。

（罗霜）

10月31日，局后勤服务中心开展周末大扫除活动（高琪 摄影）

【西办公区及家属区环境综合治理】　年内，后勤中心针对西办公区楼顶漏雨、基础设备设施老旧等问题，开拓创新，通过开展安装门禁刷卡系统、更换西办公楼部分破损窗户及在西办公楼四、五层男女卫生间改造安装淋浴间、对干部学校电教室进行粉刷等十余个改造项目，实现西办公区基础设备设施改造升级。针对西办公区和家属院停车难问题，采取“一人一车一证”车辆管理模式，指定专人指挥协调停车入位，确保院内停车数量最大化。

（罗霜）

【组建家属院物业管理委员会】　年内，后勤中心根据《北京市物业管理条例》具体内容，结合家属院人员结构变化大，业主委员会难以成立实际情况，与街道办事处、居委会、物业公司等多方讨论研究，确定通过组建物业管理委员会来加快市园林绿化局裕中东里家属院业主委员会成立，构建党建引领社区治理框架下物业管理体系。经过各方统筹推进、协同分工，经过委员人选推荐、公示等流程，8月20日，裕中东里物管会正式组建完毕，过渡期内与社区各项工作交接进展顺利。

（罗霜）

【完善机关配套设施】　年内，后勤中心按照“少调整、便管理”原则，认真调研、多方征求意见、精心优化设计方案，调整房间14间、涉及相关处室16个、安排办公桌椅十余套、调整安装办公电话30余部、施工安装玻璃隔断1套，切实保障机关单位正常办公需求。为满足干部职工需求，安装空调挡风板225个、隐形纱窗128套，食堂专设清真专用餐具，累计报修900余项，全力保障机关平稳顺畅运行。

（罗霜）

【干部职工服务保障】 年内，后勤中心实行“管理”与“监督”齐步走，全面贯彻落实中央八项规定，严格规范做好住房公积金、住房补贴、医疗保险、食堂管理、办公用品采购等服务保障工作。接待食堂用餐106142人、会议1865次，采购办公用品105次并即时维修办公设备35次，组织职工体检296人，理发千余人次，发放报刊10万余份，未发生丢、漏、错现象。

（罗霜）

【安全防范管理】 年内，后勤中心升级安全生产防线。落实“安全检查”和“安全例会”制度，每月定期检查，发现并整改安全隐患86处，开具隐患整改通知单4份，及时通过微信群组、致信、办公平台发送各类安全提示30余次，解决报修问题70余次。强化“三防”设备设施，更换老旧监控设备，更新智慧消防设备，加装测温及门禁一体化人脸识别系统，保障责任区域安全平稳。

（罗霜）

【车辆人员管理】 年内，后勤中心严格落实《办公区人员出入管理制度》《办公区车辆出入管理制度》，科学调度，合理安排，完成中央领导人、各大部委、各社会团体植树调查选址及百万亩绿化造林、北京城市副中心绿化体系等重大活动、重点工程建设实施、检查调研公务用车保障，出车次数2100余次、行车14余万千米。机关办公楼安保人员累计测温登记43907人次、家属区累计测温登记86558人次。

（罗霜）

【领导班子成员】

主　任	米国海
党支部书记	崔东利
副主任	赵志强(2020年5月免职)
三级调研员	赵志强(2020年5月任职)
副主任	杨彦军
	闫　琰(2020年5月任职)

（罗霜）

（北京市园林绿化局后勤服务中心：罗霜供稿）

北京市林业勘察设计院（北京市林业资源监测中心）

【概　况】 北京市林业勘察设计院(北京市林业资源监测中心)(以下简称市林勘院)系市园林绿化局所属专业技术事业单位，持有中国林业工程建设协会核发的甲B级林业调查规划设计资质，市园林绿化局园林绿化资源损失鉴定机构证书。编制50人，2020年底在职人员43人，其中，研究生学历13人(博士1人，硕士12人)、本科学历25人，具有硕士学位以上22人；具有专业技术职称人员38人，其中，高级职称 23 人(教授级高工 4 人、高工 19 人),中级职称 14 人。

2020 年,市林勘院完成北京市第九次园林绿化资源专业调查、北京市第六次荒漠化沙化监测、利用高分遥感技术开展全市湿地资源监测监管、2020 年森林督查和资源管理"一张图"年度更新、北京园林绿化生态系统监测网络建设等园林绿化资源调查监测工作;完成平原地区百万亩造林工程市级核查及新一轮百万亩造林绿化工程市级核查、北京市 2018 年和 2019 年京津风沙源治理工程市级复查、北京市 2019 年森林健康经营市级核查、北京市 2019 年森林采伐限额核查等工作;完成北京市"十四五"时期园林绿化发展规划、北京市"十四五"时期森林采伐限额编制、森林经营方案编制后续工作、北京市"三北"工程总体规划修编与"三北"防护林体系六期工程建设规划、新一轮林地保护利用规划编制前期工作、新时期北京市林业勘察设计院改革和发展研究规划等规划设计相关工作;完成北京市森林资源管理监督平台建设、北京市森林生态系统服务价值化方法更新与应用研究后期工作、2019 年度北京市园林绿化资源情况报告编制、北京市太行山绿化工程三期总结等多项园林绿化基础工作;完成 10 项森林(林木)资源损失鉴定报告、20 项工程项目树木测绘及使用林地可行性报告和 15 项森林(林木)资源评估及移植工程费用报告;完成园林绿化生态环境损害赔偿制度改革、2021 年造林绿化地块选址、市人大代表和政协委员相关提案建议办理等工作。

(韦艳葵)

【平原地区百万亩造林工程及新一轮百万亩造林绿化工程】 年内,市林勘院开展北京市平原地区百万亩造林工程市级核查及新一轮百万亩造林绿化工程市级核查工作。完成房山区青龙湖森林公园建设一期和二期、通州东郊森林公园一期、顺义区 2016 年、延庆区 2016 年和 2017 年、朝阳区 2016 年和 2017 年、丰台区 2016 年和 2017 年 6 个区平原地区百万亩造林工程市级核查,总面积 3266.67 公顷,其中抽查面积 1666.67 公顷,抽查率 51.0%,抽查小班 630 个。完成门头沟区 2018 年和 2019 年、昌平区 2018 年和 2019 年、怀柔区 2018 年和 2019 年,以及丰台区、朝阳区、海淀区、首农集团、十三陵林场等单位 2018 年新一轮百万亩造林绿化工程市级核查,总面积 12933.33 公顷,抽查面积 6533.33 公顷,抽查率 50.5%,抽查小班数 2450 个。

(韦艳葵)

7 月 28 日,市林勘院在门头沟区开展新一轮百万亩造林绿化工程市级核查(市林业勘察设计院 提供)

【2018 年和 2019 年京津风沙源治理工程市级复查】 年内,市林勘院开展全市 2018 年和 2019 年京津风沙源治理工程市级复查

工作。2018 年总任务量为 18933.33 公顷，包括 2015 年人工造林(荒山造林)2000 公顷、困难地造林 1333.33 公顷、低效林改造 4000 公顷，2018 年困难地造林 1600 公顷、封山育林 10000 公顷。市级复查抽查面积 3734.73 公顷，抽查比例 19.7%，包括 2015 年荒山造林 277.67 公顷、困难地造林 231.13 公顷、低效林改造 756.73 公顷，2018 年困难地造林 495.47 公顷、封山育林 1973.73 公顷。2019 年总任务量为 27894.53 公顷，包括 2016 年困难地造林 2000 公顷、低效林改造 9333.33 公顷，2019 年困难地造林 1174.53 公顷、封山育林 15386.67 公顷。市级复查抽查面积 5321.9 公顷，抽查比例 19.8%，包括 2016 年困难地造林 231 公顷、低效林改造 1392.9 公顷，2019 年困难地造林 432.8 公顷、封山育林 3265.2 公顷。

（韦艳葵）

【**2019 年森林健康经营市级核查**】 年内，市林勘院开展北京市 2019 年森林健康经营市级核查工作。2019 年全市森林健康经营林木抚育项目总任务量 39053.33 公顷，涉及怀柔区、密云区、延庆区、门头沟区、平谷区等 10 个远近郊区，覆盖全市 47 个乡镇 2292 个小班，其中任务量超过 5333.33 公顷的区有 5 个。示范区总面积 1806.67 公顷，重点区总面积 13093.33 公顷，一般区总面积 24153.33 公顷。技术人员历时 4 个月分区进行抚育核查工作。示范区抽查面积 1806.67 公顷，抽查比例 100%；重点区抽查面积 1126.67 公顷，抽查比例 8.6%；一般区抽查面积 1580 公顷，抽查比例 6.5%。全市总共抽查面积 4513.33 公顷，占全市总任务量的 11.6%，抽查涉及乡镇 34 个，抽查小班 325 个。

（韦艳葵）

【**2019 年森林采伐限额核查**】 年内，市林勘院开展北京市 2019 年森林采伐限额核查工作。2019 年采伐限额核查涉及 14 个区及市直属场圃，按计限额和不计限额分类，兼顾 5 种采伐类型分别抽取件数和采伐量不少于 5%进行核查。北京市 2019 年度林木采伐共发放采伐证 8039 件，总发证采伐量 446379.98 立方米，其中计限额采伐件数 2063 件，发证采伐量 135402.46 立方米；不计限额采伐件数 5976 件，发证采伐量 310977.48 立方米。

（韦艳葵）

【**森林资源管理监督平台**】 年内，市林勘院负责推进北京市森林资源管理监督平台运行及应用。年初，北京市森林资源管理监督平台初步建成，3 月初，市园林绿化局要求各区级单位开始试用平台，上传资源审批数据，同时反馈试用意见及发现问题。5 月 15 日，以腾讯会议形式对全市相关人员进行平台运行和使用培训，同时对平台运行提出要求，此后正式要求各区登录平台更新使用。完成 2016~2019 年全市林地林木审批的属性数据收集，2020 年数据在不断更新核对中，收集林地审批数据 2100 条，采伐林木数据 30000 条，并逐步更新矢量数据。收集 2018~2020 年度国家及北京市森林督查的图斑属性及矢量数据 23000 条，其中违法图斑累计 1228 条，正逐步整改跟进。8 月 13 日和 9 月 14 日召集两次会议对平台运行情况及今后工作开展进行规划讨论，拟订新的北京市森林资源管理监督平台督查整改流程和规范。

（韦艳葵）

【森林生态系统服务价值化方法更新与应用研究后续工作】 年内，市林勘院持续推进市森林生态系统服务价值化方法更新与应用研究后续工作。此项工作于 2019 年启动。修改完成《北京市森林生态系统服务价值化方法》《北京市区级森林生态系统服务价值化系统》《北京市森林生态系统服务价值化方法研究报告》《北京市森林生态系统服务价值分区测算结果报告》《北京市森林资源分区分类生态补偿标准研究报告》《北京市区级森林生态系统服务价值评估指南》《区级森林生态系统服务价值化系统使用手册》7 份报告；测试完善“北京市区级森林生态系统服务价值化系统”；组织相关专家完成项目评审验收。

（韦艳葵）

【园林绿化生态系统监测网络建设规范】 年内，市林勘院开展园林绿化生态系统监测网络建设规范修订工作。调整修订《园林绿化生态系统监测网络建设规范》，填报北京市地方标准制修订项目申报书，报送标准初审稿。根据初审结果完善标准文本，并报送标准征求意见稿和编制说明。与北京市生态环境局召开会议，研讨规范修改方案，根据市园林绿化局要求逐步完成标准申报工作。

（韦艳葵）

【2019 年度北京市园林绿化资源情况报告】 年内，市林勘院开展《2019 年度北京市园林绿化资源情况报告》编制工作。会同市园林绿化局有关单位，全面收集整理截至 2019 年底全市园林绿化资源情况，包括林地、绿地、湿地、自然保护地、自然保护区、风景名胜区、森林公园、湿地公园、野生动植物、古树名木、城市公园、绿化隔离地区、新城滨河森林公园、城市森林、口袋公园和小微绿地、健康绿道、国有林场、绿色产业、森林资源资产价值等，收集整理全市自然及社会经济情况，统计汇总、分析提炼，绘制相关图表，编写形成《2019 年度北京市园林绿化资源情况报告》。

（韦艳葵）

【北京市太行山绿化工程三期总结】 年内，市林勘院完成北京市太行山绿化工程三期总结。全面梳理北京市太行山绿化三期工程完成情况，总结做法和经验，并提出新一期规划重点建设区域、任务需求和投资需求，完成总结报告和相关附表。

（韦艳葵）

【森林（林木）资源损失鉴定报告】 年内，市林勘院完成“4·2”王木营失火案、北京市东城区安化北里 18 号院未按规定砍伐树木案、北京市东城区培新街乙 5 号院未按规定砍伐树木案、北京市海淀区学院路 18 号石科院工作区北门外违反规定去除树冠案等 10 项森林（林木）资源损失鉴定报告，为市园林绿化局执法大队、森林公安局、城市管理局等相关执法部门公正执法提供案件调查取证参考。

（韦艳葵）

【树木测绘及使用林地可行性报告】 年

内，市林勘院完成北京市海淀区上庄路(黑龙潭—上庄镇南一街)市政工程(国家局)、北京轨道交通新机场线一期工程磁草牵引站总配外电源工程(大兴段)等20项工程项目树木测绘及使用林地可行性报告，为各级林业主管部门审核审批和监督管理建设项目使用林地提供依据。

(韦艳葵)

【森林(林木)资源评估及移植工程费用报告】 年内，市林勘院完成昌平区北七家镇平坊村土地一级开发项目森林(林木)资源评估报告、昌平线南延工程(西二旗至蓟门桥段)—19号线支线清河站南侧区间盾构接收井树木移植工程费用预算报告等15项评估鉴定报告，为项目建设方申报项目概预算、顺利实施工程项目，完成拆迁补偿、地上物移伐、招投标等工作提供费用补偿依据。

(韦艳葵)

【园林绿化生态环境损害赔偿制度改革】 年内，市林勘院参与园林绿化生态环境损害赔偿制度改革工作。协助市园林绿化局有关单位开展园林绿化生态环境损害赔偿制度改革工作方案制订，协助执法大队开展毁林案件调查，会同相关部门开展园林绿化生态环境损害调查、鉴定评估等工作，参与生态环境修复、赔偿磋商等相关工作研究及实施。

(韦艳葵)

【2021年造林绿化地块选址】 年内，市林勘院参与2021年造林绿化地块选址工作。派出专人参与市规划自然资源委及市园林绿化局组建的市级造林绿化选址专班，对2021年造林绿化选址工作进行督导。市林勘院两名技术人员分别承担房山区、大兴区、顺义区和平谷区督导任务，于5月25日起进驻各区，了解各区造林选址工作进展情况，督促各区加快推进2021年造林绿化地块选址工作。

(韦艳葵)

【获奖情况】 年内，闫岩获得北京市委、市政府颁发的“北京市抗击新冠肺炎疫情先进个人”荣誉称号。

(韦艳葵)

【领导班子成员】

院　长　　薛　康(2020年3月免职)
　　　　　刘进祖(2020年3月任职)
党支部书记
　　　　　陈宝义(2020年3月免职)
　　　　　薛　康(2020年3月任职)
副院长、党支部副书记　杜鹏志
副院长　　闫学强

(韦艳葵)

(北京市林业勘察设计院：韦艳葵 供稿)

北京市园林绿化局物资供应站

【概　况】 北京市园林绿化局物资供应站(以下简称物资站)，系市园林绿化局直属全额拨款事业单位，有在职工作人员 10 人。主要负责物资站和原局直属单位市林工商公司(已停止经营活动)的 1 名在职和 73 名离休、退休人员的日常服务管理。

2020 年，物资站在市园林绿化局(首都绿化办)党组领导下，深入推进全面从严治党向纵深发展，坚决打赢新冠肺炎疫情防控战，认真落实离退休职工政治生活待遇，推动所办企业清理注销工作，较好完成各项工作。

(李玉霞)

【新冠肺炎疫情防控】 年内，物资站党员干部落实防控责任和联防联控措施，成立物资站疫情防控领导小组，建立人员行动轨迹摸排台账，每天按照要求上报人员体温监测情况，尤其是对 73 名离退休老干部、老职工进行健康监测和情感慰问，随时掌握动态变化。参加市园林绿化局安排的下沉到昌平区马坊村参与新冠疫情防控工作，负责检查两个出入口进村人员体温检测、验码，人员出入证和车辆出入证检查等。30 天检测进村人员体温 9000 余人次，检查进村车辆 2000 余辆，登记临时进村人员 1400 人次，协助登记返京和计划居村人员 230 余人，参加下沉疫情防控工作人员圆满完成任务。

(李玉霞)

5 月 18 日，市园林绿化局物资供应站防疫人员与昌平区马坊村村委会执勤人员合影(物资站提供)

【落实职工福利待遇】 年内，物资站按照有关政策要求为退休职工调整基本养老金，按时给全体职工(含市林工商公司)报销医疗费、缴纳五险费用。元旦、春节、“五一”和国庆节，及时给市林工商公司退休职工每人发放节日慰问金。慰问离退休职工 36 人次，发放慰问金 10000 余元，慰问住院职工 5 人次，发放大病补助 5000 元。

(李玉霞)

【企业清理注销】 年内，物资站根据 2018 年 11 月《北京市园林绿化局物资供应站所办企业清理规范工作实施方案》和 2020 年 9 月《关于北京市林工商公司清理安置工作的请示》文件要求，由于北京市林工商公司长期停业，已被列入市“僵尸企业”清理范围。经前期工作，物资站完成市林工商公司名下所办二级、三级企业或分支机构清理注销工作。由于涉及人员安置和社保费用缴拨账户等问题，按照局(办)党组通知要求，报送《关于北京市林工商公司清理处置工作报告》。

(李玉霞)

【解决历史遗留问题】 年内，物资站全体在职人员对离退休职工反映的问题，本着实事求是原则，能说明的立即用事实或有关文件、材料当面向职工说明；能解决的马上落实；需要讨论研究的，事后认真查找有关资料，了解清楚情况，及时研究答复；属于社会其他单位办理或需请示局有关部门的，物资站大力协助，提出建议，尽最大努力做好职工政策解读和思想疏导工作。帮助离退休职工出具各种证明3人次。

(李玉霞)

【党建工作】 年内，物资站深入开展“不忘初心、牢记使命”主题教育整改落实“回头看”工作，领导班子查摆的8个问题得到较好解决。全年缴纳党费5328元。加强对干部队伍遵守政治纪律和政治规矩的教育监督，督促处级干部填报好个人有关事项报告，提高填报质量。按要求完成对两名科级干部试用期满的考察、测评、审核、任免工作。完成驻局纪检监察组关于2020年11月“接诉即办”专项监督重点内容工作。

(李玉霞)

【党风廉政建设】 年内，物资站制订《物资站2020年度全面从严治党主体责任清单》，主要领导与分管领导、分管领导与科室负责人分别签订2020年度《廉政风险责任书》。落实班子成员讲党课活动，按照局(办)党组《关于组织开展“王民中违法犯罪案件警示大讨论”专题教育的通知》的要求，开展党纪和警示教育。修订《物资站“三重一大”规定》《物资站内控手册》，进一步明确预结算、资金支付、会议费、差旅费、风险控制、资产管理等各业务流程，加强大额资金使用管理。

(李玉霞)

【领导班子成员】

站　长　周荣伍

书　记　李春维(2020年4月免职)

　　　　陈宝义(2020年4月任职)

副站长　吴忠高

(李玉霞)

(北京市园林绿化局物资供应站：李玉霞 供稿)

北京市园林绿化工程管理事务中心

【概　况】 北京市园林绿化服务中心成立于2000年6月，2011年10月，经市编办批准，由北京市园林绿化服务中心更名为北京市园林绿化工程质量监督站，隶属北京市园林绿化局。2019 年 4 月，经市编办批准，又由北京市园林绿化工程质量监督站更名为北京市园林绿化工程管理事务中心(以下简称市园林绿化工程管理事务中心)，仍隶属北京市园林绿化局。主要职责：负责对本市使用国有资金投资或者国家融资的园林绿化工程进行质量监督方面的辅助性、事务性工作；承担园林绿化工程招标投标活动监督管理的辅助性、事务性工作；承担园林绿化施工企业信用信息管理的辅助性、事务性工作。内设园林工程质量监督科(质监一科)、绿地养护监督科(质监二科)、综合协调科(质监三科)、技术鉴定科(质监四科)、招投标管理办公室、企业管理办公室、人事科、办公室、财务科、安检科 10 个科(室)。目前，全站编制 38 人，在职职工 32 人，高级职称 12 人，中级职称 9 人，研究生学历 8 人，本科学历 22 人。

2020 年，市园林绿化工程管理事务中心受理施工项目 40 个。受理新入场项目 443 宗项目。受理 325 宗施工项目(公开和邀请)，计划投资额约 80. 83 亿元，建设面积约 49531. 94 万平方米，中标额 78. 68 亿元。据执法数据记录统计，完成资格预审文件、招标文件审核 706 项。完成线上核验人员证书 11346 人次、线上核验类似业绩项目 1575 个。受理 38 家单位安全生产标准化达标申请，完成 7 家单位复评工作，完成 6 家单位核查工作，累计安全生产标准化达标 97 家。

(李优美)

【**疫情防控**】 1 月 31 日，市园林绿化工程管理事务中心成立中心疫情防控工作小组，做好单位防护和预防工作。2 月 18 日，疫情防控工作领导小组召开会议，安排部署相关工作。4 月，选派 8 名同志下沉到东城区胡家园胡同社区，完成为期一个月的社区防控值守任务。

(李优美)

【**业务培训**】 2 月，市园林绿化工程管理事务中心通过视频讲解和课件自学方式，远程指导企业做好园林绿化施工现场及生活区疫情防控工作。2 月 13 日，市园林绿化工程管理事务中心协助配合生态修复处举办 2020 年新一轮百万亩造林招投标培训视频会，对各区园林绿化局及招标代理机构进行政策标准、办理流程标准培训。4 月 20 日，采用网络直播方式，对全市施工企业开展电子标书制作线上培训，共 160 人参加。

(李优美)

【**首个全程电子化招投标项目顺利开标**】 3 月 17 日，顺义区 2020 年平原重点区域造林绿化工程九标段(龙湾屯镇)(施工)在市园林绿化工程事务管理中心监管下顺利完成开标工作。该项目是园林行业首个全程电子化招投标园林绿化项目，标志着北京市园林绿化行业招投标进入全过程电子化运行时代。园林绿化工程全过程电子化招投标系统采用“手写板+CA 电子印章”组合应用、企业信息数据自动勾选、模块化评审、平台和开评标系统一体化等创新应用技术，通过电子文件、电子签章、网络传输、网上备案、电子化开标、评标等信息技术，实现从招标登记、文件传输到专家评标、审查备案等全过程电子化。

(李优美)

【北京城市副中心园林绿化工程质量监督】 3月17日，市园林绿化工程管理事务中心聘请专家对北京城市副中心行政办公区绿化养护情况进行检查。检查组对5个养护标段进行全覆盖检查。4月24日，召开新申报质量监督标段监督告知会并前往工程实地进行检查。5月11日，对北京城市副中心职工周转房（南区）配套绿化工程竣工验收同步监督。5月20日，与北京园林科学研究院土壤检测室、城市绿心园林绿化建设工程参建各方，对城市绿心园林绿化工程的种植土改良情况进行现场抽查取样工作。随机选取种植区域30多个点位，共计抽取9组样本。分别对改良后土壤中的氮、鳞、钾、有机质、pH值5项内容进行检测。11月5~6日，对城市绿心园林绿化建设工程竣工验收进行同步监督。

（李优美）

【深入企业调研】 9月22~23日，市园林绿化工程管理事务中心深入企业开展调研活动，以座谈会形式分别听取20家企业意见建议，主要从推动园林绿化行业高质量发展角度探讨行业培训重要性，从深化“放管服”改革、优化营商环境角度研究提升为企业服务具体措施。

（李优美）

【主题党日活动】 10月23日，市园林绿化工程管理事务中心党总支与基金站党支部联合组织党员干部前往北京城市绿心森林公园，开展“亲近生态，走进绿色”主题党日活动。

（李优美）

【《北京市园林绿化工程招标投标管理办法》宣传贯彻培训会】 11月19日，城镇绿化处和市园林绿化工程管理事务中心面向市园林绿化局相关处室和各区园林绿化局召开《北京市园林绿化工程招标投标管理办法》宣贯培训会议，共43人参加。培训着重对《北京市园林绿化工程招标投标管理办法》修订背景、目的和意义等基本情况进行介绍，对其中新增、重点条款逐一解读说明。

（李优美）

【重大项目竣工验收】 12月15日，市园林绿化工程管理事务中心对延庆冬奥森林公园建设工程进行竣工验收。该项目竣工验收标志着北京2022年冬奥会配套绿化工程进入建设高潮期。

（李优美）

【天安门及长安街沿线花坛布置工程项目管理】 年内，市园林绿化工程管理事务中心完成天安门及长安街沿线花坛布置工程项目管理工作。对天安门广场两侧绿地花卉布置方案进行重新设计，对花坛钢骨架进行现场质量检查。组织两次“三重一大”会议，明确合同内容及资金配比额度。召开3次专项会议对施工合同、资金拨付、工程进度进行研究、布置。

（李优美）

【获奖情况】 年内，市园林绿化工程管理事务中心荣获“北京大兴国际机场建设工作先进集体”；陈艺中荣获“北京大兴国际机场建设工作先进个人”。

（李优美）

【领导班子成员】

主　任　张增兵(2020 年 4 月免职)

马彦杰(2020 年 4 月任职)

党总支书记　郭永乘

副主任　耿晓梅

史京平(2020 年 4 月任职)

(李优美)

(北京市园林绿化工程管理事务中心：李优美 供稿)

北京市食用林产品质量安全监督管理事务中心

【概　况】 北京市食用林产品质量安全监督管理事务中心(以下简称市食用林产品安全中心)内设认证科、技术科、监测科和办公室共 4 个科(室)，有人员 17 人。食用林产品安全中心主要职责：本市食用林产品(含林果、蚕蜂、花卉)的质量安全检验检测及监测，食用林产品质量安全信息收集发布，食用林产品安全生产技术推广，本市无公害食用林产品产地、产品认定管理，承担食用林产品质量安全监督管理的相关事务性工作。

2020 年，在市园林绿化局正确领导下，市食用林产品安全中心努力推进全市监管体系建设，严格食用林产品质量监测监督，不断强化无公害认证管理，大力开展食用林产品安全技术知识宣传与推广，积极配合冬奥组委相关工作。

(林菲)

【监管体系建设】 年内，研究制订《食用林产品质量安全检验检测及监测规范》《食用林产品质量安全追溯导则》和《北京市食用林产品质量安全管理办法》《北京市食用林产品质量安全监测管理办法》《北京市食用林产品质量安全生产技术推广管理办法》《北京市食用林产品质量安全信息收集发布管理办法》及食用林产品“三库一平台”等 10 件基础性具体工作。

(林菲)

【安全监测检测】 年内，市食用林产品安全中心印发《北京市 2020 年食用林产品抽样检测方案》。抽样检测食用林产品样品，开展质量安全监测 4158 批次样品，其中风险监测(定性检测)2000 批次，监督检查(定量检测)1965 批次，抽样检测 193 批次，检测结果全部合格。开展“双随机”抽检工作 8 次，检测结果全部合格。开展以“食品安全行”“夏季食用林产品安全大检查”、节前检查、季度抽检等为主题的专项检查活动，累计涉及企业、合作社等生产主体 200 余家，抽检食用林产品 150 余批次。配合国家林业和草原局、农业农村部、北京市农业农村局、食药监部门、局检验检疫处开展全市 2020 年度林产品质量安全联合抽检及专项检查等工作，涉及葡萄、桃、苹果、梨、枣、核桃、土壤及农药食用情况、农药废弃物的处置情况等。

(林菲)

【无公害认证管理】 年内，市食用林产品安全中心完成新认证材料审核和现场检查取样89家、共150个品种，完成125家无公害产地、182个品种复查换证现场检查工作。完成产地及产品检测和认证材料审核。

（林菲）

【合格证制度试点】 年内，市食用林产品安全中心落实国务院“放管服”要求，根据《农业农村部关于印发全国试行食用农产品合格证制度实施方案的通知》要求，结合全市实际情况，制订《北京市2020—2022三年食用林产品合格证制度试行方案》。选择试点区及试点企业并完成培训推广工作 。

（林菲）

【追溯体系建设】 年内，市食用林产品安全中心组织专家和企业从制度建设、标准体系建设和技术平台建设三个方面着手，继续建立北京市食用林产品质量安全追溯平台。追溯平台注册试点企业91家，产品注册数量182条，追溯二维码申请数量646万条，激活数量45万条，追溯信息1719余条。

（林菲）

【土壤污染防治】 年内，市食用林产品安全中心围绕“让首都市民享受更高水准的食品安全保障”根本目标，配合市园林绿化局做好生态环境保护工作，通过质量控制实施中投入品管理和引导，减少农药化肥使用，逐步消除对食用林产品和土壤环境的影响。

（林菲）

【信息收集发布】 年内，市食用林产品安全中心完成更新动态信息、科普知识、业务之窗、技术园地、无公害认证信息等板块内容1055条。疫情期间，完成中央和市政府、农业农村部、国家林业和草原局对疫情期间食品安全工作相关文件精神传达落实。

（林菲）

【冬奥会餐饮果品供应基地遴选】 年内，市食用林产品安全中心根据冬奥组委《关于北京2022年冬奥会和冬残奥会餐饮业务领域工作任务分解表》工作安排，制定水果干果安全标准规范，准备第二批水果干果基地遴选工作。

（林菲）

【行业技术培训】 年内，市食用林产品安全中心对全市287名从业人员进行食用林产品质量安全检测技术和食用林产品质量安全追溯及无公害认证管理工作相关知识业务培训，促进全市食用林产品质量安全管理队伍整体业务水平提高。

（林菲）

【技术宣传推广】 年内，市食用林产品安全中心对动态信息版块每月进行一至两次更新，包括市食用林产品安全中心开展的业务工作和与食用林产品安全监管相关的资讯、科普知识等。

（林菲）

【领导班子成员】

主　任　崔东利(2020年3月免职)

　　　　张增兵(2020年3月任职)

书　记　袁士永

副主任　史玉琴

（林菲）

（北京市食用林产品质量安全监督管理事务中心：林菲 供稿）

北京市八达岭林场

【概　况】 北京市八达岭林场(以下简称八达岭林场)始建于1958年，是市园林绿化局直属全额拨款事业单位，下设6个职能科室、3个分场，有职工102人，其中管理岗位37人、专业技术岗位36人、工勤岗位29人，具有大专及以上学历94人，大专以下学历8人。

2020年，八达岭林场坚决贯彻执行市园林绿化局各项要求部署，扎实推进疫情防控，有序开展复工复产，顺利实施各项工程项目，创新开展森林文化活动，完成森林经营方案编制等科研任务。实有各类土地面积2940.52公顷，其中林地面积2912.52公顷，非林地面积28.33公顷。林地面积中，有林地面积1722.2公顷、灌木林地面积1104.5公顷、未成林地面积77.65公顷、辅助生产林地面积8.17公顷；森林覆盖率58.56%，林木绿化率96.12%。

（刘云岚）

【2020年度森林管护项目】 2月26日，八达岭林场上报该项目实施方案，投资1080万元实施森林抚育342.13公顷、森林有害生物防治466.67公顷、森林防火及林业有害生物监测2940公顷；3月4日，实施方案获市园林绿化局批复。5月20日至10月14日进行森林抚育施工，完成割灌、扩堰及林地清理342.13公顷，修枝、处理抚育剩余物313.27公顷，间伐、抚育材集运46.47公顷。5～6月，购置林业有害生物监测及防治相关物资；6～9月，实施药剂防治面积333.33公顷，生物天敌防治面积133.33公顷，未发现大规模检疫性有害生物。6～10月，完成防火宣传旗帜、宣传横幅、宣传展板、防火袖标、粘扣胸牌等防火物资及对讲机、电池和充电器等防火物资购置并发放到位；10月15日起，生态管护员在防火期(10月15日至翌年6月15日)内提前到岗并通过林场智能巡更系统(基于卫星定位的可视化管理系统)实时上报管护轨迹，森林防火指挥中心通过瞭望塔电视监测设备对林区启动周期性(15分钟)持续监测，扑火队24小时备勤；11月2～27日，经林场组织监理、施工单位进行自查，森林抚育工程及病虫害防治服务各项建设内容合格。

（刘云岚）

【义务植树活动】 3月25日，八达岭林场开启“全民义务植树系列活动”报名通道；6月12日，北京市“互联网+全民义务植树”基地工作会在林场召开；年内，八达岭林场接待各级机关、企事业单位、团体及个人26批次、3886人次，共植树2940株，颁发首都全民义务植树尽责证书 191 张，向中国地震灾害防御中心转交单位国土绿化证书 1 件。

（刘云岚）

5 月 8 日，中央国家机关参加春季义务植树活动（宋俊玲 摄影）

【涉林案件】 3 月 23 日至 9 月 28 日，八达岭林场辖区发生施工队私挪六林班内侧柏并砌毛石挡墙、八达岭特区进行边沟维修工程在四林班内堆放建筑材料、石佛寺村某租户在五林班内堆放建筑垃圾、石佛寺村委会在五林班内堆放建筑垃圾、石佛寺村村民挖地基致五林班内一处山体小面积滑坡、青龙桥火车站施工建设人行道路并砌筑围墙侵占二林班林地、未知人员在三林班内堆放垃圾 7 项涉林案件，均已立行立改，向涉嫌侵害森林资源单位及个人下达《停止施工告知书》3 件。

（刘云岚）

【“十四五”期间森林采伐限额测算】 5 月 15 日至 9 月 4 日，八达岭林场按照市园林绿化局“十四五”期间年森林采伐限额编制工作相关要求，以 2019 年“二类调查”数据成果为基础，在调查充分、技术参数明确、资源数据更新的基础上采用国家林业和草原局森林合理年采伐量测算系统进行软件“模拟测算”，结合八达岭林场“十三五”期间限额执行情况及“十四五”时期森林经营形势，测得森林合理年采伐限额建议指标 790 立方米，其中抚育采伐 690 立方米，占总量 87.34%，其他采伐 100 立方米，占总量 12.66%。

（刘云岚）

【编制《北京八达岭国家森林公园总体规划（2021—2029 年）》】 6 月 14 日至 8 月 20 日，八达岭国家森林公园与北京城市建设研究设计院有限公司 5 次会谈商讨《北京八达岭国家公园总体规划（2021—2029 年）》主题内容及编制需求；11 月 11 日，双方签订公园总体规划及建设地块修建性详细规划合同；12 月 21 日，形成《北京八达岭国家森林公园总体规划（2021—2029 年）》初稿。

（刘云岚）

【2019 年度森林抚育工程】 6～10 月，在八达岭林场第四、第九、第十二林班内进行割灌除草、扩堰、抚育间伐施工，施工总面积 353.33 公顷，其中割灌除草 352.57 公顷、抚育间伐 0.76 公顷，修作业路 2.52 千米，改善林分结构和林木生长环境，增强森林质量和森林景观效果。

（刘云岚）

【第十四届红叶生态文化节】 10 月 8 日至 11 月 2 日，北京八达岭国家森林公园以“依万里长城·赏千亩红叶”为主题开展第十四届红叶生态文化节，通过实行网上预约购票、执行体温检测及北京“健康宝”扫码入园、按照最大游客承载量的 75%限流开放等措施严控游园秩序，文化节期间，获北京电视台新闻频道《天气晚高峰》栏目、卫视频道《北京新闻》栏目、财经频道《首都经济报道》栏目及人民网、千龙网、中国新闻社、首都之窗等20余家媒体宣传报道，吸引游客2.2万人次到园赏游，实现收入55万余元，总收入同2019年相比增长14.6%。

（刘云岚）

【森林疗养基地认证】 11月25日，经中国林学会森林疗养分会组织专家现场审核，“北京八达岭国家森林公园森林疗养基地”基本符合森林疗养基地认证的四项原则和八项指标。12月14日，公园获得授牌，成为国内首家符合本土认证标准的森林疗养基地。

（刘云岚）

12月14日，中国林学会森林疗养分会领导为北京八达岭国家森林公园森林疗养基地授牌（市八达岭林场 提供）

【2020年森林生态效益补偿项目】 该项目由中央财政资金拨款37.26万元，通过生态效益补偿资金进行公益林管护。施工面积42.52公顷。11月23日，项目完工并通过林场检查验收。

（刘云岚）

【八达岭林场生态数据监测】 年内，安装在场部、八达岭森林公安派出所院内及八达岭国家森林公园的3套自动监测站正常运行，形成生态因子数据14万余条。经过对比分析全年数据，场部年平均颗粒物浓度略优于《环境空气质量标准》（GB 3905—2012）二类区限值，其中$PM_{2.5}$（细微颗粒物）年均浓度为每立方米26微克、PM_{10}（可吸入颗粒物）年均浓度为每立方米38微克；森林公园监测站附近负（氧）离子最大值为每立方厘米3650个，最小值为每立方厘米977个，平均值为每立方厘米1663个，负（氧）离子浓度达到中气象行业标准《空气负（氧）离子浓度等级》（QX/T380—2017）Ⅰ级标准。

（刘云岚）

【编制《北京市八达岭林场森林经营方案（2021—2030年）》项目】 年内，启动编制《北京市八达岭林场森林经营方案（2021—2030年）》项目。该项目通过购买社会化服务方式完成。7月，编制单位启动编纂。9月，编制单位完成《北京市八达岭林场森林经营方案（2021—2030年）》初稿；9月18日，初稿经市园林绿化局林场处组织的森林经营方案编制研讨会初评；10月20日，林场根据评审意见修改的《北京市八达岭林场森林经营方案（2021—2030年）》修订稿报送北京市林业勘察设计院；11月17日，《北京市八达岭林场森林经营方案（2021—2030年）》根据市林业勘察设计院反馈的修改意见进行二次修改；12月2日，《北京市八达岭林场森林经营方案（2021—2030

年)》通过市园林绿化局组织的专家评审。

(刘云岚)

【新冠肺炎疫情防控】 年内，八达岭林场严格落实疫情防控要求，自筹资金8.4万元购置、发放和储备防疫物资；辖区各出入口严格执行体温检测和验码登记制度；实施职工分散就餐措施，严控会议和现场活动。北京八达岭国家森林公园对社会公众开放期间(6月1日至10月15日)实行线上实名预约购票入园，确保人员和工作场所安全。

(刘云岚)

【实施工程项目】 年内，八达岭林场完成2019年度森林抚育工程、2020年森林管护项目、2020年森林生态效益补偿项目3个营林项目，抚育总面积737.93公顷；完成青龙桥分场污水处理设施建设及下水系统改造、山体滑坡治理、青龙桥分场水管线路铺装及改造、基础设施维护修缮、防火瞭望塔新铺设电缆、管护站设施提升改造6个基础设施项目，加固山体950平方米，改造、铺设引水管道940米，维修改造电缆1400米，修建木栈道32米，更换路灯30余盏；完成森林体验中心运维、2020年后勤保障项目、2020年森林防火扑火队保障经费3个运维保障项目。

(刘云岚)

【京藏高速(八达岭林场段)沿线景观提升工程植被养护】 年内，京藏高速(八达岭林场段)沿线景观提升工程处于植被养护期。5月9日，施工单位进场开工，对2474株白皮松、1610株油松、800株爬山虎进行浇水养护；6月2日，完成养护工作。

(刘云岚)

【丁香谷违建拆除及植被恢复】 年内，经市违建别墅问题清查整治专项行动工作专班排查认定，位于丁香谷的延庆区八达岭森林生态体验基地项目涉及违建木屋及配套房屋44栋、总面积6674平方米。1~8月，经市园林绿化局与市违建别墅问题清查整治专项行动工作专班、延庆区政府函商，八达岭林场与延庆区政府、北京市八达岭旅游总公司、北京八达岭森林旅游开发有限公司多方沟通，北京八达岭森林旅游开发有限公司于8月11日在林场监督下完成全部违建拆除。4月13日至11月23日，林场对丁香谷拆违地块进行植被恢复，涉及绿化面积1.3公顷，垃圾清运80车、回填土1500立方米，栽植白皮松、油松、华山松、暴马丁香、元宝枫、复叶槭、槲树、黄菠萝、黄栌、紫丁香等乔灌木1350株，栽植委陵菜、玉簪、爬山虎、山葡萄等各类植物4.1万株，修复护坡、铺设防护网1860平方米，加固围墙400平方米。

(刘云岚)

【有害生物监测与防治】 年内，八达岭林场有害生物监测面积2940公顷，设置固定监测点24个、各类监测设备72套(个)，监测病虫害14类，未发生大规模有害生物侵害林木情况；开展各类调查21次，实施天敌及药剂防治11次，举办调研、培训活动4次。1月，编制《八达岭林场2020年度有害生物防治方案》；3月，开展油松毛虫普查；3月31日，邀请市林保站及延庆区林保站对八达岭林场侧柏枯黄问题现场调研；4 月、9 月，分两期(均为期一个月)开展鼠害调查；5 月 1 日至 10 月 31 日，开展春秋两季(春季 5 月 1 日至 6 月 10 日，秋季 9 月 1 日至 10 月 31 日)松材线虫病普查；6~9 月，实施药剂防治 333.33 公顷，释放赤眼蜂 2000 万头、周氏啮小蜂 0.1 万头并投放花绒寄甲卵 40 万粒、异色瓢虫卵 2 万粒进行生物天敌防治 133.33 公顷；7 月，联合北京市有害生物防控协会开展松阴吉丁成虫识别及巡查技术培训；8 月 26 日，举办林业病虫害防控培训；10 月 21 日，举办林业有害生物越冬调查培训；10 月 27 日至 11 月 17 日，布设标准地 40 处(每处 0.2 公顷)开展油松毛虫、松梢螟、犁卷叶象、黄栌胫跳甲等林业有害生物越冬调查；12 月，印发《八达岭林场林业有害生物防治管理工作制度》。

(刘云岚)

【林木采伐】 年内，八达岭林场办理疫木及枯死木采伐、铁路两侧危树采伐、2019 年森林抚育项目林木采伐、2020 年森林管护项目间伐、十二林班枯死树采伐、落叶松科研样地采伐及八达岭特区枯死木采伐等 8 件林木采伐(间伐)手续，合计采伐林木 8736 株，采伐蓄积量 524.14 立方米。

(刘云岚)

【林地审批手续办理】 年内，八达岭林场办理工程项目临时占用林地审批手续 2 件，其中“长城 67—69 号敌台及两侧墙体保护修缮工程”占用林地 0.28 公顷，“康西、杏西 35kv 线路迁改项目”占用林地 0.01 公顷；办理直接为林业生产服务项目占用林地审批手续 1 件：“青龙桥分场污水处理设施建设”项目占用林地 0.01 公顷。

(刘云岚)

【森林防火】 年度防火期内，八达岭林场内部签订森林防火责任书 14 份；通过八达岭森林公安派出所与八达岭地区联防单位、林区施工单位签订责任书 39 份；重要节点期间增加护林员 40 人重点看护进山入口；防火期看护辖区内零散坟头 187 个，跟随祭扫民众 166 人进出 61 批次，劝阻进山人员 240 人，劝阻进山车辆 86 次，登记因施工等原因进山车辆 30 次，禁止野外吸烟 1.5 万次；清理防火隔离带 50 万平方米、可燃物面积 28.34 万平方米、杨毛柳絮飘浮面 16.5 万平方米；布置防火宣传展板 15 块、宣传横幅及宣传旗帜各 80 面，配发防火袖标及胸牌 180 个。

(刘云岚)

【森林体验中心运维运营维护项目】 该项目批复金额 256.47 万元，其中劳务派遣费 150.26 万元，园林绿化及设施维护费 61.7 万元，广告宣传费 24.52 万元。年内，该项目完成红叶岭绿化养护 1200 平方米、青龙谷绿化养护 6800 平方米，游览道路割草与维护 3640 米，更新木桩篱笆 50 米，维修洗手间 4 座、休息亭支柱 10 立方米、垃圾桶 100 组、休息座椅 8 处、石碑 2 处，铺砖路面 2 处，平整石子路 1 处，宣传牌清洁并刷桐油 36 块及其他零星设施修缮；派遣保洁员 28 名 4640 人次，讲解员 5 名 1825 人次，票务人员 3 名 1095 人次；拍摄宣传视频 12 个，照片 300 余张；以森林体验为理念制作特色植物钥匙链、渔夫帽、棒球帽等 8 款文化纪念品共计 800 个；布置展板 34 张、异形展板宣传部件 36 个、亚克力字牌 8 套、警戒线 20 条、二维码落地展架 8 个、健康宝二维码落地展架 2 个、条幅 8 个、宣传折页 100 份、红叶节宣传展板 4 个、垃圾分类铜制标牌 350 个、指路牌 2 个。

（刘云岚）

【八达岭林场管护站设施提升改造项目】 该项目位于北京八达岭国家森林公园青龙谷，获批资金 539464.22 元，建设内容主要包括修建园艺驿站到森林教室的木栈道 32 米、铺设大本营到疗愈中心的引水管道 790 米。年内全部完成。

（刘云岚）

【森林文化活动】 年内，因新冠肺炎疫情影响，3 月 26 日至 6 月 4 日，北京八达岭国家森林公园开启“云游”模式，以“云游八森”为系列活动主题，通过公园官方微信平台发布系列风景图文帖及自制科普微视频，使公众足不出户即可满足“疫”时需求领略公园风景。7 月 31 日至 11 月 1 日，公园通过线上招募、线下开展形式，组织森林疗养活动 6 次，开展各类自然教育活动 10 次，累计参与人数 484 人。

（刘云岚）

【接待参观考察】 年内，八达岭林场接待中央、市属、驻区机关企事业单位和团体参观考察 34 批 700 余人次。

（刘云岚）

【获得荣誉】 6 月，八达岭林场经中国林场协会评定，蝉联全国十佳林场（2020 年—2024 年）；12 月，经北京市园林绿化工程质量监督站评定，八达岭林场获北京市安全生产标准化二级单位证书(2021 年 1 月至 2024 年 1 月)。

【领导班子成员】

党委书记、场长	朱国林
党委副书记、副场长	赵广亮
副场长	裴　军
纪委书记、副场长	陈庆合
副场长、工会主席	吴晓静
副场长	李黎立

（刘云岚）

（北京市八达岭林场：刘云岚 供稿）

北京市十三陵林场

【概　况】 北京市十三陵林场(以下简称十三陵林场)建于 1962 年，是北京市园林绿化局直属正处级全额拨款事业单位。2020 年下设 7 个科室、6 个分场。人员编制 115 个，职工总数 181 人，在册正式工作人员 105 人、离退休人员 76 人。在册正式工作人员中，管理人员 40 人、专业技术人员 32 人、工勤人员 29 人、见习期 4 人；

具有大专以上学历87人、大专以下学历18人。

2020年，十三陵林场管辖林区范围东至半壁店、南接昌平城区、西至四桥子、北至上口，平均海拔400米，林区最高峰为沟崖中峰顶，海拔954.2米。年内，十三陵林场实有各类土地面积8561.29公顷，其中：林地面积8485.88公顷、非林地面积75.41公顷；林地面积中，有林地面积6931.63公顷、宜林地面积8.68公顷、未成林造林地20.35公顷、苗圃地面积14.69公顷、疏林地面积409.81公顷。森林覆盖率80.96%，森林绿化率91.08%。

（李敏）

【十三陵国家森林公园——蟒山景区收回筹备项目】 5月19日，十三陵林场收到北京金隅凤山温泉度假村有限公司(以下简称金隅凤山)《关于终止蟒山森林公园合作经营协议的函》，要求终止合作协议，全面退出蟒山森林公园经营管理。8月5日，十三陵林场给予金隅凤山《关于终止蟒山森林公园合作经营协议的复函》，同意双方终止合作协议，协商推进交接事宜。同时，开展蟒山景区详细规划、运营维护项目方案编制工作，内容涵盖绿地养护管理、设施维护、岗位设置，生态系统功能提升、森林季相景观提升，打造丰富森林文化教育、康养场所等；与北京市精品公园——香山公园结成帮扶共建对子，学习交流公园运营管理、人文服务、安全安保等多方面经验，探讨蟒山公园发展新思路；联系林学会、中林联，对森林旅游、康养、自然教育等功能进行论证和研究；初步尝试开展森林大讲堂和悬挂人工鸟巢等森林体验活动，增加职工对森林体验认识和了解。

（李敏）

【中央环保督察组发现问题整改】 9月7日，十三陵林场接到《北京市配合中央生态环境保护督察工作领导小组办公室关于中央第一生态环境保护督察组开展问询的通知》后，及时成立“被破坏林地问题整改工作领导小组”，启动自查自纠问题整改工作。先后召开6次会议，对调查取证、林地恢复、自查自纠等工作进行具体部署，并以此为契机，开展“以案为鉴、举一反三”问题排查，梳理问题207项，建立问题台账，推进问题整改。

（李敏）

【成立十三陵林场牛蹄岭分场】 10月12日，十三陵林场第22次党委会决议通过成立牛蹄岭分场。10月13日，十三陵林场牛蹄岭分场正式挂牌成立。

（李敏）

【京张高铁十三陵段绿色通道建设工程】 年内，十三陵林场完成京张高铁十三陵段绿色通道建设工程。该工程建设面积47.8公顷，涉及虎峪、花园和东园分区，总投资572.36万元，完成新植常绿乔木5098株、落叶乔木1786株、亚乔木5528株、攀缘植物爬山虎1200株，以及配套作业道、护栏、灌溉工程等。2月21日完成立项审批工作，4月3日完成招投标工作，4月27日施工单位进场施工，11月27日完成全部建设任务，12月4日经四方验收，苗木总体成活率99.02%。

（李敏）

5月26日，十三陵林场领导检查京张高铁十三陵段绿色通道建设情况(贾婉 摄影)

【森林管护项目抚育工程】 年内，十三陵林场完成2020年森林管护项目抚育工程。该项目工程位于四桥子、燕子口、定陵等分区。完成割灌306公顷、修枝199公顷、疏伐368公顷、抚育剩余物处理237公顷、扩堰172公顷、抚育材集运180公顷、修建简易道路2200米。6月19日施工，12月完成全部项目。

(李敏)

【中央森林生态效益补偿项目】 年内，十三陵林场完成2020年中央森林生态效益补偿项目。该项目位于燕子口分区，涉及7个小班，总面积63公顷，完成割灌63公顷、修枝63公顷、间伐39公顷、抚育剩余物处理63公顷。

(李敏)

【十三陵林场监测站建设项目】 年内，十三陵林场推进监测站建设项目。该项目主要对十三陵林场人工针叶林开展长期连续监测，建设内容为地面监测站仪器设备购置与支撑设备购置。在蟒山分区10小班设立监测塔，12月底，监测塔主体安装完成，整个项目设备全部运到，塔上设备安装完毕并投入前期调试，开始进行数据采集，部分设备将于2021年安装调试使用。

(李敏)

【浅山拆迁腾退地造林工程】 年内，十三陵林场完成2020年浅山拆迁腾退地造林工程。该工程建设面积24.7公顷，涉及沟崖、思陵、虎山、定陵和牛蹄岭分区，总投资988.48万元，完成新植常绿乔木5252株、落叶乔木3898株、亚乔木1561株、灌木1848株、地被植物67060平方米，以及配套作业道、护栏等。4月15日完成立项审批，6月24日完成招投标工作，7月28日施工单位进场施工，11月25日完成全部建设任务，11月30日经四方验收，苗木总体成活率96%。

(李敏)

十三陵林场浅山腾退地造林工程(王丽娟 摄影)

【生态效益监测仪器设备采购项目】 年内，十三陵林场推进生态效益监测仪器设备采购项目。该项目主要是在林场其他分场内建立对照监测点，与蟒山分区内固定监测塔数据形成对比，对林场生态系统进行长期连续动态数据监测，科学获取森林特征、生态系统服务功能、生物多样性、植物物候、气象、水文、土壤等森林指标数据。12 月底设备全部到位。

（李敏）

【**2019 年中央财政森林抚育补贴项目**】 年内，十三陵林场完成 2019 年中央财政森林抚育补贴项目。该项目位置在花园、居庸关、南站、上口、蟒山和东园等分区的 19 个小班，完成修枝 357 公顷、割灌 620 公顷、修树盘 263 公顷。该项目于 7 月 17 日由市园林绿化局检查小组验收。

（李敏）

【**编制《北京市十三陵林场森林经营方案（2021 年—2030 年）》**】 年内，十三陵林场编制完成《北京市十三陵林场森林经营方案（2021 年—2030 年）》。该方案以 2019 年二类调查数据为基础，分析、评价十三陵林场上一个经理期内森林资源经营及建设状况，划定新一轮经理期内森林资源生态功能分区和森林经营类型，从中幼龄林抚育、森林保护、森林游憩、林业信息化、科学研究与示范等多方面进行规划、投资概算与效益分析。方案经市园林绿化局评审通过并执行。

（李敏）

【**林业科技建设**】 年内，十三陵林场持续推进林业科技建设。"北京地区侧柏林分景观提升示范与推广项目"进入全面实施阶段，十三陵林场与项目技术支持单位北京林业大学课题组完成项目示范与推广施工方案，项目包括蟒山分区针叶纯林林分结构调整，燕子口分区高密度中、幼龄侧柏人工林精准量化抚育及居庸关分区景观提升示范。聘请北京农业职业学院教授为项目技术顾问指导，11 月中旬完成主体示范施工任务，包括 3 个分区示范样地布设选址 18 块，抚养间伐、林分结构调整、景观提升示范 66.7 公顷。11 月 30 日，组织专家评审，完成施工验收。编制《北京市十三陵林场国家级白皮松良种基地 2020 年度作业设计》《北京市十三陵林场国家级白皮松良种基地发展规划（2020—2025）》。完成白皮松母树林和种质资源保存库抚育管理和苗木生长情况调查、白皮松无性繁殖技术试验、白皮松种质资源收集、白皮松优良种源筛选、基地树种结构调整以及基地内白皮松高效育种园的白皮松及其他育种苗木日常精细化养护管理等工作。同时，探索建立林业专家智库，制订《专家库管理办法》，聘请北京林业大学、中国林科院、北京农业职业学院专家学者，参与林业项目编制和实施。

（李敏）

【**编制《十三陵国家森林公园总体规划（2020 年—2030 年）》**】 年内，十三陵林场编制《十三陵国家森林公园总体规划（2020 年—2030 年）》。此项工作于 2019 年 4 月启动，2019 年 12 月根据中办、国办《关于建立以国家公园为主体的自然保护地体系的指导意见》要求，不断进行优化完善。年内，林场先后 4 次向市园林绿化局相关单位汇报规划编制情况，并按照要求不断修改完善。

（李敏）

【**林政资源**】 年内，十三陵林场办理 1 项枯死树采伐手续，采伐枯死树443株；办理2件林业服务设施占用林地手续；接报12起侵占林地事件；接到1宗林地赔偿纠纷诉讼案件。

（李敏）

【森林防火】 年内，十三陵林场召开6次森林防火部署会议，接受各级森防指挥部检查6次。清明节、“五一”期间增加临时护林员24名，3月31日至5月31日期间累计巡逻1848人次，累计巡逻里程21403千米，实现无重大森林火灾和无人员伤亡目标。对重点部位做到定点把守、重点防范，对重点时段做到增加巡护力量。野外火源管控13个工作组，发现野外违规用火4起，制止4起，整改隐患1处。

（李敏）

【有害生物防控】 年内，十三陵林场配合昌平区有害生物指挥部做好春秋两季松材线虫病普查工作，组织巡查600公顷，出动巡查1500余人次，未发现松材线虫病。购置各类诱捕器32个，诱芯及诱液300多瓶，释放天敌蠋蝽5.5万头，悬挂赤眼蜂卵卡6000张，释放肿腿蜂10万头。做好危险性林业有害生物监测工作，在全场范围内新增悬挂美国白蛾诱捕器5个，红脂大小蠹诱捕器4个，松墨天牛诱捕器2个，双条衫天牛诱捕器50个，栎粉舟蛾诱捕器4个，及时记录虫情。通过对结果进行统计，未发现美国白蛾、红脂大小蠹、松墨天牛、栎粉舟蛾等有害生物。

（李敏）

【古树名木保护】 年内，十三陵林场与各分场签订《古树名木保护责任书》，落实管护责任。对辖区内38株古树名木加强日常养护，包括冬水、有害生物防治、清理树下枯枝等。4月为上口分区古柏古树群修建1000米巡护小路；11月为沟崖分场古银杏“帝王树”更换新围栏；做好春、秋两季对生长情况进行检查，确保古树生长状况良好。

（李敏）

【党的建设】 年内，十三陵林场党委组织开展理论学习中心组学习15次，围绕4个专题开展研讨交流6人次。组织开展党员及入党积极分子培训52人次。召开党委会30次，研究决策京张高铁绿色通道、浅山腾退等重大事项110项。开展警示教育20次。全场106人签订111份个性化责任书。制定5项制度，完善5项制度，废止8项制度，组织制度宣讲2次。

（李敏）

【领导班子成员】

场长、党委副书记　王　浩
副场长　王玉雯　于　洋
　　　　任本才　胡东阳
纪委书记　王玉雯
工会主席　张文荣(2020年4月免职)
　　　　于　洋(2020年4月任职)

（李敏）

（北京市十三陵林场：李敏 供稿）

北京市西山试验林场

【概　况】 北京市西山试验林场(简称西山林场),地跨海淀、石景山和门头沟3个行政区,直属市园林绿化局(首都绿化办)领导,为城市景观生态公益型国有林场。截至2020年底,西山林场有职工167人,其中管理岗位59人;专业技术岗位62人,其中副高级工程师7人,工程师30人,助理工程师24人,技术员1人;工勤岗位46人,其中技师2人,高级工33人,中级工10人,初级工1人。

2020年,西山林场坚决贯彻执行市园林绿化局(首都绿化办)党组工作部署,积极有序推进各项工作进展,圆满完成年度工作任务。

(成新新)

【完成场圃融合】 年内,西山林场按照市园林绿化局党组批准的温泉苗圃改革方案、场圃融合发展方案,坚持以"全场一盘棋"观念,贯彻执行各项融合任务。进一步整合优化科室设置,理顺管理机构,明确岗位职责。组织召开场圃融合工作会,坚定融合发展方向和发展定位,明确重要岗位人员任命,积极稳妥推进场圃人员融合、资产融合、事业融合。

(成新新)

【森林管护项目】 年内,西山林场完成林场森林管护(中幼林抚育)项目,完成抚育面积405.67公顷。完成林场2020年中央林业改革发展资金(森林生态效益补偿)项目,抚育面积52.9公顷。履行《联合国森林文书》示范单位建设补助项目(第二阶段)工作任务,编制《西山林场森林经营方案》,建设森林景观游憩示范林20公顷,增设中英文牌示50套,开展森林经营成效监测体系建设,开展技术培训及对外交流和宣传活动。履行《联合国森林文书》示范单位建设项目(第二阶段)配套资金项目内容,完成修建景墙护坡1处、铺设森林步道800米、营建野生动物饮水点1个。

(成新新)

【森林资源保护】 年内,西山林场签订《森林资源管护责任书》,完成2020年森林督查暨森林资源管理"一张图"年度更新工作,完成年度自查核查任务,按时上报成果数据。西山林场攻坚克难,狠抓挂账问题整改,完成香山南正黄旗甲17号院(永福山庄)违建拆除工作。两次正式函告、三次约谈当事人,召开场级专题会议14次,与海淀区相关职能部门召开协调会议9次,通过借助属地政府力量和法律途径圆满解决。依法办理占用林地手续3件,占用林地0.76公顷。办理采伐手续3件,其中工程采伐手续1件,采伐林木8株;抚育采伐手续2件,采伐林木66621株。

(成新新)

【森林防火】 年内,西山林场在2019~

2020年森林防火期持续加强组织领导，压实责任，召开森林防火部署会12次，逐层签订《森林防火工作责任书》150份。101名护林员和50名扑火队员足额上岗，在清明节和“五一”期间增派护林员，加强看护巡查力度。加强进山火源管控力度，在23处主要进山路口和检查站点配备火源检测仪、火源收缴箱和安检公示牌。加强公园内道路两侧洒水湿化作业、无人机巡查等防火措施。加强护林防火宣传力度，发放宣传材料55000份，张贴宣传海报1300份，集中开展护林防火宣传活动49次，受众人员14万人，增设固定型宣传扩音器15个、背负式扩音器60个、便携式扩音器100个，加挂防火宣传横幅200幅。防火阻隔系统安全稳定，12个护林防火检查站、4个防火瞭望塔及全场防火公路运转正常。辖区内未发生森林火情。

（成新新）

【林业有害生物防治】 年内，西山林场开展年度林业有害生物普查工作，完成侧柏普查面积3212.9公顷，油松普查面积2445公顷，常发性林业有害生物发生面积明显下降，危害程度总体表现为轻度发生。悬挂桃潜叶蛾、红脂大小蠹等各类常发性林业有害生物和检疫性林业有害生物诱捕器1088套，监测面积5282.33公顷；开展物理防治面积73.69公顷；释放管氏肿腿蜂280万头、周氏啮小蜂1.7亿头、赤眼蜂3.5亿头、花绒寄甲11万头、蒲螨3.9亿头。发布6次虫情信息。及时掌握病虫害的发生时期和发生虫态，为精准防治工作提供可靠依据。

（成新新）

【古树名木管护】 年内，西山林场开展古树复壮及养护项目。进行古树生长状况巡查45次。对魏家村、静福寺等处13株古树进行复壮，确保古树健康生长。

（成新新）

【野生动植物保护】 年内，西山林场加强相关法律法规学习宣传工作。印刷相关法律法规、名录和《野生动植物保护工作手册》200册。组织全场人员重点学习《北京市野生动物保护条例》相关内容，制作《条例》亮点解读宣传海报32份。开展林区范围内野生动植物初步调查12次，累计记录到鸟类等野生动物71种、900多只次，记录黄檗、白首乌等重点保护野生植物8种。

（成新新）

【西山国家森林公园景观提升】 年内，西山国家森林公园以项目为依托，不断提高环境质量，开展全国政协义务植树重大活动，栽植苗木2600余株。结合森林公园运营维护项目，加大植物管护力度和专类园区建设，补植各类苗木626株，播种甘野菊20千克，补植草坪1500平方米，补植品种月季500株，补植地被花卉3万余株。

（成新新）

【方志书院建设】 年内，西山林场成立专项工作领导小组，全力推进各项工作，着力将西山方志书院打造成生态文明教育基地和展示首都生态文明建设成果重要窗口。西山方志书院互动体验项目完成方志文化体验、森林文化体验和图书数据库建设；配套设施项目完成家具布置、标识牌安装、垃圾桶摆放、座椅布置；运营维护项目物业进驻，完成图书运维工作；展览展示项目完成方志文化展布展工作，西山文化画卷、森林文化展、西山印迹展布展工作有序推进。同时，西山林场组建书院筹备办公室，全面做好展陈布展、讲解员队伍建设、图书管理、安全及后勤保障等工作，确保各项工作有序开展。

（成新新）

【森林文化建设】 年内，西山林场以公园为载体，宣传生态文化、弘扬红色文化，开展丰富多彩的森林文化活动。举办2020年西山线上森林音乐会，举办10场全国中小学生研学实践活动和生态文明体验活动，拍摄视频5部。西山无名英雄纪念广场接待参观团体89个，约3000人，接待无预约零散游客数量超过5万人。完成西山无名英雄纪念广场海淀区爱国主义教育基地申报评审和北京市文化和旅游局红色旅游景区复核工作，复核结果达到优秀水平。

（成新新）

【安全保障建设】 年内，西山林场开展季度安全生产大检查，在端午节、国庆节等重点时期开展安全生产专项检查。严抓西山国家森林公园安全保卫工作，在公园入口及主要区域设置警示牌25块。落实防汛工作责任制，认真开展防汛隐患排查整改。进一步做好文物保护工作，修建狮子窝摩崖石刻护栏20米，树立文物保护提示牌2块。开展安全培训和应急演练。组织开展安全生产答题培训活动，参与人数140余人。加强值班值守和应急处置。严格落实林场三级24小时值班制度。做好应急保障工作，加强应急值守与信息报送，转发各类预警36次。

（成新新）

【领导班子成员】

场长、党委副书记　姚　飞

党委书记　梁　莉（2020年4月免职）

蔡永茂（2020年4月任职）

副场长　安玉涛　张文荣

白正甲（2020年11月任职，保留正处级待遇）

邵占海（2020年11月任职）

王金刚（2020年11月任职）

总工程师　梁洪柱

纪委书记　邵占海（兼职）

（成新新）

（北京市西山试验林场：成新新 供稿）

北京市共青林场

【概　况】 北京市共青林场（以下简称市共青林场）隶属北京市园林绿化局全额事业单位。1962年2月，林场林地归新建的北京市潮白河林场管理，标志着林场正式成立。“文化大革命”中，林场肢解后部分下放。1978年，林场归属市林业局。1979～

1982年，林场更名为潮白河试验林场，属林业部与北京市双重领导。1982年，又归属市林业局领导，1984年，重新命名为共青林场，时任中共中央总书记胡耀邦亲笔题写场名。共青林场内设办公室、人事科、计财科、森林资源管理科、公园管理科、政工科、后勤服务科，3个林业分场(河南村分场、郝家疃分场、李遂分场)，有职工74人。共青林场沿潮白河(顺义段)两岸分布，是北京地区最大的平原生态公益林场。2013年9月30日正式建成共青滨河森林公园，并成立公园管理科。

2020年，市共青林场在市园林绿化局正确领导下，在各机关处室大力支持下，围绕“四个林场”和“场园一体”建设，圆满完成各项任务。市共青林场有林地面积1000公顷(其中85%的林地铺设渗灌)。

(王博)

【森林资源管理】 年内，市共青林场按照市园林绿化局部署安排，开展林政管理自查自纠，核查林地1000公顷，房屋设施24处，出租出借林地和利用林地合作经营情况12件，未有侵害群众利益、非法侵占林地绿地、违建超建、裸露林地以及其他违规违纪违法问题。依法完成森林公园新建卫生间和4座森林防火瞭望塔的占地申报并取得批复手续，申请占地面积332平方米。完成全场1000公顷共5299株枯死树调查、采伐及清理工作，清理枯死树692立方米。完成浇水、修枝、割草等森林抚育1120公顷·次；清理子堤芦苇66.67公顷·次；树木涂白面积574.57公顷。采取围环、喷雾、熏烟、飞防、剪网幕、悬挂诱捕器等多种措施做好林业有害生物防治工作，防治面积800公顷·次。做好森林防火工作，出动人员约2000人次，机械约300台(班)，特别是对飞絮重点区域(东方太阳城居民区及公园停车场等人群密集区域)5000余株杨树注射飞絮抑制剂，极大程度减少飞絮数量，避免火情发生。

(王博)

【提升公园综合效益】 年内，市共青林场坚持“场园一体”，加大精品景观林改造力度，完成郝家疃工区和小胡营工区共计4公顷的林间空地补植补造，主要栽植白皮松、山桃等13个品种大规格优质乔灌木2574株。强化公园主路景观提升，沿公园一级路补植、增植白皮松、乔松、绚丽海棠等苗木1541株。特别是沿公园主体广场景观大道建设春季樱花景观园，栽植日本山樱180株、染井吉野110株、炫丽海棠125株、常绿乔木98株，以点带面推动森林生态景观价值提升，形成“三季有彩、四季常绿”森林景观效果。坚持“文化引领”，“五一”“十一”等重大节日期间，在公园重点景观节点摆放各类草花9.08万盆，烘托节日气氛。公园接待游客量81万人次，接待各机关企事业单位活动75批5000人次。

(王博)

【落实“接诉即办”】 年内，市共青林场接到市民有效诉求54件。其中属疫情防控管理7件，飞絮治理3件，日常管理44件。

(王博)

【义务植树】 年内，市共青林场接待人社部、水利部、各驻京办等30批义务植树尽责活动，累计3000人次参与，折算尽责株数约 9000 株，发放尽责证书 1500 份。

（王博）

【国家北方罚没野生动植物制品储藏库项目建设】 年内，市共青林场按照国家林业和草原局及市园林绿化局部署要求，主动跟进、靠前服务、精心组织，推进国家北方罚没野生动植物制品储藏库项目建设进度。该项目于 4 月 6 日开工，截至 2020 年底，完成储藏库一期装修改造工程，二期展陈布置设计及施工持续推进，初步具备收储能力。

（王博）

【党风廉政建设】 年内，市共青林场认真编制个性化《权责清单》。通过全面理清权力事项、规范权力运行程序、明确行使主体，找准找实风险点，消除盲点，完善防范措施，强化日常监督，不断提高廉政风险防范精准度。组织各支部、分场、科室编制签订《岗位廉政风险责任书》，并针对责任书个性化和全覆盖签订情况开展专项指导和审查。严格执行《北京市园林绿化局关于事业单位改革中严明纪律要求的通知》，明确"六个严守""七个不准"，强化监督执纪问责，为改革顺利推进提供坚强的纪律保障。持续加强廉政教育，国庆、春节等重要节日期间印发反"四风"廉洁自律通知，加强教育引导。曝光典型案例，深刻吸取王民中等违法犯罪案件教训。组织全体党员干部职工开展"以案为鉴、以案促改"警示教育，进行深刻反思、举一反三，警钟长鸣。坚持把纪律挺在前面，持续加大执纪问责力度。运用好监督执纪第一种形态，利用谈心谈话、民主生活会、组织生活会等契机，经常性地进行思想交流，开展批评与自我批评，让红脸出汗成为常态。持续整治形式主义、官僚主义。按照《北京市园林绿化局关于持续解决形式主义官僚主义问题进一步改进工作作风的通知》，明确牵头部门和责任单位，查找问题并及时整改。认真学习《习近平关于力戒形式主义官僚主义重要论述选编》《形式主义官僚主义问题认定与处理实务》《破除形式主义官僚主义法规制度学习手册》等学习资料，不断深化思想认识。

（王博）

【领导班子成员】

场　　长　律　江

党委书记　张海泉（2020 年 4 月免职）

　　　　　律　江（2020 年 4 月任职）

党委副书记　徐小军（2020 年 4 月免职）

纪委书记、工会主席　徐小军（2020 年 4 月任职）

副 场 长　孙孟彬　石　云

总　　工　邢长山

工会主席　李奎文（2020 年 4 月免职）

（王博）

（北京市共青林场：王博 供稿）

北京市京西林场

【概　况】 北京市京西林场（以下简称京西林场）于2017年1月12成立，隶属北京市园林绿化局正处级公益一类事业单位，核定编制68人，2020年末实际在编52人，其中管理岗位33人，专业技术岗位16人，试用期3人。现有综合办公室、人事科、计财科、资源管理科、资源保护科5个职能科室和木城涧、北港沟、千军台、长沟峪4个分场。场部位于北京市门头沟区中门寺街7号，林区分布在门头沟区和房山区两区，由大台、大安山、长沟峪、珠窝、雁翅、河南台和二斜井7个林区组成，东西跨度约120千米，南北跨度约100千米，最高峰为斋堂山，海拔高度为1613米。根据第九次森林资源二类调查数据核定，林场总面积11631.5公顷，其中林地面积11277.5公顷，占林场总面积的96.9%，非林地面积354公顷，占林场总面积的3.1%，森林覆盖率29.7%，林木绿化率60.9%。

2020年，京西林场深入贯彻落实市委、市政府和局（办）党组工作部署，扎实做好新冠肺炎疫情防控，有序推进复工复产，圆满完成造林营林、森林防火、林政资源管理等重点工作。

（周遵秀）

【市园林绿化局领导深入京西林场调研】 2月18日、5月20日、7月17日，市园林绿化局局长邓乃平分别到京西林场开展调研指导。强调：要在抓好疫情防控的同时，认真梳理林场各项年度重点工作任务，做好建设项目前期手续办理和招投标等准备工作，科学制订复工复产计划，高质量完成好全年造林任务；要加强干部队伍建设，逐步解决技术力量薄弱问题，凝心聚力、共谋发展；要持续加大资源管护力度，通过森林健康经营和森林抚育等措施，主动挖掘、努力打造文化元素，带动生态与文化融合发展，培养健康稳定森林生态系统；加快推进分场与管护站点建设，尽量保留原始风貌，体现古村落特色，在建设中要尊重自然，着眼于长远，做到人与自然和谐相处；加快实施防火基础设施，注重防火功能与周边景观相结合；要靠前指挥森林防火、病虫害防治、森林抚育等重点工作；加强分场基础设施建设和周边环境整治，营造良好环境；科学规划设计，加强理论指导和技术培训，把近自然经营科学理念落到实处。

（周遵秀）

【市领导调研京西林场基础设施建设和森林资源培育情况】 10月27日，北京市副市长卢彦专题调研京西林场基础设施建设和森林资源保护培育工作。现场查看基础设施建设、造林营林、森林资源保护、生物多样性示范、护林防火等情况，强调：要加强队伍建设和人员管理，关心关爱一线职工，开展专业技能培训，确保干部职工以饱满工作热情、严谨工作态度、专业化技能水平做好各项工作；加强基础设施建设，加快推进分场建设，加强林区通信网络及防火道路建设，配备森林防火视频监控、林业有害生物及野生动植物监测设施设备，推进林场现代化、标准化建设；加强森林资源保护，坚决杜绝麻痹思想，全面履职尽责，周密部署，压实森林防火各项责任；加强对重点地区时段及重点人群风险防范，狠抓野外火源管理，严防死守、管控到位；加强林业有害生物防治、野生动植物保护，守护好绿色生态屏障；加强森林资源培育，抓好宜林荒山造林和废弃矿山生态修复，逐步增加森林资源面积；坚持近自然经营理念，推进森林健康经营，改善林分结构，增强生物多样性，提升森林质量，为市民提供良好生态福祉。

（周遵秀）

【园林驿站建设】 7月，京西林场经首都绿化委员会批复实施园艺驿站建设项目。项目于9月底建成，并面向社会开展野外探秘、园艺插花、森林康养露营、防火演示体验活动19次。

（周遵秀）

【森林防火】 年内，京西林场加强监管和巡护值守，成立靠前森林防火指挥部，落实24小时三级带班值班制度，让调度指挥、巡查备战关口前移，与施工单位和工作人员全员签订《防火安全责任书》；用好护林员和专业扑火队员两支队伍，抓好重点时间、部位、节点巡护值守，及时消除安全隐患。建立健全火灾隐患台账和自查自纠长效机制，组建工作专班，协调属地政府对农耕生产剩余物集中清理，疏堵结合、预防为主；对林区内散坟进行全面摸排，利用arcgis软件建立8703个散坟数据库信息，推送温馨提示引导市民文明祭祀。加强森林防火宣传，提高公众防火意识，与属地部门开展联防联控，定期开展森林防火演练；及时推动“森林防火码”应用，做好进山人员信息登记和防火宣传，有效防范人为火源。建成森林防火指挥中心和17套高清无人值守监控探头，加强火情实时动态监测，覆盖度85%；利用无人机对重点地区空中巡视，开启对讲功能宣传；按标准储备足够数量物资，对扑火装备、车辆、机具加强日常检修和维护保养，确保装备完好率100%。

（周遵秀）

【林政资源管理】 年内，京西林场注重加强林政管理，及时对15个抚育小班和3个新建管护站点办理采伐和占地手续，通过遥感影像对林场8个疑似图斑、1324个小班进行分析研判，对“一张图”进行年度更新。加强林业有害生物防控，对1293.3公顷林地开展有害生物普查，重点跟踪预防松材线虫和美国白蛾发生情况。

（周遵秀）

【造林营林】 年内，京西林场完成新一轮百万亩造林任务527.6公顷，其中浅山台地造林327.6公顷，浅山荒山造林200公顷；完成京津风沙源治理二期工程困难地造林413.3公顷，实现造林安全零事故，苗木成活率85%。完成森林抚育429.9公顷，封山育林333.3公顷，防火巡护11640公顷，有害生物防治566.7公顷。

（周遵秀）

【编制森林经营方案】 年内，京西林场依据第九次园林绿化资源专业调查数据，结合《京西林场生态建设与发展规划（2017—2030年）》，依托北京林业大学专业力量，根据林场实际和发展目标，编制完成《京西林场森林经营方案（2021—2030年）》。

（周遵秀）

【生物多样性保护监测】 年内，京西林场与北大山水自然保护中心、中华环保基金会等社会公益组织合作，开展生物多样性保护监测工作。在曹家铺林区开展山地生态系统生物多样性恢复示范区建设，总面积26.6公顷；在斋堂山—大安山林区，建立蚂蚁森林京西公益保护地，总面积1900公顷；建立北京市园林绿化国际合作基地和全国首家生物多样性公众教育基地。开展反盗猎巡护，查获一起非法盗伐“崖柏”野生林木案件。林区布设红外相机40台，监测到兽类19种，鸟类96种，其中包括国家一级保护动物褐马鸡种群。

（周遵秀）

【义务植树】 年内，京西林场以植树节、护士节、建军节等纪念日为主题，开展形式多样尽责活动18次，参与人数3000余人，发放义务植树尽责证书1151份。

（周遵秀）

【防火道路系统项目】 年内，京西林场按照市发改委批复项目内容改造防火公路44.63千米、防火步道48.96千米，经与市发改委、环保局、水利局等多部门充分协调沟通，多举措稳步推进项目实施落地，完成项目建议书、可行性研究报告、环境影响评价、林地占用许可、初步设计概算等审批手续。

（周遵秀）

【项目管理】 年内，京西林场做好预算和计划编制，完善内控制度流程，强化内控管理，加强项目执行职能监管，参与项目申报、资金批复、评审、施工、结算全过程指导，对合同签订、采购管理、项目进度、资金支付、绩效评价、项目评审、农民工支付保障等重点环节加强跟踪协调及审核把关，完成7个项目第三方绩效目标申报及现场审核工作。

（周遵秀）

【党建活动】 年内，京西林场党委组织理论学习中心组学习16次，每季度开展专题交流研讨1次，召开党委会33次，研究审议“三重一大”事项81项，班子成员和支部书记讲党课8人次。各党支部开展主题党日学习教育和特色活动20余次，党组织到社区报到开展活动十余次，32名在职党员到社区报到参加疫情防控、垃圾分类等活动200余人次，开展温暖武汉献爱心防疫捐款，发动123人捐款13185元。

（周遵秀）

【干部队伍建设】 年内，京西林场抓好干部职工教育培训和年轻骨干人才培养。选拔任用副科级干部4人，面向社会公开招聘2人，接收退役士官2人。围绕党建党史、行业政策法规、岗位必备知识，分3次开展5天年度集中培训，举办《森林法》、垃圾分类、林业基础知识现场竞赛答题。

（周遵秀）

【安全生产】 年内，京西林场抓好防汛、交通、消防等安全生产宣传和隐患排查治理，结合“5·12 防灾减灾日”“安全生产月”“消防安全月”，开展专题培训 3 次，组织防汛、消防疏散演练及宣传活动 4 次，发放宣传品 800 余份，深入分场、施工一线开展安全生产综合大检查 5 次，排查消除隐患 15 处，发布大风、沙尘、寒潮、降雨、高温、空气污染预警应对通知 100 余次，购置应急发电机 2 台，雨衣雨鞋 100 套，防汛沙袋 1000 个。

（周遵秀）

【信息宣传】 年内，京西林场立足北京西部生态涵养区功能建设，在服务首都战略定位，开展植树造林恢复区域生态功能，推进森林防火道路系统建设保护生态资源健康安全，开展生物多样性保护监测促进人与自然和谐共生，丰富义务植树尽责形式讲好绿色故事，传播生态文明好声音，满足市民绿色获得感、幸福感方面作出突出贡献，社会多种渠道进行宣传报道。《人民日报》《北京日报》、中国新闻网宣传报道京西林场成立三年所取得的生态成效，北京电视台报道京西林场生物多样性恢复示范区建设，北京卫视《向前一步》栏目播出京西林场“小菜地与大森林”专题访谈，市政府《昨日市情》刊发《京西林场践行“两山论”矿区转型发展见成效》。编制林场简讯 7 期，各部门报送信息 271 篇，局系统采用 113 篇。

（周遵秀）

【获奖情况】 4 月，京西林场因在造林营林工作中成效显著，被国家林业和草原局评为全国十佳林场（2019—2023）。12 月，曹治锋被评为 2020 年度首都绿化美化先进个人。

（周遵秀）

【内设机构名称调整】 京西林场 2017 年 1 月成立，批复内设机构 5 个科室和 8 个分场，当时 8 个分场名称沿用原京煤林场林队名称。经 2020 年 6 月局（办）人事处批复同意，部分分场名称变更如下：石房沟分场变更为木城涧分场，八二零分场变更为千军台分场，大台分场变更为桃园分场，斋堂山分场变更为雁翅分场。

（周遵秀）

【领导班子成员】

场长、党委副书记　苏卫国
党委书记　蔡永茂（2020 年 4 月免职）
　　　　　梁　莉（2020 年 4 月任职）
副场长、工会主席　宋增兵
副场长、纪委书记　高　杰

（周遵秀）

（北京市京西林场：周遵秀 供稿）

北京松山国家级自然保护区管理处

【概　况】 北京松山国家级自然保护区管理处(以下简称松山管理处)系北京市园林绿化局直属正处级公益一类事业单位，下辖北京松山国家级自然保护区和北京市松山林场。北京松山国家级自然保护区位于北京西北部延庆区境内，距市区 100 余千米，地处太行山脉军都山中，北依北京地区第二高峰——主峰为海拔 2241 米的海坨山。自然保护区成立于 1985 年，1986 年经国务院批准为森林和野生动物类型的国家级自然保护区。松山自然保护区总面积 6212. 96 公顷，其森林覆盖率 55. 2%，林木绿化率 57%。北京市松山林场，管理面积 1082. 92 公顷，北依主峰大海陀，海拔 2198. 388 米，位于北京松山国家级自然保护区和河北大海陀国家级自然保护区之间。北京市松山林场人员编制 71 人，实际在编人员 53 人，其中：管理岗位 30 人，专业技术岗位 22 人，工勤岗位 1 人。现有政办室、计财(审计)科、保护科、资源管理科、科研宣教科、防火安全科 6 个职能部门；下设 3 个管理站和 15 个管理点。

2020 年，松山管理处配合做好冬奥延庆赛区高山滑雪中心和冬奥场馆及其综合管廊、延崇高速等附属工程建设。扎实开展松山自然保护区和松山林场森林资源管护，完成松山自然保护区综合管护、森林扑火队保障项目、应急部消防局机动支队靠前驻防基地建设和靠前驻防保障工作、野生动物疫源疫病监测站项目和视频监控塔建设，以及天然次生油松林监测、百花山葡萄、丁香叶忍冬繁育工作，北京水毛茛、杓兰属植物研究等多个基础研究稳步推进，智慧保护区建设不断完善，物联网监测试点项目开始运行。荣获“北京园林绿化科普基地”荣誉称号。

（吴记贵）

【“纪念巴黎气候协定 5 周年暨联合国气候行动月”活动】 12 月 12 日，由北京市林业碳汇工作办公室和守望地球国际野外科研志愿者机构联合举办的“纪念巴黎气候协定 5 周年暨联合国气候行动月”活动在松山国家级自然保护区管理处举行。北京市园林绿化局有关领导参加活动并讲话。

（吴记贵）

【国家林草局调研冬奥会延庆赛区森林防火】 12 月 23～24 日，国家林业和草原局防火司领导一行，到松山管理处就冬奥延庆赛区及周边森林防火工作进行指导调研。实地察看冬奥延庆赛区及周边防火基础设施建设情况，到松山森林防火指挥中心了解视频监控和应急值守情况。调研组对管理处森林防火工作给予高度肯定，并结合冬奥防火安全和首都生态安全实际情况，提出具体要求。

（吴记贵）

【市环境保护科学研究院相关专家开展保护

区管理评估】 年内，受北京市生态环境局委托，由北京市环境保护科学研究院组成专家组，到松山保护区围绕自然保护区管理评估工作进行实地调研。专家组了解保护区管理现状，听取智慧保护区管理平台9个模块功能介绍，实地考察北京松山国家级自然保护区野生动物救护站、北京松山国家级陆生野生动物疫源疫病监测防控标准站、标本陈列馆、综合实验室以及办公楼，沿途查看保护区设置的各类标识系统，详细了解有害生物防控、气象监测、水质监测设施，防火器械库设备运维情况，深入保护一线考察管理站工作开展情况。专家组对松山自然保护区管理成效给予肯定，对有关工作提出意见建议。

（吴记贵）

【冬奥会延庆赛区基础设施工程占地服务保障】 截至2020年12月，松山管理处配合冬奥赛区场馆及附属工程建设办理完成占用林地164.34公顷，其中，永久占地154.08公顷，临时占用林地10.26公顷；协助完成林木伐移266590株，其中，采伐255984株，移植10606株。完成冬奥会延庆赛区生态监测任务和生物多样性科研与宣教中心建设，做好生物多样性监测与自然保护宣传。

（吴记贵）

【冬奥赛区景观生态修复】 年内，松山管理处多次实地调研，统筹规划，在松山林场范围内，启动北京冬奥会延庆赛区松山林场生态修复工程。项目总面积328公顷，见缝插针补植常绿乔木1.1万株，现状天然林抚育49200株，以及配套作业道、灌溉工程等；批复工程建设总投资4859万元，拟于2021年6月底完成建设任务。

（吴记贵）

【资源管理“一张图”年度更新】 年内，根据市园林绿化局《北京市2020年森林督查暨森林资源管理“一张图”年度更新工作方案》通知，松山管理处全面排查存在环境问题，坚决制止和惩处破坏自然保护区生态环境违法违规行为，落实管理责任。对2020年印发的32块图斑逐一核查，监督所有问题图斑责任单位完成整改。

（吴记贵）

【历年用地管理数据顺利整合进智慧保护区平台】 年内，松山管理处整合完成历年用地管理数据，录入智慧保护区林业用地管理平台，其中合法用地数据88条，违法用地数据(已整改)15条。梳理汇总松山保护区历年来用地情况，记录用地分布、合法用地、违法侵占、专项检查等情况。

（吴记贵）

【浙江省江山仙霞岭省级自然保护区有关人员到松山考察交流】 年内，浙江省江山仙霞岭省级自然保护区管理局领导一行6人到松山自然保护区考察交流。考察人员听取松山保护区数字化综合管理平台建设，详细了解保护区在本底资源调查、野外巡护、有害生物监测、用地管理等九方面数字化管理工作。双方围绕森林资源保护、生态监测、科普宣教、森林防火等内容进行深入讨论。

（吴记贵）

1月7日，浙江江山仙霞岭自然保护区有关人员到松山国家级自然保护区考察交流(松山管理处 提供)

【首次使用应用程序完成固定样地监测】 年内，松山管理处首次使用固定样地监测应用程序，将数据信息化管理，补充样地照片，完善智慧保护区样地监测系统，梳理固定样地历年监测数据，提高数据处理和分析能力。固定样地自2007年建立并持续开展监测12年。2020年增加玉渡山区域样地，对样地进行维护，界桩、树牌及时补充，完成15块样地数据采集工作。

(吴记贵)

【物联网监测平台试点建设】 年内，在松山智慧保护区数字化管理平台上，重点完善细化视频监控、红外相机管理、检疫性害虫监测、鸟巢监测四大模块，增加动物项圈、植物物候、电子界桩三大管理模块，开发数据挖掘和分析模块，在塘子沟区域完成800MHz的4G传输系统区域覆盖、物联网传感器安放、物联网数据管理与系统融合，实现红外相机、森林防火、植物物候、水质监测、有害生物监测、人工鸟巢监测、智慧界桩等数据实时监测任务，实现野外监测数据实时回传，为进一步加强智慧保护区动态监测提供依据。

(吴记贵)

【综合管护】 年内，松山管理处持续开展保护区(林场)综合管护项目，成立47人野外巡护队伍，完成18条巡护路线巡护任务，巡护里程31000千米，布设完成红外相机140台，红外相机累积监测共收集有效照片18万余张，有效物种照片约2.3万张。布设有害生物诱捕器260套。开设防火隔离带60万平方米。完成133.33公顷森林抚育任务。完成《天然油松林生态系统养分循环及影响因子监测》等3项专项研究，制作并发放宣传材料3.56万份。

(吴记贵)

【档案标准化管理】 年内，松山管理处按照规范化标准，对档案目录、封皮、装订、装盒等进行统一，完成2019年度75盒文书档案归档工作。将档案按年份和类别重新摆放，完善档案电子目录，完成1964～2019年175盒档案电子目录整理。

(吴记贵)

【科普宣传】 年内，松山管理处申请注册北京松山官方抖音公众号，累计发布保护区内动植物科普、工作成果等视频约50条，浏览量10万人次，引导公众关注动植物保护；CCTV-1综合频道《秘境之眼》3次聚焦松山保护区，以原生态短视频方式播放通过红外相机拍摄到的中华斑羚、环颈雉、狍和野猪4种珍稀野生动物；接待CCTV-13、北京电视台、新华社、《北京日报》和《绿化与生活》等专访5次，受到各大主流媒体转载报道达50余次；组织疫情防控线上答题、森林疗养等宣传活动十余次，联合《博物》《守望地球》开展暑期夏令营、青少年野外科考等活动；开展动植物照片拍摄技术、实验室仪器操作、科技论文写作、珍稀濒危植物救护与繁育技术等培训15期，共100余多人次参加培训。

（吴记贵）

松山国家级自然保护区开展"5·22国际生物多样性日"宣教活动（张楠 摄影）

【领导班子成员】

主　任　　胡巧立

党支部书记　王秀芬（2020年4月任职）

副主任　　刘桂林　田恒玖

（吴记贵）

（北京松山国家级自然保护区管理处：吴记贵 供稿）

北京市温泉苗圃

【概　况】　北京市温泉苗圃（以下简称温泉苗圃），位于北京市海淀区温泉镇，距离北京颐和园13千米，系北京市园林绿化局直属差额拨款单位。占地面积45.3公顷，其中作业面积43公顷。温泉苗圃内设办公室、生产科、经销科、绿化工程科、人事科、财务科和工会（党办）共7个部门。有职工53人，其中在职19人，退休27人。在职职工中干部16人、工人3人；拥有高级专业技术职称2人，中级专业技术职称6人，初级专业技术职称5人；高级技工3人；大学专科以上学历15人，占苗圃在职职工总数79%。

截止到2020年4月30日，温泉苗圃有总资产4630.7万元，净资产4398.72万元。在圃产值564.73万元；在圃苗木6.81万余株。入圃苗木栽植1332株，出圃苗木12037株，其中，大规格白皮松361株、华山松772株；苗木收入260万元，其中为春季重大义务植树活动供苗39株，收入30万元。

（石来印）

【苗木生产经营】　年内，温泉苗圃加强精品苗木培育，完成栽植入圃苗木1332株，占地1.1公顷；调整移植大规格苗木10257株，面积4.53公顷；苗木土壤改良采用正规厂家生产的腐熟羊粪有机肥16万千克，施肥2.8公顷，绿肥1.87公顷；大规格容器苗缓释肥850株。完成扦插繁育苗木2

万株，成活率75%。苗木土壤改良3.33公顷；调整剩余白地1.13公顷。采用“复壮、通风、塑型、保活”方法修剪苗木8700余株，包括白皮松通风剪，栾树、国槐定型剪，玉兰、银杏等疏枝、球类修剪；完成新育苗木33157株，栽植面积2.81公顷，淘汰苗木1240株；修剪废弃树枝还田2万千克粗料覆盖；改良0.4公顷，总消耗量6.05万千克。苗木销售经营秉承出圃苗木“树型不好不出圃，根系不完整不出圃，病虫苗木不出圃，机械损伤不出圃，散坨苗木不出圃，颜色不正不出圃”原则，坚持精品苗木强圃战略，以精品苗木、品质优势为销售重点，加强售后优质服务。

（石来印）

【病虫害防治】 年内，温泉苗圃建立有害生物防治巡查制度；对北京及周边苗木病虫害种类增多情况，采取预防为主、科学有效、查防结合、多措并举、安全环保方式对本圃苗木进行常年监控和多次病虫害普查，采用挖蛹、涂白、生物、药物、机械修剪、诱捕器诱捕等多种方式进行病虫害防治，病虫害得到有效控制。完成苗圃内新一轮生物防治工程，累计投放防治蚜虫瓢虫虫卡6000管；防治松稍螟松毛虫赤眼蜂1160袋；安装虫情监测1座；农药使用比2019年同期减少35%。

（石来印）

【安全生产】 年内，温泉苗圃认真学习和落实安全生产责任，坚持安全“谁主管谁负责”、不留死角；开展“安全生产专项整治三年行动”，签订《安全目标》及《安全生产责任书》；严格执行全生产标准化二级企业标准，每周、每月、每季度组织开展安全工作总结例会、特殊节点隐患排查工作。开展形式多样的安全生产宣传和职工安全生产教育培训；应急演练全隐患排查、安全生产大检查，检测避雷针，更换消防灭火器40余个。

（石来印）

【环境整治】 年内，温泉苗圃建设完成分类垃圾桶站2个，布设分类垃圾桶16个，办公室小型垃圾分类桶14个；完善建桶、护桶等机制。投入资金建设桶站并逐步改造提升，配备专职人员引导职工和居民垃圾分类。建设围栏675米整治苗圃地界排洪沟内乱扔、倾倒垃圾、非道路移动停放车辆等环境问题，保护有林地11.1公顷。

（石来印）

【大规格容器育苗】 年内，温泉苗圃大规格容器育苗及基质配比技术日趋成熟。进行大规格容器育苗有关容器大小及土壤保墒、容器材料、栽植方式、育苗水、肥管理、苗木移动和倒伏问题、促发新根、缓苗期长等关键技术逐步解决。通过定期、定向精准追肥，加快苗木生长。

（石来印）

【项目工程建设】 年内，温泉苗圃完成通州区绿化养护工程项目，收入174万元，苗木收入639.8万元；完成标准化苗圃提升项目(市级财政项目)及大田精细化管理养护项目(事业基金项目)。

（石来印）

【标准化企业建设】 年内，温泉苗圃推进标准化建设，完成标准化苗圃提升项目二期投入 38.55 万元栽植标准化苗木 1150 株，其中大规格容器苗 116 株；节水灌溉设施建设 2.13 公顷。

（石来印）

【技术交流合作】 年内，温泉苗圃继续加强与科研院校合作，促进资源和技术共享，与北京林业大学、中国林科院等单位合作，开展增彩延绿基地建设、容器育苗技术与基质研究等工作。与北京林业大学合作完成《大规格容器育苗规程》《大规格容器苗培育学》教材编辑工作。

（石来印）

【融合发展改革】 年内，温泉苗圃开展事业单位人员分类改革苗圃人员安置，资产管理、清查、处置，经济责任审计等工作；响应市园林绿化局号召完成事业单位改革与北京市西山试验林场融合发展工作，原温泉苗圃人员、资产全部划转到北京市西山试验林场。

（石来印）

【领导班子成员】

党支部书记、主任　白正甲（2020 年 4 月免职）

副主任　邵占海　王金钢

工会主席　王金钢(兼)

（石来印）

（北京市温泉苗圃：石来印 供稿）

北京市天竺苗圃

【概　况】 北京市天竺苗圃(以下简称天竺苗圃)系北京市园林绿化局所属事业单位，下设办公室、人事科、计财(审计)科、物业管理中心、安全科、职工活动中心 6 个职能科室以及北京市碧野园林绿化服务中心、北京市天竺林业开发公司、北京市顺意橡胶厂、北京市京林空港培训中心 4 个下属单位。

2020 年，是天竺苗圃改革攻坚之年。6 月 16 日，按照《北京市园林绿化局关于印发〈天竺苗圃、温泉苗圃改革方案〉的通知》要求，在局改革工作领导小组领导下，天竺苗圃主动作为、依法依规、积极稳妥地推进改革各项工作。改革全程坚持依法依规、稳步推进原则，确保资产划转到位；坚持以人为本、公平公正原则，确保 72 名干部职工平稳顺利安置在共青林场、野生动物救护中心、蚕种场 3 家单位；坚持立足实际、谋划未来原则，确保天竺苗圃与蚕种场更好地融合发展。

（林松）

【苗木生产经营】 年内，天竺苗圃有苗木 41 种，共 1.3 万余株。全年出圃宿根花卉 26 万余株。同时有效利用有害生物智慧化防控体系，落实物理防治和生物防治为主的综合防治措施，做到既对原有害虫进行防治，又可有效保护新栽植物免受虫害。

（林松）

【科研建设】 年内，天竺苗圃对林下植物和乡土植物搜集整理，选择优良宿根地被植物100余种，并实际应用到工程项目种植，长势良好并得到一致好评。同时加强彩叶树种养护工作，通过与优良种质资源园林企业合作，对北美红栎等大规格彩叶树种进行养护，丰富苗木结构，锻炼养护队伍。

（林松）

【财政项目】 年内，天竺苗圃重点开展大型园林工程机械采购项目和园林废弃物处理体系建设项目。旨在提高苗圃在造林作业过程中的苗木运输能力、苗木栽植能力，以及对园林废弃物的利用和生产能力。

（林松）

【绿化工程】 年内，天竺苗圃承接重点工程项目，绿化工程及养护面积826.56万平方米，总合同价款1.41亿元。主要包括城市绿心园林绿化建设工程十二标段，该工程于2020年9月完工；通州区城区绿地养护项目，该工程为2020年度绿化养护项目；京津风沙源治理二期工程项目。

（林松）

【苗圃转企改制】 年内，按照市委、市政府以及市园林绿化局关于新一轮国有企业和事业单位改革工作相关要求，推进转企改制各项工作。5月8日，市园林绿化局（首都绿化办）计财处、北京永恩力合会计师事务所有限公司与天竺苗圃召开三方会议，专题研究重启清产核资相关工作。此次清产核资对历史遗留问题进行清理，5月底清产核资现场工作基本结束。6月16日，按照《北京市园林绿化局关于印发〈天竺苗圃、温泉苗圃改革方案〉的通知》要求，天竺苗圃主动作为、依法依规、积极稳妥地推进改革各项工作。召开改革专题会议20余次，针对人员分流、资产处置、企业划转、融合发展等工作进行全面部署。制订、修改完善人员安置、资产划转、融合发展等相关方案20余稿。利用行政例会、党员组织生活会、家庭走访等多种形式，宣传改革政策与改革正能量，通过自愿报名形式对职工安置意向进行调查，根据调查结果不断优化分流办法。9月7日，召开退休职工现场政策解答会。采用共青林场与野生动物救护中心岗位竞聘、蚕种场岗位竞聘两批人员分流方式，有序进行分流安置。根据《北京市财政局关于北京市园林绿化局申请所办企业无偿划转事宜的复函》文件要求，与北京市蚕种场积极沟通，完成北京市天竺林业开发公司和北京市碧野园林绿化服务中心划转手续。完成在职人员分流、退休人员安置、所办企业

8月25日，天竺苗圃召开改革人员安置工作部署会（天竺苗圃 提供）

投资人变更等工作；积极推进在职人员2020年内工资社保工作，退休人员2020年内补贴、企业年金转移、工资行政档案关系转移，在职职工社保关系转移，以及事业法人清算、资产清算、资产划转、改革工作资料归档等工作。

（林松）

【疫情防控】 年内，天竺苗圃持续做好疫情防控工作。2月6日，天竺苗圃所属酒店接待北医三院支援湖北医疗队，共计113名医护人员，其中25名医生、1名医务管理人员、87名护士。天竺苗圃按照市园林绿化局疫情防控工作专班有关工作部署，主动对接朝阳区“入境返回人员转运服务工作组”服务保障工作，经朝阳区相关部门与天竺苗圃沟通协调，商定专班工作组工作地点设在苗圃所属酒店京林大厦。接待“转运专班”用房96间，接待1605人次。天竺苗圃主动将陆联通市场腾退土地作为朝阳区蔬菜储备临时基地。2月19日，陆联通市场被朝阳区发改委和商务局正式批准作为“朝阳区蔬菜储备临时基地”，承担朝阳区100万千克蔬菜储备任务，使用时限为一年。同时，天竺苗圃按照市园林绿化局专班有关工作要求，有序开展与确诊新冠肺炎病人同机航空司乘人员处置工作。其间，苗圃疫情防控领导小组在接到国航综保部生产中心报告情况后，立即启动疫情防控应急预案，第一时间与属地首都机场街道办事处取得联系，并按照户籍地管理原则，配合国航管理人员以及各区相关工作人员做好转运隔离工作。与此同时，对所住房间以及京林大厦C座、酒店大堂、新风系统等空间场所进行重点消毒。为3人次转至市指定地点隔离、为2人次转至医院治疗。完成接待航空人员（国内国际）7.3万余人次任务，其中为1.9万余人次航空机组隔离人员做好服务保障工作。发放防疫物资9种3万余件，其中医用外科口罩21400个、塑胶手套7700副、卫生湿巾596包、酒精100桶、84消毒液60瓶、手消144瓶、酒精棉片432盒、洗手液288瓶、香皂288个。

（林松）

2月1日，市园林绿化局疫情防控专班人员赴天竺苗圃检查指导疫情防控工作（天竺苗圃 提供）

【企业经营】 年内，天竺苗圃根据市财政局及市园林绿化局的相关通知精神，对土地、房屋出租、出借及对外合作经营情况进行梳理、摸底，完成“办公用房信息采集系统”填报工作。根据事业单位所办企业清理规范工作及僵尸企业清理规定积极开展清理工作。天竺苗圃物业管理中心对辖区内供水、供电等方面设备进行维修与抢修工作。京林大厦完成屋面防水、员工食堂改造、消防栓与部门电路更换等工作，赵全营基地积极与属地政府沟通，全面接入自来水，保证基地用水。职工中心完成老化设施设备维修更换等工作，并对废旧外露电线进行整理。顺意橡胶厂完成屋顶防水、围墙修复、水井修理、新建变压器等工作，保证日常运行。同时，积极有效解决北京市鑫森蜡制品厂注销、中国银行续租等历史遗留问题。

（林松）

【管理制度】 年内，天竺苗圃完善财务管理，邀请合作会计师事务所对财务人员进行培训，讲解税收政策及发票管理规定，所得税汇算清缴相关知识等；按照《会计基础工作规范实施细则》标准，及时拨付职工工资，按时编制、上报各项报表，认真编制2019年度部门决算、林业行业会计决算、企业财务决算等。严格执行各项制度，从出纳到主管会计、从采购到资产管理等各个环节进行把关，出纳做到日清月结，确保资金安全。

（林松）

【领导班子成员】

主　任	姜浩野
党委书记	杨君利
副主任	李艺琴(女)
	刘海龙
党委副书记	姜浩野(兼)
纪委书记、工会主席	王瑞玲(女)

（林松）

（北京市天竺苗圃：林松 供稿）

北京市黄垡苗圃(国家彩叶树种良种基地)

【概　况】 北京市黄垡苗圃(国家彩叶树种良种基地)(以下简称黄垡苗圃)，位于北京市大兴区礼贤镇东黄垡村北，处于首都新机场临空经济区。黄垡苗圃坚持以国家彩叶树种良种基地建设为核心，全面围绕“生态黄垡、科技黄垡、文化黄垡、多彩黄垡”发展思路，聚焦新机场等重点区域生态环境提升、资源保护等基础管理工作，深化改革创新，加强资源保护，加快林木种苗产业建设，扩大对外合作，推进苗圃精细化管理和高质量发展，全面建成现代化苗圃。

截止到2020年底，黄垡苗圃有正式在编职工40人，管理岗位20人，专业技术人员13人，工勤人员7人。具体包括：正处级2名，副处级4名，科长10名，副科长3名，科员1名；工程师三级2名，助理工程师一级4名，助理工程师二级7名；高级工7名。苗圃内设机构11个科室和1个下属单位。

（陶靖）

【育苗生产】 年内，黄垡苗圃完成杂交马褂木等树种定植苗木4.6万株，圃内移植3.1万株，地块调整14.48公顷。温室播种石楠、栓皮栎、槲栎、大叶女贞等1.9万株，扦插雄性毛白杨、灌木品种6100株。种植绿肥改良土壤12.17公顷。

（陶靖）

【彩叶树种引种】 年内，黄垡苗圃完成“优新彩色树种种质资源收集、保存及应用研究”等7个项目，引进北美红叶李‘紫柱’等9个彩叶树新品种、栎类10个品种，基地现有彩色树种种质资源30科65属225种。开展优良观赏特性栾树、大叶女贞嫁接、播种、组培试验，开展常绿石楠区域试验，完成彩叶豆梨“首都”良种审定。

（陶靖）

【科技课题】 年内，黄垡苗圃完成《密枝红叶李良种繁育及在北京地区的示范推广项目》验收，申报2020年林业科技推广项目2个，制定《原冠苗培育技术规程》1个。开展土壤改良关键技术研究项目，通过改良土壤酸碱度和增加营养元素促进栎树等树种成活率；开展地面覆物对土壤保水性影响试验。计算老厂部东院外毛白杨蓄积量、碳汇量，测得毛白杨平均蓄积量5.36立方米，平均碳汇量6540千克。

（陶靖）

【科普教育】 年内，黄垡苗圃完成2019年度北京市科普统计工作；完成全国中小学生研学实践教育基地2019年度绩效考评工作，考评结果为优秀；完成科普展牌资质项目；举办开展生态文明教育基地生态导览、自然笔记等8次活动，接待大学、亲子家庭、社会团体等500人，提交50份自然笔记；获批2020~2021年北京市大课堂资源单位、园林绿化科普基地。

（陶靖）

【有害生物监测】 年内，黄垡苗圃完成2020年林业有害生物测报工作，包括市级监测点48个15个虫种，应用程序上报监测数据4227条，大兴区区级测报点130个21个虫种，应用程序上报监测数据3515条，拍摄照片1000余张，制作“林业有害生物监测动态”16期。

（陶靖）

【示范推广】 年内，黄垡苗圃出圃苗木13.6万株，为大兴区平原造林工程供应雄株毛白杨1.39万株；为北京市林业工作总站山区绿化供应乔、灌木苗木1.22万株。

（陶靖）

【项目建设】 年内，黄垡苗圃开展10个项目建设及考核工作，其中，新建市级财政项目8个、补贴项目1个、科研项目1个。通过项目建设，丰富苗圃彩叶树种种质资源，提升基地生产管理水平，促进苗圃高质量发展。

（陶靖）

【党风廉政建设】 年内，黄垡苗圃制订《2020年全面从严治党工作计划》，领导班子及成员签订《全面从严治党主体责任清单》6份，其他人员签订《个性化岗位廉政责任风险防范责任书》34份，逐级开展廉政谈话40余次，组织主题党日活动12次，按时完成警示教育、民主生活会、组织生活会、政风行风和干部队伍作风建设各项党建工作，引领党员干部发挥先锋模范作用，提升党支部标准化规范化建设水平。2020年7月开展党支部换届工作，新一届党支部委员会由书记梅生权、副书记刘春和、纪检委员彭玉信、宣传委员冯天爽、组织委员张彩成组成。

（陶靖）

【领导班子成员】

主任、党支部副书记　刘春和

党支部书记　梅生权

副　主　任　彭玉信

冯天爽

张彩成

李迎春(2019 年 7 月援藏)

(陶靖)

(北京市黄垡苗圃：陶靖 供稿)

北京市大东流苗圃(北方国家级林木种苗示范基地)

【概　况】 北京市大东流苗圃(北方国家级林木种苗示范基地)(以下简称大东流苗圃)位于北京市昌平区小汤山镇大东流村南，始建于 1965 年，为北京市园林绿化局直属事业单位。苗圃(基地)占地 153.33 公顷，设有 7 科 2 室，分别为科技科、种苗科、花卉科、工程科、计划财务科、后勤服务科、人事科、办公室、项目办公室。苗圃集种质资源收集保存、林木花卉良种选育、新品种新技术试验示范、优质种苗繁育推广、科普教育展示为一体，是中国北方林木花卉种苗繁育示范推广的窗口。承担林木种苗科研、林木良种选育、种质资源收集保存，新品种、新技术试验示范推广以及为重大活动、重点地区绿化储备大规格精品苗木等重大任务。有职工 172 人(其中在职职工 57 人，离退休职工 115 人)，在职管理与专业技术人员 43 人，占在职职工总数 75%，其中教授级高工 1 人，高级职称 14 人，中级职称 15 人，初级职称 13 人；在职技术工人 14 人，占在职职工总数 25%，其中高级工 4 人，中级工 10 人，初级工 0 人。设党支部 4 个，在职党员 32 人。

2020 年，大东流苗圃加大优质林木花卉种苗培育力度，统筹推进种苗、花卉、工程建设发展，各项工作顺利完成。实现经营收入 5724.75 万元，其中种苗销售收入 1748.55 万元、花卉销售收入 118.9 万元、绿化工程收入 3164.17 万元、其他经营收入 693.13 万元。

(赵玲)

【林木种苗生产】 年内，大东流苗圃累计栽植各类苗木 5.27 公顷、11.45 万株。其中自育苗木 2.45 公顷、11 万余株(其中毛白杨扦插苗 2.03 万株，其他苗木 0.26 万株，地被 8.73 万株)；外进苗木 2.82 公顷，计 0.43 万株。出圃各类苗木 7.44 万株，其中：针叶树 0.37 万株，阔叶树 0.21 万株，花灌木 0.55 万株，地被 6.32 万株。种苗生产在调整种植结构基础上，向种质资源收集保存利用方向拓展，目前资源圃已收集北方乡土树种 40 科 68 属 153 种。完成高质量保障性苗木栽植 1.58 公顷、383 株，其中丝绵木 60 株，金叶白蜡 32 株，元宝枫 63 株，国槐 81 株，紫叶李 18 株，丛生元宝枫 33 株，银杏 21 株，栾树

10株，金枝国槐15株，文冠果12株，油松38株。收集古树种质资源131份，其中保存流苏树、玉兰、毛白杨等树种的无性系种质119份，保存无性系苗木5510株；保存银杏、国槐等树种家系种质12份，保存家系苗木530株，保存银杏古树种子2800粒。

（赵玲）

【花卉生产】 年内，大东流苗圃生产花卉(含蕨类植物)91.9穴/盆，主要以地被西伯利亚鸢尾、蕨类和玉簪为主。菊花生产主要以小菊为主，主栽生产9个小菊品种，保种200个；大菊引种140个。荷花保存约400盆，已入冷库保存。组培生产主要向温室提供生根苗，约94.06万株，其中西伯利亚鸢尾37.23万株、玉簪33.28万株、蕨类6.8万株及其他地被植物。

（赵玲）

【园林绿化工程】 年内，大东流苗圃参与招投标30余项，中标7项。主要包括通州区城区绿地养护项目(第5包)，延崇高速公路工程松山保护区临时占地生态修复项目造林服务采购项目，两所重点机关院内养护和东小口基地三处地点养护工作，均按时完成。

（赵玲）

【支持抗击疫情】 年内，大东流苗圃与北京市红十字会对接，为首都防治新冠肺炎病毒的首都医科大学附属北京地坛医院、北京佑安医院、北京小汤山医院、北京友谊医院4所定点医院累计捐赠自产百合、春石斛、红掌、观赏蕨等室内花卉绿植2.3万余株，价值20余万元，累计出动大小车辆29台次，人员58人次。

（赵玲）

【完成重点项目】 年内，大东流苗圃批复2个项目，预算项目总资金458.18万元，支出进度100%。完成“车梁木等乡土树种容器原冠苗关键技术示范项目”，完成栓皮栎、流苏、车梁木等采种母树引进定植，建立面积1公顷的乡土树种母树林示范园1个；引进中小规格栓皮栎、毛白杨原冠苗等6000株，繁育乡土树种扦插苗19200株，建立面积1.97公顷的容器原冠苗示范展示区1个；完成车梁木、栓皮栎、流苏等树种播种繁育，建立面积0.33公顷的播种区1个。完成危旧供水设备改造项目，改造生活水泵3台和消防水泵3台；改造供水管道120米，更换出水口36个；改造深井泵11台和变频柜11套。

（赵玲）

【科技发展】 年内，大东流苗圃凸显科技引领效应，加速示范推广。向北京市市场监督管理局提交《盆栽蝴蝶兰栽培技术规程》标准申报材料和《朱顶红栽培技术规程》运行情况报告，向市园林绿化局提交《盆栽春石斛兰栽培技术规程》复审材料。召开《春花落乔花期延迟技术规范》和《白皮松育苗技术规程》初审会，北京林业大学、北京市标准化研究院、北京市园林科学研究院等相关单位行业专家给予针对性意见，提升标准、规范规程质量。为北京林业大学林学院、生物学院22名硕士与博士研究生提供课题研究平台；与中国林科院林研所、北京园林科学研究院等单位建立战略合作关系，加强交流与互动，发挥双方优势，成立创新团队，开展北京古树名木种质资源保存全方位研究，攻克技术难关，促进技术成果转化。大东流苗圃申报的《北京乡土落叶乔木良种繁育国家长期科研基地》获得批准，成为第二批60个国家林业和草原长期科研基地之一。

（赵玲）

【种质资源收集与品种选育】 年内，大东流苗圃以北方落叶乔木为主攻方向，逐步加大乡土树种培育力度，开展流苏、椴树、车梁木等种质资源收集与品种选育工作，进一步筛选优良种源，为保障性苗圃建设提供源头保障。

（赵玲）

【制度建设】 年内，大东流苗圃制订并落实《北京市大东流苗圃值班管理办法》《北京市大东流苗圃食堂资金管理办法》。

（赵玲）

【领导班子成员】

主　　任　贺国鑫
党委书记　宋　涛
副 主 任　薛敦孟　方志军　王　瑛
党委副书记　贺国鑫(兼)
纪委书记　张　波
工会主席　宋　涛

（赵玲）

（北京市大东流苗圃：赵玲 供稿）

北京市永定河休闲森林公园管理处

【概　况】 北京市永定河休闲森林公园管理处(以下简称永定河森林公园管理处)系北京市园林绿化局直属公益二类事业单位。永定河森林公园占地面积约141公顷，其中公园绿化区121公顷，在建湿地面积31.03公顷。永定河森林公园管理处设有办公室、人事劳资科、党委办公室、计划财务科、经营发展科、园容科、安全生产科、保卫科、科技科、游客服务中心和后勤服务部，以及代管园博园北京园，下属企业保留有永定林工商公司、林业送变电工程公司和永定金属材料厂。单位在职职工76人，其中管理人员31人，专业技术人员12人，工勤人员30人，见习期3人。党委建制下设5个党支部，党员53人。

2020年，永定河森林公园管理处深入学习贯彻党的十九届五中全会和市委十二届十五次全会精神，认真落实市园林绿化局(首都绿化办)党组各项决策部署，战胜疫情、复工复产，永定河综合治理湿地项目、公园景观提升等一批重点项目按计划实施建设，公园、北京园日常养护维护水平不断提升，疫情高发期和持续期公园正常开放，社会和市民反映良好。

（刘瑶）

【湿地建设】 年内，永定河森林公园管理处按照全市统一部署组织编制复工及防控方案，严格落实防控管理各项工作要求，安全有序促进项目施工人员返京，对工地现场实行封闭式集中管理；规范监管确保工程质量，坚持周会、月报定期召开，严抓安全施工，落实环保制度，督促做好农民工工资发放工作；强化协调保障电力工程，加强与水务、供电公司、铁路等部门协调，完成湿地公园全部路灯安装及高、低压电缆铺设；扎实有序开展项目水土保持监测。

（刘瑶）

【景观提升改造】 年内，永定河森林公园管理处按照“拟自然式生态植物群落方式优化林缘结构，丰富林下地被”原则，园内栽植彩叶树及常绿树400余株，栽植地被20余种约2万平方米，确保重点区域游客游园景观需求；针对公园东侧与河堤交界处历史遗留长约1.5千米中水渠常年积淤，沿线枯死树木杂乱无章、环境景观极差现状，进行全面清理，在重修后的河堰设立围栏，排水沟沿线栽植侧柏2800株、北海道黄杨1.44万株，提升沟侧园林景观，同时保障游园安全；贯彻市园林绿化局“地表不裸露”和“野而不荒”原则因地制宜对局部林下裸露区域补植，补植荚果蕨1万株；在人工湖北侧移植补植白蜡31株；对化工厂道路两侧绿植进行修剪整形，在配电室门区及药厂路侧补植黄杨、冬青等绿篱约100平方米。

（刘瑶）

【基础设施建设】 年内，永定河森林公园管理处对代管的园博园北京园开展竹篱门刷漆、走廊坐凳及圆柱修缮、屋檐筒瓦固定、地砖维修、园内外墙粉刷、垃圾桶更换、屋顶杂草清除等；做好游园配套设施维护，更换全园路标、垃圾桶和儿童乐园地胶、安全绳。对公园卫生间设施、木椅、门、雨箅子、各种石材等进行巡查修理。

（刘瑶）

【林地林木资源管理】 年内，永定河森林公园管理处委托第三方单位编制完成森林经营方案和“十四五”采伐限额，明确公园2021~2025年开展森林经营主要方向、重点任务和采伐限额。严格依法保护林地资源，逐步完善建立公园森林资源台账和监督管理平台，制订公园《森林资源督查监督检查办法》。

（刘瑶）

【森林文化节】 年内，永定河森林公园管理处开展以“保护生态手牵手，美丽中国心连心”为主题的2020年北京科技周科普宣传活动；配合石景山区园林绿化局承办“强化湿地保护修复、维护湿地生物多样性”保护湿地活动；开展重阳节敬老爱老游园会、社会大课堂、定向越野、团建活动、健步走等活动，参与人数1.8万人；全年接待游客20余万人。

（刘瑶）

【东场区体育文化园建设】 年内，永定河森林公园管理处配合石景山区政府实施永定河左岸京原路以南环境提升整治工程。2020年7月项目基本建设方案确定后，对东场区基础设施升级改造，翻建装修房屋、疏解拆除破旧老化彩钢棚房、改造电力管线等；对东场区移栽月季 860 株，油松、五角枫、碧桃及灌木 178 株；截止到 2020 年底完成总体工作量的 35%。

（刘瑶）

【接诉即办】 年内，永定河森林公园管理处接到信访投诉事件 23 起，按照接诉即办要求，本着“及时跟进、群众满意”处理原则，群众所反映的信访、投诉事件全部得到妥善解决。

（刘瑶）

【安全生产】 年内，永定河森林公园管理处认真落实全市安全生产工作电视电话会议精神和部署安排；签订各类安全责任书，修改制订各类应急保障预案；定期召开安全季度工作会，组织人员参加以“树立安全意识，我为两会安全保驾护航”为主题消防应急演练；进行“一警六员”实操考核；严抓冬春季森林防火工作，及时注册“互联网+森林草原防火督查”系统。

（刘瑶）

【直属厂队清理】 年内，永定河森林公园管理处完成 3 家企业前期注销工作（京西莲石汽修、液压件厂、都西景河绿化公司）。

（刘瑶）

【对出租房屋场地监督管理】 年内，永定河森林公园管理处完成与南正兴文化发展公司、停车场等多份合同签订工作。对出租房屋场地定期进行巡查，建立巡查记录。按照全市要求完成因疫情影响房屋场地租赁的中小微企业租金减免工作。

（刘瑶）

【政治思想建设】 年内，永定河森林公园管理处开展中心组学习 14 次，专题研讨 4 次，召开党委会 14 次，召开巡察联络组会议 3 次、巡察部署会及巡察反馈专题会 1 次；强化组织建设，坚持民主集中制原则，通过党支部规范化建设“一规一表一册一网”平台，稳步推进基层党支部规范化建设；落实整改市园林绿化局巡察组反馈三大类 12 个方面 30 项具体问题，全面落实从严治党“两个责任”，推进全面从严治党，强化党风廉政建设。

（刘瑶）

11 月 17 日，市园林绿化局纪检巡察组赴永定河休闲森林公园管理处检查指导（永定河休闲森林公园管理处 提供）

【党风廉政建设】 年内，永定河森林公园管理处逐级签订《2020 年党风廉政建设责任书》34 份，制订《主体责任清单》6 份；严格落实中央八项规定，抓实节日期间作风建设；严格执行节假日公车管理制度；组织开展《事业单位工作人员处分暂行规定》法规知识答卷活动；制作橱窗展板广泛开展法规宣传。

（刘瑶）

【领导班子成员】

党委书记	安永德
党委副书记、主任	盖立新
纪委书记	孙丽君
副 主 任	赵 云 冉升明
	谢维正
工会主席	冉升明(兼)

(刘瑶)

(北京市永定河休闲森林公园管理处：刘瑶供稿)

北京市蚕种场

【概 况】 北京市蚕种场(以下简称市蚕种场)是隶属北京市园林绿化局的全民事业单位。2020年，按照北京市编办文件批示，北京市天竺苗圃与北京市蚕种场合并，单位名称保持北京市蚕种场不变。全场现有科室部门14个：蚕种场原设人事科、财务科、办公室、项目办、生产管理科、资产管理科和桑蚕基地7个部门；天竺苗圃原设物业科、安全科、职工活动中心、碧野中心、京林空港培训中心、橡胶厂和杨镇基地7个部门保留。全场现有在职职工94人(原蚕种场42人，原天竺苗圃52人)。合并后场属企业包括昊一大林业开发公司、北京隆泽园宾馆、北京绿富商贸中心、天竺林业开发公司、碧野园林绿化服务中心、京林空港培训中心和顺意橡胶厂；另有对外合作企业2家，即陆联通生活消费品市场有限公司和造园港园艺技能赛训管理有限公司。

(刘然)

【项目建设】 年内，市蚕种场共涉及3个项目，项目费用366万元，分别是东营苗圃山区困难地造林优良苗木培育与科研一期工程苗木类采购项目98万元，北京市龙乡圣树文化园桑树新品种培育项目二期苗木类采购项目173万元，北京市蚕种场桑蚕科普展示项目其他林业服务采购项目95万元。全年严格按照项目进度计划组织实施，到10月基本完工，并进行项目验收工作，11月进入养护期。

(刘然)

【安全生产】 年内，市蚕种场严格落实安全生产责任制，完善各项管理制度。与各科室签订安全生产责任书，按照市园林绿化局安全生产考核标准建立12项基本制度。坚持领导带班24小时值班制度，在节假日及重要时间节点对市蚕种场办公区、苗圃以及上万基地进行全面安全生产检查，通过悬挂条幅、分发安全生产宣传材料、制作展板等进行宣传教育，并定期进行安全教育培训。

(刘然)

【“送温暖”活动】 年内，市蚕种场积极开展“送温暖”活动。春节期间为职工送温暖，为全体会员发放米面油等生活必需品；夏送清凉，为职工购买绿豆、茶叶、饮料等解暑用品。职工和职工亲属生病住院、亲属死亡，市蚕种场工会和领导都会进行探望、慰问。同时，持续做好《在职职工医疗互助保障计划》保障工作。全年为全场在职职工续缴互助保险费用1万余元。

（刘然）

【领导班子成员】

场长、党总支书记　张俊辉

副场长　康继光　马　健

办公室主任　李　光

（刘然）

（北京市蚕种场：刘然 供稿）

各区园林绿化

东城区园林绿化局

【概　况】 北京市东城区园林绿化局(简称东城区园林绿化局)，挂北京市东城区绿化委员会办公室(简称区绿化办)牌子，是负责本区园林绿化工作的区政府工作部门。主要职责为负责全区绿化规划的编制监督实施，组织指导监督园林绿化美化，资源保护，进行园林绿化行政执法，负责园林绿化的行业管理，监督指导区管公园的管理和服务，承担区绿化委员会的日常工作等。区园林绿化局(区绿化办)内设机构 7 个：办公室、绿化科、园林管理科、规划发展科、资源保护科、组织人事科、计划财务科，机关行政编制 27 名。设局长 1 名，副局长 3 名。科级领导职数 7 正 2 副。

2020 年，东城区完成绿化美化任务，创建首都绿化美化花园式单位 1 个，首都绿化美化花园式社区 1 个，栽摆花卉 300 万株(盆)，复壮古树 170 株。

绿化造林　完成新建绿地 2.42 万平方米，改建绿地 10.1 万平方米，屋顶绿化 1.2 万平方米。公园绿地 500 米服务半径覆盖率 93%。

资源安全　向各街道、社区、驻区单位、居住区购置并发放多种防控药品 8998 千克，完成 7722 株杨柳树雌株的药物治理工作。发放美国白蛾诱捕器诱芯 408 个，释放周氏啮小蜂 3500 万头。完成 170 株濒危、衰弱古树名木复壮工作。

(王也萱)

【柳荫公园柳文化节】 4 月 5~7 日，柳荫公园开展第十届柳文化节线上“云赏柳”系列活动，在微信公众号上向公众分享春日柳树的美丽图片和科普文章，介绍柳文化相关诗词，传播传统文化，让游客不出门就可以欣赏美丽柳景，学习植物知识，从多角度领悟柳文化的深邃内涵。活动期间，线上共举办 7 场活动，发表文章 15 篇，阅读量 1000 余次，取得良好社会效果。

(王也萱)

【首都全民义务植树活动】 4月7日，首都第36个义务植树日，东城区园林绿化局在龙潭中湖公园开展全民义务植树活动。区四套班子领导、驻区中央国家单位领导、区绿委成员代表，劳动模范、最美家庭代表以及医护、社工、环卫、民警等疫情防控一线人员代表和园林绿化干部等共约150人参加活动并种下白皮松、白蜡、元宝枫、海棠、山桃、山杏等乔灌木180余株。

（王也萱）

【地坛金秋银杏文化节】 10月30日至11月8日，第八届地坛金秋银杏文化节在地坛公园成功举办。本届活动以“银杏传情，美好生活”为主题，由“深秋·银杏最美时”摄影大赛、地坛金秋银杏文化展、扶贫产品展示展卖、北京老字号及非遗文化展、文艺演出以及京品京味展示展销等活动组成。丰富多彩的活动，让市民朋友在观赏地坛银杏的同时，也能与亲人好友共享高品质美好生活。

（王也萱）

【天坛东里绿化景观提升工程】 年内，东城区实施天坛东里1~8号楼绿化景观提升工程。该项目位于东城区天坛东门地铁站西侧，总面积约7645平方米。设计方面充分尊重天坛外坛历史风貌，以国槐、油松等乡土植物为主，形成自然式混交林，延续天坛外坛的郊野园林景观历史氛围。同时结合大树现状设置林下空间，满足居民对公共空间的需求，适当设置健身活动休闲场地，进一步完善外坛公园绿地服务功能，既尊重历史、又服务百姓。项目于2020年7月下旬开工，2020年10月20日开园。

（王也萱）

【北新桥地铁站公共空间绿化景观升级改造工程】 年内，东城区实施北新桥地铁站D口旁公共空间绿化景观升级改造工程。该项目位于地铁五号线北新桥站D口，规划面积2647平方米，其中地铁施工占地650平方米(预计2021年10月返还占地)，本次实施面积1997平方米。设计充分考虑当地居民使用需求，通过合理布局场地空间、融入特色地域文化景观、优化绿地植物配置、升级基础配套设施等措施，完善区域生态绿色空间。项目于7月下旬开工，已开园1880平方米。

（王也萱）

【大通滨河公园建设项目】 东城区大通滨河公园(二期)建设项目于2019年10月9日开工建设。项目总面积1.5公顷，公园二期建设延续一期建设风格，以生态景观为主，打通交通路线，同时完善服务配套设施，建成自然、生态、野趣的城市森林公园，于2020年9月25日正式开园。

（王也萱）

东城区大通滨河公园(二期)建设工程(薛毅 摄影)

【重大疫情防控保障】 年内，区园林绿化局选派20名精兵强将赴怀柔区隔离点参与疫情防控工作。到达怀柔区隔离点后，全体成员迅速开展隔离房间的布置、消毒等工作。各小组负责人加班加点拟制组织方案、工作流程等，提前做好接收入境进京隔离人员各项准备工作。完成118名入境进京人员集中医学观察保障工作。

（王也萱）

【区属公园疫情防控期间客流管控】 年内，区园林绿化局参照市级公园相关标准，制订《东城区园林绿化局公园疫情防控期间客流管控应急方案、预案》，强化门区力量及门区游人监测，各区属公园在门区设置1米线标识，提示购票安全距离。严格执行入园体温测量，提醒游客佩戴口罩。对各公园瞬时游人量及疫情期间最佳游人量进行数据测算核定，按在园游客每人使用15平方米公共游览空间控制游园瞬时人流量。通过监测游客量数据，实行瞬间流量三级管理，分别启动管控预案措施。针对可能出现的大人流现象制订游人量分级应对措施。依据疫情防控要求取消大型活动，适时关闭室内人员密集场所。严格落实门区体温检测、公共设施保洁消毒、野生动物监测等防控措施。绿化一队、绿化二队加强注册公园及绿地巡视工作，全覆盖做好公园及绿地内座椅、栏杆、垃圾桶等设施的消毒、擦拭工作，确保做到无死角、无盲区、无漏洞。

（王也萱）

【日常疫情防控】 年内，区园林绿化局党组注重强化党建引领，层层传导责任压力，全力推进疫情防控工作落实。成立疫情防控工作领导小组，制订疫情防控工作方案，先后召开党组（扩大）会、专题会、视频会议6次，推动工作落实。全体处级领导干部以上率下，深入防控一线，对分工负责的重点场所和基层单位检查指导28人次，发现问题督导整改9条，慰问社区援助人员13次。全系统抽调100名业务骨干，下沉到13个社区加强疫情防控。累计走访居民6429户，入户排查14021人次，返京登记581人次，测量体温1591人次，值守点值守累计492小时，发放疫情防控宣传材料7900余份，协助社区悬挂横幅18条，楼道消毒46次，以实际行动践行共产党员的初心和使命。

（王也萱）

【重大活动环境保障】 年内，东城区重点抓好“十一”节日花卉布置工作。对全区“九横八纵”主干路网和重点地区、公园绿地进行花卉布置，形成“一轴、一环、多节点”（“一轴”即南北中轴；“一环”即二环路沿线；“多节点”即重点大街、重点地区）的花卉布置格局。全区共计摆放主题立体花坛10组，摆放花球147个，花箱、花钵共2018个，悬挂花槽1575个，地栽花卉14522平方米。国庆节期间布置立体花坛10组。点位包含：鼓楼文化广场、前门大街、安定门、左安门、地坛园外园、张自忠路口、五四大街路口、幸福大街南口、天坛东门和龙潭湖西北门，总占地面积2470平方米。立体花坛布置以习近平新时代特色社会主义思想为指导，坚持“隆重热烈、突出主题、布置均衡、节约利旧”原则，围绕“繁花硕果迎盛世，幸福安康进万家”主题思想，集中体现全区欣欣向荣的发展和人民群众的幸福生活场景。

（王也萱）

【“乐享自然 快乐成长”系列活动】 年内，区园林绿化局在柳荫、地坛、青年湖等区属公园开展“乐享自然 快乐成长”生态文明宣传教育活动。各公园举办各类活动100余场，参加人数近4000人次。

（王也萱）

10月7日，东城区在柳荫公园开展“乐享自然 快乐成长”主题活动（薛毅 摄影）

【公园行业管理】 年内，区园林绿化局推进公园精细化、差异化管理。全面加强安全生产，督促指导各公园从安全保障、优质服务、环境布置、信息报送等方面做好元旦、春节、清明、“五一”、端午、中秋等重要节日的环境和服务保障工作。

（王也萱）

【认建认养】 年内，区园林绿化局指导各街道、各单位挖掘优势资源，做好服务接待，吸引社会单位和个人参与树木、绿地认养。全区共计认养绿地3万余平方米、树木784株、古树名木8株。

（王也萱）

【绿化养护管理】 年内，区园林绿化局做好日常养护管理工作，调整完善绿化养护第三方监管机制，细化监管内容，与区网格中心联合，对全区绿化养护工作情况进行“日检查、月通报、年总评”。

（王也萱）

【有害生物监测防控】 年内，区园林绿化局向各街道、社区、驻区单位、居住区购置并发放多种防控药品8998千克，完成7722株杨柳树雌株的药物治理工作。做好林木有害生物防治工作，发放美国白蛾诱捕器诱芯408个，释放周氏啮小蜂3500万头。

（王也萱）

【古树名木保护】 年内，区园林绿化局通过地上和地下生长环境改良、围栏保护、有害生物防治、树冠整理、树洞修补、支撑加固以及宣传标牌设置等措施，完成170株濒危、衰弱古树名木复壮工作任务。

（王也萱）

【领导班子成员】

党组书记、局长、区绿化办主任
苏振芳
正处职、一级调研员
武建军（2020年5月任职）
副局长　徐　莎　王士中
褚玉红　徐永春
公园管理中心主任（副处职）
陈　雷
四级调研员　赵　伟　张德华

（王也萱）

（东城区园林绿化局：王也萱 供稿）

西城区园林绿化局

【概　况】 北京市西城区园林绿化局(简称区园林绿化局)，挂北京市西城区绿化委员会办公室(简称区绿化办)牌子，是负责本区园林绿化工作的区政府工作部门。主要职责是制定本区园林绿化发展中长期规划和年度计划并组织实施；组织、指导和监督本区城市绿化美化养护管理工作；组织、协调重大活动的绿化美化及环境布置工作；管理和保护本区绿地和林木资源；负责本区公园、风景名胜区的行业管理；承担西城区绿化委员会的具体工作等。内设科室6个，分别为办公室、计划财务科、规划建设科、园林管理科、绿化科、法制科。在职人员31人。

2020年，区园林绿化局认真贯彻落实中央、市、区决策部署，扎实推进常态化疫情防控和园林绿化事业发展，深入开展“全民义务植树日”、垃圾分类、园艺文化推广服务、首都绿化美化花园式创建活动等工作；不断加强行业规范化管理；加大绿化资源安全执法检查力度并取得明显成效；林木有害生物防控、行业安全监管和应急防控能力不断增强；绿化造林、建设管理水平稳步提升；区域绿色生态环境持续改善，圆满完成全年工作任务，全面实现“十三五”规划目标。截至2020年底，西城区绿地面积1101.28公顷，绿化覆盖率(含水面)31.80%，绿地率21.96%，人均绿地9.76平方米，人均公园绿地为4.83平方米。

绿化建设　年内，全区新增城市绿地8200平方米，新建屋顶绿化1.03万平方米、垂直绿化1148延长米。公园绿地500米服务半径覆盖率97.57%。屋顶绿化总面积27.88万平方米、垂直绿化6万延长米。累计创建花园式单位466个、花园式社区25个。区园林绿化局管辖的古树名木1656株，其中一级古树255株、二级古树1400株、名木1株。

资源安全　开展专项执法检查122次，处理涉绿案件线索2起、野生动物保护违法线索2起，解救国家一级保护动物1只，解救野生鸟类40只。完成31株古树复壮保护工作。

(范慧英)

【全民义务植树活动】 4月11日，西城区在广安门外莲花河滨水绿道“荷香园”景区举办以“坚决贯彻党中央决策部署，夺取疫情防控和义务植树双胜利”为主题的第36个首都全民义务植树日活动。区四套班子领导参加，栽植油松、大叶女贞等苗木120余株。宣传推广首都“互联网+全民义务植树”工作，营建“线上预约，线下植树”新模式，通过“绿色西城”微信平台开展义务植树系列宣传。在人定湖基地和万寿基地推出植树劳动、认种认养、抚育管护等多种形式义务植树尽责活动12场。出台《西城区绿地树木认建认养工作细则》，对外公布10处公园、绿地供社会单位、家庭个人认建认养，推出顺成公园绿地抚育管护项目。

（范慧英）

【疫情防控】 年内，区园林绿化局严格贯彻执行中央、市、区决策部署，构建园林行业防疫工作体系。制订防控方案，落实“四方”责任，做好疫情监测报告、宣传教育和应急准备；加强公园景区客流管控、测温、扫码入园和环境消杀，加大野生动物疫源疫病监测和野生动物保护执法检查力度；增强内部管控与人文关怀，严格落实值班值守、晨检和错峰就餐等制度，统一购置防护用品，组织干部核酸检测。防控期间，主动公开疫情防控工作动态100余条，各区属公园门区入口及活动广场悬挂安全提示标牌200块、横幅270条，开展公园、绿地疫情防控检查60余次。2月3日至8月7日，选派机关21名党员干部轮流下沉西长安街、金融街、陶然亭、月坛、广外等街道社区，充实一线防疫力量，为社区安全稳定做出贡献。

（范慧英）

【园艺文化推广活动】 年内，西城区结合疫情防控工作采取多种方式推广园艺文化活动。上半年，由于受疫情影响，园艺文化推广中心各驿站将现场体验活动调整为线上微信课堂，持续做好园艺知识宣传普及工作，推出线上课堂17期。下半年，在做好常态化疫情防控前提下，举办园艺培训、园艺体验和自然笔记教育等各种园艺文化推广活动443场。在北京国际花园节市民花园竞赛活动中，西城区推荐的“一米阳光”阳台花园、“留云观花影”阳台花园和“静馨园”迷你花园三个作品分别获得大奖、金奖和银奖。

（范慧英）

“一米阳光”阳台花园获奖作品（西城区园林绿化局 提供）

【花卉布置】 年内，西城区利用春夏季时间，在金融街、西单、前门等主要道路、大街布置地栽花卉35处、2.55万平方米，7处重要节点点缀花球95个。国庆、中秋双节前夕，在6处城市广场绿地重要节点布置主题立体花坛，在二环路、三环路（西城段）、两广路等重要道路沿线栽植地栽花卉35处、1.92万平方米，对金融街3条大街灯杆进行花艺美化，营造喜庆、祥和的城市节日氛围。

（范慧英）

【绿化美化先进集体创建】 年内，西城区通过走访调查、动员部署、技术指导和督促检查等方式，发动社区、单位积极参与创建活动。创建西城区财政局首都绿化美化花园式单位1个、广外街道蝶翠华庭社区首都绿化美化花园式社区1个。

（范慧英）

【园林绿化管理】 年内，西城区加强对公园绿地养护管理和督促检查，精心做好绿地浇水、修剪、病虫害防治、补植、施肥和保洁等工作，高质量完成重大活动、重要节日绿化环境保障任务。持续开展杨柳飞絮治理，协调区城市管理委（区水务局）、北京蓟城山水投资管理集团、北京环雅丽都投资有限公司、各街道办事处等单位，做好湿化、喷水和药物防治，投入资金49万余元，治理杨柳飞絮1万余株，为17家中央直属单位提供飞絮治理相关指导，协助中直机关完成800余株杨柳树药物防治。加强公园游园治理，做好节假日运行服务保障，公园品质和综合服务水平进一步提升。

（范慧英）

【创新增绿】 年内，西城区大力推进“留白增绿”，利用拆违腾退空间和边角地，新建荷香园、融乐园、逸彩园等6处口袋公园和4处微绿地，新增城市绿地8200平方米，超额完成全年任务。全区公园绿地500米服务半径覆盖率97.57%。开展空间拓绿，新建奇安信安全中心办公楼等9家单位屋顶绿化1.03万平方米，超额完成全年任务，新建北京四中广外分校周边等8处垂直绿化1148延长米，超额完成全年任务，构建出多层次立体绿色空间。

西城区康乐苑口袋公园（西城区园林绿化局 提供）

（范慧英）

【古树名木保护管理】 年内，西城区加强古树日常保护监督检查，督促社会单位和居住区落实古树保护措施。依据最新古树名木普查数据，制作《西城区古树名木资料汇编》，健全“一树一档”制度。开展古树名木生长态势评估、复壮保护工作，对长势衰弱古树组织专家会诊，提出复壮保护意见。完成31株古树复壮保护工作，并做好汛期古树抢险和舆情处理工作。

（范慧英）

【垃圾分类】 年内，西城区区属公园设置四分类垃圾桶94组、二分类垃圾桶891组、垃圾分类公示牌43块，达到分类容器全覆盖。平均每周劝导游客正确投放200余次。处理园林废弃物1.1万余吨，生产改良基质8000余吨，减量约3000吨，实现园林绿化废弃物减量化、资源化和无害化处理。在局机关办公场所张贴新版标识、宣传图片，重新设置垃圾投放点5个、投放桶35个。

（范慧英）

【建立政府居民互动模式】 年内，西城区组织会议开放、政务开放日和政府向公众报告工作活动，邀请区人大代表、政协委员、街道办事处、社区居民和驻区单位等代表参加。通过座谈会、专题研讨、实地参观和园艺体验活动等方式，让各界代表全面了解推动园林绿化建设重要举措和工作成效，认真听取代表们的意见和建议，了解民众对身边绿化需求，搭建起公众了解政府工作、参与政务服务、表达心声与诉求平台。

（范慧英）

【安全生产监管】 年内，西城区结合“城市安全隐患治理三年行动”和安全发展示范城区创建工作，开展商家隐患大排查474家次，出动人员948人次，查出并督促整改隐患433处，实现园林绿化行业零事故。开展安全培训6次，聘请专业部门对基层单位进行安全生产责任评估，进一步规范制度建设，健全风险防控措施。完善安全应急机制，协调区公园管理中心和蓟城山水集团成立11支470人应急抢险队伍，处置倒伏树木95株、树木折枝502起。

（范慧英）

【政风行风专项治理整顿】 西城区按照市政府专项清理整治工作统一部署，于2019年5月16日起针对绿地认建认养及公园配套用房出租中侵害群众利益问题开展专项清理整治工作。截至2020年底，发现绿地认建认养方面存在问题2处，已全部整改；公园配套用房存在问题47处、139个，已整改138个，清理整治完成率99.3%。

（范慧英）

【规划编制】 年内，西城区按照区委区政府工作部署，结合全区园林绿化建设现状及发展需求，完成《“十四五”时期西城区园林绿化事业发展规划》和《西城区绿化系统规划》初稿，从用地空间上保障绿地增量空间，优化绿地结构布局，明确未来园林绿化建设发展方向，为政府部门提供绿地建设管理决策思路和依据。

（范慧英）

【第九次园林绿化资源调查】 按照市园林绿化局统一部署，区园林绿化局于2019年6月启动园林绿化资源调查，12月底完成复查和资料提交工作。相关数据经市园林绿化局审核通过后，2020年10月召开项目验收会，通过专家审核验收。

（范慧英）

【西城区公园管理中心挂牌成立】 根据市委机构编制委员会办公室批复精神，稳步推进西城区公园管理中心（简称区公园管理中心）组建工作。精心组织筹备，周密制订机构设置方案并经区委机构编制委员会审核通过。10月16日，区公园管理中心正式挂牌成立。区公园管理中心是区园林绿化局所属、相当于副处级财政补助公益一类事业单位，主要职责是负责区属登记公园的组织人事、劳动和社会保障、财务管理、审计、安全保卫工作；指导区属登记公园的规划、建设、管理、服务、科技等方面工作并监督实施。内设科室7个，分别为办公室、公园管理科、公园建设科、安全应急科、综合服务科、监察科、组织人事科。事业编制35名，临时编制29名。

（范慧英）

【领导班子成员】

党组书记、局长，区绿化办主任，区公园管理中心主任（兼），一级调研员

吴立军

党组副书记、一级调研员　肖福来

党组成员、二级调研员　王　军

党组成员、区绿化办副主任、副局长、三级调研员　　　　　朱延昭

党组成员、副局长 纪冠军（2020年1月免职）

王文智

（范慧英）

（西城区园林绿化局：范慧英 供稿）

朝阳区园林绿化局

【概　况】 北京市朝阳区园林绿化局(简称区园林绿化局)，挂北京市朝阳区绿化委员会办公室(简称区绿化办)牌子，是贯彻执行国家和北京市城市绿化及林业工作方针、政策、法律、法规，根据首都绿化总体规划制定并实施本区绿化建设发展规划和年度计划，负责本区园林绿化建设和管理，负责组织协调全民义务植树活动及群众绿化工作，并负责直属事业单位建设和管理的政府职能部门，职能业务归市园林绿化局监督指导。截至2020年底，全局在职职工703人，其中公务员38人，事业编665人；设置局机关科室11个；下设基层单位18个。

2020年，朝阳区大尺度绿化新增造林绿化面积371.06公顷、城市绿地69公顷，新建公园绿地10个。“十三五”期间，全区新建绿化面积1776公顷，森林覆盖率从20.97%增至23.65%，城市绿化覆盖率从47.5%增至48.42%，全区新建改造大中小微公园绿地117处，公园绿地500米服务半径覆盖率从83.72%增至92.80%。

绿化造林　全区新增造林绿化面积371.06公顷、城市绿地69公顷。实施“留白增绿”168.31公顷，“战略留白”临时绿化30.83公顷。

资源安全　完成建设工程附属绿地规划审核40件。区财政拨付古树名木专项保护资金80万元，复壮古树32株。行政立案3起，没收野生动物2只(北京市重点保护野生动物1只、国家重点保护野生动物1只)、野生动物制品1件，现已全部办结；办结移送刑事案件8起，向朝阳分局移交野生动物及制品线索12条，配合朝阳分局环食药旅大队和朝阳刑侦支队侦破办理刑事案件9起。

（魏冬梅）

【森林防火】 自2020年3月11日起，开展清明节节前森林防火安全检查。朝阳区园林绿化局森林公安处组织专人对辖区林地内森林防火和野生动物资源保护情况进行检查。其间，出动执法人员100人次，检查地点涉及朝阳区19个地区办事处。

（魏冬梅）

【“提升公园品质 提高公园综合服务保障水平”专项行动】 4月1日开始，朝阳区在全区范围内统一部署，开展为期9个月的“提升公园品质 提高公园综合服务保障水

平”专项行动。截止2020年底，整治露天黄土579149平方米、清理枯死树7645株、诊治清理病虫枝36672株、清理枯死枝49723株、补植树木15571株、补植花草132360平方米；补设警示标识840处、补设防护栏224处、修复破损设施3108处、补签安全方责任书55份、补拟安全方案47份、补设监控设施83个；处理服务纠纷104起、整治不合格牌示412处；改造厕所15座；受理游客投诉数量1345件，办理完成1323件。

（魏冬梅）

【首都义务植树日活动】 4月4日，首都第36个义务植树日，朝阳区望和公园推出义务植树“云认养”活动。活动支持线上认养，同时提供安全合理的线下认养方式。“线下认养”由公园职工完成对园内认养区树木悬挂认养树牌工作，共悬挂树牌220块，方便来园游客进行现场扫码认养。市民可在“望和公园”微信公众号“互联网+”中的树木认养栏目内进行线上“云认养”。疫情好转后，已经线上认养的市民可在公园工作人员指导下，参与树木抚育等线下尽责活动，做到“虚拟尽责实体化，义务植树基地化、基地建设公园化”。全年完成线上认养165棵。

（魏冬梅）

【“互联网+全民义务植树”活动】 4月16日，朝阳区太阳宫地区“互联网+全民义务植树基地”（太阳宫公园）正式揭牌并启动。太阳宫地区“互联网+全民义务植树”基地位于北京市朝阳区太阳宫公园园区内，占地总面积24.5公顷，是北京市首个街乡级“互联网+全民义务植树”基地，按照全民义务植树8类37种尽责形式，为市民提供更加便捷的义务植树尽责平台。

（魏冬梅）

【区四套班子领导义务植树】 4月16日，朝阳区四套班子领导到温榆河公园示范区，与机关干部代表共300人一起参加义务植树活动，植树活动面积5000平方米，栽种油松、国槐、柳树、海棠、红瑞木等不同种类树苗300余株。

（魏冬梅）

【创建国家森林城市】 6月9日，《北京市朝阳区国家森林城市建设总体规划（2019—2035年）》（以下简称《规划》）通过国家级评审；先后经过区长办公会研究和区委常委会审议通过后，报送国家林业和草原局完成备案；9月21日，由朝阳区人民政府印发实施《规划》。11月9日，朝阳区创建国家森林城市动员大会暨启动仪式在北京温榆河公园举行，标志着朝阳区创森工作进入全面攻坚阶段。计划于2022年底实现36项指标全部达标，完成创森任务。

（魏冬梅）

11月19日，在北京温榆河公园举行朝阳区创建国家森林城市动员大会暨启动仪式（罗嗣理达 摄影）

【平原生态林养护综合检查】 7月28～31日，朝阳区园林绿化局邀请林业专家开展为期4天的平原生态林养护管理综合检查，区派驻纪检组相关人员陪同实地检查。此次检查涉及19个乡的76个地块，专家从林分质量、林地质量、养护措施及高质量发展等四个方面对各地块进行打分，并现场对养护单位管护工作进行指导。

（魏冬梅）

7月28～31日，朝阳区园林绿化局邀请林业专家对平原生态林养护管理情况进行综合检查（刘坤宇 摄影）

【公园系统结对帮扶】 8月18日，朝阳区结合实际统筹部署制订《朝阳区城市公园与郊区公园结对帮扶工作实施方案》，成立领导小组并召开工作部署会。由11个区属城市公园与19个区属地区办事处拉手对接。确定帮扶目标，落实帮扶计划，采取“一对一”“面对面”“手把手”等帮扶形式，提高公园整体服务管理水平。

（魏冬梅）

【湿地保护主题宣传活动】 9月20日，朝阳区在红领巾公园开展“强化湿地保护修复，维护湿地生物多样性”主题宣传活动，让市民直观地了解湿地保护的重要性。红领巾公园当天设置宣传条幅和宣传板，向游园市民发放湿地保护宣传单和印有湿地保护字样的扇子，并讲解《北京市湿地保护条例》等相关法律法规及鸟类保护知识，同时以红领巾公园湿地为例，向市民直观展示湿地给生态环境带来的积极影响。

（魏冬梅）

【烈士纪念日公祭活动】 9月30日，朝阳区2020年烈士纪念日公祭活动在日坛公园马骏烈士墓前举行。朝阳区委、区人大、区政府、区政协四套班子主要领导以及来自社会各界群众代表、马骏烈士家属及区部分烈属代表、学校师生代表、武警官兵代表等百余人在马骏烈士墓前献花，瞻仰烈士纪念墓，表达崇敬之情。

（魏冬梅）

【公园行业综合检查】 10月26～30日，朝阳区聘请市级园林专家联合组织对区属行业公园进行为期5天的行业管理检查。重点围绕疫情防控工作、绿化养护管理、园容卫生、设施管理、优质服务管理、宣传科普、安全秩序、冬季防火管理、垃圾分类、文明游园等10个方面进行，旨在提高全区公园系统行业综合管理水平。

（魏冬梅）

【法制宣传】 12月4日，朝阳区园林绿化局在第七个国家宪法日来临之际，组织机关全体公务员、基层党政正职等人员共45人参加《民法典》专题讲座会。同时，区园林绿化局在局属各公园设立宣传台，开展“12・4”国家宪法宣传活动，现场进行宪法答疑解惑并发放宪法宣传品，张贴宣传海报10余张、展板70余块，悬挂横幅20余条，发放各类法制宣传品3000余份、法治宣传购物袋3000余个。

（魏冬梅）

【冬季行道树修剪比赛】 12月24日，朝阳区园林绿化局在黄渠东路组织开展行道树冬季修剪比赛，局属12个养护单位50余名园林绿化养护作业人员参加比赛。

（魏冬梅）

【古树名木】 年内，朝阳区统计在册古树名木680株，其中古树592株，名木88株，销账自然死亡二级古树1株，朝阳区古树名木分布在40个街乡。区财政拨付古树名木专项保护资金80万元，完成复壮古树32株。

（魏冬梅）

【森林资源管理】 年内，朝阳区区级审核占用林地项目16件，占用面积66.67公顷，涉及森林植被恢复费用38000.96万元；区级审批的占用林地项目7件，占用面积2.65公顷，收缴森林植被恢复费用1567.77万元；占用四级林地备案16件，占地面积17.52公顷，收缴森林植被恢复费7488.99万元；临时占用林地审批16件，临时占地面积9.79公顷，收缴森林植被恢复费5791.62万元。审批发放林木和城市树木移伐许可526件，移伐林木树木606062株。其中林木采伐许可175件，采伐林木9823株；林木移植批准235件，移植林木595766株；城市树木移伐审批116件，其中树木砍伐85件（含低风险审批项目1件，砍伐乔木6株），砍伐树木350株，树木移植31件（含低风险审批项目1件，移植乔木51株），移植树木123株。

（魏冬梅）

【森林督察整改】 年内，朝阳区园林绿化局森林督查工作收到疑似图斑117块，总面积103.6公顷。经核实，存在问题地块90块，面积67.53公顷。截至2020年12月底，90块问题地块中已整改79块，面积63.9公顷，整改率87.78%；正在整改11块，面积3.63公顷。

（魏冬梅）

【节日花卉布置】 年内，朝阳区按照市园林绿化局和区环境办要求做好服贸会景观布置工作，重点布置北中轴路、北辰东路、建国路等5条道路及北土城东路与北辰路交叉路口两个立体花墙。坚持重大活动局部整治提升与日常管护相结合，坚持重点区域花卉布置与常态化绿地景观相结合，坚持重大活动绿化美化保障与年度工作任务相结合，共计使用孔雀草、串红、牵牛、夏堇等花卉约54.6万株。

（魏冬梅）

【绿化改造】 年内，朝阳区绿化改造项目共5个，分别是2020年CBD区域公园联通改造工程及重点道路项目、屋顶绿化工程项目、全国组织干部学院西侧休闲公园改造工程项目、2019望京沟两侧环境整治项目、北三环路绿化改造项目（该项目从安华桥东至三元桥），建设内容包括绿化、土建、喷灌等，北三环路绿化改造项目施工内容为中央分车带及机辅分车带补植补种。

2020年花卉常态化项目在全区范围内布置重点路段34条，通过花带、组合容器等花卉形式与绿地内原有乔灌木搭配，栽植花卉约165万株盆。5项工程总投资约4073.57万元(尚未完成结算工作)，总面积约17.28公顷。

(魏冬梅)

【生态资源保护】 年内，朝阳区园林绿化局森林公安处共接举报73起，其中行政立案12起，行政罚款491453.88元，补种树木1578株，要求恢复原貌6处，没收野生动物2只(本市重点保护野生动物1只、国家重点保护野生动物1只)、野生动物制品1件，现已全部办结；办结移送刑事案件8起，向朝阳分局移交野生动物及制品线索12条，配合朝阳分局环食药旅大队和朝阳刑侦支队侦破办理刑事案件9起，查获国家珍稀濒危野生动物制品100余件；解救国家一级保护动物1只、国家二级保护动物18只，“三有”野生动物350余只；开展各类行政检查350余次；完成市法制月报、季报、案例分析、季度分析；完成行政处罚案件公示；野保监测雁鸭类1400余只、小鸟类2.9万余只，未发现禽流感病例；全区未发生森林火警、火灾。

(魏冬梅)

【领导班子成员】

党委书记、局长、二级巡视员 王春增

(2020年4月任二级巡视员)

党委副书记、副局长、三级调研员 王国臣

区纪检派驻组组长 王泽民

副局长、一级调研员 王文胜

副局长、三级调研员 彭光勇

(2020年5月调出)

副局长、三级调研员 王　涛

副局长、森林公安处处长(副处职)、三级调研员 王礼先

(2020年7月免森林公安处处长)

森林公安处处长(副处职) 李全瑞

(2020年7月任职)

二级调研员 李世喆

(魏冬梅)

(朝阳区园林绿化局：魏冬梅 供稿)

海淀区园林绿化局

【概　况】 北京市海淀区园林绿化局(简称区园林绿化局)，挂北京市海淀区绿化委员会办公室(简称区绿化办)牌子，是负责本区园林绿化工作的区政府工作部门。下辖7个事业单位：区园林绿化服务中心、区绿化队、区绿化二队、区绿化三队、区海淀公园管理处、区翠湖湿地公园管理处、区林业工作总站(区林业保护站、区林业种苗管理总站、区生态林管护中心)。

2020年，全区森林覆盖率35.78%，

城市绿化覆盖率 51.22%，人均公园绿地面积 13.99 平方米/人（注：人均公园绿地均按 2019 年末常住人口计算），公园绿地 500 米服务半径覆盖率 91.52%。

绿化建设　完成年度造林任务 108.45 公顷，全部为新增造林绿化，其中城区绿化 56.19 公顷、平原造林 52.26 公顷，共 15 项绿化工程，栽植乔灌木 14.7 万余株。

绿色产业　全区苗木生产企业共计 35 家，苗圃面积 298.27 公顷，实际育苗面积 203.67 公顷，苗木总产量 54.14 万株。全区有养蜂户 9 户，蜂群 386 群，产普通蜂蜜 9390 千克、蜂王浆 215 千克、蜂花粉 20 千克、蜂胶 10 千克、蜂蜡 405 千克，实现收入 67.42 万元。

资源安全　落实森林火灾综合防控和以生物防治、物理防治为主的林木有害生物绿色防控措施，强化野生动植物保护和林政执法管理；实施生态林地分级分类管理，开展林分结构调整试点，推进科技公园建设，提升公园绿地品质。

（罗勇）

【全民义务植树】　4 月 4 日，海淀区开展首都第 36 个义务植树日活动，区四套班子领导、法院检察院领导、区政府特聘专家、区长助理等 80 余人，在温泉镇太舟坞公园参加义务植树活动，种植白皮松、云杉、白蜡、银杏、银红槭、樱花等 2368 株，其中乔木 380 株、灌木及绿篱 1988 株。活动结束后为参加植树活动的领导颁发《首都全民义务植树尽责证书》。当日全区参加植树人数 3320 人，植树 1.4 万余株，动土 4.34 万立方米，养护树木 13.98 万株，清扫绿地 48.21 万平方米，设宣传咨询点 2 个，出动宣传车 2 辆，发放宣传材料 7000 份，出动绿色小信使 150 人，悬挂宣传标语 22 幅。4 月 9 日，全国政协领导机关干部职工 100 余人，来到北京市海淀区西山国家森林公园参加义务植树活动，种植白皮松、栾树、稠李、山桃、连翘等乔灌木 400 余株。10 月 25 日，海淀区首个“互联网+全民义务植树”基地在海淀公园挂牌成立，基地结合海淀公园现有科技公园项目资源，充分利用互联网技术，为市民提供参与义务植树 8 类尽责形式平台，并设置 10 位经验丰富的尽责导师，在园林、植保、野保等方面为市民提供技术指导；当日招募 42 名志愿者参加抚育管护劳动尽责；举办 3 场义务植树尽责活动。12 月 4 日，北京植物园园艺生活馆园艺驿站挂牌成立。

（罗勇）

4 月 4 日，海淀区四套班子领导在温泉镇太舟坞公园参加首都第 36 个义务植树日活动（海淀区园林绿化局 提供）

【新一轮百万亩造林绿化工程】　年内，海淀区完成年度造林任务 108.45 公顷，全部为新增造林绿化，其中城区绿化 56.19 公顷、平原造林 52.26 公顷，共 15 项绿化工程，栽植乔灌木 14.7 万余株。

（罗勇）

【平原重点区域造林工程】 年内，海淀区平原重点区域造林工程分布于上庄镇、苏家坨镇、西北旺镇、东升镇4镇，涉及西闸村、白水洼村、后沙涧、前沙涧、西玉河、六里屯村、河北村7村，总面积522573.33平方米，造价5043.87余万元，建设内容包括绿化工程、庭院工程、给排水工程、渣土清理工程。工程于4月16日开工，12月20日竣工，种植乔木16474株、灌木4982株、地被植物162254.6平方米。

（罗勇）

【“留白增绿”专项工作】 年内，海淀区“留白增绿”专项工作完成绿化面积25.9公顷，涉及3个镇49个点位，利用拆违腾退地、城市边角地，建设功德寺地区城市森林建设工程、西郊机场周边区域绿化建设工程等公园绿地。

（罗勇）

【西郊机场周边区域绿化工程】 该工程位于海淀区西四环外，紧邻西郊机场东西两侧，总面积179198平方米，造价4291.58万元，建设内容包括绿化工程、庭院工程、土方工程、浇灌工程、照明工程。工程于5月20日开工，12月18日竣工，种植乔木5628株、灌木49025株、地被植物117577平方米。

（罗勇）

【森林健康经营示范工程】 年内，海淀区完成森林健康经营项目任务200公顷，项目位于苏家坨镇车耳营村和七王坟村，建设标准为市级示范区，建设内容包括林木抚育和附属工程。林木抚育完成人工补植23.33公顷、割灌除草7.27公顷、修枝28.64公顷、扩堰52.32公顷、人工促进天然更新62.51公顷；附属工程完成作业步道2478米，设置工程牌匾1块、指示牌3块、坐凳8个。

（罗勇）

【生态林管护】 年内，海淀区纳入生态林地补偿机制政策林地6973.33公顷，其中精品公园100公顷、一般公园313.33公顷、一级林地面积100公顷、二级林地面积946.67公顷、三级林地2000公顷、四级林地980公顷、五级林地2533.33公顷。落实生态林地补偿机制政策，拨付政策资金28734.8万元，其中东升镇1834.85万元、海淀镇667.49万元、四季青镇6427.28万元、西北旺镇4763.30万元、温泉镇3023.78万元、上庄镇2952.47万元、苏家坨镇8352.44万元、西农投资公司379.50万元、国有林地养护资金333.74万元。完成整形修剪127万株、林木浇水6926.67公顷次，补植补造乔、灌木和绿篱6万余株，施肥244.6公顷，病虫害防治面积1.35万公顷。

（罗勇）

【农村街坊路绿化】 年内，海淀区纳入农村街坊路绿化管理涉及3个镇29个村，绿地面积32.7万平方米，下拨资金83万元。

（罗勇）

【花卉布置】 年内，海淀区投资1755.62万元，完成花卉布置工程41731平方米，涵盖玉泉山地区、万寿路地区、中关村地区、山后地区等主要区域，其中地栽花卉工程28033平方米，涉及长春桥、紫竹桥2处重点桥区，中关村大街、长春桥路、万寿路、北坞村路、颐和园路、西郊机场路、北清路、厂洼中路、后厂村路及中关村西区10处重要道路，京西宾馆1个重点场所；花钵花卉工程6687平方米，涉及四环路、万泉河路、长春桥和中关村1、2、3号桥等4处，布置花箱花钵3260个，栽植苏铁766株；垂直花卉布置工程7011平方米，涉及田村城市休闲公园、万泉河桥区、北清路—永丰路至永泽北路、北清路—永丰路至稻香湖路、同泽春园、同泽秋园、苏家坨经适房代征地7处公园和路段，种植藤本月季2711平方米、荆芥4300平方米。

（罗勇）

海淀区紫竹桥区域花卉布置景观（海淀区园林绿化局 提供）

【森林防火】 年内，海淀区落实森林防火行政首长负责制和区域管护责任制，从区森林防火指挥部，到镇、街、林场、村和有林单位，层层签订各类森林防火责任书1万余份。投资300万元维修全区山区防火路，投资126万元对全区18座防火瞭望塔进行维修，投资112万元对全区16座防火检查站进行维修，投资60万元购置森林消防物资器材，投资50万元为全区护林员制作冬装。在重点森林防火期，组织420余人参加森林消防培训。开展为期5个月的森林火灾隐患排查整治工作，全区18支巡查队开展巡查检查，4000余名生态管护员定点看护，出动执法人员169人次，排查各类火灾风险隐患31次，发现各类风险隐患20处，发放隐患整改通知书7份，均整改完毕。本年度无森林火灾，无人员伤亡。

（罗勇）

【林木有害生物防控】 年内，海淀区设置美国白蛾、白蜡窄吉丁、红脂大小蠹、松墨天牛等24种虫害区级监测点560个，在24个街镇的203个社区(村、公园)监测到美国白蛾成虫2044头，巡查发现美国白蛾幼虫危害树木849株。推行以生物防治、物理防治为主的绿色防控措施，释放周氏啮小蜂、管氏肿腿蜂、异色瓢虫等有害生物天敌4亿余头，悬挂国槐小卷蛾诱捕器、粘虫板等物理防控用品7000余套。完成春、夏、秋三季飞防作业150架次，累计防控面积1.5万公顷。开展林业有害生物执法检查847次。

（罗勇）

【野生动植物保护】 年内，海淀区加强古树名木保护，对全区3936株古树进行专业性养护；全年新增古树16株、名木1株，死亡确认2株。加强野生动物保护管理，组建海淀区野生动物应急处置组，妥善处置野生动物救助事件115起，救助野生动物144只，处置死亡野生动物20只；设置野生动物疫源疫病监测点5个，采用路线巡查和定点观测相结合的方式，开展野生动物疫源疫病监测活动1825次，观测野生动物70余万只；首次使用无人机开展反盗猎侦查行动，利用无人机红外热成像技术，加大重点区域特别是偏远山区非法猎捕野生动物巡查力度，累计派出无人机636架次，飞巡西山等重点野生动物栖息区域848处，飞巡里程12720余千米，拍摄重点时段热成像图片12000余张，采集视频影像6000余分钟。

（罗勇）

【林政执法】 年内，海淀森林公安接处各类警情127起、立案70起，其中行政案件57起、刑事案件13起，抓获犯罪嫌疑人42人(包含昆仑2020专项行动联合海淀公安分局抓获24人)，查获涉案野生动物79只、野生动物制品6448克，市场价值人民币153万余元，涉及国家一级、二级重点保护野生动物及国际濒危物种3类7种。开展重点区域巡逻巡控15000余千米，救助各类野生动物370余只头，检查涉林重点敏感单位及区域390处，消除森林火险隐患120余处。

（罗勇）

【行政许可】 年内，海淀区园林绿化局受理行政许可及服务事项888件，发放许可证及复函651件，接待咨询人员1981余人。审批林木伐移225件、树木伐移293件，对林木采伐申请进一步优化方案，减少采伐林木300余株。审核林地备案及临时占用手续39项，市园林绿化局批复绿地占用(含临时占用)78项；完成绿地率审核62项(多规平台54件)。承接市园林绿化局关于永久占用林地审批权和城市大规格树木砍伐审批权限，其中工程建设永久占用林地面积1公顷以下的行政许可下放区园林绿化局实施，砍伐城市树木不满20株、胸径30厘米以下的行政许可委托区园林绿化局实施。受理核发林木种子生产经营许可证4份，签发《产地检疫合格证》《植物检疫证书(出省)》共14份，检疫各类树木0.8万株、花灌木3万余株，开具《森林植物检疫要求书》1207份。

(罗勇)

【公共绿地设计方案审查】 年内，海淀区园林绿化局审查四季青4S店拆除区域、崔家窑湿地生态治理、水岸家园西侧绿地、上庄镇浮青园(B-10三元嘉业代征绿地)、上庄镇沙阳路两侧景观提升、邓庄南路北侧绿地、海淀镇功德寺地区、首都体育馆南路绿化改造、西郊机场周边区域绿化改造、京张高铁海淀段绿色通道、颐和园西侧三角地、中关村大街城市客厅(公共空间改造提升)人大段、中关村大街城市客厅(公共空间)改造提升一期工程一标段和二标段等绿化工程设计方案14项，并取得市园林绿化局批复，涉及面积143.75公顷。

(罗勇)

【绿化美化先进集体创建】 年内，海淀区创建“首都绿化美化先进单位”3个，即西三旗街道、北京市海淀区园林绿化服务中心、北京甲板智慧科技有限公司；创建“首都绿化美化花园式单位”4个，即北京金隅文化科技发展有限公司、北京市海淀区枫丹实验小学、北京万科物业服务有限公司如缘物业服务中心、中国电力科学研究院有限公司；创建“首都绿化美化花园式社区”2个，即北京市海淀区曙光街道晨月园社区、北京市海淀区学院路街道逸成社区。

(罗勇)

【代征绿地收缴】 年内，海淀区园林绿化局接收西北旺镇永丰产业基地(新)C地块的土地一级开发项目、海淀北部地区1片区西郊农场东部局部地块(北区)棚户区改造定向安置房项目、海淀区清河路(三建平房宿舍区危改土地一级开发项目)C2商业金融用地项目等代征绿地22项72.63公顷。

(罗勇)

【集体林权制度改革】 年内，海淀区拨付山区生态公益林生态效益促进发展机制生态补偿资金181.85万元，其中拨付苏家坨镇104.44万元、西北旺镇14.70万元、温泉镇31.13万元、四季青镇31.57万元。完成四季青镇、西北旺镇、苏家坨镇、温泉镇总计3443.53公顷山区生态公益林的综合保险，投入保险金92975.4元，总保险金额6198.36万元。

(罗勇)

【种苗产业】 年内，海淀区苗木生产企业共计35家，苗圃面积298.27公顷，实际育苗面积 203.67 公顷，苗木总产量 54.14 万株。

（罗勇）

【**蜂产业**】 年内，海淀区有养蜂户 9 户，蜂群 386 群，产普通蜂蜜 9390 千克、蜂王浆 215 千克、蜂花粉 20 千克、蜂胶 10 千克、蜂蜡 405 千克，实现收入 67.42 万元。

（罗勇）

【**领导班子成员**】

局长、区绿化办主任

林　航(2020 年 6 月免职)

王志伟(2020 年 11 月任职)

党组书记　肖敏鹏(2020 年 10 月免职)

王志伟(2020 年 10 月任职)

副局长　刘素芳(2020 年 9 月任二级调研员、2020 年 10 月免职)

云　峰　邢晓燕　田文革

森林公安处长

莫　军

（罗勇）

（海淀区园林绿化局：罗勇 供稿）

丰台区园林绿化局

【**概　况**】 北京市丰台区园林绿化局(简称区园林绿化局)，挂北京市丰台区绿化委员会办公室(简称区绿化办)牌子，是区政府负责园林绿化工作主管部门，内设办公室、绿化工作办公室、林业科等 11 个职能科室及森林公安处，机关行政编制 39 名，政法编制 12 名，实有人数 48 名，下辖 10 个基层事业单位：区林业工作站、北宫国家森林公园管理处，莲花池公园管理处、丰台花园管理处、万芳亭公园管理处、南苑公园管理处、长辛店二七公园管理处、丰台绿化队、长辛店绿化队、南苑绿化队。

截至 2020 年底，全区有森林面积 8554.68 公顷，林地面积 9206.71 公顷，森林覆盖率 27.97%，林木绿化率 34.40%；绿地面积 7674.70 公顷，公园绿地面积 2327.66 公顷，城市绿化覆盖率 47.54 %。

绿化造林　年内，完成新一轮百万亩造林年度任务 196.87 公顷，其中新增造林面积 186.67 公顷，改造提升 10.2 公顷。依托新一轮百万亩造林年度任务，栽植各类苗木 11.23 万株，平原造林完成 80.73 公顷。留白增绿完成 59.64 公顷。

公园风景区　年内，全区行业注册公园 25 家，占地面积 1429.09 公顷，其中 7 个收费公园及风景区，其余 18 个为免费公园(其中 5 个是郊野公园)。共有精品公园 11 个，市级重点公园 3 个，4A 级旅游景区 5 个。

绿色产业　年内，全区花卉种植面积 5.2 万平方米，主要种植盆栽花卉及花坛植物等，生产盆栽花卉 61 万盆，总产值 482 万元。

资源安全　年内，全区未发生森林火灾，林业有害生物成灾率、测报准确率、无公害防治率、敏感地区美国白蛾等食叶害虫平均寄主叶片保存率均达标。

（窦洁）

【全民义务植树活动】 年内，丰台区完成中央军委、全国人大常委会、北京市纪监委、北京市审计局等单位以及社会各界人士义务植树活动服务保障工作。组织各类义务植树主题活动6次，国家级领导参加2次、市级部门领导参加2次，新植树木2000余株，养护树木1.2万株。

（窦洁）

【新一轮百万亩造林工程】 年内，丰台区完成新一轮百万亩造林年度任务196.87公顷，其中新增造林面积186.67公顷，改造提升10.2公顷。依托新一轮百万亩造林年度任务，栽植各类苗木11.23万株，平原造林完成80.73公顷。留白增绿完成59.64公顷。大瓦窑公园、北天堂公园正式面向社会开放。

（窦洁）

【南苑湿地森林公园建设】 年内，丰台区南苑湿地森林公园建设87.2公顷，其中：南苑公园改造提升项目9.2公顷、B地块园林工程24.67公顷，全部完工；A地块土方及水系工程53.33公顷，因受C地块方案影响，进展延缓，完成全部任务53%。

（窦洁）

【丽泽商务区绿化建设】 年内，丰台区启动丽泽金融商务区城市运动休闲公园（一期、二期）和丽泽金融商务区核心区（南区）绿地（一期）建设工程前期立项工作，获得绿化方案批复、规划和土地意见复函、项目建议书批复、可行性研究报告批复。

（窦洁）

丰台区南苑湿地森林公园先行启动区B地块景观（宋浩洁 摄影）

【绿化美化先进集体创建】 年内，丰台区创建5个花园式社区、6个花园式单位、9个市花月季社区。花园式社区：王佐镇山语城社区、翡翠山社区、南苑乡大红门锦苑二社区、花乡三乐花园社区、天伦锦城社区。花园式单位：长辛店街道园博派小区、东铁营街道晶城秀府小区、新村街道三环新城六号院、丰台街道北大地三里16号院、长辛店街道中国人民解放军61001部队营区、南苑乡北京盛世开元物业管理有限公司第一分公司。月季社区：大红门锦苑二社区、新宫家园社区、精图社区、三环新城第一社区、三环新城第二社区、春园社区、北大街社区、63号院社区、馨慧苑社区。

（窦洁）

5月27日，丰台区在三环新城第一社区开展“月季进社区”主题活动(张磊 摄影)

【创建国家森林城市】 年内，丰台区全面启动创建国家森林城市工作。编制印发《丰台区国家森林城市建设总体规划(2019—2035年)》及《丰台区创建国家森林城市工作实施方案》，根据实施方案内容，设立区创建国家森林城市工作小组办公室，统筹协调落实各项工作。

（窦洁）

【立体绿化项目】 年内，丰台区完成花园式屋顶绿化2处共8187平方米，包括天坛医院地块、中润发奥迪4S店地块；完成垂直绿化16240延长米。

（窦洁）

【规划编制】 年内，丰台区开展自然保护地整合优化工作，编制完成《丰台区自然保护地整合优化预案》并上报市园林绿化局；开展《丰台区“十四五”时期园林绿化发展规划》编制工作，形成规划征求意见稿；启动新一轮林保规划编制工作。

（窦洁）

【园林绿化资源管护】 年内，丰台区做好898公顷城市公共绿地及区管14条河道102千米258公顷河道绿地养护管理。完成城市专业绿地共分栽、补种30.5万平方米，补植乔木324株、灌木50107株；河道绿地补植乔木258株，灌木401株，地被植物1.2万平方米。监督指导养护5740公顷生态林(山区生态林、平原生态林、平原造林、郊野公园、园博绿道)和94公顷村庄“五边”绿化。出台《丰台区郊野公园养护管理细则(试行)》。落实分配养护和土地流转资金，对81家乡镇村相关单位约3.3亿资金进行监管。完善2385个地块，10余万条数据字段，制作生态林养护一张图。完成165.6公顷山区森林健康经营林木抚育和33.33公顷国家公益林管护项目。完成2020年森林督查及森林资源一张图修编工作。进行图斑调查核实153个，包括督查图斑11个，变化图斑142个。经核实，督查图斑中存在破坏园林绿化资源问题的6个，其中属于城市绿地2个，图斑已移交区城管执法局；属于林地4个，其中2个已由森林公安进行处罚，现场已恢复，其余2个位于军事管理区范围内，属地部队已进行确认，按要求进行挂账。完成古树复壮修复工作，共10株，包括卢沟桥乡2株、花乡2株、南苑乡2株、长辛店街道2株、长辛店镇1株和新村街道1株。完成集体林权制度改革电子档案建立工作，完成第九次园林绿化资源调查数据上报，完成森林经营方案专家评审，完成“十四五”采伐限额编制工作。

（窦洁）

【行政审批】 年内，丰台区对立项定位优化营商环境类项目，行政许可审批时限缩短至6个工作日办结。受理行政许可481件，伐移林木、树木31802株(林木30176株、树木1626株)，占用林地、绿地9.08公顷，其中危险树清理127件，采伐林木、树木652株。受理《产地检疫行政许可》10份，签发《产地检疫合格证》10份，产地检疫苗木30余万株，开具《植物检疫要求书》1200余份，生产经营行政许可证延续办证2份。完成建设项目绿化用地审查26件，完成7个项目31.69公顷绿地率复核。

（窦洁）

【代征绿地收缴】 年内，丰台区完成亚林西居住区土地一级开发项目、丰台科技园西区I园区建设及综合治理D地块项目、丰台区纪家庙回迁房项目、西四环中路83号0606-0644地块R2二类居住用地项目、丰台区长辛店张郭庄地区二类居住及文化娱乐用地项目、丽泽金融商务区园区B2B3地块开发整理及配套市政基础设施建设项目、丰台区长辛店杜家坎南路20号商业中心项目、丰台区南苑植物油厂保障性住房项目、丰台区丽泽金融商务区D-10地块F3其他类多功能用地项目、丰台区南苑乡石榴庄村0517-659等地块住宅混合公建、基础教育及医疗卫生用地项目、亚林西居住区8号地公共租赁住房项目11处代征绿地收缴，面积348419.5平方米。

（窦洁）

【行政执法】 年内，丰台区森林公安林业案件接警86起，立案25起，罚款86.98万元，补种树木61株，恢复林地面积31624.2平方米。办理“10·15非法占用农用地案”“11·19非法占用农用地案”林业刑事案件两起。办理森林公安野生动物行政案件4起，收缴野生动物活体3只，其他制品类33件，罚款4.63万元。配合丰台分局核查野生动物案件线索9条，协助丰台分局办理非法收购、出售珍贵濒危野生动物及制品案1起，猎捕野生动物刑事案件两起。解救蝙蝠、池鹭、缅甸蟒等野生动物20只。监督检查部门进行监督检查、投诉举报现场核查、疑似违法现场检查705次，林地核查21次，发现疑似违法并移交区城管执法局线索9件，移交森林公安线索6件。区林业工作站对花乡、南苑乡、宛平、王佐镇4个乡镇平原造林工程17个批次苗木进行抽查，对2个不合格苗批要求整改，其中82株不符合要求苗木全部退回；监理检查121批次，对7个不合格苗批要求整改，退回苗木257株。对全区苗圃进行2次产地检疫，检疫苗圃10家，检疫苗木30万余株，检疫面积263.33公顷。

（窦洁）

【森林防火】 年内，丰台区改造提升森林指挥中心监测系统及瞭望塔内部监控系统，清理林下可燃物3500公顷，林区散坟周边可燃物4800座，开设防火隔离带13.8万延长米。召开森林防火工作会5次，研讨会1次，签订防火责任书6份，组织专业、半专业扑火队培训2次，演练2次，生态林管护人员培训2次。森林防火宣传4次，发放各类宣传品1万余份，受众1800余人。悬挂森林防火警示横幅200条，增设太阳能语音宣传杆20个，下发隐患整改通知书9份，全年未发生森林火灾。2020年1月20日，北京市丰台区森林防火指挥部等4个防火机构由区园林绿化局移交至区应急管理局。2020年4月1日，区森林消防队管理职责由区园林绿化局移交至区应急管理局。

（窦洁）

【林木有害生物防控】 年内，丰台区出动防控人员7245人次，在61个市级、区级监测测报点悬挂美国白蛾、国槐小卷蛾、桔小实蝇等有害生物诱芯2.79万个(套)，悬挂色板7.2万张，粘虫胶带4000卷，监测到美国白蛾越冬代成虫836头、幼虫受害树木1078株，监测到桔小实蝇1561头；开展松材线虫病春、秋季疫情普查1043.2公顷次，发现枯死松科植物共计176株，枯死松树采样送检7个批次、35个样本，未检测到松材线虫；实施灯光诱杀、信息素诱集等无公害措施预防作业面积5523.33公顷次；采取树干围环措施防治面积597.36公顷；释放天敌昆虫4886.2万头进行生物防治，作业面积249.27公顷；开展地面喷药防治打药车作业3224台次、防治人员5840人次，作业面积5329.67公顷次；开展夏、秋季两次飞机防治45架次、作业面积4500公顷次。

（窦洁）

【果品安全】 年内，丰台区无公害果品产地、产品认证面积同2019年相比增加6%，果品安全抽检合格率98%以上，农药残留自检210个批次，市级抽检21个批次，检测结果全部合格。完成王佐镇洛平村果园无公害认证扩项工作；2家企业建立果品追溯体系。

（窦洁）

【野生动植物资源保护】 年内，森林公安处出警300人次，车辆160台次，检查经营场所100余次，驯养繁殖场所150余次，对非法猎捕野生动物巡逻检查3000余千米，接到并处理10起蝙蝠袭扰事件。

（窦洁）

【领导班子成员】

党组书记、局长，区绿化办主任
王世义(2020年8月免职)
刘立宏(2020年8月任职)
党组副书记、副局长　杨　凯(女)
党组成员、区绿化办副主任
李永祥(2020年1月免职)

党组成员、副局长　李建庆
林　晶(女)
刘慧兰(女)

（窦洁）

（丰台区园林绿化局：窦洁 供稿）

石景山区园林绿化局

【概　况】 北京市石景山区园林绿化局(简称区园林绿化局),挂北京市石景山区绿化委员会办公室(简称区绿化办)牌子,主要承担城市园林绿化、林业行政管理职责和森林防火职责。含6个内设机构,分别为:综合办公室(主体责任办公室)、绿化发展科、规划审批科(法制科)、建设管理科(林业有害生物防疫检疫科)、资源执法科、财务审计科,行政编制23名。下设5个全额拨款事业单位,分别为:绿化工程一队、绿化工程二队、玉泉花圃、园林设计所、森林消防大队。共有干部、职工110人,其中行政编制人员22人,事业编制人员88人。

2020年,是石景山区创森攻坚之年,也是新一轮百万亩造林绿化“五年任务三年完成”收官之年。在区委、区政府坚强领导下,全区进一步完善“山、河、轴、链、园”生态格局,新建改造公园绿地27处,新增绿化面积129.6公顷。

造林绿化　全年完成新一轮百万亩造林绿化102.7公顷,相继建成社区公园、口袋公园和小微绿地13处26.67公顷,完成裸地绿化8.39公顷,全区公园绿地500米服务半径覆盖率99.76%。

资源安全　全年新升级特级绿地7处8.9公顷,一级绿地2处6.1公顷;为全区3万余株杨柳树注射“抑花一号”,抑制飞絮污染;开展古树核查,摸清全区古树底数并落实古树管护职责;强化林地绿地资源保护管理,加大涉林案件查处力度。对非法捕猎或经营野生鸟类及动物制品行为加大打击力度并建立长效机制。全年未发生危险性林木有害生物疫情。

(郑文靖)

【造林绿化工作专题会议】 2月22日,石景山区召开区委书记专题会议,对2020年度造林绿化工作进行专题研究。会议提出全区绿化方案设计和建设要充分契合石景山区分区规划,有助于提升人民群众绿色获得感。要大力推进增彩延绿,实现“三季有彩、四季常绿”;推进城市森林建设,体现生态低碳理念,推广海绵城市建设手段;推进“留白增绿”“战略留白”绿化,加强绿道建设力度。要加强对2020年造林绿化组织领导,确保所有项目4月底前开工建设。要注重项目全过程管理,严格控制设计、招标、成本、工期和后期养护各个环节,实现高标准设计、高标准建设和高标准管理。

(郑文靖)

【线上“云植树”活动】 4月1~6日,石景山区绿化办在“石景山创森”微信公众号推出“云植树”活动。市民可参与线上浇水和每日打卡积累能量值,通过能量值兑换和抽奖的方式获得盆栽植物、花卉种子、园艺工具及认养树木机会。活动期间,网上点击量4000余人次,参与人数1200人以上。

（郑文靖）

【首都全民义务植树日活动】 4月4日，石景山区绿化办在衙门口城市森林公园组织主题为“创建国家森林城，打造秀水石景山”义务植树活动。活动严格按照新冠疫情防控要求组织开展，区四套班子领导、驻区部队有关领导、首钢集团领导以及区绿委委员、驻区单位80余人参加活动，栽植树木100余株。

（郑文靖）

【绿化主题活动】 7月，组织全区9个街道开展“创建国家森林城市——乡土植物进社区”活动，向37个社区发放品种月季、大花萱草、马蔺7.2万株，社区直接参与种植人数2000余人。自11月起，开展“有机肥料进社区”活动，为9个街道99个社区提供有机肥料28.6万千克，活动持续至2021年春季。

（郑文靖）

【创建国家森林城市】 年内，石景山区稳步推进创建国家森林城市工作。全区31项创建指标中已达标26项，其中绿化覆盖率52.74%，人均公共绿地面积22.81平方米，公园绿地500米服务半径覆盖率99.76%。

（郑文靖）

【古树名木保护】 年内，石景山区实有古树1543株，其中一级古树140株，二级古树1403株。古树主要分布在区公园管理中心（法海寺公园、北京国际雕塑公园）、八宝山革命公墓、八大处公园管辖范围，共计1192株，其余351株古树分散生长在全区9个街道。完成全区古树名木资源核查工作，对原有台账中的错误信息进行修正。建立健全古树名木基础台账，做到一树一档，对衰弱古树进行系统分析，形成一份调研评估报告、一套古树调查档案和一套濒危古树档案。搭建古树地理信息系统，全区在账古树全部上图、定位，实现古树资源动态化、信息化管理。明确古树养护管理责任，落实四级管理机制，制订《石景山区古树名木保护管理责任书》。建立疑难问题专家会诊机制，对衰弱古树进行全面科学诊断，为古树保护性复壮提供科学依据。完成西井路古国槐、八角南里古国槐、琅山路古银杏等6株古树保护性复壮工作。走访、检查古树保护责任单位20余家，妥善处理舆情及市民热线来电问题4件。

（郑文靖）

【园艺驿站】 年内，石景山区建设八角中里文化中心、石景山首创郎园Park、银保园·浅山WEEK、金苹果文化中心4家园艺驿站。受新冠疫情影响，全年园艺驿站活动以“线上组织”为主，线上线下相结合，组织活动66场，线上参与互动和现场体验活动人数约7000人次。

（郑文靖）

【绿化美化先进集体创建】 年内，石景山区完成创建花园式单位2个（北京市自来水集团石景山区自来水有限公司五里坨水厂和北京乐康物业管理有限责任公司西山汇A区）、完成创建花园式社区1个（苹果园街道西山枫林第二社区）。

（郑文靖）

【**森林防火**】 年内，石景山区组织森林防火实地检查85次，督促指导各有林单位严格落实森林防火责任制。参加区级森林火险处置实战演练2次，持续加强森林防火宣传，增强全民防火意识。全区连续18年没有发生较大森林火灾。

（郑文靖）

【**林木病虫害防治**】 2020年春季，石景山区开展越冬基数调查和春季病虫害监测工作，主要调查虫种为美国白蛾、春尺蠖、国槐尺蠖等食叶类害虫。调查采取林分及小班周边重点线路及路段踏查方式，采用数据采集方法，准确预测全区虫害发生规律。监测针对早春常发生的春尺蠖及草履蚧等害虫，采取样地监测办法进行防控。

（郑文靖）

【**野生动物救助**】 年内，石景山区开展野生动物救助处置18次。关停石景山区游乐园动物展演，先后处理5起蝙蝠入户事件，对11种野生动物进行救助，包括孔雀1只、鹰隼1只、猕猴1只、野生蛇3条、白骨顶鸡1只，灰鹭1只、灰喜鹊1只、刺猬3只等。

（郑文靖）

【**野生动物疫源疫病监测**】 年内，石景山区设有老山、法海寺、南大荒三处市级野生动物疫源疫病监测站，依托京津冀野生动物资源监管工作平台科学监测重点区域野生动物资源情况。自1月23日起开展监测活动265天，累计出动监测人员792余人次，监测野生动物66538只，未发现疑似异常情况。

（郑文靖）

【**野生动物执法检查**】 年内，石景山区累计出动行政执法检查人员、森林干警、第三方巡查人员4172人次，出动车辆740车次，巡逻检查9419余千米，检查野生动物经营场所1094次，对福寿岭自发鸟市等可能存在野生动物非法交易重点场所进行定点设防。制订北京市石景山区野生动物保护专项执法行动工作方案，会同区公安分局、区森林公安处、区市场监管局、区城管执法局、区卫健委和区集体资产监管办和属地街道，依据各执法部门职责，对辖区内商铺、药店、饭店、市场等处进行拉网式联合执法，严厉打击野生动物违法交易和破坏野生动物资源违法行为。5月14日，区联合执法成员单位对玉泉花卉市场和万达商场二层木子植艺商铺进行执法检查；5月16日，区联合执法成员单位对福寿岭和琅山地区自发鸟市进行执法检查；5月22日，市检查组及区联合执法成员单位对古城大街嘉事堂药店和台湾街鱼头泡饼饭店进行联合执法检查。出动执法人员60余人，执法车辆54辆。

（郑文靖）

【**编制《新一轮林地保护利用规划（2021年—2030年）》**】 年内，石景山区启动编制《新一轮林地保护利用规划（2021年—2030年）》。研究制订工作方案和技术方案；与新版北京城市总体规划、国土“三调”成果和森林资源“二类”调查成果对接；与森林经营方案、“十四五”采伐限额编制工作、绿地系统规划等行业专项规划成果对接；报市园林绿化局和区政府研究通过以区政府名义印发。

（郑文靖）

【森林督查及森林资源管理】 年内，石景山区开展森林督查及森林资源管理“一张图”年度更新。10月20日，完成包括图斑核查、现地核查、数据收集整理、更新小班区划调整、完善森林资源信息，标注国土现状地类、修正林地落界错误边界，森林资源调入调出及成果提交工作。25个疑似图斑完成22处图斑合法性审核工作，剩余3个疑似图斑办理工作有序推进。森林资源管理“一张图”工作，除无法取得2018年土地变更结果及“国土三调”数据不能进行地类核实调整工作外，其他工作已完成。

（郑文靖）

【林地资源管理】 年内，石景山区结合森林资源年度动态监测评价工作，完成2019年与2020年上半年两期卫片内业比对；结合比对结果对部分疑似图斑进行外业调查；对易发侵占林地行为的重点地区（浅山区、集体林地和西山林场交接处、区界交汇处等）进行重点巡护。

（郑文靖）

【麻峪滨河森林公园】 年内，石景山区完成麻峪滨河森林公园建设。该公园位于永定河东岸，总面积10.61公顷。西至永定河，东至永引渠，北至西柳路，南至麻峪村，是西山永定河文化带向城市的延伸与渗透。麻峪滨河森林公园与经仪公园、永定河森林休闲公园、小青山公园、永引渠两岸公园等串联，成为城市生态绿色项链。该项目是集生态、游憩、文化于一体的综合性滨河森林公园，与周边5千米半径内现有公园形成功能和资源互补，为周边居民提供良好绿色休闲空间。

（郑文靖）

【永引渠滨水绿廊】 年内，石景山区完成永引渠滨水绿廊建设。该项目位于石景山区永引渠北侧，金顶山路东侧，是永引渠滨水绿廊工程金顶城市客厅段组成部分，项目总面积12048平方米。项目跨石景山和海淀两个区，范围西起石景山区模式口桥，东至海淀区罗道庄桥，总长度约12.2千米。其中，石景山区段全长3.8千米，为模式口桥至永引桥东这一段。海淀区段全长8.4千米，为永引桥东至罗道庄桥这一段。

（郑文靖）

【京原线旧址地块绿化】 年内，石景山区完成京原线旧址地块绿化项目。该项目位于北京市石景山区南部古城街道，东北方向毗邻现状铁路，西南方向毗邻永定河休闲森林公园。项目临近丰沙铁路，总面积28331.2平方米，分为南北两部分。

（郑文靖）

【区绿化宣传】 年内，区园林绿化局通过“石景山创森”“北京石景山”等微信公众号、电视、报刊等渠道累计发布绿化宣传300余次，其中：石景山新闻近80条、《今日视点》播出9期。“石景山区再建两处园艺驿站”被首绿办《首都绿化信息（第19期）》采编，“北京市石景山区实施23项惠民项目　加快推进国家森林城市建设”被国家林业和草原局《森林城市建设工作简报》采编。石景山区首家“互联网+全民义务植树”基地揭牌信息分别被《国土绿化》、“中国绿化网”、北京日报微信平台市局工作动态转载。

（郑文靖）

【领导班子成员】

党组书记　　李元员

局长　　毛　轩

副局长　　白建锋

王　靖

王　浩(2020年8月免职)

翟　源(2020年8月任职)

二级调研员　　杨占泉(2020年8月任职)

三级调研员　　任久生(2020年7月任职)

（郑文靖）

（石景山区园林绿化局：郑文靖 供稿）

门头沟区园林绿化局

【概　况】　北京市门头沟区园林绿化局(简称门头沟区园林绿化局)挂门头沟区绿化委员会办公室(简称区绿化办)牌子，系统有职工217人，局机关内设办公室、人事教育科、绿化科(义务植树办公室)、生态保护科、森林资源管理科、产业发展科(科技科)、计财科、城镇园林科、行政审批科、森林防火工作科。直属事业单位10个(不含9个镇级基层林业工作站)。

2020年，门头沟区森林覆盖率48.08%，林木绿化率72.75%。绿化覆盖面积2153.30公顷，园林绿地面积2194.86公顷；绿地率51.66%，绿化覆盖率50.68%，人均绿地面积63.80平方米，人均公园绿地面积30.03平方米。

绿化造林　义务植树20.5万株。完成2020年新一轮百万亩造林工程任务660公顷。完成2020年“留白增绿”项目任务5.48公顷。完成2020年京津风沙源治理二期工程。林业部分，其中困难立地造林100公顷、封山育林10066.67公顷。完成门头沟区2020年森林健康经营林木抚育项目任务5800公顷。完成2020年度国家级公益林管护项目建设任务1066.67公顷。

资源安全　组织人员下沉指导各镇、有林单位森林防火工作32次、84人次。清理防火隔离带7.8万延米，清理可燃物845公顷，林下可燃物2.67公顷。开展防火巡查956次，出动警力2160人次，处理违法用火案件4起，林业行政罚款1500元。侦办涉野生动物刑事案件2起。协助门头沟区公安分局侦破“20200501小店子村非法狩猎”案，抓获犯罪嫌疑人4人。立案查处涉林行政案件22起，其中办结9起，行政罚款108349.43元，责令补种树木652株，责令恢复原状林地面积4066.54平方米。

绿色产业　举办果品、养蜂各类培训班4次，培训果农、蜂农、技术人员300余人次。全区果品和蜂产品进行抽样检测经市级检测，重点对农药残留和重金属含量进行检测，全区送检的10个产品105批次样品均合格，合格率100%。

（杨超）

【义务植树】 4月10日，区四大部门领导在永定镇何各庄代征绿地地块参加以“创建国家森林城市 履行义务植树责任”为主题的全民义务植树活动，栽植银红槭、白皮松、榆叶梅、白蜡等树木100余株，以实际行动参与创建国家森林城市工作，为绿色北京再添新绿。

（杨超）

【文明游园】 6月11日，区园林绿化局、区委宣传部、区公安分局、区文化和旅游局、区城管执法局联合举办文明游园宣传活动，此次宣传活动参与人员40余人，其中党员35人，现场发放宣传彩页2000余张，小扇子、手提袋等各种宣传品1000余份，接受群众咨询并解答群众各类问题10人次。

（杨超）

6月11日，门头沟区园林绿化局举办文明游园宣传活动（于培培 摄影）

【绿海运动公园正式开园】 6月12日，门头沟区绿海运动公园开园迎客。该公园位于门头沟新城区，北至中门寺地区，南至冯村沟堤坝，是在一个大型砂石坑基础上绿化建成。该项目于2017年12月29日开工建设，工程总投资15312.19万元，总面积53.36万平方米。公园建设充分融入森林城市、海绵城市、绿色运动等理念，栽植圆柏、油松等高大乡土乔木，辅以草坪和花灌木共5.2万株，形成立体植被生态体系；设计雨洪收集利用体系，充分利用再生水，通过沟道的互联互通，为公园打通水脉；设有塑胶跑道和仿木质步道，使绿色与运动相结合，拉近人与自然的距离，为周边5万居民提供休闲游憩新去处。

（杨超）

门头沟区绿海运动公园健康步道（张薇 摄影）

【新一轮百万亩造林工程】 年内，全区完成2020年新一轮百万亩造林绿化任务660

公顷。截至2020年底，门头沟区完成新一轮百万亩造林绿化工程6506.67公顷，完成战略留白34.87公顷。

（杨超）

【“留白增绿”项目】 年内，区园林绿化局完成“留白增绿”项目全部主体栽植任务。2020年，全区“留白增绿”任务3.13公顷，总投资435万元，涉及清水镇、雁翅镇、龙泉镇。项目实际完成5.48公顷，超额完成市局任务。

（杨超）

【永定河滨水森林公园工程】 年内，门头沟区完成永定河滨水森林公园工程。该工程位于永定河西岸，分为南区、北区两部分，总占地约61.4公顷。工程于2018年10月27日开工，建设内容包括绿化工程、庭院工程、给排水等配套基础设施和公共服务设施，项目建设总投资11472.51万元。

（杨超）

【长安街西延南侧景观绿化工程】 年内，门头沟区完成长安街西延南侧景观绿化工程。该工程位于永定镇，北至长安街西延线，南至泰安路，西至金沙街（规划道路），东至冯村沟，总面积约2万平方米，主要实施内容为绿化工程、庭院工程和灌溉工程。2019年8月21日开工，主体工程于2019年9月25日完工，新增工程于2019年11月1日开工，2020年6月23日完成竣工验收。

（杨超）

【创建国家森林城市】 年内，门头沟区将创建国家森林城市工作细化为36项指标任务，并将任务完成情况纳入各单位绩效考核，截至2020年底已达标28项，未达标1项，待建设5项，正在实施2项。

（杨超）

【京津风沙源治理二期工程】 年内，门头沟区完成2020年京津风沙源治理二期工程。2020年项目（林业部分）困难立地造林100公顷、封山育林10066.67公顷，总投资2250.7329万元。该工程于5月13日开工，2020年底竣工。

（杨超）

【森林健康经营林木抚育】 年内，区园林绿化局完成门头沟区2020年森林健康经营林木抚育项目。项目总建设任务5800公顷，投资3815.24万元，含斋堂镇2704公顷、建设综合示范区2处378.33公顷。

（杨超）

【国家级公益林管护】 年内，区园林绿化局完成2020年度国家级公益林管护项目建设任务。抚育中幼林1066.67公顷，涉及斋堂、雁翅和龙泉3个镇。

（杨超）

【绿化美化先进集体创建】 年内，门头沟区完成创建首都绿色村庄4个、花园式单位3个、花园式社区2个、首都森林城镇1个。

（杨超）

【疫情防控】 年内，区园林绿化局安排

“千人战疫”下沉值守2562人次，回社区参与“疫情防控”服务403人次，局系统分批次先后派遣100余名干部到社区参加日常防疫指导，圆满完成区委、区政府交办的工作任务。扎实做好公园、林场、机关办公场所等公共开放区域疫情防控工作，制作宣传横幅20条、提示标识贴400张，强化每日消毒消杀，严格落实“一米线”和测温制度，加强野生动植物及其制品执法检查，抓好复工复产领域的疫情防控工作，切实保障年度各项工作顺利推进，园林绿化系统平稳安全。

（杨超）

【森林防火】 年内，门头沟区完成“两会”“清明”“五一”“十一”等重要节点、重大活动期间森林防火工作。发送防火短信150万条。组织人员下沉指导各镇、有林单位森林防火工作32次、84人次。清理防火隔离带7.8万延长米，清理可燃物845公顷。重点时期开展防火巡查956次，出动警力2160人次，处理违法用火案件4起，处理违法人员4人，林业行政罚款1500元。

（杨超）

【森林病虫害测报治理】 年内，门头沟区优化完善市区级测报人员229名、市区级测报点470个，测报虫种27种，监测面积109846.67公顷。对全区44个苗圃进行产地检疫，签发产地检疫合格证9份，产地检疫率100%，签发植物检疫要求书850份，对调入苗木进行抽检，签发植物检疫证书(出省)1份。全面防治减灾工作，防治面积2353.33公顷，防治率100%，无公害防治率99.16%。

（杨超）

【古树名木保护】 年内，门头沟区完成复壮古树共489株。全区现有古树1687株，自2016年开始对603株古树进行复壮，截至2020年底累计投入资金1024万余元。

（杨超）

【野生动物保护】 年内，门头沟区完成发放各类宣传材料2000余份。全区野生动物监测防控工作累积出动车辆约4000次，出动人员约3万人次。

（杨超）

【垃圾分类】 年内，区园林绿化局完成统筹安排设置13个垃圾分类投放点，购置240升分类垃圾桶135个，垃圾分类硬质宣传横幅8块，展板9块，宣传橱窗4个，印制海报100张、致市民的一封信5000张、宣传折页500份。

（杨超）

【领导班子成员】

党组书记、局长，区绿化办主任，一级调研员　周玉勤

党组成员、副局长、一级调研员　王进亮

党组成员、副局长、三级调研员　苏海联

党组成员、区绿化办副主任　杨东升

党组成员、副局长、三级调研员　王绍辉

李宝锁

挂职副局长　高永龙

二级巡视员　杨树国

一级调研员　孙　龙　郭英帅

三级调研员　陈文清

园林绿化中心主任(副处级)　王进恺
园林绿化中心副处级待遇　管瑞有

(杨超)

(门头沟区园林绿化局：杨超 供稿)

房山区园林绿化局

【概　况】北京市房山区园林绿化局(简称区园林绿化局)，挂房山区绿化委员会办公室(简称区绿化办)牌子，是负责全区园林绿化工作的区政府工作部门，机关设置党政办公室(内部审计科)、人事科、园林管理科、绿化联络科、林政资源科、造林营林科、产业发展科、森林防火科及森林公安处(森林公安处设办公室、防火治安科2个内设机构，派驻5个森林公安派出所)。直属事业单位20个，即公益一类(全额)事业单位17个；公益二类事业单位3个(差额2个，自收自支1个)。截至2020年底，编制人数420人，实有人数393人。

2020年，房山区完成新一轮百万亩造林绿化工程1212.67公顷。完成太行山三期绿化人工造林133.33公顷。完成京津风沙源治理二期封山育林2000公顷。人工种草1066.67公顷。森林健康经营5933.33公顷。公路河道绿化30千米，彩叶工程200公顷。播草盖沙333.33公顷。

绿化造林　全区新建绿地17.6公顷。全区移交代征绿地23.1公顷。建设公园绿地及小微绿地23.8公顷。完成口袋公园56公顷。完成“留白增绿”任务9.33公顷。全区28.47万人参与植树义务，新植苗木10万株，义务植树多种形式折合完成75.7万株。

绿色产业　全区新发展果树38.833公顷，栽植各类果树5.18万株，果品产量1790.07万千克、果品产值6107.4万元。蜂群总数2.99万群，蜂蜜产量26.03万千克，总产值978万元。育苗单位168家，总产苗量852.1万株。花卉种植面积97公顷，产值5586万元，花卉从业人员380人。

4月4日，房山区开展“首都全民义务植树日”植树活动(房山区园林绿化局 提供)

资源安全　全区完成林木有害生物防治5.73万公顷，其中飞机防治2万公顷，飞行200架次；人工地面防治3.73万公顷。实施科技项目12个(其中延续项目3个，新立项目9个)。发放生态效益补偿资金6673.39万元，审核、审批征占用林地及林木、树木伐移许可613件，占用林地面积34.37公顷，批准伐移树木12.79

万株。

（李晓鹏）

【首都全民义务植树日活动】 4月4日，房山区四大班子领导与部分干部职工100余人，在窦店镇制造业基地开展以“森林城市全民共建　美好家园你我共享”为主题的首都全民义务植树日植树活动。种植白皮松、银杏、玉兰、海棠等各类苗木300余株。

（李晓鹏）

【“五一”花卉布置】 5月1日，房山区在主要公园、广场、重要街道等地进行花卉布置，摆放及栽种一品红、垂吊牵牛、南非万寿菊等花卉17个品种、71万余株。在房山区府前广场设计名为“劳动崇高　劳动光荣”主体花坛。

（李晓鹏）

【2019年度退耕地还林自查验收】 5月，房山区完成涉及14个丘陵、山区乡镇的退耕地还林年度自查验收及全区汇总工作。2019年退耕地还林复查验收范围为2004~2005年完成的生态林面积，验收核查面积1837.39公顷，保存面积1746.34公顷。

（李晓鹏）

【云峰寺休闲公园建成开放】 9月，房山区云峰寺休闲公园对外开放。该公园位于周口店镇云峰寺回迁楼东侧，面积约2.3万平方米。公园沿主路布置广场、座椅供人休息停留。植物以秋色叶树种如元宝枫、白蜡、栾树等为主，结合紫叶李、黄栌等小乔木营造秋季山林景观。

（李晓鹏）

【清水熙森林公园建成开放】 9月，房山区清水熙森林公园对外开放。公园位于拱辰街道，世茂维拉小区西侧，高教园一号路北侧，小西庄回迁楼东侧，建设面积约3.2万平方米。公园利用原有地形地势依据植物习性，模仿自然生态，搭配栽植多种乔灌木，栽植油松、国槐、白蜡等乔木1442株，栽植榆叶梅、丁香、金银木等灌木260株。

（李晓鹏）

【节日花卉布置】 9月，房山区完成主要道路节点、公园景点花卉布置工作。摆栽串红、国庆菊和三角梅等22个品种花卉72万株，栽摆面积1.8万平方米。

（李晓鹏）

【首家区级“互联网+全民义务植树”基地揭牌】 11月24日，房山区首家区级“互联网+全民义务植树基地”在燕东公园正式揭牌。首绿办领导和区领导参加揭牌仪式。基地位于城关街道后朱各庄村燕东公园内，占地面积5.82公顷，园内道路2500余平方米，种植白皮松、银杏、白蜡、紫薇、

11月24日，房山区首家区级“互联网+全民义务植树”（燕东公园）基地正式揭牌（房山区园林绿化局 提供）

榆叶梅等各类乔灌木近8000株，地被植物4.2万平方米。

（李晓鹏）

【口袋公园建设】 12月，房山区园林绿化局作为口袋公园建设项目实施主体，以“长良、燕房、窦店”三大城市组团为中心，辐射带动周边乡镇街道，开展口袋公园建设，涉及长阳镇、阎村镇、韩村河镇等15个乡镇街道，建设面积56万平方米。

（李晓鹏）

【绿化美化先进集体创建】 年内，房山区创建首都绿化美化花园式单位4个、首都绿色村庄5个、首都绿化美化花园式社区2个。

（李晓鹏）

【公园风景名胜区疫情管控】 年内，房山区多措并举，做好公园风景名胜区疫情管控工作。取消全部文化活动，关闭公园内游乐和亮化设施，避免游客聚集；在岗一线职工严格佩戴口罩上岗服务，重点公园门口设岗登记、测量体温；每日对办公场所、重点公园的游园设施进行全面清洁和消毒。

（李晓鹏）

【野生动物疫源疫病监测】 年内，房山区制定《陆生野生动物疫源疫病监测防控管理工作方案》并成立防控领导小组；对管辖范围内登记在册的21家农贸市场、4个自发集市、45户野生动物养殖场进行检查；提升野生动物临时救护站点综合防控能力，及时补充防护用品和消毒设备；对平原造林地、公园和绿地、国有林场、拒马河水生野生动物自然保护区、长沟泉水国家湿地公园及16个乡镇203个村的山区生态林等陆生野生动物活动场所开展日常巡查。

（李晓鹏）

【太行山绿化三期工程】 年内，房山区2020年太行山绿化三期工程133.33公顷。截至5月，完成全部工程建设，栽植苗木14.8万株。

（李晓鹏）

【播草覆绿、播草盖沙工程】 年内，房山区实施播草覆绿、播草盖沙工程，重点在京昆高速和107国道等道路两侧播种二月兰、波斯菊等花草666.67公顷。

（李晓鹏）

【新一轮百万亩造林绿化工程】 年内，房山区2020年新一轮百万亩造林绿化工程1222.97公顷，其中平原造林240公顷，浅山台地293.33公顷，浅山荒山679.33公顷，小微绿地10.3公顷。截至10月，全部完成栽植任务，栽植各类苗木126万余株。

（李晓鹏）

【公园绿地建设项目】 年内，房山区公园绿地建设项目实施面积13.5万平方米，其中新建7.3万平方米，改建6.2万平方米，主要分布在长阳镇、阎村镇、城关街道等7个乡镇、街道，共栽植白皮松、国槐、栾树、元宝枫等各类常绿、阔叶乔灌木7386株。

（李晓鹏）

【领导班子成员】

党组书记、局长，区绿化办主任、二级巡视员　　张福志(2020年3月任职)

党组成员、一级调研员　朱　凯

党组副书记、副局长　张　雷

党组成员、工会主席　张凯军

党组成员、森林公安处处长、督察长　丁景韬

党组成员、副局长　张文玉

副局长　梁丽芳(女)

四级调研员　赵　龙

二级调研员　霍齐国

四级调研员　何庶民

林果科技服务中心主任　田文东

上方山管理处主任　朱仕学

(李晓鹏)

(房山区园林绿化局：李晓鹏 供稿)

通州区园林绿化局

【概　况】 北京市通州区园林绿化局(简称区园林绿化局)，挂北京市通州区绿化委员会办公室(简称区绿化办)牌子。负责本区园林绿化工作，设5个内设机构以及18个局属基层单位。

截至2020年底，全区森林总面积30053.33公顷；森林覆盖率由“十三五”初期的28.39%提高到34.45%；人均公园绿地面积由“十三五”初期的12.82平方米/人提高到19.31平方米/人；居住区公园绿地500米服务半径覆盖率由“十三五”初期的72.53%提高到91.46%；绿化覆盖率由“十三五”初期的32.29%提升至51.02%。

绿化造林　完成新增造林1566.66公顷。参加义务植树22万人次，完成(折合)植树110.5万株。

绿色产业　登记在册苗圃总面积3485.45公顷。果树生产总面积约2604.43公顷，产量约3000万千克，产值约3亿元。花卉种植面积182.93公顷，产值5530余万元。共有养蜂户23户，专业合作社2个，蜂群1038群。

资源安全　受理并完成林政审批1700余件。做好140株古树养护管理工作，实时更新森林督查暨森林资源管理“一张图”。加强林业执法力度，共立案12件，包括林业行政案件10件、刑事案件2件，收缴涉案野生动物2只；抓获嫌疑人2人。

(祝悦)

【新一轮百万亩造林工程】 年内，通州区完成新增造林1566.66公顷。其中，东部一带完成以潮白河森林生态景观带(四期)为代表的3个项目约319.4公顷；西部一带实施台湖镇2020年景观生态林建设工程等2个项目约68.27公顷。沿北京城市副中心外围规划建设的由13个公园组成的环城生态游憩环，已建成宋庄公园、刘庄公

园等 8 个公园。“城市绿心”森林公园，于 2020 年 9 月对外开放，成为通州市民新的“网红打卡地”，首都生态文明建设“金名片”。

（祝悦）

【义务植树活动】 年内，通州区组织义务植树活动 7 次，参加义务植树 22 万人次，完成（折合）植树 110.5 万株。

（祝悦）

4 月 12 日，通州区机关事业单位人员赴张家湾镇参加义务植树活动（通州区园林绿化局 提供）

【创建国家森林城市建设】 年内，通州区突出创森水平特色，对标对表创森体系，对全区园林绿化现状进行“增、补、填”，积极推进城区绿化等重点工作。开展各类创森宣传活动，逐步营造全民知晓、全民参与良好氛围，推进知晓率、支持率、满意度达标。打造 13 处精品示范观摩点，形成创森迎检精品路线。接待各级领导及专家调研、检查 4 次。

（祝悦）

【规划编制】 年内，通州区编制完善《城市副中心“十四五”时期园林绿化发展规划》《通州区园林绿化空间规划》《通州区绿道系统规划》等规划，重新修订、印发《北京城市副中心城镇绿地养护管理工作意见》《北京城市副中心公共绿地养护管理工作办法》《北京城市副中心公共绿地养护管理考评工作办法》等文件。

（祝悦）

【公园建设】 年内，通州区启动、实施张家湾公园（三期）、潮白河森林生态景观带（四期）等 22 个绿化项目，启动实施 7 个城市公园和镇域公园建设，全区范围内逐渐形成级配合理、均衡分布的城乡公园绿地体系。

（祝悦）

【林木有害生物防治】 年内，通州区检查网格点位 3500 个，飞防 166 架次，预防控制面积约 16600 公顷次。通过全覆盖网格化巡查飞防等工作，通州区对林业有害生物保持测报准确率 91%以上、无公害防治率 95%以上，控制成灾率在 1‰以下，确保全区绿色景观完整、生态安全、社会稳定。

（祝悦）

【大运河森林公园建设管理】 年内，通州区注重大运河森林公园景观提升，利用十余种地被品种对裸露较为严重地点进行合理地被补植，补植面积约 4.1 万平方米。修剪大小乔木、花灌木等 5.3 万株。接待游客 1651448 人次。接待省、市、区参观考察团队 97 次，共计 2006 人。接待旅游团体各类中小型群众性活动 2 次，共计 560 人。

（祝悦）

通州区大运河森林公园海棠花开景观(覃世明摄影)

【种苗产业】 年内，通州区登记在册苗圃总面积3485.45公顷，其中：规模化苗圃38个，面积1953.15公顷；其他在册苗圃140个，面积1532.31公顷。

(祝悦)

【果树产业】 年内，通州区果树生产总面积约2604.43公顷，产量约3000万千克，产值约3亿元。

(祝悦)

【花卉产业】 年内，通州区花卉种植面积182.93公顷，产值5530余万元，其中，有大中型花卉企业4个。

(祝悦)

【蜂产业】 年内，通州区有养蜂户23户，专业合作社2个，蜂群共1038群。

(祝悦)

【森林防火】 年内，通州区严格落实森林防火行政首长负责制，加强可燃物清理，加大社会宣传和巡查防控力度，签订区级责任书21份、乡镇级责任书673份。加强监督检查，各级派出检查组50支，300多人次，认真梳理工作漏洞，及时进行整改，实现连续多年无重大森林火警、火灾。

(祝悦)

【野生动物保护】 年内，通州区在全区范围内监测野生鸟类约135种，各类鸟类11万只次。救助野生动物120余只。截至2020年底，全区共有市区两级监测站4家、巡查监测单位23家。

(祝悦)

【获奖情况】 通州区园林绿化局荣获“北京市2019—2020年度接诉即办工作先进集体”称号。

(祝悦)

【领导班子成员】

党组书记　张军领

党组副书记、局长，区绿化办主任

禹学河(2020年8月免党组副书记、区绿化办主任，2020年10月免局长职务)

胡克诚(2020年8月任党组副书记、区绿化办主任，2020年10月任局长)

党组副书记　董本新

副局长　张宝常

王　岩(2020年4月任职)

李　扬(2020年9月任职)

李　伟(2020年5月挂职)

高　琼(2020年6月挂职)

工会主席　刘玉梅(女，2020年7月退休)

董本新(2020年7月任职)

森林公安处处长　高秉权

(祝悦)

(通州区园林绿化局：祝悦 供稿)

顺义区园林绿化局

【概　况】 北京市顺义区园林绿化局(简称区园林绿化局)，挂顺义区绿化委员会办公室(简称区绿化办)牌子，2019年3月区园林绿化局调整职能配置、内设机构和人员编制，2020年12月23日森林公安转隶。机构设置为6科1室1队，即办公室、党建工作科、规划发展科、绿化美化科、资源管理科(行政审批科)、产业发展科、公园和保护地管理科、园林绿化执法队；5个规范管理科级事业单位，即：区义务植树服务中心(区平原造林管理中心)，林业技术服务中心、北大沟林场、林业工作站、东郊森林公园顺义园管理服务中心；1个全额事业单位，即：区林业植物检疫和保护工作站(区食用林产品质量安全监督管理事务中心)；1个自收自支事业单位，林木绿地管护中心。总人数152名，其中干部134名、工人18名；副高级职称8名、中级职称24名、初级职称22名。

2020年，顺义区园林绿化建设在区委、区政府领导下，圆满完成各项任务。全区森林覆盖率32.78%，林木绿化率35.75%。绿化覆盖率56.09%。

绿化造林　完成新一轮百万亩造林绿化建设任务1440.75公顷，涵盖全区19个镇，栽植乔木769519株，花灌木197563株。参加义务植树人数26.9万人，完成义务植树总株数60.6万株。完成山区生态林林木抚育总面积204.38公顷。

绿色产业　全区果品产量4225.69万千克，产值2亿元；花卉种植面积1229公顷，产值4.04亿元。苗圃311个，育苗面积4721.73公顷。

资源安全　完善监测测报网络体系建设，在重点区域设立监测点94个，提升有害生物预测预报工作的综合水平。全区连续20年无森林火灾。

(沈丹墀)

【留白增绿】 年内，顺义区完成2020年“留白增绿”专项市级任务，面积16.92公顷，涉及全区8个镇和1个街道办。其中，留白增绿单独实施绿化面积3.32公顷；纳入平原造林实施绿化面积13.6公顷。

(沈丹墀)

5月9日，顺义区开展杨柳飞絮治理工作(顺义区园林绿化局 提供)

【杨柳飞絮治理】 年内，顺义区完成杨柳飞絮治理工程项目，投资486.21万元，治理飞絮杨柳树10.3万株。治理范围主要包括顺义城区及各镇居民区、学校、医院、重点道路等重点地区。

（沈丹墀）

【战略留白】 年内，顺义区完成2020年“战略留白”临时绿化项目市级任务总面积100.4公顷，涉及北石槽镇、天竺镇等。

（沈丹墀）

【小微绿地】 年内，顺义区完成小微绿地建设工程总用地面积3.45公顷，涉及城北供热中心南院、望泉西里1区、望泉西里2区、梅沟营等地块。建设内容包括绿化工程、庭院工程、给排水工程和电气工程。

（沈丹墀）

【大运河(潮白河)森林公园规划】 年内，顺义区按照《北京市大运河文化带保护建设2019年折子工程》文件精神，完成《顺义区大运河(潮白河)森林公园规划(2019年—2035年)》编制工作，并于2020年区政府常务会、区委常委会会议审议通过。

（沈丹墀）

【代征绿地移交】 年内，顺义区完成2020年代征绿地移交14件，总面积20.33公顷。

（沈丹墀）

【新型集体试点林场】 年内，顺义区设立6个新型集体林场试点单位，分别是马坡镇、李遂镇、龙湾屯镇、张镇、赵全营镇、李桥镇，养护面积920.55公顷。

（沈丹墀）

【启动温榆河公园一期工程建设】 年内，温榆河公园顺义区一期工程北至机场北线，南至龙道河，东至白良路，西至高白路，项目建设规划面积82公顷，批复总投资约4.8亿元(其中工程投资3.45亿元，征地拆迁费约1.35亿元)。建设内容包括园林绿化工程、桥梁工程、建筑工程、外电源工程四个部分。至2020年底完成总工程量11%。

（沈丹墀）

【监督承担城市园林绿化施工企业信用信息管理】 年内，顺义区完成北京市园林绿化企业诚信平台上相关数据录入工作。配合市园林绿化局做好北京市园林绿化建设市场信用信息系统入库项目全覆盖检查。截止2020年底，针对顺义区28个项目(2019—2020年)，市园林绿化局组织4个专家组对顺义区所有项目进行检查，检查结果折算成分值，记入招投标信用分值。

（沈丹墀）

【园林设计方案论证审核】 年内，顺义区完成艾迪城、翼之城、电子口岸、文化中心等小微绿地、苏活社区、优山美地、旭辉公园、美丽乡村等45个项目(有台账)绿化设计方案论证评审工作。

（沈丹墀）

【基层环境改善项目】 年内，顺义区响应“街乡吹哨、部门报到”工作，不断改善基层人居环境，通过与8个镇和2个街道精准对接，结合市园林绿化局相关政策，组织实施小微绿地、前进花园景观提升试点、城市森林等工程，建设面积 20.87 公顷，并有效助力相关镇和街道开展城镇绿地项目建设、代征绿地规范管理等工作。

（沈丹塀）

【义务植树林木养护】 年内，顺义区完成 14 块 127.94 公顷义务植树纪念林养护工作。

（沈丹塀）

【彩色树种造林工程】 年内，顺义区完成荒山彩色树种造林工程 33.33 公顷，建设地点主要位于龙湾屯镇大北坞北山，共栽植油松、侧柏、黄栌、元宝枫、山桃、山杏等苗木 25000 株，成活株数 24136 株，成活率 96.54%。

（沈丹塀）

【义务植树】 年内，顺义区参加义务植树人数 26.9 万人，完成义务植树总株数 80.7 万株。其中新植树木 20.1 万株，新增绿化面积 314.67 公顷，其他形式折合株数 60.6 万株。启动第二家区级“互联网+全民义务植树”（马坡城市森林公园）基地。顺义区“互联网+全民义务植树”（东郊森林公园）基地和马坡城市森林公园两家基地，接 30 家单位 620 人次，为市民提供全年多时段义务植树尽责活动场所，宣传推介造林绿化、抚育管护、自然保护、认种认养、设施修剪、捐资捐物、志愿服务等八大类 37 种尽责形式。栽植树木 360 株，抚育面积 0.23 公顷，发放首都全民义务植树尽责电子证书 252 份。

（沈丹塀）

4 月 4 日，顺义区在南彩镇平原造林地块开展义务植树活动（曹梦涵 摄影）

【义务植树登记考核试点】 年内，顺义区组织各镇村、各街道社区及各系统单位开展义务植树活动，完成义务植树登记考核管理系统填报工作。全区共有 550 家单位进行系统登记并通过考核，义务植树尽责率 89%。

（沈丹塀）

【绿化美化先进集体创建】 年内，顺义区创建首都绿化美化花园式社区 3 个、首都绿化美化花园式单位 4 个、首都森林城镇 1 个、首都绿色村庄 6 个。

（沈丹塀）

【生态文明宣传教育】 年内，顺义区汉石桥湿地、北京国际鲜花港两个市级生态文明宣传教育基地，积极开展生态文明宣传教育。通过走进社区、走进学校、走进企业、走进湿地等方式，开展“湿地保护进社区”“植树的意义”、自然笔记、生态导览等主题活动 85 场次，126.1 万人参与。其中线上云直播课程 5 场，参与观看直播人数 100 万人，互动人数 26 万人。

（沈丹塀）

【园艺驿站试点】 年内，顺义区新建3家园艺驿站，分别是双丰街道鲁能润园园艺驿站、南彩镇顺康源园艺驿站、成人教育学校园艺驿站。全区园艺驿站共9家。各园艺驿站，针对疫情影响，创新线上线下活动形式，开展生态宣传、义务植树、花卉绿植进社区进家庭进乡镇进村庄、插花培训、园艺课堂、自然笔记等园艺服务活动250余场次，受益群众2万人。

（沈丹墀）

【乡村绿化美化】 年内，顺义区为克服疫情影响，美丽乡村绿化美化项目分两批实施，共涉及12镇，105个村，415个地块，完成村庄绿化33.33公顷主体建设任务。建立顺义区美丽乡村绿化美化长效养护管理机制，委托园林绿化专业技术团队实行常态化区级监管，监管面积1066.67公顷，生态景观和人居环境得到有效改善。

（沈丹墀）

【创建国家森林城市】 年内，顺义区有序推进创建国家森林城市工作。4月15日，第126次区政府常务会议审议通过《顺义区创建国家森林城市工作方案》，并于5月9日由区政府办印发《顺义区创建国家森林城市工作方案》；10月15日《顺义区国家森林城市建设总体规划（2020—2035年）》通过国家林业和草原局专家组预审，12月21日该规划通过专家组评审。

（沈丹墀）

【城镇绿地养护管理】 年内，顺义区完成春季苗木补植、行道树调查、常用景观树种复壮等工作，补助苗木490株，绿地乔木2500余株，灌木7.6万余株，绿篱色块46.9万余株，宿根花卉25.1万余平方米；完成城镇绿地树木“常见问题”专项治理活动5个点位检查，均合格达标；完成空树坑治理44处，危死树清理777株，干枝枯枝修剪1631株，树电矛盾处理508株，遮挡信号灯指示牌修剪275株，影响公交通行修剪19株，邻近房屋的危险树清理13株，其他20株；完成特级、一级8块绿地复核，3块一级绿地申报评定，以及考评系统问题整改任务，办结率96%。

（沈丹墀）

【新一轮百万亩造林工程】 年内，顺义区完成新一轮百万亩造林绿化2020年建设任务1379.08公顷，涉及平原地区重点区域绿化1366.07公顷，城市森林一期建设工程6.21公顷，小微绿地建设工程3.45公顷，“留白增绿”单独实施3.32公顷，涵盖全区19个镇，栽植乔木769519株，花灌木197563株。

（沈丹墀）

【平原生态林管护】 年内，顺义区平原生态林养护面积15856公顷，通过科学养护，重点养护，加强监管等措施，提升平原生态林精准化养护水平，同时扎实开展促进农民就业增收工作，吸收当地农民5964人参与养护工作，发挥平原生态林生态效益和社会效益。

（沈丹墀）

【果品产业】 年内，顺义区果品产量4225.69万千克，产值2亿元。以浅山五镇为重点，依据区园林绿化局制定的《关于推进樱桃产业发展的扶持办法(2020—2024年)》，对新植樱桃和建设樱桃设施给予补贴，完成新植(更新)樱桃面积21.4公顷，建设樱桃设施主体部分4.67公顷；完成2019年林业产业转移支付项目，建成樱桃大棚24栋，面积2.33公顷。

(沈丹墀)

顺义区龙湾屯镇新植(更新)樱桃园(顺义区园林绿化局 提供)

【果品质量安全】 年内，顺义区完成北京市园林绿化局林产品抽样检测603份，区级林产品抽样检测1200份，完成食药监局检测任务560份，配合食药监局完成食品安全示范区创建工作。协助14家基地完成无公害认证、20家基地复查换证工作；对10家果品生产基地进行食用林产品质量安全追溯试点，实现产品全程可追溯；选择100家果品生产基地实施果园土壤质量检测，对园区土壤健康状况进行取样检测；选择2家果品生产基地开展食用林产品合格证制度试点工作。

(沈丹墀)

【果树产业面源污染防治】 年内，顺义区配合市园林绿化局完成果园有机肥替代化肥试点项目，实施面积333.33公顷，施用有机肥1000万千克；依据区农业农村局制定的《顺义区农业面源污染综合防治实施方案(2017—2020年)》，开展果树产业面源污染防治项目，向全区果农发放有机肥1928.42万千克、杀虫剂17956.4千克、杀菌剂7791千克。

(沈丹墀)

【花卉产业】 年内，顺义区花卉种植面积1229公顷，产值4.04亿元。生产鲜切花270万支，盆栽植物6090万盆，观赏苗木407万株，草坪165万平方米。

(沈丹墀)

【种苗产业】 年内，顺义区共有苗圃311家，育苗面积4721.73公顷，在圃苗木株数2288.63万株，办理林木种子生产经营行政许可70件。完成38处规模化苗圃日常检查与验收工作，总面积1952.79公顷。

(沈丹墀)

【行政审批】 年内，顺义区办理林木采伐许可1387件，涉及林木25万余株，办理林木移植许可95件，涉及林木3.6万余株。审批占用、临时占用林地39件，面积74.32公顷，收缴植被恢复费22148.88万元；办理修筑直接为林业生产经营服务的工程设施占用林地审批1件，面积2.74公顷。审核报市园林绿化局审批核准占用林地13件，面积20.37公顷。办理(城区)树木砍伐35件，涉及树木186株，办理树木移植许可10件，涉及树木135株；临时占用绿地许可4件，面积12938.08平方米；办理简易低风险项目1个，涉及移植树木

27株，绿篱66平方米；办理出售、购买、利用北京市重点保护陆生野生动物及其制品批准件7件。各类审批事项审批率100%；

（沈丹堺）

【野生动物监管】 年内，顺义区向市园林绿化局报送情况435次，向区新型冠状病毒疫情防控工作领导小组办公室报送情况330次，向京津冀监测平台报送数据344次，均未发现异常情况；全区张贴宣传海报900余张，发放《保护野生鸟类告知书》5363份，累计派发保护野生动物宣传材料3000余份、宣传品及倡议书等700余份；全区现有陆生野生动物疫源疫病监测站5个，监测人员16人。其中汉石桥湿地国家级监测站1个、两河湿地（和谐广场）市级监测站1个、区级监测站3个。全年监测野生动物（鸟类）257985只，未发现野生动物疫源疫病异常情况。

（沈丹堺）

【古树名木监管】 年内，顺义区现有古树61株，分布在11个镇3个街道，由29个责任单位和4名个人分别进行管护。对全区61株古树进行2次巡查，签订管护责任书14份；制作顺义区古树名木宣传展板3块、宣传折页2500份；对有可能危害古树安全和生长问题及时发现及时制止。投入资金6.59万元，聘请专业队伍对长势衰弱的6株古树进行复壮修复。

（沈丹堺）

【森林火灾防控】 年内，顺义区逐级签订森林防火责任书1500余份，区森防办先后召开专题会议4次，印发通知9次，森林公安民警深入辖区片林、地块开展检查监督森林火灾隐患消除工作，开展防火检查244次，出动检查人员433人次，发现并消除森林火灾隐患92处，下达《森林火灾隐患限期整改通知书》19份，清理林下可燃物18800余公顷。顺义区连续20年无森林火灾。

（沈丹堺）

【公安执法】 年内，全处接报警169起，刑事立案3起，林业行政立案17起，查否133起，不予立案3起，移交6起，其他7起。林业行政罚款31823元，责令补种树木737株。开展“北京市公安局关于严厉打击非法猎捕、贩卖野生动物违法犯罪专项行动”“顺义区野生动物保护专项执法行动”“依法严厉打击秋冬季候鸟等野生动物犯罪活动”等破坏森林和野生动物资源违法行为。其间，巡查辖区19个镇，420个行政村，5条河流水域，现场扣押喜鹊等鸟类11只，粘网4张。配合区公安分局破获野生动物案件6起，抓获嫌疑人7人。现场扣押喜鹊等鸟类11只，粘网4张、16块象牙制品、野猪牙11颗、狗牙8颗。

（沈丹堺）

【检疫执法】 年内，顺义区对全区300多家苗圃（2000公顷）实地踏查2次，检查苗木病虫害发生情况，开展产地检疫，杜绝带疫苗木运出辖区。签发《产地检疫调查表》452份，签发《产地检疫合格证》640份，发放电子标签23万个，签发调运检疫《植物检疫证书》120份，签发《森林植物检疫要求书》1869份。在现场检疫检查中，发现6家苗圃白蜡窄吉丁危害较重，签发《检疫处理通知单》6份，对70株白蜡树进行销毁除害处理。

（沈丹墀）

【林木病虫害预测预报】 年内，顺义区设立林木有害生物监测测报点94个，其中国家级监测点1个，市级监测点38个，区级监测点55个，对美国白蛾、春尺蠖、国槐尺蠖等22个主要虫种进行监测，根据监测结果向国家森防网报送虫情信息11条。

（沈丹墀）

【林木有害生物防治】 年内，顺义区完成巡查防治面积13万公顷次。组织飞防100架次（春季飞防20架次，夏季飞防40架次，秋季飞防40架次），累计防治1万公顷次；为有效控制春尺蠖和草履蚧蔓延为害，减少农药使用，利用围环防治虫害1249公顷，投放天敌昆虫周氏啮小蜂1亿头防治美国白蛾，防治面积333.33公顷，投放天敌昆虫蒲螨防治白蜡窄吉丁，防治面积14.8公顷。

（沈丹墀）

【山区生态公益林抚育】 年内，顺义区生态林林木抚育总面积204.38公顷。其中龙湾屯镇105.58公顷、张镇98.8公顷。抚育措施包括割灌除草、修枝、定株、松土扩堰等。

（沈丹墀）

【国家级标准化林业站建设】 年内，顺义区按照国家林业和草原局建设标准，建设完成李遂镇和牛栏山镇国家级标准化林业站。

（沈丹墀）

【林地保护利用规划年度林地变更】 年内，顺义区对《顺义区林地保护利用规划（2010—2020）》进行变更调整，核实调整平原造林、林木采伐、工程占用、森林督查变化图斑2069个，面积1893.2公顷。

（沈丹墀）

【森林督查整改和资源“一张图”】 年内，顺义区对2018年森林督查58块图斑，完成整改57块，持续整改1块。对2019年森林督查66块图斑，完成整改66块。2020年森林督查完成调查成果并上报市园林绿化局审核，并开展整改工作。森林资源“一张图”已完成2019年度全区林地调整变更和数据提交工作。

（沈丹墀）

【自然保护地整合优化】 年内，顺义区对汉石桥湿地市级自然保护区和北京市共青滨河森林公园两处自然保护地整合优化。原审批保护总面积2535公顷，整合优化后面积1621公顷，减少914公顷（共青增加47公顷，汉石桥减少961公顷）。《顺义区自然保护地整合优化预案》通过市园林绿化局初审和9月16日区政府常务会审议，报送市园林绿化局并纳入全市整合优化预案。

（沈丹墀）

【湿地保护修复】 截止2020年底，顺义区新建湿地209.99公顷，修复湿地605.92公顷，完成“十三五”任务目标。其中2020年结合顺义区河道原位治理工程，在西牤牛河、七分干渠、金鸡河老道、冉家河、鲍丘河与港沟河种植水生植物，修复湿地11.51公顷。

（沈丹墀）

【领导班子成员】

局长、区绿化办主任
于宝鑫（2020年8月免职）

党组书记 田法德（2020年9月免职）

党组书记、局长，区绿化办主任
赵海波（2020年9月任职，2020年12月免职）

党组书记、局长，区绿化办主任，二级巡视员 刘晨光（2020年12月任职）

党组成员、副局长
高瑞边（2020年8月退休）

党组成员、副局长、二级调研员
刘明忠

党组成员、副局长、三级调研员
唐波涛（2020年4月任副局长，2020年12月调三级调研员）

党组成员、副局长
郭启志（2020年4月任职）

党组成员、二级调研员
乔荣臣（2020年1月任党组成员）

党组成员、三级调研员
闫兆兵（2020年4月任党组成员，2020年12月调三级调研员）

一级调研员 孙海江（2020年10月调入）

二级调研员 郭振东

四级调研员 张雪梅（女）

副处级干部 吴清绪

（沈丹墀）

（顺义区园林绿化局：沈丹墀 供稿）

大兴区园林绿化局

【概　况】 北京市大兴区园林绿化局（简称大兴区园林绿化局），挂大兴区绿化委员会办公室（简称区绿化办）牌子，是区政府园林绿化行政主管部门，对本区城乡绿化美化具有行使组织、指导、监督及行政执法等职能，并承担本区绿化委员会具体工作。截至2020年底，大兴区园林绿化局有机关科室9个，其中，国家公务员20人，机关工勤4人。局属事业单位11个，事业编制人员235人。

截至2020年底，大兴区森林覆盖率32.88%，林木绿化率33.46%，城市绿化覆盖率45.95%，人均公园绿地面积14.62平方米。

绿化造林　2020年，大兴区完成1146.67公顷平原造林主体栽植任务。完成1533.33公顷临时绿化工程。实施“边角增绿、美化家园”工程，围绕五环路、京台高速、机场高速、中轴路等交通廊道沿线和重要节点播草种花2533.33公顷，向村庄“五边”移植树木14万余株。

绿色产业　大兴区将5万余株老梨树老桑树纳入保护范围，争取市、区财政扶持1800余万元，惠及果农1000余户。疫情期间，帮助果农销售果品180万千克，发放雹灾救援物资42.78万千克。选派3名专业技术人才分别到内蒙古察右前旗和新疆和田进行帮扶，帮助销售农副产品19.75万千克，增收约95万元。

资源安全　完成大兴区2020年森林资源管理“一张图”年度变更工作。编制《北京市大兴区森林经营方案（2021—2030年）》，补充完善大兴区第九次园林绿化资源专业调查。实施绿色防控，完成126个固定样地调查，建立区级林木有害生物监测点160个，开展以美国白蛾为主飞机防治作业30架次，普查松材线虫病植物面积1920公顷。

（闫鹤）

【依法行政】　年内，大兴区完成2019年森林采伐限额核查、大兴区2020年森林资源管理“一张图”年度变更工作。优化营商环境，疫情期间通过微信、电话等方式，接待各类涉林咨询300余次。强化林地占用和林木采伐管理，依法依规办理审批事项，完成使用林地许可申请现场查验53份，审核发放林木采伐、移植许可证700余份，办理树木砍伐、移植许可证40余份。加大野生动物保护工作力度，依法依规严厉打击各类破坏森林和野生动物资源违法行为。

（闫鹤）

【森林防火】　大兴区森林公安派出所于2020年12月底转隶，区森林防火职责暂由区木检站负责。采用“人防+技防+网防”三结合方式，综合提升森林防火能力。全区2000余名护林员、管护员，对辖区内重点林区、道路两侧、林地周边等全方位巡查，最大限度降低森林火灾隐患。启动森林防火预警监测系统，实施24小时全天候视频监控，及时掌控火情动态。启用“互联网+森林草原防火督查系统”，首次在永定河绿色港湾、西大营郊野公园、六合庄林场推广使用“防火码”。

（闫鹤）

3月25日，大兴区园林绿化局领导到位于新机场周边的礼贤、榆垡两镇检查督导清明节期间森林防火工作（大兴区园林绿化局 提供）

【创建国家森林城市】　年内，大兴区成立由区长任组长，41个单位主要领导为成员的创建国家森林城市工作领导小组，印发实施《北京市大兴区国家森林城市建设总体

6月11日，大兴区顺利通过《北京市大兴区国家森林城市建设总体规划（2019—2035年）》专家评审（大兴区园林绿化局 提供）

规划(2019—2035年)》《大兴区创建国家森林城市实施方案》《大兴区创建国家森林城市总体宣传方案》，紧密对接全市部署，完成基础材料收集分析、备案申请批复等工作。开展“创森”宣传，开展两场“云游”麋鹿苑线上直播，观看人数90万人次，通过电视、“两微”、公交站亭等平台加大宣传力度，群众知晓率不断提高。推进全国第一个森林城市主题公园建设。

(闫鹤)

【全民义务植树】 年内，大兴区按照疫情防控要求及首都绿化办领导指示，主要采用线上捐资尽责的方式履行植树义务，组织开展义务植树活动75次，累计参加人数30万人次、累计植树90万株。

(闫鹤)

【绿化美化先进集体创建】 年内，大兴区园林绿化局充分发挥行业主管部门职能作用，指导各镇分批编制村庄规划和绿化建设实施方案，完成2个花园式社区、5家花园式单位，3个绿色村庄及1个森林城镇创建。

(闫鹤)

【古树名木保护】 年内，大兴区有纪念林(树)28处，面积194.21公顷，其中，纪念林27块、纪念树1处，全区纪念林(树)养护管理覆盖率100%。

(闫鹤)

【林业有害生物防治】 年内，大兴区实施绿色防控，完成126个固定样地调查，建立区级林木有害生物监测点160个，开展以美国白蛾为主飞机防治作业30架次，普查松材线虫病植物面积1920公顷。开展跨区域巡查，完成以早春重点有害生物及美国白蛾为主的京冀交界区域监测巡查防控任务。

(闫鹤)

【自然保护地管理】 年内，大兴区完成《大兴区自然保护地整合优化预案》及《大兴区自然保护地整合优化分述》编制，因自然资源部要求所有自然保护地必须纳入生态保护红线，市园林绿化局综合考虑大兴区自然保护地实际情况，在上报国家林业和草原局预案中，将长子营湿地公园、大兴古桑国家森林公园调出自然保护地，现大兴区无自然保护地。

(闫鹤)

【资源养护】 年内，大兴区平原生态林分布在全区14个镇、9个有林单位，地块面积大小不一，2019年经测绘合并为1646个地块。进入养护管理生态林面积18466.67公顷，其中，平原造林面积16000公顷，“一二道绿隔及五河十路绿色通道”生态林2320公顷，郊野公园140公顷。现有市级养护示范区3处、区级示范区3处，在疏密移植、林下地被种植、替代植物种植等方面首先做出有益尝试。组织区级专业技能培训，优先安置当地农民就业5432人次，增加农民工资收入。在全市率先开展平原造林地块疏密移植，面积233.33公顷，将14万余株过密林木移植到主要道路两侧及村庄“五边”，既促进树木密度趋于健康合理，又美化地区环境。

(闫鹤)

【绿色产业】 年内，大兴区大力推动果品、花卉、蜜蜂产业发展。将5万余株老梨树老桑树纳入保护范围，争取市、区财政扶持共1800余万元，惠及果农1000余户。完成全区50个重点果园土壤检测及400余个区级果品样品安全检测，未发现农残超标情况。研究编制《大兴区月季产业发展实施意见》。组织2020年北京市"职工技协杯"月季主题花园网络设计大赛和造园大赛，对33个特色月季主题花园永久保留展示。组织以"疫去月季开、香约新国门"为主题的第十二届北京月季文化节系列活动，吸引20万人在线观看。

（闫鹤）

【种苗产业】 年内，大兴区成立工作领导小组专门进行平原造林工程苗木质量质检、检疫复检抽查。对持有"生产经营许可证"苗圃进行"双随机"检查348次。发放执法宣传材料200余份。扶持推荐有实力苗圃申报国家林业重点龙头企业，北京安海之弋园林古建工程公司规模化苗圃荣获第四批"国家林业重点龙头企业"，2020年8月17日正式授牌。

（闫鹤）

【果树产业】 年内，大兴区在全区"三品"（无公害、绿色、有机）果园（黄村、北臧村、庞各庄、榆垡、礼贤、魏善庄、安定、青云店、长子营、采育10个村50家果园），完成50个点位土壤样品采集、制备及检测等工作，通过对土壤重金属污染情况、有机质等养分含量进行分析，掌握重点果园土壤环境质量现状，为指导科学合理施肥、土壤改良工作提供依据。

（闫鹤）

【花卉产业】 年内，大兴区开展红掌种质资源圃建设，新引进红掌品种19个，完成260余个品种种质资源照片及株高等信息采集。完成区内重点月季园区调研。与大兴区苗木花卉协会召开座谈会，进一步了解花卉企业发展情况，调整工作方向。

（闫鹤）

【领导班子成员】

党组书记、局长，区绿化办主任
王春晖

党组副书记、副局长
王　琦（2020年3月任职）

党组成员、副局长
欧小平　亓丽萍　张　健（2020年5月任职）

党组成员、三级调研员
潘宝明（2020年6月任职）

一级调研员　何立楼

二级调研员　王金星

三级调研员　李振茹（2020年7月任职）

四级调研员　姜立文

副局长、区绿化办副主任
李光熙（2020年1月免职）

森林公安处处长
赵立辉（2021年1月调出）

（闫鹤）

（大兴区园林绿化局：闫鹤 供稿）

北京经济技术开发区城市运行局

【概　况】 2019年10月，北京经济技术开发区行政机构改革，组建北京经济技术开发区城市运行局。将城市管理局、环境保护局、安全生产监督管理局的职责，管委会办公室的应急管理职责，以及交通运输、综合防灾减灾救灾职责进行整合，组建北京经济技术开发区城市运行局(以下简称市经开区城市运行局)。主要职责是，负责城市运行管理政策研究制定及规划编制工作，推进城市运行管理的规范化、标准化及信息化；负责组织建立市政基础设施管理体系，对市政基础设施进行管理、养护；市容环境卫生管理和城市环境综合治理工作；负责园林绿化工作，承担园林绿化生态保护修复养护和城市绿化美化工作；负责交通基础设施、交通运输业的行业管理及交通综合治理工作；负责水务管理，承担水土保持、河湖管理以及水资源开发、利用、管理、保护等工作；负责能源行业日常管理，指导协调水、热、电、气、网等驻区专业公司做好能源保障工作；负责生态文明建设和生态环境保护工作；承担区级应急管理部门相关职责；负责工矿商贸生产经营单位安全生产管理工作和安全生产综合管理，协调、督促有关部门安全生产工作，依法承担生产安全事故调查处理工作，监督事故查处和责任追究情况；负责统筹防灾减灾救灾、抗旱防汛等应急预案体系建设及应急救援力量建设工作，负责自然灾害、生产安全事故应急救援工作。

2020年，市经开区城市运行局负责园林绿化工作，承担园林绿化生态保护修复养护和城市绿化美化工作。截至2020年底，北京经济技术开发区绿地实现率28.14%，公园绿地500米服务半径覆盖率94%。

(李欣怡)

【城市绿化美化提升工程】 年内，市经开区城市运行局组织实施绿化美化提升建设工程。启动企业文化园、博大公园、荣华路等重要区域彩叶树种更新和优化工作，在现有园林绿化基础上，优先在关键转角点位、重点视觉观赏区域增植银红槭、银白槭、红栌、金叶复叶槭、流苏等观赏价值高、适应性强的秋季彩叶树种，栽植各类彩叶树木470多株。推进“国庆、中秋”“增花添彩”工程，实施荣华路、荣京西街、东环路、京沪高速入口、迎宾广场、博大公园、博大大厦南广场、经海路等重要路段及点位增设花坛、花境6640平方米，花球25个，更换时令花卉17500平方米；截至2020年底，市经开区花坛、花境面积2.2万平方米，花箱及容器花卉4124个。完成经海路、经海三路、经海四路隔离带景观提升工程，更新、改良隔离带植物5.8万平方米，栽植崂峪苔草、麦冬、藤本月季、大叶黄杨篱等久绿型乡土地被植物，延长绿化隔离带绿期及花期。

(李欣怡)

【**绿化资源循环利用模式**】 年内，市经开区城市运行局实施绿化资源循环利用模式。通过安装龙骨、增设立体滴灌等措施对博大公园现状灯笼墙框架灵活变换搭配，“一架多用”盘活资源，在春节期间悬挂灯笼，其他季节摆放时令花卉，使墙体景观与周边环境将适应，增加立体景观；“五一”过后，将博大公园广场摆放的花卉，栽种到西环路绿化隔离带，栽种面积1600平方米；为解决绿地树木过密，影响树木生长情况，对企业文化园、博大公园树木进行疏植，并配合区内道路改造，将疏植、闲置树木栽种到空闲区域，移植乔、灌木1150株，增加绿化面积1.8万平方米，累计节约资金206万元。

（李欣怡）

【**未出让地块分类应用**】 年内，市经开区城市运行局综合各地块出让计划、土地性质、所处区域等综合因素，对暂未出让地块进行分类应用。主要用于播种花卉，为区内企业职工、居民提供休闲新去处，在临近居民区X40地块内，种植向日葵2.9万平方米；在临近企业X44地块内，种植1万多平方米环形花圃。疏植树木，扩大绿色资源，将面积较小地块合理利用，为公园疏植、道路改造临时闲置树木提供“歇脚地”，增加绿化面积1.8万平方米。

（李欣怡）

【**提升绿化养护水平**】 年内，市经开区城市运行局注重加强绿化队伍管理，绿化养护公司全部采取政府采购模式确定，严格按照合同约定实施绿化养护等工作；完善检查考评制度，细化检查考评方式，按照月检查、专家考核、专项检查等方式，定期、定项对绿地养护开展检查考核、评比打分，并加大绿化养护奖惩力度；建立健全专业技能培训机制，组织一线养护作业人员培训，提高养护人员作业水平。同时，聘请专业技术人员对绿化养护情况进行管理，为使病虫害防控工作精准、有效，引入第三方机构对病虫害防控进行监管，重点从防治方案、防治措施、防控手段、防治产品、防治效果等方面重点把控，提升防控效果；为减少融雪剂对园林植物损害，防止绿地土壤盐渍化，对辖区内32条重点道路、易发生盐害路段的分车带绿地安装挡盐板18.40万延长米；对辖区内未绿化区间路、边角地等未绿化区域进行全面梳理，完成绿化整治2.2万平方米，将4.1万平方米无人管护区域纳入日常看护管理，消除绿化死角。

（李欣怡）

【**杨柳飞絮治理**】 年内，市经开区城市运行局按照市园林绿化局《关于做好城镇绿地杨柳飞絮综合治理的通知》，成立杨柳飞絮综合防治工作专班；完善杨柳雌株台账；加强湿化作业，全年园林绿化养护单位出动水车3168车次，环卫作业单位出动保洁、清洗车辆10584车次；对辖区台账内1.50万余株杨、柳树雌株进行“抑花一号”打孔注射工作。

（李欣怡）

【**公园绿地和湿地建设**】 年内，市经开区城市运行局协助亦庄控股申报北京市南海子湿地公园获得成功，配合亦庄控股推动申报国家级湿地公园。截至2020年底，市经开区规划公园绿地260处、面积818.62万平方米，已建成公园180处、面积625.02万平方米，公园建成率76.35%。借鉴深圳公园城市和通州城市绿心公园经验，结合市经开区绿地现状，启动“59.6平方千米”范围内公园城市规划方案编制研究工作，推动形成“园在绿中，城在园中”生态发展格局。

（李欣怡）

【林木有害生物防控】 年内，市经开区城市运行局完成对经开区区域范围内约1290.6万平方米绿化面积进行美国白蛾病虫害防控工作，全年打药5次。为预防重大林木有害生物灾害和疫情发生，对经开区林木有害生物进行监测，定期向北京市林业保护站汇报测报情况。

（李欣怡）

【绿地认建认养专项整治】 年内，市经开区城市运行局按照北京市绿地认建认养专项整治工作要求，拆除河西区6处绿地内建筑，累计5295平方米，并同步对该地块实施复绿；启动绿地精品化提升工作，打造“一园一特色”，构建服务于周边百姓的城市绿色空间。

（李欣怡）

【领导班子成员】

局长、党支部书记	刘文庆
一级调研员	闫庆平
副局长	吕文玉　胡志山
	翟　乾　肖怡宁
二级调研员	陈　明
四级调研员	王翠英

（李欣怡）

（北京经济技术开发区城市运行局：李欣怡供稿）

昌平区园林绿化局

【概　况】 北京市昌平区园林绿化局（简称昌平区园林绿化局），挂昌平区绿化委员会办公室（简称区绿化办）牌子，是区政府园林绿化行政主管部门。设8个内设机构，办公室（安全生产科）、义务植树科、生态建设管理科、产业发展科、综合管理科、城镇绿化管理科、森林资源管理科、政工科。下属事业单位11个，编制人数320人，实有人数249人（其中初级工程师78人，中级工程师41人，高级工程师17人），研究生学历15人，本科学历117人，大专及以下学历117人。

截至2020年底，昌平区林木绿化率提高到67%，林地面积89866.67公顷；森林覆盖率提高到48%，森林面积达到64066.67公顷。

绿化造林　昌平区完成平原地区造林任务1496公顷（其中新增项目1347公顷，提升改造项目149公顷），栽植树木113.26万株；完成京津风沙源治理项目封山育林 1667 公顷；完成生态效益促进发展机制森林健康经营工程林木抚育 2866.7 公顷(含国家重点公益林抚育)。

绿色产业　全区完成老果园更新发展 30.27 公顷，其中更新发展矮化苹果、樱桃、京白梨等优势树种 18.39 公顷。花卉种植面积 295.7 公顷，总产值 16344.9 万元。

公园风景区建设　全区公园接待游客 295.5 万人次。劝阻进园未佩戴口罩市民 2.1 万余人次，劝阻游人聚集性活动 910 余次，张贴宣传通知 372 份。张贴《文明游园倡议书》《不文明游园清单》《文明游园守则》280 余份。

资源安全　全年做产地检疫 86 个单位(个人)，苗木检疫 1792 公顷，产地检疫率 100%；“区森林防火指挥部及办公室职责”由区园林绿化局移交至区应急局，平稳有序完成森林防火改革；为履行好新的森林防火职责进，区园林绿化局新组建 1 支 30 人的专业巡查队伍，配合森林公安处开展日常防火工作。全年未发生森林火灾。

(王鑫)

【平原地区造林】　年内，昌平区完成平原地区造林任务 1496 公顷(其中新增项目 1347 公顷，提升改造项目 149 公顷)，栽植树木 113.26 万株。

昌平区平原地区造林景观(昌平区园林绿化局提供)

(王鑫)

【为民办实事工程】　年内，昌平区完成 2020 年城镇绿化为民办实事项目建设总面积 30272 平方米，批复总投资 907 万元。建设内容主要包括：土方工程、绿化工程、铺装工程、配套设施工程、照明工程、灌溉工程及大市政接口工程。完成微地形 700 立方米，栽植苗木 35463 株，地被花卉 9072 平方米。铺设园路及广场约 3925.18 平方米，安装成品座椅 17 个，垃圾桶 18 个，坐凳 138.53 平方米，指示牌 4 个，园灯 68 盏，敷设供水及供电管线 4220 米。项目地点分别位于城北街道、城南街道、南邵镇、北七家镇。

(王鑫)

【森林健康经营】　年内，昌平区完成生态效益促进发展机制森林健康经营工程林木抚育 2866.7 公顷(含国家重点公益林抚育)，其中重点地区林木抚育面积 1031.7 公顷，一般地区林木抚育面积 1835 公顷；作业道路建设 3.654 万米。

(王鑫)

【代征绿地收缴】　年内，昌平区完成代征绿地收缴 7 处、面积约 149272 平方米。

(王鑫)

【北京昌平苹果文化节】　年内，昌平区成功举办第十六届昌平区苹果文化节，开幕式活动现场设置昌平精品苹果及其他林果产品展评区，准备精品苹果展示样品 114

份，新优品种样品12份，同时在顺义祥云小镇、七孔桥花海和八达岭奥莱举办系列展销活动，全面开展昌平区林业产业发展成果展示和优质林产品展销活动。

（王鑫）

【果品产值产量】 年内，昌平区果品总产量2308万千克，产值23607.62万元，其中苹果产量1219.5万千克，产值12889.08万元。

（王鑫）

【苹果产业】 年内，昌平区更新发展矮砧苹果3.3公顷，苗木保存率普遍在90%以上；累计完成苹果套袋7516.2万个。

（王鑫）

【林木有害生物防控】 年内，昌平区共做产地检疫86个单位（个人），检疫苗木总面积1792公顷，产地检疫率100%；监测测报美国白蛾、红脂大小蠹等林果有害生物32种。

（王鑫）

【林木伐移管理】 年内，昌平区发放《林木采伐许可证》642件，采伐林木257003株，蓄积19296.75立方米。严格执行限额采伐管理，林木移植发证61件、38231株，树木砍伐审批76件、438株，树木移植20件、509株。

（王鑫）

【野生动物保护】 年内，昌平区累计监测野生鸟类30余万只，未发现野生动物传播疫源疫病异常现象。救助苍鹰、猫头鹰、野猪等野生动物30余只。

（王鑫）

【古树名木管理】 年内，昌平区对全区古树进行普查，对每株古树登记挂牌，标示科属种、保护等级等相关信息，做到“一树一证”。申请专项资金，对南口镇辖区内18株古树；十三陵特区辖区内长陵陵区东侧古树群、陵内5株古树和康陵村内1株银杏实施修补树洞、整理树冠枯枝、加装护栏、防腐处理、砌筑墙体、加施肥透气管、支架支撑等抢救复壮工程。

（王鑫）

【花卉产业】 年内，昌平区花卉种植总面积295.7公顷，受新冠肺炎疫情影响，上半年花卉产品出现滞销情况，三季度开始逐渐恢复正常生产，全年产值16344.9万元，销售额6674万元。

（王鑫）

【花农技术培训指导】 年内，昌平区利用微信平台开展花卉生产技术指导100余次，克服疫情影响入户指导300余人次。

（王鑫）

【林业执法】 年内，昌平区依法处理结办林业案件7件，处理违法人员4人，处理违法单位3个，执行罚款130840元。同时，侦办刑事案件4起，采取刑事强制措施5人。

（王鑫）

【森林火灾防控】 年内，昌平区围绕“春季森林防火专项检查”和“野外火源专项治理”工作，促进各项防范及应急处置措施落实到位，在森林防火宣传月及清明节前夕，大力加强防火宣传，营造人人参与防火氛围。清理林下可燃物约7200公顷，开设防火隔离带约3700公顷，减少火灾发生概率。

（王鑫）

【果品质量安全认证和管理】 年内，昌平区对18家单位进行无公害、绿色和有机果品认证及复查换证，其中首次认证单位6家，复查换证单位12家；对全区41家无公害认证单位以及6家有机认证单位和2家绿色认证单位进行生产管理规范性、生产标准落实情况和包装标识合法性等检查；在全区范围内抽检樱桃、杏、桃、李、葡萄、枣板栗、核桃、柿子、苹果等果品样品670份，按无公害果品标准检测农药残留，监测果品质量安全。

（王鑫）

【果农技术培训指导】 年内，昌平区开展冬剪、花期管理、着色管理等培训指导、座谈研讨55余场次，培训果农4800人次，发放技术资料2000多份，定期到10镇、21个示范果园开展关键期技术培训指导和示范。

（王鑫）

【领导班子成员】

局长、党组副书记，区绿化办主任
茅　江
党组书记　马传亮
党组副书记　张树玲
副局长　王家红　王　霞　徐晓春
马　军

（王鑫）

（昌平区园林绿化局：王鑫 供稿）

平谷区园林绿化局

【概　况】 北京市平谷区园林绿化局（简称平谷区园林绿化局），挂平谷区绿化委员会办公室（简称区绿化办）牌子，是区政府园林绿化管理部门。局机关设办公室、绿化科、综合管理科、行政审批科。纳入工资规范管理全额拨款事业科室有：林业工作站、林业种苗管理站、林业保护站、林业资源管理中心、森林防火应急管理中心、园林绿化工程建设管理事务中心、综合服务中心、园林绿化中心；纳入局属工资规范管理全额拨款事业单位有：丫吉山林场、四座楼林场。按机构改革的总体要求和部署，2020年9月，局属森林消防大队划转至区应急管理局；12月，局属13个乡镇林业工作站划转至乡镇，局森林公安处划转至北京市公安局平谷分局。

2020年，平谷区林地面积70002.83公顷，活立木总蓄积量163.39万立方米，森林覆盖率67.30%，林木绿化率72.74%。城镇园林资源绿化覆盖面积1956.47公顷，绿地面积1763.76公顷，公园绿地面积951.39公顷，公园绿地500米服务半径覆盖率 82.24%，绿化覆盖率 50.25%，人均绿地面积 38.18 平方米，人均公园绿地面积 20.59 平方米。

绿化造林　完成新一轮百万亩造林面积 262.08 公顷，完成园林“留白增绿”2.2 公顷，栽植绿化乔木 13.92 万株，灌木 3.96 万株。完成森林健康经营林木抚育项目 2266.67 公顷。全民义务植树 16.453 万株，抚育 167.64 万株。完成山东庄共有产权房和璟悦府小区(二期)2 个新建居住区绿化建设，新增绿化面积 2.4 公顷。

资源安全　全区 71 座森林防火预警监测基站和 150 座防火检查站视频监控系统 24 小时监测，2459 名生态林管护员、50 名巡查员巡逻值守。种苗产地检疫率 100%、无公害防治率达到 96%、测报准确率 98%、成灾率 1‰以下。现地核查森林督查图斑 352 块，森林公安处理警情 246 起，办理林业行政案件立案 145 起，其中已处罚案件 7 起。

绿色产业　全区有苗圃 47 个，育苗面积 626.12 公顷，苗木总产量 238.2 万株。有花卉企业 3 个，花农 62 户，花卉从业人员 94 人，种植面积 27 万平方米，年产值 1345 万元。全区养蜂专业合作社 5 个，养蜂协会 1 个，在册登记蜂农 262 户，年产蜂蜜 16.8 万千克，蜂王浆 0.55 万千克，巢蜜 2.1 万千克，蜂蜡 0.12 万千克，养蜂总收入 745 万元。

（杜友）

【森林防火】　3 月 18 日 19 时 45 分，平谷区山东庄镇鱼子山村村委会西侧发生森林火情。平谷区森防办立即启动森林防火应急响应机制，区有关领导第一时间赶赴现场指挥扑救。区园林绿化局、区应急管理局、消防、公安、属地政府等部门迅速到位，开展火情扑救工作。在极端大风天气下，于 21 时 50 分，明火被扑灭，现场留有 300 人清理余火，同时做好火场看守工作。火场燃烧物为杂草、枯枝，经当地公安派出所调查起火原因为电线打火，过火面积 1.43 公顷。

（杜友）

【生态公益林保险衔接】　3 月 24 日，平谷区完成生态公益林森林保险衔接，本年度全区投保生态公益林森林保险面积 3.9 万公顷，保费 140.55 万元，保额 7.03 亿元，与 2019 年度有效衔接，为全区生态公益林持续绿色发展提供保障。

（杜友）

【义务植树活动】　3 月至 5 月，平谷区绿化办组织区级义务植树活动 2 次，乡镇级活动 71 次，植树 7.983 万株，抚育 72.048 万株。夏秋季组织区级林木抚育活动 46 次，抚育面积 28.3 公顷。完成新植树木 16.453 万株，抚育 167.64 万株。

（杜友）

【森林防火应急演练】　4 月 13 日，平谷区森防办在镇罗营镇桃园村组织开展森林防灭火应急演练。演练主要包括：火情发现与报告、镇村两级先期处置、向导保障、以水灭火战术应用、供水保障、无人机监测、信息化展示等环节。12 个有林乡镇和兴谷街道主要领导和主管领导、区消防救援支队进行观摩。

（杜友）

平谷区森林防火演练现场(朱明波 摄影)

【生态林补偿资金发放】 11月18日至年底，平谷区园林绿化局经过区财政局惠民统发平台，发放市、区两级补偿资金2156.38万元，资金由乡镇录入上报，通过两个批次直接拨付到集体经济组织成员手中。

(杜友)

【京津冀森林防火联防联控】 12月11日，召开京津冀森林防火联防联控工作会议，北京市平谷区与天津市蓟州区围绕森林防火工作进行探讨、交流，签订2021年度森林防火联防协议书。重点在加强边界区森林防火宣传教育、强化野外火管控方面达成共识。

(杜友)

【管护员补贴资金发放】 年内，平谷区2459名山区生态林管护员，每人每月得到补贴金额638元，共计发放补贴金额1882.61万元。

(杜友)

【编制平谷区“十四五”时期森林城市建设规划】 年内，平谷区园林绿化局按照区政府要求在2018年《平谷区森林城市建设规划2035》基础上编制“十四五”时期森林城市建设规划，综合考虑2035年规划中各项指标要求，针对平谷森林城市质量和品质，构建“十四五”时期新的目标指标体系。

(杜友)

【新一轮百万亩造林工程】 年内，平谷区完成新一轮百万亩造林面积262.08公顷，完成园林“留白增绿”2.2公顷，栽植绿化乔木13.92万株，灌木3.96万株，涉及全区9个乡镇24个村。完成森林健康经营林木抚育项目2266.67公顷。

(杜友)

【小微绿地建设】 年内，平谷区新建小微绿地1个，面积9970平方米，着力打造“出行300米见绿，500米见园”15分钟休闲生活圈，利用城市拆迁腾退地和边角地、废弃地、闲置地，实施“留白增绿”“见缝插绿”。

(杜友)

【林业案件查处】 年内，森林公安处受理和处置各类警情246起，办理林业行政案件立案145起，其中已处罚案件7起，共处罚款341607元，补种树木106株，不予处罚、销案等案件138起。

(杜友)

【野生动物救助】 年内，平谷区救助野生动物97起，包括非洲灰鹦鹉、黑鹳等国家一级重点保护动物，对无明显外伤动物进行放生，有翅膀折断等伤情动物送交市野生动物救助中心进行救治。全区设置3个监测站点，监测到各种鸟类40余万只，对金海湖国家级监测站采集野生鸟类粪样240份，送检均无异常。

（杜友）

【野生动物巡查执法】 年内，平谷区坚持每日巡查区内野生动物驯养繁殖场所、经营场所、集市、河道等地，制止弹弓打鸟行为2次，收缴粘鸟网1张，无害化处理死亡动物13只。

（杜友）

【森林督察图斑处理】 年内，平谷区加强林业资源保护及管理，现地核查352块森林督查图斑，不属于平谷区行政界内2块，依法使用林地291块，因种植结构调整（个人果树）不用办理采伐证和其他灾害的42块，疑似违法违规使用林地17块，已移交森林公安处依法处理。

（杜友）

【森林病虫害防治】 年内，平谷区组织飞机防控美国白蛾30架次，防控面积3000公顷，防控区域包括东高村镇、马坊镇、马昌营镇、大兴庄镇、峪口镇等。释放周氏啮小蜂2500万头，生物防控美国白蛾。林木常规病虫害防治林业虫害9893.33公顷次。全区林木病虫无公害防治率95%。完成全区8086.67公顷松林松材线虫病春季普查任务。

平谷区园林绿化工作人员对杨树林进行胶带围环防虫作业（岳树林 摄影）

（杜友）

【森林病虫害监测】 年内，平谷区有国家、市、区级测报点106个。林业有害生物监测以美国白蛾、春尺蠖为重点，在危险性林业有害生物发生危害期内，及时将调查结果填入监测统计表，测报准确率97%。结合全区林业有害生物发生实际，在京平高速、顺平路、密三路、大秦铁路、新老平蓟路等设置巡查路线11条，重点对山区乡镇油松侧柏片林、橡栎林等重点区域监测，成灾率1‰以下。

（杜友）

【种苗检疫】 年内，平谷区实施产地检疫573公顷，签发产地检疫合格证108份，发放标签绑定13300个，检疫登记各类苗木110余万株。开具植物检疫要求书1376份，复检各类苗木665万株，外调苗木684万株。种苗产地检疫率100%。

（杜友）

【林木伐移管理】 年内，平谷区审批规划林地257件72766株7976.71立方米。审批非规划林地157件15316株3523.95立方米。审批林木移植25件5352株。审批更新林木5件1104株87.09立方米。征占用林地57件5447.49立方米。

（杜友）

【自然保护地管理】 年内，平谷区按照“保护面积不减少；保护强度不降低；保护性质不改变”的“三不原则”推进自然保护地整合优化工作，将全区具有市级审批的自然保护地共5类6个整合为3类3个(分别为，四座楼—丫髻山市级自然保护区、北京平谷黄松峪国家地质公园、马坊小龙河市级湿地公园)，总面积29957.98公顷。优化整合方案报市园林绿化局。

(杜友)

【古树名木管理】 年内，平谷区完成58棵古树病虫害防治3次，复壮古树9棵，粉刷围栏支撑16处，修复围栏支撑4处以及古树日常养护工作。

(杜友)

【编制森林经营方案】 年内，平谷区启动森林经营方案(2021—2035年)编制工作，完成《北京市平谷区森林经营方案(2021—2030)年》《北京市平谷区丫吉山林场森林经营方案(2021—2030年)》和《北京市平谷区四座楼林场森林经营方案(2021—2030年)》初稿编制工作。

(杜友)

【行道树信息采集】 年内，平谷区对城区内行道树树种、数量、生长情况和经纬度等数据进行采集，目前全区城区99条街道共有行道树20833株，生长状况良好。

(杜友)

【园林绿化专项规划编制】 年内，平谷区结合《平谷分区规划(国土空间规划)(2017年—2035年)》，对平谷区园林绿化专项规划进一步细化和完善，于12月11日通过专家评审。

(杜友)

【森林公园命名】 年内，平谷区通过征集、报区长办公会和区委常委会议审议，对区内现有公园和基本建成森林公园进行重新命名，并于3月底将文化公园、阏景公园和泰和公园等21个森林公园命名情况通过平谷报、幸福平谷和平谷资讯等媒体进行宣传报道。

(杜友)

【绿化美化先进集体创建】 年内，平谷区创建首都森林城镇1个，首都绿色村庄6个，首都绿化美化花园式单位5个，首都绿化美化花园式社区1个。

(杜友)

【领导班子成员】

局长、区绿化办主任	
	陈军胜
局党组书记	景国平(2020年5月免职)
	孙　静(2020年5月任职)
副局长	王春青(女)
	王国全
	刘福山

(杜友)

(平谷区园林绿化局：杜友 供稿)

怀柔区园林绿化局

【概　况】 北京市怀柔区园林绿化局(简称区园林绿化局)，挂怀柔区绿化委员会办公室(简称区绿化办)牌子，是区政府园林绿化行政主管部门。机关行政编制27名，设办公室、政工科、财务科、造林科、果树科、绿化科、园林科、林政资源管理科、综合管理科9个科室；森林公安有森林公安政法专向编制30名，设1处(副处级)3所，其中森林公安处设刑侦科、治安科、综合科，3所分别是汤河口森林公安派出所、桥梓森林公安派出所、喇叭沟门森林公安派出所；区园林绿化局(区绿化办)有事业单位29个，事业编制311名。到12月底，全局在职正式职工333人。

截止到2020年底，怀柔区共有森林面积164242.20公顷、森林覆盖率77.38%、林木绿化率85.02%。城市绿化覆盖率62.05%，人均绿地57.77平方米，人均公园绿地29.54平方米。

绿化造林　完成新一轮百万亩造林工程建设任务7743.9公顷；完成京津风沙源治理工程任务47300公顷；完成中幼林抚育10733.33公顷；完成彩叶林工程200公顷；完成公路绿化20千米；参加义务植树14.06万人次，完成植树42.1万余株；完成创建首都绿色村庄6个、花园式单位3个、花园式社区1个，创建森林城镇1个，园艺驿站一家。

绿色产业　全区干鲜果品产量1827.39万千克；全区有苗圃117家，育苗总面积781.94公顷。

资源安全　完成生物防治383.3公顷，物理防治313公顷，人工地面防治0.5万公顷，飞机防治1.8万公顷；全区生态公益林157385.8公顷，年保险费566.59万元；森林公安接警情105件，查办105件，办结105件，未发生行政复议和行政诉讼案件；本防火年度，全区发生森林火情13起(其中林地火情2起，非林地火情11起,)，过火面积约5400平方米，无人员伤亡。

(牛凤利)

【生态公益林投保】 3月，区园林绿化局与中国人民财产保险股份有限公司北京分公司签约，为全区生态公益林投保，投保面积157385.8公顷，保险费566.6万元。

(牛凤利)

【首都义务植树活动】 4月11日，怀柔区在北房镇韦里村开展以“一手抓疫情防控一手抓造林绿化 助推怀柔区创森”为主题的春季义务植树活动。区四套班子领导、区创森领导小组各成员单位领导、党员“红马甲”代表110余人参加植树活动。各镇乡街道也陆续开展义务植树活动，为怀柔区创森增绿作出贡献。全年累计参加义务植树14.06万人次，完成植树42.1万余株，发放宣传材料1万份，制作展板10块，养护树木5万株，清扫绿地4.5万平方米。

(牛凤利)

【林果主要食叶害虫越冬基数调查】 10月19日至11月20日，怀柔区对全区主要林业有害生物越冬基数进行调查，设标准地79块，随机调查各类标准树2210株。调查虫种主要有美国白蛾、油松毛虫、杨潜叶跳象、杨小舟蛾、栎粉舟蛾、黄连木尺蠖、红脂大小蠹等。

（牛凤利）

【创建国家森林城市】 年内，怀柔区推进创建国家森林城市工作。组织开展“创森”宣传51次，报送创森简报、信息、专刊123篇，制作《缘起》《进行时》《未来》等系列短片13个，开展“创森”LOGO征集、开发“创森”微信表情包等。“创森”40项指标完成39项。对“创森”34项建设任务中的重点工程进行督查。收集完善34项工程和40项指标佐证材料，编写怀柔区创建国家森林城市指标自查报告、规划实施报告和工作报告，制作“创森”汇报专题片。按照国家林业和草原局安排，国家森林城市指标体系从原定的行业标准40项变为国家标准36项，对照新的评价标准重新梳理，补充完善相关材料。

（牛凤利）

4月4日，怀柔区开展创建国家森林城市签名植树活动，广大市民踊跃参与（怀柔区园林绿化局 提供）

【第二届“一带一路”高峰论坛景观提升工程】 年内，怀柔区按照第二届“一带一路”高峰论坛景观提升工程要求，完成京承高速两侧10个地块、雁栖湖联络线两侧12个地块及怀长路、范崎路、天和路3条道路绿化景观提升、城区铺装树池2项专项工程等29个地块景观提升工程，工程总投资1.4亿元，绿化建设总面积80.4公顷，新植乔木1.4万株、灌木4.1万株、地被植物27.5万平方米；完成雁栖湖联络线花卉布置工程，投入花卉225万余株。其中沿京承高速14出口至示范区出口的高架桥悬挂花箱1.5万组；城区及周边主要节点实施地栽和地摆花卉2.3万平方米，摆放花箱140个、立体花坛4座。

（牛凤利）

【林果科技科普培训】 年内，怀柔区开展大果榛子冬季修剪技术培训，聘请中国林科院榛子研究中心总工程师、国家林业和草原局榛子工程技术研究中心专家讲解大果榛子栽培管理技术，区大果榛子种植户和各镇乡林业站技术人员44人参加培训。5月，开展杨柳飞絮生物技术防治培训，聘请北京市园林科学研究院高级工程师讲解杨柳飞絮生物技术防治，各镇乡林业站、示范区管委会、京密引水以及区园林绿化局相关科室36人参加培训。开展高效节水现代化果树栽培技术、核桃修剪技术、果树病虫害防治等果树栽培管理技术培训5场次，参加培训290人次，培训果园范围覆盖率90%以上。

（牛凤利）

【怀柔新城绿色空间景观提升项目】 年

内，怀柔区完成怀柔新城绿色空间景观提升项目。该项目总投资约11527.32万元。项目着重对城区内11条街道(青春路、红螺寺路、迎宾路、开放路、怀耿路、中高路、兴怀大街、富乐大街、北大街、南大街、龙山东路)、兴怀大街与开放路交叉口等进行绿色景观提升。项目于11月底启动建设，预计2021年夏季完成。

(牛凤利)

【雁栖河城市生态廊道建设工程】 雁栖河城市生态廊道建设工程北起北台上水库南入怀河，全长12.5千米。重点实施两侧规划绿地建设及河道景观绿化。该工程分三期组织实施(其中：一期范围为京加路至北大街东延；二期范围为北台上水库至京加路及北大街东延至京密路；三期范围为京密路至怀河)。该项目位于怀柔区雁栖镇，北至京加路，南至乐园大街，涉及河道长度约2.65千米，总建设面积约60.88公顷，其中园林绿化约31.86公顷、河道整治约29.02公顷，总投资约12445万元。

(牛凤利)

【大杜两河村公园小微绿地工程】 年内，完成大杜两河村公园小微绿地工程建设。该工程位于怀柔区庙城镇大杜两河村东北角，建设规模约9000平方米。主要种植绿色植物、乡土树种、特色月季及海绵地被。

(牛凤利)

【辛营公园工程】 年内，怀柔区完成辛营公园建设工程。该工程位于怀柔区渤海镇辛营村，建设规模约5000平方米，建设内容主要包括电气工程、灌溉工程、绿化工程、庭院工程等。

(牛凤利)

【生态补偿资金发放】 年内，怀柔区生态补偿金发放工作涉及14个镇乡和泉河街道，223个行政村，约4.7万农户(涉及低收入农户7300多户，1.51万人)，10.8万农民。全区已经确权的山区生态公益林补偿面积157040公顷，2020年发放生态补偿金9893.52万元。

(牛凤利)

【新一轮百万亩造林工程】 年内，怀柔区新一轮百万亩造林绿化建设工程总任务516.26公顷，总投资2.75亿元。栽植乔木35万余株，灌木8.9万余株。

(牛凤利)

【京津风沙源治理】 年内，怀柔区京津风沙源治理二期工程，总建设面积3153.33公顷，包括：困难立地造林工程86.67公顷，位于宝山镇、桥梓镇；栽植侧柏、油松、黄栌、五角枫、栾树、山桃、山杏等9.6万余株；封山育林工程3066.67公顷，位于渤海镇、怀北镇、琉璃庙镇、宝山镇、桥梓镇、汤河口镇。封育区架设围栏3.05万米，建造封山牌27座。项目总投资1110万元(中央投资525万元，市级投资585万元)，其中困难立地造林工程投资650万元、封山育林投资460万元。

(牛凤利)

【彩叶林工程】 年内，怀柔区在怀北镇建设彩叶林工程200公顷，主要栽植五角枫24000株，黄栌20000株。

(牛凤利)

【公路绿化工程】 年内，全区实施市郊铁路怀密线怀柔段景观提升工程计划，新增造林面积127.53公顷，提升改造面积190.93公顷。怀柔区市郊铁路怀密线怀柔段全长32千米，涉及桥梓镇、怀北镇、雁栖镇、怀柔镇4个镇。截至2020年底，实际新增造林完成75.9%，提升改造部分完成89.8%。全线以乡土树种为主，增加春花树比例，兼顾季相景观，丰富生物多样性。

（牛凤利）

【森林健康经营林木抚育】 年内，怀柔区完成中幼林抚育10733.33公顷，其中森林健康经营林木抚育8400公顷，国家重点公益林管护工程2333.33公顷。中幼林抚育项目共涉及全区10个镇乡，54个行政村。

（牛凤利）

【绿化美化先进集体创建】 年内，怀柔区完成创建首都森林城镇1个，为渤海镇；首都绿色村庄6个，分别是长哨营满族乡东南沟村、渤海镇六渡河村、宝山镇养鱼池村、怀北镇龙各庄村、汤河口镇黄花甸子村、庙城镇高各庄村；创建花园式单位3个，分别是中国科学院力学研究所办公区、北京市怀柔区消防救援支队雁栖消防救助站、渔唐（北京）酒店管理有限公司办公区；创建花园式社区1个，为庙城镇庙城社区。

（牛凤利）

【平原生态林日常管护】 年内，怀柔区平原生态林养护总面积1805.5公顷。其中，2012年至2017年平原造林1402.2公顷，五河十路生态林403.33公顷。根据《怀柔区平原地区造林工程林木资源养护管理办法》《怀柔区2020年度平原生态林管护实施方案》《怀柔区平原造林管护实施细则》落实管护监管工作，按照管护月历每天巡检，印发整改通知书14份，涉及3家养护单位，全部整改。每季度开展一次专项检查，检查内容主要包括林地卫生、修剪、涂白、病虫害防治、枯枝死树清理、浇水、落叶处理、森林防火等管护措施落实情况。

（牛凤利）

【平原生态林管护促进本地就业】 年内，怀柔区参与平原生态林管护人员761人，其中怀柔本地农民664人，占总人数87%，促进了农民就业增收。全年发放农民工工资1655万元，其中本地农民工工资1456万元。

（牛凤利）

【成立园艺驿站】 年内，怀柔区在怀柔城市森林公园成立园艺驿站1个，占地约50平方米，于9月28日正式挂牌。园艺驿站主要用于开展各类花品展、插花培训、花艺知识讲座等活动，站内设有休憩阅读区，供居民了解、学习园林绿化知识。

（牛凤利）

【种苗产业】 年内，怀柔区有苗圃117家，育苗总面积781.94公顷，总产苗量463万株。其中：常绿树108万株；阔叶树152万株；花灌木203万株。

（牛凤利）

【森林防火】 年内，怀柔区转发市森防办大风蓝色预警24次28天，大风黄色预警4

次4天，高火险橙色预警4次20天；全区发生森林火情13起(林地2起，非林地11起)，其中九渡河镇发生4起，桥梓镇2起，长哨营满族乡2起，雁栖镇2起，庙城镇、琉璃庙、汤河口镇镇各1起。过火面积约5400平方米，无人员伤亡情况。

（牛凤利）

【查处涉林案件】 年内，怀柔区接警情105件，出警率100%。查办105件，查办率100%；办结105件，办结率100%。罚款141284.6元，责令补种树木735株。办理刑事案件4件，追究刑事责任2人。全年未发生行政复议和行政诉讼案件。

（牛凤利）

【野生动物保护与疫源疫病监测】 年内，怀柔区加密对怀柔水库等野生动物重要栖息地巡查频次，严防严控非法狩猎野生动物违法犯罪行为。强化对野生动物繁育场所监管，严格实行封闭管理，落实消毒防疫措施。做好野生动物疫源疫病监测与信息报送工作，出动监测人员308人次，监测野生动物349643只，报送野生动物疫情监测信息610余条。

（牛凤利）

【自然保护地整合优化预案编制】 年内，怀柔区将保护地范围内与保护管理要求不一致的111国道及沿线村庄、基本农田等656.71公顷调出自然保护地范围，便于保护地内居民开展必要的生产生活活动。将属于同一水系、范围相接、保护对象相同的汤河口湿地公园和琉璃庙湿地公园整合为一个湿地公园，打破地域界限，实现重要自然生态系统、自然景观和生物多样性系统性保护。将成立时间久远，批复面积与实际面积差别较大的怀沙河怀九河水生野生动物保护区沿河道进行梳理，保护区面积增加105.41公顷。

（牛凤利）

【湿地保护与建设】 年内，怀柔区在汤河口镇后安岭村新建小微湿地1.1公顷，优化湿地自然景观，营造野生动物栖息环境，提升区域湿地生态质量。开展湿地问题点位实地核查，完成12个疑似人类活动点位实地核查，严格防范违法侵占湿地问题。在桥梓镇北宅村开展第八个“北京湿地日”宣传活动，向周边市民宣传湿地保护与修复相关知识，发放各类宣传品3000余份。

（牛凤利）

【林业有害生物预测预报】 年内，怀柔区设置林业有害生物监测测报点500个，监测美国白蛾、红脂大小蠹、桔小实蝇等林果有害生物种类56种。主要利用移动林业软件，通过北京市林木有害生物综合管理系统向北京市林业保护站上传监测数据。收集监测报表2118份，发布林保信息18篇，科学指导林果生产。

（牛凤利）

【林业有害生物防治】 年内，怀柔区采取多项措施做好草履蚧、春尺蠖、美国白蛾、红脂大小蠹等林业有害生物防控工作。采取生物防治383.3公顷，其中，在平原地区释放周氏啮小蜂0.7亿头防治美国白蛾，防治面积30公顷；在九渡河镇、渤海镇、怀柔镇、雁栖镇、琉璃庙镇等地区部分板栗园释放赤眼蜂3.72亿头防治板栗害虫，防治面积167.3公顷；在怀柔城区、红螺寺景区和桥梓镇自然果园释放异色瓢虫130万粒防治各类蚜虫，防治面积50公顷；在前山脸侧柏林地中释放管式肿腿蜂70万头防治双条杉天牛，防控面积140公顷。采取物理防治313公顷，其中，诱捕防治多毛切梢小蠹、红脂大小蠹等蛀干害虫170公顷，塑料胶带围环阻隔防治春尺蠖、草履蚧等害虫143公顷。采取飞机防治1.8万公顷，飞行180架次，其中，在平原地区飞行71架次，防治美国白蛾、春尺蠖等食叶害虫，防治面积0.71万公顷；在渤海镇、九渡河镇、桥梓镇峪沟村、怀柔镇甘涧峪村飞行54架次，防治危害板栗、核桃害虫，防治面积0.54万公顷；在琉璃庙镇、汤河口镇、宝山镇、长哨营满族乡和喇叭沟门满族乡飞行55架次，防治杨潜叶跳象、栎粉舟蛾、栎掌舟蛾、杨小舟蛾、杨扇舟蛾、缀叶丛螟、黄连木尺蠖、刺蛾等食叶害虫，防控面积0.55万公顷。采取人工地面防治0.5万公顷，使用人工3105个、车辆1026车次、防治器械853台，防治美国白蛾、白蜡窄吉丁、栎纷舟蛾、各类蚜虫等有害生物。

6月18日，怀柔区在雁栖湖地区释放管氏肿腿蜂防治双条杉天牛（李杰 摄影）

（牛凤利）

【植物检疫执法】 年内，怀柔区调运检疫苗木50余万株、木制品和包装箱45件，开具《森林植物检疫要求书》1673份、《植物检疫证书》5份；检疫苗木和花卉30万余株（盆），草坪5000平方米，开具《产地检疫合格证》108份。开具《检疫处理通知单》2份，销毁掩埋疫木216株。

（牛凤利）

【京津冀东北片区松材线虫病样本检测】 年内，怀柔区检测北京市怀柔、密云、顺义、通州、平谷等区，河北省承德市滦平、丰宁等县送检样品80份，均不含松材线虫。

（牛凤利）

【林政资源管理】 年内，怀柔区严格林业行政许可审批，受理林木伐移申请704件，其中批准采伐651件，批准移植11件，退件42件；征占用林地审核与审批140件，永久占用林地面积24.95公顷，临时占用林地面积67.82公顷，直接为林业生产服务占用林地面积46.71公顷。

（牛凤利）

【领导班子成员】

党组书记、局长	魏海东
党组副书记、副局长	翟文岩
党组成员、副局长	秦建国　刘国柱 王建国　张　勇
副局长	崔尚武
二级调研员	陈志刚

四级调研员　　　　景海燕

（牛凤利）

（怀柔区园林绿化局：牛凤利 供稿）

密云区园林绿化局

【概　况】 北京市密云区园林绿化局（简称区园林绿化局）加挂北京市密云区绿化委员会办公室（简称区绿化办）牌子，主要负责全区营林造林、推进林业产业发展、森林防火、林政资源管理、林业有害生物防控和城镇绿化美化管理等工作。内设办公室、党建科、计财科、综合业务科、行政审批科，下属森林公安处和库东、库西、库南3个森林公安派出所和林业工作站、园林绿化调查队、机关事务管理办公室、林木病虫防治检疫站、护林防火巡查队、区自然保护区管理与野生动植物保护中心（区园林绿化局国有林场总场）、城镇绿化管理中心、果树技术开发中心、重点工程管理办公室、林业种子苗木管理站、蜂业管理站、平原造林管理中心、园林绿化工程质量服务中心，雾灵山林场、云蒙山林场、五座楼林场、潮白河林场、白龙潭林场、锥峰山林场、种苗繁育实验中心、古北口木材检查站等21个事业单位。编制187名，其中行政编制17名、行政工勤1名、事业编制169名，高级工程师21名，中级工程师44名。

2020年，区园林绿化局按照密云区委区政府要求，全面推进各项园林绿化事业。全区森林覆盖率68.16%，林木绿化率75.3%。人均公园绿地面积15.76平方米。

绿化造林　年内，密云区新增森林面积946.7公顷，新增林木面积1004公顷；完成新一轮百万亩造林810.03公顷、京津风沙源治理5133.3公顷、国家公益林管护2326.7公顷、森林健康经营6533.3公顷、彩色树种造林166.6公顷、公路河道绿化30千米。

绿色产业　建设有机果品基地32个，无公害果品基地27个，全区果树面积30666.7公顷；果品产量5100万千克、产值3.8亿元。全区养蜂规模2072户11.5万群，占全市蜂群总量44%，是北京市养蜂第一大区，也是中国著名的“蜜蜂之乡”。

资源安全　在全市率先启动野生植物本底调查，全区有陆生野生动物约400种，植物类型占到全市总数80%以上。组建16支383人的专业森林扑火队，在136个重点村、单位成立1008人的早期应急处理小分队，全区5239名生态林管护员全部实行专业培训和持证上岗。全面落实市委书记蔡奇对保护古树重要指示要求，对全区1202株古树强化管控措施。

（王加兴）

【义务植树活动】 4月11日，区绿化办组织区四套班子领导、区直机关、镇街主要领导100余人，参加冶仙塔植树活动，栽植白皮松、海棠等苗木300余株。疫情期间，采取以资代劳形式开展赴密义务植树活动，累计收取代劳资金50余万元，接待义务植树人员8000人次，植树2.5万株。

（王加兴）

【密关路景观提升工程】 5月5日，区园林绿化局开展密关路景观提升工程任务。项目南起高速16出口，北至沙河铁桥，对密关路东侧隔离带和绿地进行提升。栽植乔灌木800余株，地被花卉5.14公顷，改造提升绿地2.96公顷。7月4日竣工，总投资592万元。

（王加兴）

【“5·20世界蜜蜂日”主题活动】 5月20日，密云区举办“5·20世界蜜蜂日”主题活动。活动现场介绍发展蜂产业实现农民脱低增收经验模式，公布“密云蜂业”标识征集结果，向全球发出“尊重自然、关爱生命”倡议。活动以视频形式，蜂企、合作社、蜂农等视频参会300人，视频链接参会2700人。以举办“5·20世界蜜蜂日”主题活动为契机，携手抖音达人直播带货，累计直播4场12小时，观看人数37.1万人次，两周销量33万元。

5月20日，密云区在太师屯镇蜜蜂大世界举办“5·20世界蜜蜂日”主题活动（密云区园林绿化局 提供）

（王加兴）

【小微绿地建设工程】 6月5日，区园林绿化局开展小微绿地建设工程任务。涉及鼓楼街道和果园街道，包括银河湾绿地、滨阳里北侧绿地、绿地小区绿地、康馨雅苑绿地等8个地块，建设面积2.56公顷。工程建设包括绿化工程、庭院工程、给排水工程及电气工程。8月竣工，总投资512.64万元。

（王加兴）

【月季公园建设工程】 6月18日，区园林绿化局开展月季公园建设工程任务。项目位于阳光家园东侧，总面积2.32公顷，栽植乔灌木0.35万株，地被植物1.4万平方米，26种名优品种月季1.18万株；铺设园路广场0.39公顷，新建公厕、景亭各1座。8月17日竣工，总投资998.29万元。

（王加兴）

【蜂产业】 6月25日，市委书记蔡奇做出批示：“密云区坚持抓蜂产业，是绿色发展的生动案例。小蜜蜂可做大文章，人人都要争做守护生态文明的小蜜蜂”；7月23日，市委书记蔡奇到密云蜂业基地调研，对密云区蜂产业发展给予肯定和鼓励，同时对蜂产业发展工作提出要求。截至2020年底，全区养蜂规模达到11.5万群2072户；已建成国家级蜂产品标准化示范基地、绿色无公害蜂产品生产基地、蜂产品深加工等基地20个，蜂产品公司2家，蜂业专业合作组织25个，从业人员4000余人；出产蜂蜜361万千克、巢蜜20万千克、蜂王浆8000千克、蜂蜡3000千克，蜜蜂授粉收入300万元，销售蜂群收入3029万元，蜂产品收入9190万元，其他收入(旅游)530万元，合计1.3亿元。

（王加兴）

【新一轮百万亩造林工程】 年内，密云区完成新一轮百万亩造林工程810.03公顷，包括平原重点区域造林绿化工程119.09公顷，浅山台地造林工程84.34公顷，浅山荒山造林工程206.33公顷和市郊铁路怀密线密云段景观提升工程400.27公顷。组建施工队伍31支，施工人数4227人，吸收本地农民参与造林施工人数1969人，栽植苗木49万株，总投资24950万元。

（王加兴）

【京津风沙源治理】 年内，密云区完成5133.4公顷京津风沙源治理二期工程。工程包括困难地造林66.7公顷、封山育林5066.7公顷。总投资1260万元，其中困难地造林500万元、封山育林760万元。

（王加兴）

【森林健康经营林木抚育项目】 年内，密云区完成6533.3公顷森林健康经营林木抚育项目建设任务。投资4045.88万余元，涉及冯家峪、高岭、古北口、新城子、西田各庄、溪翁庄、大城子、东邵渠和巨各庄9个镇。建设作业步道23.88余千米，设立市级示范区2处(冯家峪镇下营村、石城镇西湾子村)，面积266.7公顷，建设内容为林木抚育、林间作业道、宣传牌示、游憩区、座椅、垃圾桶等。

（王加兴）

【国家级公益林管护工程建设】 年内，密云区完成2325.3公顷国家级公益林管护工程建设。工程包括不老屯、太师屯、北庄3镇和白龙潭林场，划分166个小班。其中疏伐1363.1公顷、定株135.1公顷、补植827.1公顷；设市级示范区一处，位于太师屯镇令公村和南沟村，面积133.3公顷，建设内容为林木抚育、林间作业道、宣传牌示、游憩区、座椅、垃圾桶等。建设作业步道8770余米。项目投资1915.67万余元。

（王加兴）

【山区生态公益林管护】 年内，密云区5239名生态公益林管护员实现全员上岗，完成2019~2020年度森林防火、病虫害防治、森林资源保护及林木抚育等任务。做好全区8043.3公顷生态公益林管护工作政策解读。

（王加兴）

【“留白增绿”工程】 年内，密云区完成65.5公顷“留白增绿”建设工程任务。工程涉及冯家峪镇、石城镇、新城子镇、大城子镇、东邵渠镇、巨各庄镇、西田各庄镇7个镇和7个村，其中“留白增绿”项目8.8公顷(包括与新一轮百万亩造林统筹实施任务5.02公顷，月季公园单独立项1.97公顷，留白增绿单独立项1.78公顷)，“战略留白”化地块57.7公顷。建设内容包括绿化工程，庭院工程，给排水工程及电气工程。总投资519.18万元。

（王加兴）

【彩色树种造林工程】 年内，密云区完成166.6公顷的彩色树种造林工程建设任务。建设地点位于大城子镇，栽植五角枫、黄栌、栾树、山杏、山桃共计12.5万株。总投资220.79万元。

（王加兴）

【公路河道绿化工程】 年内，密云区完成30千米公路河道绿化工程。工程地点在大城子镇，栽植白蜡、五角枫等乔木7842株，地锦、紫叶李等灌木255株，野花组合种子93千克。总投资90万元。

（王加兴）

【“互联网+全民义务植树”基地建设】 年内，区园林绿化局与北京绿化基金会合作，向社会各界募集开展工作所需款项，建设以白河城市森林公园区域和路线为基准，利用“互联网+”科技方式和互动体验手段，打造“线上”与“线下”相结合的义务植树尽责基地。社会团体、机关单位和市民通过北京绿化基金会网站、关注微信公众号或直接扫取密云区捐资尽责二维码方式，实现网上预约、线下活动、网上捐资尽责、网上登记发证等参与方式，提高义务植树尽责率，增强参与者体验感和获得感。

（王加兴）

【古树名木管理】 年内，密云区对全区1202株古树（其中一级95株、二级1107株、古树群5处1015株）强化管控措施。向区财政申请专项资金80万元，用于濒危古树抢救复壮、日常养护等工作，对36株古树开展复壮工程，同时继续对2株千年古树（新城子九搂十八杈和巨各庄银杏王）进行引根实验。出版科技期刊《古树复壮在密云区的应用》，总结归纳科学有效复壮技术。

（王加兴）

【杨柳飞絮治理】 年内，密云区对城区和檀营、穆家峪、十里堡、河南寨、溪翁庄镇范围内主要干道两侧、河道两旁和公园内杨柳树雌株开展杨柳飞絮治理。治理杨柳树12309棵，总投资96.8万元。通过一系列综合措施实施，杨柳飞絮问题得到有效治理，效果明显。

（王加兴）

【国家森林城市创建】 年内，密云区创建国家森林城市39项指标全部达标。总体规划完成率125.46%，超额完成规划建设目标。借助电视、网站、公众号、报纸杂志等媒介进行创森报道118次。印发本级《创森简报》6期，总局《创森简报》连续两期头版刊发密云信息。结合“互联网+全民义务植树基地”启动仪式、湿地日、2020年密云马拉松等活动进行线下主题宣传10次。城区重要部位及日光山谷等6处景区设置广告宣传牌。经2次自查，“两率一度”均达90%以上。

（王加兴）

【果品产业】 年内，密云区以苹果、梨、板栗等果品为重点，建设有机果品基地32个3460公顷，无公害果品基地27个769.1公顷；建设高标准示范果园项目2个30公顷；更新改造老红果园1个10公顷，建设现代化苹果园1个12公顷。以巨各庄葡萄、邑仕庄园为引领，推广一、二、三产融合发展模式，提升葡萄种植基地66.7公顷；全区果树在遭受春季冻害的情况下，干鲜果品总产量5104万千克，总产值3.79亿余元。

（王加兴）

【种苗花卉产业】 年内，区园林绿化局受理《林木种子生产经营许可证》审批29件，全区具有《林木种子生产经营许可证》有效资质苗圃123家，苗圃面积342.7公顷；全年总产苗量483万株，销售量115万株，销售额7900万元。花卉种植面积188.7公顷，年销售额1023万元。按照林木种苗"双随机"执法检查事项要求，对78家苗木生产使用单位，开展打击侵犯、假冒林业植物新品种权违法行为，林木种子生产、经营活动现场检查，林木种苗质量监督检查147次。

（王加兴）

【林木有害生物防治】 年内，密云区完成2020年度林木有害生物无公害防治率95%以上和成灾率0.1%以下防控目标。采用地面喷洒药剂普防8200公顷，开展物理防治春尺蠖86公顷、油松毛虫124公顷；无公害防治油松毛虫33.3公顷，国槐尺蛾5.3公顷。全区各镇街建立10~20人的防治队伍或购买第三方服务形式确保防治工作顺利执行。开展林业系统林木病虫害等知识培训3批次，60余人参加。投入72万元购置生物制剂药剂1.55万千克。

（王加兴）

【生态补偿】 年内，密云区山区生态公益林补偿面积11.21公顷，生态补偿金按42元/亩标准补偿，生态补偿金共计7060.61万余元。生态补偿金发放工作涉及15个镇281个行政村。全年完成全区13.05公顷生态林保险投保工作，每亩保险金额1200元，总保险金额23.48亿余元，保险费率2‰，总保费469.69万余元。全区未发生森林火灾和大面积森林病虫害等自然灾害，无一起森林保险理赔案件。

（王加兴）

【动物资源管理与监测】 年内，区园林绿化局新增监测站5处，包括云蒙山、锥峰山、白龙潭、五座楼、水库管理处林业管理所和太师屯。全区11处检测站监测到鸟类等野生动物近20万只。完成野生动物救助活动近40次，累计救助动物40余只，其中国家二级重点保护动物14只，市级保护动物10只。组织3次放归活动，放归野生动物44只，其中国家二级重点保护动物41只、北京市二级重点保护动物1只、三有保护动物2只。野生动植物资源本底调查工作全部完成。

（王加兴）

9月26日，市民在白河城市森林公园参与保护湿地和野生动物放归活动（密云区园林绿化局 提供）

【森林防火】 年内，密云区组建16支、383人的专业森林扑火队，在136个重点村、单位成立1008人的早期应急处理小分队，全区5239名生态林管护员全部实行专业培训和持证上岗；在锥峰山林场完成以水灭火建设。

（王加兴）

【林政资源管理】 年内，区园林绿化局办理完成林木采伐许可审批903件，立木蓄积3.26万立方米；移植林木审批23件3541株；办理占用林地审批21件55.4公顷；办理移植审批18件，砍伐12件，移植6件，涉及砍伐移植树木208株。办理占用林地审批及备案43件，涉及林地面积52.59公顷，收取植被恢复费7491.65万元。全区在2019年森林资源管理“一张图”基础上，对接国土三调及林业专业调查监测数据，全面更新森林资源管理“一张图”数据。

（王加兴）

【领导班子成员】

党组书记、局长、一级调研员 田立文

党组副书记、副局长 马爱国(2020年7月任职)

党组成员、副局长、三级调研员 张国田

党组成员、副局长 彭连兴

党组成员、二级调研员 佟犇

一级调研员 白明祥

二级调研员 贾志海 孙忠民

三级调研员 王国林 张金英

森林公安处处长 潘志华(2020年12月转隶)

（王加兴）

（密云区园林绿化局：王加兴 供稿）

延庆区园林绿化局

【概况】 北京市延庆区园林绿化局(简称延庆区园林绿化局)，挂延庆区绿化委员会办公室(简称区绿化办)牌子，是负责全区园林绿化工作的政府部门。机关设办公室、人事科、绿化科、林业科、森林资源管理科(行政审批科)、自然保护地管理科6个科室，下辖30个财政补助事业单位(含纳入工资规范管理事业单位1个：延庆区果品服务中心)。年内，所属森林公安处(含四海森林公安派出所、千家店森林公安派出所)整建制划转至市公安局延庆分局并更名为市公安局延庆分局森林公安大队。所属15个乡镇林业站下沉乡镇。在职职工428人，其中公务员25人，事业单位取得专业技术职称资格207人(其中高级职称现聘人数17人、中级职称现聘人数89人、初级职称现聘人数30人)。

2020年，延庆区森林面积增加到12万公顷，森林覆盖率60.4%，林木绿化率72.53%，城市绿化覆盖率68.32%，人均公园绿地面积达到46.84平方米。

绿化造林　完成新一轮百万亩造林工程建设任务582.77公顷，全区新植树木10.6万株。彩色树种造林工程(八达岭镇)造林面积200公顷、栽植苗木5.6万株。完成留白增绿4.34万平方米。

绿色产业　花卉种植面积1000公顷，实现产值1.5亿元，主要种植菊花、月季、牡丹、草盆花、高档花卉、观赏草等花卉。蜂群总量1.5万群，年产蜂蜜31万千克，全区蜂产业带动农民就业210余户。果品种植面积11333.3公顷，产量约3129万千克，实现产值20975万元。

资源安全　完成林业有害生物防治面积7933.33公顷，无公害防治率95%以上，成灾率控制在1‰以下。救助各种野生动物35只，其中国家二级重点保护动物11只，北京市一级重点保护动物2只，北京市二级重点保护动物15只。

(刘艳萍)

【百万亩造林工作专题会议】　3月10日，区领导召开百万亩造林工作专题会议，并现场调研八达岭镇营城子村、程家窑村、延庆镇西白庙村造林地块落实情况。区领导对相关工作进行部署，提出明确要求。

(刘艳萍)

【市园林绿化局领导调研区新一轮百万亩造林绿化工程】　3月25日，北京市园林绿化局领导赴延庆区调研2020年新一轮百万亩造林绿化工程，实地查看京张高铁延庆段绿色通道建设工程康庄镇西红寺村、山前平缓地造林工程延庆镇西白庙村造林地块和冬奥森林公园建设工程施工现场，做出明确部署。

(刘艳萍)

【全民义务植树】　4月4日，是首都第36个义务植树日。当天，延庆区采取分区域、分批次、分时段形式，以“建森林城市同为冬奥添彩”为主题，开展大型全民义务植树活动。区四套班子领导、区监察委、机关干部近600人在张山营镇冬奥森林公园参加义务植树活动，栽植华山松、油松、栾树、元宝枫等常绿和彩色树种1200余株。年内，全区新植树木10.6万株。

(刘艳萍)

【2020年延庆区“爱鸟周”宣传活动启动仪式】　4月5日，延庆区“爱鸟周”宣传活动启动仪式在夏都公园拉开帷幕。本次活动以“爱鸟新时代，共建新生态”为主题，活动现场摆放背景板、宣传展板、悬挂宣传标语，向市民发放“打击非法野生动物贸易，革除滥食野生动物陋习”宣传海报200份、宣传环保袋100个。

(刘艳萍)

【科技成果】　5月12日，延庆区葡萄及葡萄酒产业促进中心申请的发明专利“一种温室葡萄VF形树形的培养方法”获得国家知识产权局授权。11月23日，延庆区葡萄及葡萄酒产业促进中心在河南省完成“适宜温室一年两熟的葡萄品种筛选研究及推广”科技成果评价与登记，并获得河南省科技厅颁发的科技成果证书。

(刘艳萍)

【市园林绿化局检查2020年区新一轮百万

苗造林绿化工程】 5月14日，市园林绿化局有关人员拉练检查延庆区2020年山前平缓地造林工程、京张高铁延庆段绿色通道建设工程、2020年浅山台地造林工程施工现场，着重对苗木规格、苗木检疫、苗木质量进行查看。

（刘艳萍）

【编印《延庆区主要耐旱植物图册》】 5月21日，《延庆区主要耐旱植物图册》在延庆区发行。该书是全国第二本县级植物图，为延庆区林业人员自编工具书。收录耐旱植物137种，围绕植物形态特征识别、用途、自然分布情况和在造林应用中的表现等进行论述，并提出使用建议，为延庆全面推动节水型园林绿化建设提供技术支撑。

（刘艳萍）

【2020年国际生物多样性日宣传活动】 5月22日，延庆区开展主题为“生态文明·共建地球生命共同体”的第26个国际生物多样性日宣传活动。向群众发放宣传材料500余份。

（刘艳萍）

【《北京市野生动物保护管理条例》实施日宣传】 6月1日，延庆区开展《北京市野生动物保护管理条例》实施日宣传活动。活动现场，设置大型海报1张、主题展板12块，发放《北京市野生动物保护管理条例》印刷本及宣传品1000余份。

（刘艳萍）

【规模化苗圃市级抽查验收】 8月19日，市园林绿化局检查组对延庆区规模化苗圃进行2019年度检查验收。延庆区规模化苗圃建设总面积2369.01公顷，涉及8个乡镇29个行政村。此次抽查验收规模化苗圃18家，涉及旧县、井庄、刘斌堡、永宁、沈家营、延庆6个乡镇。

（刘艳萍）

【湿地保护宣传活动】 9月16~18日，延庆区园林绿化局在夏都公园和野鸭湖湿地公园举办以“强化湿地保护　维护湿地生物多样性”为主题的“北京湿地日”宣传活动。其间，发放湿地宣传折页、《北京市湿地保护条例》等材料3000余份，发放宣传品2000余份。

（刘艳萍）

【延庆区葡萄获全国评比大赛金奖】 9月20日，在2020年全国葡萄产业发展学术研讨会的优质晚熟葡萄品种评比环节中，北京市延庆区葡萄及葡萄酒产业促进中心选送的“瑞都科美”品种，北京金粟种植专业合作社选送的“早夏黑”与八达岭世界葡萄博览园选送的“克瑞森”无核品种获全国大赛金奖。

（刘艳萍）

延庆区优质葡萄品种——瑞都科美（雷志芳 摄影）

【第十二届北京菊花文化节(延庆展区)开幕】 9月27日，2020年第十二届北京菊花文化节(延庆展区)在北京延庆世界葡萄博览园内开幕。此次活动主题是“百花竞放迎冬奥　佳色秋菊靓妫川”，分为室外和室内两个展区。整体布展融合“葡萄”圆形设计元素，将园区设计成一线二展八区。室外布展分为菊花花境、景观园艺、菊花品种3个展区，共计5万株菊花及其他花卉10万株。室内布展2500平方米，分为精品品种展示区、花艺作品展示区、菊花书画作品展示区、菊花文化体验区和花卉衍生品售卖区5个部分，用菊花鲜切花1万株，其他花卉及叶材300扎。菊花文化节于10月10日闭幕。

(刘艳萍)

【延庆区与怀来县建立联合监测点共同监测林业有害生物】 10月16日，北京市延庆区与河北省张家口市怀来县在怀来县东花园镇羊岭村建立第一个京冀林业有害生物联合监测点。监测对象为美国白蛾，设置气象仪、诱捕器、自动诱虫灯等多种设备。

(刘艳萍)

【森林防火宣传活动】 11月10日，延庆区园林绿化局开展森林防火宣传。在妫川广场主会场和各乡镇会场，通过悬挂横幅、摆放展板、巡回播放录音、出动宣传车辆等多种形式，向广大群众宣传《森林法》《森林防火条例》，并向群众详细讲解森林防火注意事项。活动现场发放宣传材料2000份，向乡镇、有林单位发放垃圾袋、手提袋15万余份。

(刘艳萍)

【“延庆香白杏”荣获地理标志证明商标】 11月20日，“延庆香白杏”经国家知识产权局核准，成功注册地理标志证明商标。这是延庆区首个农业地理标志证明商标，是继农业部颁发的“延庆国光”“延庆葡萄”“延怀河谷葡萄”地理标志认证后又一张闪亮名片。

(刘艳萍)

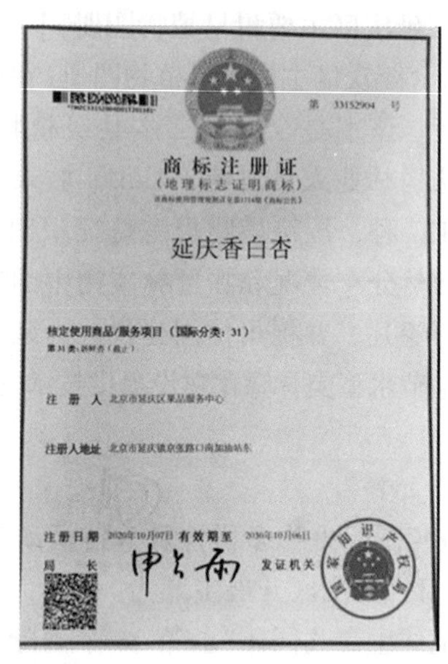

“延庆香白杏”荣获地理标志证明商标(雷志芳摄影)

【世园公园园艺驿站揭牌运营】 11月25日，世园公园园艺驿站正式揭牌运营。首绿办、区园林绿化局、世园公司相关领导与前来参加园艺活动的20多名市民出席园艺驿站的揭牌仪式。世园公园园艺驿站位于公园西区“三百园”区域的百蔬园，紧邻六号门及园区主干路，占地面积3.5万平方米，按照不同功能分为温室展示区、蔬菜种植展示区、园艺中心、沙拉吧、演艺小广场等。

(刘艳萍)

【市古树检查考核组赴延庆区检查指导】 12月10日，首都绿化委员会办公室有关人员带领古树专家组成的考核小组到延庆区检查指导古树维护和保养工作。考核小组听取延庆区2020年古树名木保护管理工作情况汇报，检查古树档案资料，到旧县、井庄两个镇实地查看古树维护和保养工作情况。考核小组专家对延庆区在古树保护管理工作方面取得的成绩给予充分肯定，并提出有关要求。

（刘艳萍）

【延庆区首家“互联网+全民义务植树”基地揭牌】 12月18日，延庆区首家“互联网+全民义务植树”基地揭牌仪式在妫水河畔举行。基地位于延庆妫水公园，从主城区向西，地跨3个镇域，全长9千米，下辖花博园、月季园、清风园、静心园、雅荷园、幽径园6个景区，占地面积400余公顷，其中水域面积约333.33公顷。划分为植树区、认建认养区、自然保护区三大区域。

（刘艳萍）

【国家林业和草原局防火司调研冬奥赛区森林防火工作】 12月23~24日，国家林业和草原局防火司、北京市园林绿化局有关人员到延庆调研指导冬奥赛区及周边森林防火工作。调研组实地察看冬奥延庆赛区及周边防火基础设施建设情况，在松山管理处召开国家林草局防火司调研冬奥延庆赛区森林防火工作会。调研组对延庆区森林防火工作给予肯定，并结合冬奥防火安全和首都生态安全实际情况做出工作指示。

（刘艳萍）

【推广使用“防火码”】 年内，延庆区全面推广使用“防火码”。全区99个防火码场景，353个卡口防火码全部启用。“防火码”的使用实现火因可追溯、人员可查询。

（刘艳萍）

【园林绿化重点工程】 年内，延庆区京津风沙源治理工程治理面积4533.33公顷，全部为封山育林，其中四海镇2542公顷、珍珠泉乡177.33公顷、千家店镇1814公顷；彩色树种造林工程（八达岭镇）造林面积200公顷、栽植苗木5.6万株；森林健康经营林木抚育项目完成7000公顷；国家重点公益林管护工程完成1933.33公顷；平原生态林管护完成10466.67公顷。

（刘艳萍）

【“留白增绿”工程】 年内，延庆区完成“留白增绿”4.34万平方米，其中：1.76万平方米是与2020年新一轮百万亩造林统筹实施，涉及八达岭镇、大榆树镇、井庄镇、旧县镇，共15个地块；2.58万平方米单独立项实施，涉及井庄镇、旧县镇、千家店镇、永宁镇、珍珠泉乡、香营乡，共13个地块。

（刘艳萍）

【城区绿化】 年内，延庆区建设完成恒润公园，完成思贤公园工程总量75%，完成天成公园、创新家园工程总量95%；实施39条主次干路和背街小巷街区靓化工程，补植行道树822株、地被植物61204.5平方米；在13个社区完成绿地补植68783.31平方米。

（刘艳萍）

【绿化美化先进集体创建】 年内，延庆区创建首都绿色村庄7个(沈家营镇下花园村、八达岭镇南园村、千家店镇红旗甸村、井庄镇果树园村、旧县镇白草洼村、大庄科乡西沙梁村、四海镇永安堡)；创建花园式单位1个(园林绿化局办公区)；创建花园式社区1个(沈家营天成家园北社区)。

(刘艳萍)

【森林资源管理】 年内，延庆区审核审批占用林地24件，审核面积18.52公顷，收取森林植被恢复费4753.281万元；变更使用林地面积197.1426公顷(冬奥会)，补交森林植被恢复费53876.688万元。办理林木采伐审批586件，采伐林木16541.25立方米，19.63万株。其中主伐963.62立方米，更新采伐1519.81立方米，其他采伐8587.19立方米，低效林改造1863.87立方米，抚育间伐3606.76立方米。批准林木移植45件，移植林木29275株。受理城区树木砍伐17件，批准砍伐树木135株；批准树木移植3件，批准移植树木18株。完成延庆区小营村、石河营村棚户区改造和环境整治项目安置房工程、延庆区档案馆新馆建设项目等18个项目和延庆区沈家营镇东王化营村水库移民及美丽乡村建设项目等2个建设项目园林绿化审查意见复函。

(刘艳萍)

【林业案件查处】 年内，延庆区森林公安接报警59起，查处林业行政案件26起，其中毁坏林木案11起、滥伐林木案3起、擅自改变林地用途案9起、非法开垦1起、违章用火案1起，未履行森林防火责任案1起。造成损失：林地7606.001平方米，林木915株，立木材积17.336立方米，造成直接经济损失8735.8元。处理违法单位10个，违法个人16人，行政罚款243590.86元，补种树木1571株。立刑事案件1起，为“4.2王木营失火案”，现已对犯罪嫌疑人3人取保候审，目前该案正在侦办中。

(刘艳萍)

【森林防火】 年内，延庆区在防火期累计处理引发火情的肇事者、失职干部和护林员159人，其中2020年刑事拘留6人，开除护林员13人，对引发火情的肇事者、失职干部和护林员罚款10.80万元。园林绿化局依据《延庆区森林防火工作考核办法》，对15个乡镇森林防火工作进行综合评定：珍珠泉乡、四海镇、香营乡、大庄科乡、旧县镇、沈家营镇、千家店镇为优秀乡镇，其他乡镇为合格乡镇，给予优秀乡镇20万元奖励。新增森林防火宣传牌185块，电子显示屏5块；利用微信公众号宣传防火常识、法规等共38次；对进入延庆区外来人员发送防火短信45万余条；制作宣传材料5万余份。重新制订《北京市延庆区森林资源巡查大队巡查手册》《北京市延庆区生态林管护员管理办法》以及《延庆区护林员考核评比办法》。

(刘艳萍)

【生态林护林员管理】 年内，延庆区完成2020~2021年度生态林护林员轮岗工作，涉及全区15个乡镇320个行政村，上岗生态护林员6523人，其中低收入户992人。上岗护林员全部参加培训。

(刘艳萍)

【野生动物救护】 年内，延庆区救助各种野生动物35只，其中国家二级重点保护动物11只，北京市一级重点保护动物2只，北京市二级重点保护动物15只。

（刘艳萍）

【自然保护地管理】 年内，延庆区编制完成《延庆区自然保护地整合优化工作方案》，开展自然保护地整合优化工作，完成对占地面积约94899公顷的16个自然保护地核实和完善，将区域范围、功能区划等基本信息录入国家林业和草原局自然保护地数据平台；开展自然保护区日常巡护和监督检查工作，配合绿盾行动、结合“绿卫2019”森林专项整治行动，多次协同区生态环境局等部门进行联合执法10余次；对全区范围内1个国家级监测点、4个市级监测点进行野生动物疫情监测等检查60余次。

（刘艳萍）

【野生动物造成损失补偿】 年内，延庆区野生动物损害补偿涉及14个乡镇，135个行政村，1902户，农作物损失面积102.07公顷，产量81万千克，家禽家畜损失1503只，经济作物果树损失52株，造成损失金额2217026元，按损失金额70%进行补偿，共计补偿1579905元。

（刘艳萍）

【野生动物疫源疫病监测】 年内，延庆区11个野生动物疫源疫病监测站严格执行信息日报告制度，无异常状况发生。对八达岭野生动物世界检查25次，对其余养殖场检查15次。会同市园林绿化局相关部门，对全区3家养殖场完成现场处置工作。

（刘艳萍）

【新一轮百万亩造林工程】 年内，完成新一轮百万亩造林工程建设任务582.77公顷。其中，京张高铁延庆段绿色通道建设工程118.79公顷，延庆区2020年平原重点区域造林绿化工程32.53公顷，延庆区2020年浅山台地造林工程293.56公顷，延庆区2020年山前平缓地造林工程127.94公顷，延庆区思贤公园城市森林建设工程4.58公顷，延庆区2020年小微绿地建设工程2.78公顷，“留白增绿”单独实施2.59公顷。

（刘艳萍）

【林业有害生物测报】 年内，延庆区设立国家级测报点1个、市级测报点43个、区级测报点81个、美国白蛾监测点80个，在冬奥赛区边周边建立监测点40个、设置巡查路线10条。安装各类诱捕器560套，新安装太阳能测报灯22台，对80余种林业有害生物进行监测，测报准确率95%以上。发布林业有害生物发生趋势2次，上报测报信息18期，区内发布林保虫情信息43期、860份。

（刘艳萍）

【林业有害生物检疫】 年内，延庆区办理产地检疫259份，涉及苗木67.8万株、花卉56.4万株；开具调运证书18份，涉及苗木19.6万株；开具检疫要求书9351份，涉及19个省市。枯死木鉴定82份，涉及苗木1.7万株。完成冬奥会、新一轮百万亩绿化造林等工程苗木复检1919车、

178.9 万株，产地检疫率 100%。

（刘艳萍）

【**林业有害生物防治**】 年内，延庆区悬挂诱捕器 3500 套、粘虫板 8.7 万张，围裹胶带 2000 卷、麻袋片 1 万延长米，安装高压射灯 5 台进行物理防治；施放周氏啮小蜂、赤眼蜂、异色瓢虫等天敌昆虫 1.4 亿头进行生物防治；喷洒无公害化学药剂 1500 千克进行化学防治。全年完成林业有害生物防治面积 7933.33 公顷，无公害防治率 95%以上，成灾率控制在 1‰以下。

（刘艳萍）

【**京津冀林业有害生物协同防控**】 年内，延庆区与河北省怀来、赤城、涿鹿、崇礼、宣化等区县森防站开展联合宣传、踏查监测、座谈交流等活动 13 次，支援河北省怀来、涿鹿、宣化、崇礼、赤城等区县防控物资用于林业有害生物防控，推动协同防控工作深入开展，确保冬奥赛区林业生态安全。

（刘艳萍）

【**种苗执法**】 年内，延庆区对新一轮百万亩造林的康庄、永宁、八达岭等 6 个乡镇 10 个标段和京张高铁西红寺段工程 1 个标段绿化苗木进行抽查。检查油松、新疆杨、国槐等主要树种 45 个苗批，合格率 97%。对全区 375 名质量检验员进行培训并考核。配合市种苗站完成双随机检查工作。

（刘艳萍）

【**规模化苗圃**】 年内，延庆区规模化苗圃建设面积 2369.01 公顷，其中生产用地面积 2196.2 公顷，育苗面积 2194.31 公顷，乔木育苗面积 2118.73 公顷。乔木育苗总数量 4185939 株，其中针叶树 1658812 株，阔叶树 2527127 株。通过市级验收，印发验收通报，拨付到苗圃所在地乡镇政府土地流转资金 3553.51 万元。

（刘艳萍）

【**花卉产业**】 年内，延庆区花卉种植面积 1000 公顷，实现产值 1.5 亿元，主要种植菊花、月季、牡丹、草盆花、高档花卉、观赏草等花卉。

（刘艳萍）

【**绿色惠民建设**】 年内，延庆区更新改造低效果园面积 88.6 公顷，更新改造品种主要有八棱脆海棠、国光苹果、富士苹果、夏黑葡萄、科瑞森葡萄。提升改造 79 栋日光温室设施，繁育苹果、葡萄、樱桃、石榴、海棠等果树盆景 4 万盆。

（刘艳萍）

【**果品产业**】 年内，延庆区获得国家知识产权局颁发的“延庆香白杏”商标注册证（地理标志证明商标）。全区果品种植面积 11333.3 公顷，鲜果主要分布在张山营、香营、旧县等乡镇，干果主要分布在大庄科、千家店、四海等乡镇。果品产量约 3129 万千克，实现产值 20975 万元。

（刘艳萍）

【**退耕还林后续政策**】 年内，延庆区根据市政府办公厅出台的退耕还林后续政策，对全区 15 个乡镇进行逐村、逐户、逐地块摸底核查。确定全区退耕还林保存合格面积 2815.47 公顷，涉及 229 个行政村，11525 户(低收入户 1467 户)，25562 个地块。其中流转为生态公益林面积 350.07 公顷，自主经营生态经济兼用林面积 2465.42 公顷。

(刘艳萍)

【食用林产品质量安全市级考核】 年内，延庆区食用林产品质量安全市级考核项目全部达标。12 月 20 日，出台《延庆区 2020 年食用林产品三品认证奖励办法》并兑现 2019 年奖励 25 家 30.23 万元。无公害认证新增 5 家基地 59.63 公顷、食用林产品 158 份样品抽样检测合格率 100%，建立 1 家追溯试点、2 家农产品合格证试点共计 4 项市级考核项目，全部达标。

(刘艳萍)

【领导班子成员】

党组书记、局长，区绿化办主任 徐志中

党组副书记 杨立宏

党组成员、副局长 庞月龙

党组成员、副局长 张延光(2020 年 1 月任职)

党组成员、副局长 吴永平(2020 年 12 月任职)

二级调研员 杨海青 王长清

四级调研员 王华琨 闫书霞 李鸿雁

(刘艳萍)

(延庆区园林绿化局：刘艳萍 供稿)

荣誉记载

2019年度首都绿化美化先进集体

(一)首都全民义务植树先进单位(185个)

中直机关

全国政协机关服务局服务一处

中央统战部机关服务中心办公室

中央党校(国家行政学院)机关服务中心园林绿化处

国家广播电视总局国际合作司综合处

中华全国总工会机关服务中心物业管理处

中央办公厅警卫局管理处行政科

中共中央直属机关园林管理办公室园林处

中央国家机关

全国人大机关绿化委员会办公室

外交部绿化委员会办公室

教育部机关服务中心物业管理处

公安部机关服务中心服务二处

人力资源和社会保障部绿化委员会办公室

中国水利水电科学研究院后勤管理中心

中国医学科学院药用植物研究所

应急管理部机关服务中心西郊招待所

中国人民银行绿化委员会办公室

审计署机关服务局机关事务管理处

国务院国有资产监督管理委员会机关服务中心物业处

海关总署机关服务局机关物业处

中国地震局机关服务中心服务保障部

中国运载火箭技术研究院安全保障部

国家开发银行行政事务管理局行政事务管理处

驻京解放军、武警部队

国防大学联合勤务学院供应保障处

中国人民解放军96951部队服务保障中心

中国人民解放军96962部队

中国人民解放军61755部队

中国人民解放军 61580 部队保障部后勤保障科

军事科学院军事医学研究院

海军参谋部警卫勤务队

中国人民解放军 91977 部队第九研究室

中国人民解放军 63966 部队

中国人民解放军 93180 部队

中国人民解放军 95855 部队

中国人民解放军 66136 部队

中国人民解放军 66444 部队

武警北京市总队参谋部直属大队

武警北京市总队执勤第五支队一大队

市人大

市人大机关服务中心

市人大行政管理处

市政府

北京宽沟会议中心环境部

北京市机关事务管理局第三服务中心

市政府机关事务管理办公室

市政协

中国人民政治协商会议北京市委员会中山堂管理服务办公室

市委宣传部

市委宣传部精神文明综合协调处

市委网信办综合处

北京广播电视台新闻节目中心

北京歌华文化发展集团有限公司

北京市网络新闻发布中心

市政法委

北京市公安局警务保障部行政处

北京市公安局房山分局警务保障处

北京市房山区人民检察院

北京市高级人民法院机关后勤服务中心

北京市天堂河教育矫治局

市发展和改革委

市发展和改革委员会区域发展处

市教委

北京师范大学总务长办公室(后勤管理处)

北京外国语大学后勤管理处物业管理中心

北京交通大学后勤服务产业集团

北京大学医学部总务处

北京市大兴区魏善庄中学

首都师范大学后勤保障部

北京体育大学后勤管理处

北京理工大学后勤基建处

中央美术学院行政教辅党总支

北京市平谷区第五中学

市科委

市科委社会发展科技处

市经济和信息化局

北京市政务信息安全应急处置中心

市财政局

市财政局农业处

市财政局机关服务中心

市财政局预算处

市生态环境局

市生态环境局机关服务中心

市规划和自然资源委

市规划和自然资源委规划实施三处

市住房和城乡建设委

北京市建设委员会机关后勤服务中心

市城市管理委

北京市环境卫生涉外服务中心

市交通委

市交通委延庆公路分局

市交通委石景山运输管理分局

北京市交通执法总队第五执法大队队

市农业农村局

北京农业职业学院后勤管理处

北京市畜牧业环境监测站

市水务局

北京市永定河管理处

市商务局

市商务局教育中心

市文化和旅游局

北京市文化和旅游局办公室

市卫生健康委

首都医科大学附属北京天坛医院

北京老年医院

中共北京市卫生健康委员会党校

市委社会工委、市民政局

北京市八宝山革命公墓

市国资委系统

北京首钢园林绿化有限公司

北京首创环卫有限公司

北汽福田汽车股份有限公司

北京建工一建工程建设有限责任公司

北京市园林绿化集团有限公司

北京光华纺织集团有限公司

北京金隅凤山温泉度假村有限公司

市税务局

国家税务总局北京市昌平区税务局

国家税务总局北京市平谷区税务局

市市场监督管理局

北京市质量技术监督局机关服务中心

市广播电视局

北京市广播影视作品审查中心

北京市广播电影电视局后勤服务中心

市文物局

市文物局机关服务中心

市文物工程质量监督站

市文物进出境鉴定所

市文物局信息中心

市体育局

北京市体育服务事业管理中心

市地方金融监督管理局

中国人民财产保险股份有限公司北京市分公司

市总工会

北京市工人北戴河疗养院

团市委

北京绿色啄木鸟志愿服务中心

北京市大兴区清源绿色生活社区服务发展中心

北京市十三陵水库管理处

市妇联

北京市门头沟区妇女联合会

北京市密云区妇女联合会

北京市房山区王家磨村妇女联合会

市投资促进局

玛氏食品(中国)有限公司工会

首农食品集团

北京市南口农场有限公司

北京电力公司

国网北京市电力公司后勤工作部

市自来水集团

北京市自来水集团石景山区自来水有限公司

北控集团

北京雁栖岛生态园林发展有限公司

东城区

东城区城市管理委员会

东城区发展和改革委员会

东城区卫生健康委员会

东城区住房和城市建设委员会

西城区

西城区月坛绿化队

西城区德外绿化队
西城区宣武艺园管理处
西城区月坛街道办事处

朝阳区

朝阳区望和公园
朝阳区将台乡人民政府
朝阳区孙河乡人民政府
朝阳区太阳宫乡人民政府
朝阳区平房乡人民政府

海淀区

海淀区东升镇人民政府
海淀区苏家坨镇人民政府
海融达投资建设有限公司
北京林业大学实验林场

丰台区

北京丽泽金融商务区管理委员会
丰台区王佐镇魏各庄村村民委员会
丰台区南苑乡人民政府
丰台区卢沟桥乡人民政府

石景山区

石景山区直属机关工委
石景山区园林绿化局玉泉花圃
石景山区苹果园街道办事处

门头沟区

门头沟区政协机关
门头沟区团委
门头沟区园林绿化局
门头沟区总工会

房山区

房山区区委统一战线工作部
房山区阎村镇人民政府
北京送变电有限公司
中煤北京煤矿机械有限责任公司

通州区

通州区农业农村局
通州区张家湾镇人民政府
通州区玉桥街道办事处
北京市北运河管理处
北京市通州区贡院小学

顺义区

顺义区马坡镇绿化委员会办公室
顺义区张镇绿化委员会办公室
顺义区李桥镇绿化委员会办公室
顺义区双丰街道绿化委员会办公室
北京农业生态工程试验基地

昌平区

北京绿昌然苗圃
昌平区园林管理处
北京市美昌然园林工程有限责任公司
昌平区城北林业工作站

大兴区

大兴区园林绿化局
大兴区礼贤镇人民政府
大兴区魏善庄镇人民政府
大兴区北臧村镇人民政府
大兴区西红门镇人民政府

平谷区

平谷区科学技术协会
平谷区人力资源和社会保障局
平谷区妇女联合会
平谷区区委社会工委、平谷区民政局
平谷区团委
平谷区直属机关工作委员会

怀柔区

自然资源部机关服务局办公室
北京市统计局机关服务中心
中国科学院绿化委员会办公室
北京怀资园林绿化工程有限公司

密云区

国家税务总局北京市密云区税务局

密云区园林绿化服务中心
密云区融媒体中心
密云区潮白河林场

延庆区

延庆区财政局
延庆区城市管理委员会
北京市交通委员会延庆公路分局
国家税务总局北京市延庆区税务局

(二)首都绿化美化先进单位(62个)

东城区

东城区园林绿化局
东城区东四街道办事处
东城区北新桥街道办事处
东城区东花市街道办事处

西城区

西城区广安门内街道办事处
西城区白纸坊街道办事处
西城区陶然亭街道办事处
西城区展览路街道办事处

朝阳区

朝阳区园林绿化局
朝阳区金盏乡人民政府
朝阳区十八里店乡人民政府
朝阳区奥运村街道办事处
朝阳区大屯街道办事处

海淀区

海淀区上庄镇人民政府
海淀区海淀镇人民政府
海淀区绿化队

丰台区

丰台区花乡草桥村村民委员会
丰台区宛平城地区办事处
丰台区长辛店街道办事处

石景山区

石景山区园林绿化局
石景山区古城街道老古城西社区居委会
石景山区公园管理中心

门头沟区

门头沟区妙峰山镇人民政府
门头沟区城管委
门头沟区水务局

房山区

房山区长阳镇人民政府
房山区窦店镇人民政府
房山区大安山乡人民政府

通州区

通州区西集镇人民政府
通州区于家务回族乡人民政府
通州区北苑街道办事处

顺义区

顺义区南彩林业站
顺义区大孙各庄镇林业站
顺义区李遂镇林业站

昌平区

昌平区流村林业工作站
昌平区沙河林业工作站
昌平区阳坊林业工作站

大兴区

大兴区园林绿化局黄村林业工作站
大兴区园林绿化局巡查大队
大兴区园林服务中心

平谷区

平谷区黄松峪乡人民政府
平谷区王辛庄镇人民政府
平谷区熊儿寨乡人民政府

怀柔区

怀柔区北房镇人民政府
怀柔区杨宋镇人民政府
怀柔区桥梓镇前辛庄村委员会

密云区

密云区密云镇人民政府

密云区穆家峪镇人民政府

密云区巨各庄镇蔡家洼村民委员会

延庆区

延庆区园林绿化局

延庆区大榆树镇人民政府

延庆区延庆镇人民政府

市交通委

市交通委门头沟公路分局养护管理科

市水务局

北京市西郊雨洪调蓄工程管理处

市园林绿化局

市园林绿化局生态保护修复处

市园林绿化局义务植树处

北京市野生动物救护中心

北京市林业勘察设计研究院

北京市大东流苗圃

市公园管理中心

北京市香山公园管理处

北京市紫竹院公园管理处

首发集团

北京市首发天人生态景观有限公司

(三)首都绿化美化花园式单位(97 个)

1. 首都绿化美化花园式社区(36 个)

东城区

东城区建国门街道东总布社区

西城区

西城区白纸坊街道万博苑社区

朝阳区

朝阳区大屯街道嘉铭园社区

朝阳区左家庄街道三源里社区

朝阳区常营地区住欣家园社区

朝阳区六里屯街道秀水园社区

朝阳区奥运村街道万科星园社区

朝阳区太阳宫地区太阳宫社区

朝阳区孙河地区康营家园四社区

朝阳区东湖街道望京花园社区

海淀区

海淀区曙光街道曙光花园社区

丰台区

丰台区丰台街道东安街头条 19 号院社区

丰台区太平桥街道莲花池社区

丰台区新村街道中海九浩苑社区

丰台区南苑乡福海棠华苑社区

丰台区南苑乡大红门锦苑一社区

石景山区

石景山区苹果园街道八大处社区

门头沟区

门头沟区大峪街道向阳东里社区

门头沟区大峪街道临镜苑社区

房山区

房山区拱辰街道翠林湾嘉园社区

房山区西潞街道海悦嘉园社区

通州区

通州区北苑街道天时名苑社区

通州区梨园镇玫瑰园社区

通州区玉桥街道玉桥北里社区

顺义区

顺义区光明街道裕龙六区社区

顺义区后沙峪镇香花畦社区

昌平区

昌平区回龙观街道万润家园社区

昌平区南邵镇长滩庭苑社区

大兴区

大兴区黄村地区格林雅苑社区

大兴区瀛海地区南海家园三里社区

平谷区

平谷区兴谷街道乐园西社区

怀柔区

怀柔区雁栖镇柏泉社区

怀柔区龙山街道南华园四区社区

密云区

密云区鼓楼街道檀城西区社区

密云区果园街道学府花园社区

延庆区

延庆区康庄镇康庄社区

2. **首都绿化美化花园式单位(61 个)**

东城区

东城区和平里公寓

西城区

西城区卫生健康委办公区

朝阳区

北京万科物业服务有限公司万科星园物业服务中心

北京科住物业管理有限公司

北京育新物业管理公司望京花园小区

保利物业管理(北京)有限公司保利中央公园

北京住总北宇物业服务有限责任公司住欣家园项目部

朝阳区常营回族乡人民政府行政办公区

北京冠城酒店物业管理有限公司冠城大通澜石物业管理处

北京住总北宇物业服务有限责任公司广华新城项目部

北京市第九十四中学朝阳新城分校

全国农业展览馆(中国农业博物馆)后勤服务处

北京师范大学三帆中学朝阳学校

国家税务总局北京市朝阳区税务局第四税务所

海淀区

北京市南水北调团城湖管理处

中国石化集团新星石油有限责任公司

北京万科物业有限公司西山华府

中共中央对外联络部办公区

丰台区

北京南宫民族温泉养生园

北京市河湖管理处

丰台区花乡草桥欣园

北京市第二检察院

丰台区卢沟桥乡靛厂锦园小区

丰台区卢沟桥乡丰华苑小区

石景山区

北京乐康物业管理有限责任公司西山汇 C 区

北京京西燃气热电有限公司

门头沟区

门头沟区妇幼保健院

北京市京西林场北港沟分场

北京碧水源科技股份有限公司

房山区

周口店北京人遗址博物馆

房山区儿童福利院

北京白草畔旅游开发有限公司

房山区石楼镇社区成人职业学校

通州区

北京市北运河管理处杨洼闸管理所

通州区次渠中学

顺义区

国家税务总局北京市顺义区税务局

北京金宝花园酒店管理有限公司

北京文泽天地文化创意有限公司

昌平区

昌平区南邵镇廊桥水岸社区

北京师范大学昌平附属学校

昌平区沙河镇中海延秋园小区

大兴区

中关村医疗器械园有限公司

中国食品药品检定研究院
北京小学大兴分校
北京景山学校大兴实验学校

平谷区

平谷区门楼中心小学
国家税务总局北京市平谷区税务局
平谷区区委党校
北京海鲸花养蜂专业合作社
北京市燕谷保障性住房建设投资有限公司
北京强龙建设有限公司

怀柔区

怀柔区园林绿化局
北京第二实验小学怀柔分校
怀柔区怀柔镇张各长村委会

密云区

北京市金龙管业有限公司
北京交通大学附属中学密云分校
北京如莲物业服务有限公司
密云区第七小学
密云区果园街道瑞和园社区懿品府小区
北京市均豪物业管理股份有限公司

延庆区

北京龙庆首创水务有限责任公司

(四)首都森林城镇(6个)

门头沟区

门头沟区妙峰山镇

房山区

房山区大石窝镇

通州区

通州区于家务回族乡

顺义区

顺义区马坡镇

密云区

密云区巨各庄镇

延庆区

延庆区四海镇

(五)首都绿色村庄(50个)

丰台区

丰台区王佐镇魏各庄村

门头沟区

门头沟区军庄镇西杨坨村
门头沟区妙峰山镇禅房村
门头沟区清水镇西达摩村
门头沟区王平镇西马各庄村

房山区

房山区青龙湖镇漫水河村
房山区大石窝镇王家磨村
房山区大石窝镇广润庄村
房山区周口店镇西庄村
房山区蒲洼乡森水村

通州区

通州区潞城镇东堡村
通州区永乐店镇德仁务前街村
通州区张家湾镇柳营村
通州区张家湾镇瓜厂村

顺义区

顺义区赵全营镇西绛州营村
顺义区南彩镇水屯村
顺义区马坡镇泥河村
顺义区南彩镇太平庄村
顺义区张镇西营村
顺义区木林镇茶棚村

昌平区

昌平区延寿镇南庄村
昌平区十三陵镇仙人洞村

大兴区

大兴区庞各庄镇赵村
大兴区庞各庄镇前曹各庄村
大兴区庞各庄镇北曹各庄村

平谷区

平谷区镇罗营镇见子庄村

平谷区金海湖镇向阳村

平谷区刘家店镇江米洞村

平谷区王辛庄镇王辛庄村

平谷区夏各庄镇纪太务村

平谷区峪口镇坨寺村

怀柔区

怀柔区宝山镇杨树下村

怀柔区怀柔镇芦庄村

怀柔区琉璃庙镇河北村

怀柔区汤河口镇古石沟门村

怀柔区杨宋镇杨宋庄村

怀柔区长哨营满族乡二道河村

密云区

密云区太师屯镇龙潭沟村

密云区新城子镇头道沟村

密云区大城子镇柏崖村

密云区石城子镇捧河岩村

密云区溪翁庄镇尖岩村

密云区河南寨镇团结村

密云区十里堡镇水泉村

延庆区

延庆区刘斌堡乡大观头村

延庆区永宁镇前平房村

延庆区井庄镇二司村

延庆区千家店镇河口村

延庆区四海镇四海村

延庆区大庄科乡龙泉峪村

2019 年度首都绿化美化先进个人

中直机关

李小军　张富本　刘玉锟　张继伟

相　娜　张希勇　张勤发　杨　帆

中央国家机关

王跃军　卢一琛　杨　崛　叶　青

宗利杰　潘学军　冯世杰　李　民

何丽萍　张　广　于　莹　李克华

霍永强　王舒藜　王瑾瑜　张利英

牛加胜　郭　锋　张　锟

驻京解放军、武警部队

魏劲松　王　东　刘　淼　申永栋

孙　亮　张立朝　葛春明　姜　海

郭玉伟　吴子豪　赵欢庆　孙德生

徐　勇　杨军强　宋　涛　刘国亮

张少鹏　时铁军　张　衡　尚佳伟

市人大

陈有利

市政府

孟庆文　高大勇　赵彦生

市政协

韩　凤

市委宣传部

满向伟　吴祖英　王海燕　吴　迪

沙　丰

市政法委

贾明璇　崔　宁　王　静

市发展和改革委

张浣中　夏铭君

市教委

万　丽　王卫放　耿增德　袁　征
杨长松　俞红强　温永春　刘剑欣
马海山　张景光　任文化　陈朝阳
孙伯菊　张久志　马建卫　姚　睿
王　猛　陈鼎琪

市科委

韩忠国

市经济和信息化局

王兆钢　周志双

市民委

释常坚(方有海)

市财政局

张明杨　魏铭翰　刘爱玲

市生态环境局

王海华　王亚涛

市规划和自然资源委

罗丽娥　贾长城　张　晟　郑　伟

市住房和城乡建设委

岳　杰　韦寒波　周　蓉

市城市管理委

邢荣伟　邓玮皓　葛　星

市交通委

冯梦媛　赵会申　刘春到　石　光

市农业农村局

胡玉根　杜建平　彭　彤

市水务局

宋焕芝

市商务局

李倩春　田　鹏

市文化和旅游局

丁　筱

市卫生健康委

庞　宇　张智武　戴　通　田宝朋
赵妍慧

市审计局

王　璐

市委社会工委、市民政局

裘　荣

市国资委

王　平　苏　建　郑明俊　郭　威
李文丽　周延龙　孙　晗　杨　威
张普平　孟新洋　郭凯文

市税务局

张卫星　关惠祥

市市场监督管理局

刘　斌

市应急管理局

崔　晓　李之涵　万　力

市广播电视局

耿耀辉　贾　梓

市文物局

崔利新　郝广华　王大爽

市体育局

姚　强

市统计局

薛　婷

国家统计局北京调查总队

臧　克

市园林绿化局

武　军　陈峻崎　王国义　咸　锋
高函宇　李　智　赵佳丽　任慧朝
宋计岗　陶文华　常宝成　祝顺万
安　菁　孙建华　马贯成　李　光

市地方金融监督管理局

张　宁　顾振军

市人民防空办公室

孙晓刚

市总工会

祖小冬　梁嘉宁

团市委

王艺阳　王靖羽　程剑超　陆　惠

安陆春

市妇联

杜淑玉　张林平　王海燕　李　彤

张燕栩

市残联

谭勇华

市台联

黄袁园

市公园管理中心

姜秀玲　钱　君　袁承江　刘国强

史新欣　孙玉红　于红立　张　钺

龚　静

市投资促进局

黄　杰

市气象局

王慧芳

北京海关

李俊峰

市爱卫会

郭三余

首农食品集团

张贺明

北京电力公司

王旭晨　韩戈奇

首发集团

李　强　杨　华

市自来水集团

蒙树花

北控集团

吴永平

园林绿化社会团体

赵方莹　王　静　马丽亚　韩铁军

廖理纯　李海宾　刘天明　马立强

赵　爽　姚宝琪　林巧玲

市园林绿化集团

张利兵　尹衍峰　王俊强　汪　朝

于秋立　蓝海浪

新闻单位

贺　勇　张伟泽　王　钰　李　莲

闫雪静

东城区

褚玉红　张　敬　韩　雪　张　亮

黄　耀　龚国栋　莫悦珅　耿　旭

李中生　严宏伟　张　晶　康鸿楠

郑维礼　曹振钢　何　维　徐慧杰

王庆源　张　雨　陈　琦　张　蕾

姜　鹏　马晓东　孙　辉　金大钧

西城区

刘向清　穆秀强　马　克　赵琳琳

井全喜　朱　瑜　贾　佳　李　燕

杨昌林　金文同　潘文锋　梁　菲

盛天骋　赵　强　樊金和　史自亮

康　欣　李　丽　谢　平　张　涛

高宝峰　李晓峰

朝阳区

郝宝刚　郭文俊　辛　丽　蒋春茂

赵海云　胡　峰　杨宝亮　何子琛

李　鑫　李建勇　刘　博　高建新

王　雪　谷　雨　陈更新　路　宇

云巴特尔　于亚民　付　娜　李大鹏

高　岩　栗朝阳　张　宇　王永红

海淀区

于振涛　夏卓姝　线　慕　陈延明

吕胜杰　刘　彬　张喜光　杨雪松

史　婧　刘长军　卢先豪　张　倩

王　菲　崔丹娜　李　艳　刘瀚杰

马　磊　仉　程　王小远　蔡晓光

赵险峰

丰台区

张　杰　王增军　杨俊武　王完泉
魏贺岭　卫华固　张亮新　李　龙
王雪莹　李　平　吴先超　王建敏
王季玉　辛雅楠　李建军　陈锦红
范先元

石景山区

石　扬　秦代成　王俊巧　梅　楠
单　凯　孙　健　瞿　原　闫云江
高　进　郭　啸　徐盖杰　丁兆胜
赵　林　黄　乐　郭　慧

门头沟区

王　育　屈雪峰　夏　莉　李根谛
高季泽　周宝杰　王艳梅　范晓磊
李红金　张进奇　高瑞文　高文章
李　滨　姜　山　刘　强

房山区

李国林　张红旗　萨　仁　石　方
魏英杰　隗功友　胡铁丁　郭凤超
张彦辉　张　鹏　赵晓娜　郑　旭
任全照　李　平　刘彭宇　陈广连
郭志清　孙广亮

通州区

王春娜　白冬生　成德卿　李　响
陈兴达　张旭辉　周　颖　周立军
杨　超　姜丽丽　曹艳林　曹亚静
裴剑峰　衣晓丹　马文建

顺义区

郭　超　杜　静　付文斌　李　鹏
王　迪　刘学彬　张才正　杨　旭
王新明　秦雅军　雷海霞　李海明
李小雨　茹立军　许　飞　闫　楠

昌平区

茅　江　沈　辉　王　霞　王可飞
马　军　门　云　黄小红　孙华彬
袁宝庆　付艳彬　刘　畅　金　环
李青芳　王新爽　侯映虎

大兴区

姜　山　王　萌　刘月娥　赵健铮
吕卫光　蒋　磊　张文学　康　伟
姚凤超　郑景松　张　焱　国文庆
赵立辉　胡振赢　付占国　陈　琪
赵建君

平谷区

路卫红　王爱军　王国全　张松林
陈　峥　赵福山　张育新　郭旭波
朱宝同　宋恩国　赵自生　李术民
王曙光　李秋平　张小龙　倪代跃
高长胜　杨长胜

怀柔区

殷秀梅　蒋　鹤　赫天缘　于　臣
龚立宾　郑怀静　郝　妍　谢题轩
彭兴华　钟燕燕　邢家奇　陈　庆
黄　杰　吴若歆　房李鑫

密云区

张国田　陈长启　宋　波　张　震
丁国庆　刘桂平　赵立民　胡　勇
高秀丽　王万海　邢海龙　王梦扬
杜佳丽　张　波　李　林　李红梅

延庆区

蔡文君　李　庆　沈　洪　郭春明
鲍海洋　庞新刚　张淑霞　王　硕
王　磊　苏月娟　王玉海　孙思益
向恒江　邢亚杰　王一山

统计资料

2020 年北京市森林

指标名称	计量单位	代码	北京市	西城区	东城区	朝阳区	丰台区	石景山区	海淀区
甲	乙	丙	1	2	3	4	5	6	7
一、林地和湿地面积									
(一)林地面积	公顷	1	1129980.65	291.66	160.67	12376.38	9206.71	3030.18	17204.78
其中:乔木林地面积	公顷	2	743344.03	291.66	160.67	10886.48	8224.15	2591.19	13494.72
(二)森林面积	公顷	3	848313.92	291.66	160.67	10886.48	8554.68	2641.70	15412.22
(三)湿地面积	公顷	4	59555.75	88.01	189.54	1328.38	1533.85	296.88	1417.43
二、林木蓄积量									
(一)活立木蓄积量	万立方米	5	3064.18	6.34	15.47	163.19	62.74	15.68	125.50
(二)乔木林蓄积量	万立方米	6	2520.67	1.65	2.15	99.86	34.77	11.88	81.13
(三)其他林木蓄积量	万立方米	7	543.48	4.68	13.32	63.33	27.97	3.79	44.37
三、发展水平									
(一)森林覆盖率	%	8	44.40	6.97	3.18	23.92	27.97	31.33	35.78
(二)林木绿化率	%	9	62.50	10.73	13.15	31.94	34.40	35.64	41.13
(三)湿地保护率	%	10	63.57	2.57	96.30	14.16	11.00	91.82	34.55

资源情况统计表

门头沟区	房山区	通州区	顺义区	昌平区	大兴区	怀柔区	平谷区	密云区	延庆区	市局直属单位
8	9	10	11	12	13	14	15	16	17	18
137055.94	140181.57	40560.57	46567.62	91742.16	39246.27	187686.15	70002.83	171850.92	162816.24	
65202.98	67373.70	28016.23	29898.11	57381.84	27895.53	143202.89	49883.05	126418.43	112422.40	
69746.12	73430.22	31222.56	33431.99	64830.29	34078.83	164242.20	63944.38	152628.14	122811.78	
3343.61	6546.24	4497.53	3862.52	2966.44	4814.66	4140.04	3085.28	16789.51	4655.83	
165.86	331.76	176.31	261.41	203.26	198.05	373.91	163.39	394.03	407.28	
161.65	154.51	162.34	206.52	148.37	177.12	361.64	149.24	389.07	378.77	
4.21	177.25	13.96	54.89	54.89	20.92	12.27	14.15	4.96	28.52	
48.08	36.91	34.45	32.78	48.25	32.88	77.38	67.30	68.46	61.60	
72.75	64.11	35.29	35.75	67.18	33.46	85.02	72.74	75.30	72.98	
62.43	41.80	38.51	41.82	41.88	78.41	57.76	27.82	97.21	81.51	

2020 年北京市城市绿化

指标名称	计量单位	代码	北京市	西城区	东城区	朝阳区	丰台区	石景山区	海淀区
甲	乙	丙	1	2	3	4	5	6	7
一、绿化覆盖面积	公顷	1	97140.96	1482.06	1,606.96	15955.26	9485.74	4419.94	13896.18
二、绿地面积	公顷	2	92683.35	1108.18	1101.28	16052.58	7674.70	4392.40	13660.23
(一)公园绿地	公顷	3	35719.94	640.29	549.45	6365.40	2327.66	1388.21	4528.41
(二)防护绿地	公顷	4	13856.65	—	—	2122.87	1039.51	1873.40	1410.66
(三)广场绿地	公顷	5	14.67	1.33	—	0.72	—	—	—
(四)附属绿地	公顷	6	34489.18	466.56	551.83	5756.49	3467.06	938.17	5788.08
(五)区域绿地	公顷	7	8602.91	—	—	1807.10	840.47	192.62	1933.08
三、绿化水平									
(一)绿化覆盖率	%	8	48.96	35.41	31.80	47.96	47.54	52.42	51.22
(二)绿地率	%	9	46.69	26.47	21.79	48.26	38.47	52.09	50.35
(三)公园绿地 500 米服务半径覆盖率	%	10	86.85	93.99	97.57	88.90	86.26	99.32	91.52
(四)人均绿地面积	平方米/人	11	43.04	13.96	9.69	46.22	37.90	77.06	42.20
(五)人均公园绿地面积/人	平方米	12	16.59	8.06	4.83	18.33	11.49	24.35	13.99

说明：1. 2020 年城市绿化资源情况，以第九次城市绿地资源调查为基础。其中城市绿地分类标准、调查范围、500 米服务半径覆盖率计算标准都有调整。

2. 人均公园绿地面积使用的人口数据为 2019 年市统计局发布的全市常住人口数据。

资源情况统计表

门头沟区	房山区	通州区	顺义区	昌平区	大兴区	怀柔区	平谷区	密云区	延庆区
8	9	10	11	12	13	14	15	16	17
2153.30	8809.08	8383.55	8184.98	5945.47	8945.22	2318.68	1956.47	2073.83	1524.24
2194.86	8344.03	7319.35	7614.97	5868.52	9494.44	2404.04	1763.76	1923.01	1767.00
1033.11	1736.49	3024.65	3081.76	3767.20	2759.82	1245.32	951.39	753.70	1567.08
587.56	2666.32	1596.90	582.17	31.84	1871.23	35.80	4.20	10.63	23.56
0.08	3.40	2.94	—	—	6.01	0.19	—	—	—
516.77	3339.62	2661.25	3412.76	1849.08	2950.12	941.43	675.50	998.10	176.36
57.34	598.20	33.61	538.28	220.40	1907.26	181.30	132.67	160.58	—
50.68	49.73	48.03	56.09	48.92	45.95	52.45	50.52	57.65	52.91
51.66	47.11	41.94	52.18	48.29	48.78	54.38	45.54	53.45	61.34
89.58	81.96	84.72	88.84	90.29	92.27	86.94	82.24	75.29	97.72
63.80	66.49	43.70	62.01	27.09	50.29	56.97	38.18	38.23	49.50
30.03	13.84	18.06	25.10	17.39	14.62	29.51	20.59	14.98	43.90

2020 年北京市营造林

指标名称	计量单位	代码	北京市	朝阳区	丰台区	石景山区	海淀区	门头沟区
甲	乙	丙	1	2	3	4	5	6
一、人工造林	公顷	1	14909.00	462.00	187.00	118.00	108.00	885.00
二、飞播造林	公顷	2	0.00					
三、封山育林	公顷	3	26733.00					10067.00
(一)无林地和疏林地封山育林	公顷	4	3067.00					
(二)有林地和灌木林地封山育林	公顷	5	23666.00					10067.00
(三)新造幼林地封山育林	公顷	6	0					
四、退化林修复	公顷	7	0					
五、人工更新	公顷	8	120.00					
六、森林抚育	公顷	9	87759.00	3832.00	5733.00		6970.00	1067.00
七、林木种苗			0	—	—		—	—
(一)林木种子产量	吨	10	0.02					
(二)苗木产量	株	11	85413090.00	200000.00	1550000.00		540000.00	730000.00
(三)育苗面积	公顷	12	16068.46	190.33	266.33		203.67	89.40
八、木材产量	立方米	13	230718.00	2905.00				
(一)原木产量	立方米	14	210780.00	2905.00				
(二)薪材产量	立方米	15	19938.00					

生产情况统计表

房山区	通州区	顺义区	昌平区	大兴区	怀柔区	平谷区	密云区	延庆区	市局直属单位
7	8	9	10	11	12	13	14	15	16
1356.00	2159.00	1399.00	1426.00	2733.00	674.00	392.00	940.00	827.00	1243.00
2000.00			1667.00		3067.00		5066.00	4533.00	333.00
					3067.00				
2000.00			1667.00				5066.00	4533.00	333.00
				5.00		56.00		59.00	
			2866.00	19548.00	10736.00	4533.00	8859.00	19600.00	4015.00
—	—	—	—	—	—	—	—	—	—
0.02									
8520990.00	5260000.00	23060,000.00	3920000.00	9572100.00	4630000.00	2380000.00	4380000.00	20070000.00	600000.00
809.27	2880.80	4721.73	619.20	1677.00	570.26	583.00	343.00	3024.00	90.47
14170.00	105385.00	43950.00	10613.00	23325.00		8176.00	18971.00	3223.00	
14170.00	105385.00	43950.00	10613.00	23325.00		8176.00		2256.00	
							18971.00	967.00	

附　录

北京市园林绿化局(首都绿化办)领导名单

(2020 年)

邓乃平　　党组书记　局长(主任)
张　勇　　党组成员　市公园管理中心党委书记　主任
高士武　　一级巡视员
戴明超　　党组成员　副局长
洪　波　　党组成员　市纪委驻局纪检监察组组长　一级巡视员
高大伟　　党组成员　副局长
朱国城　　党组成员　副局长　一级巡视员
廉国钊　　党组成员　副主任(首都绿化办)
蔡宝军　　党组成员　副局长
贲权民　　二级巡视员
周庆生　　二级巡视员
王小平　　二级巡视员
刘　强　　二级巡视员

(市园林绿化局领导名录：王超群 供稿)

市园林绿化局(首都绿化办)处室领导名录

(2020 年)

姓　　名	职　　务	任现职时间
袁士保	办公室主任、一级调研员	2017 年 11 月~
彭　强	办公室副主任	2017 年 1 月~
施　海	法制处处长、一级调研员	2019 年 2 月~
李　欣	法制处副处长	2016 年 5 月~2020 年 12 月
王　军	研究室主任、一级调研员	2009 年 8 月~
武　军	研究室副主任	2016 年 5 月~2020 年 12 月
刘丽莉	联络处处长、一级调研员	2009 年 8 月~2020 年 3 月
杨志华	联络处处长、一级调研员	2020 年 3 月~
陈长武	联络处副处长、三级调研员	2013 年 8 月~2020 年 1 月
李　勇	联络处副处长	2019 年 4 月~
孟繁博	联络处副处长	2020 年 12 月~
杨志华	义务植树处处长、一级调研员	2016 年 11 月~2020 年 3 月
刘丽莉	义务植树处处长、一级调研员	2020 年 3 月~
曲　宏	义务植树处副处长、三级调研员	2017 年 1 月~2020 年 1 月
李　涛	义务植树处副处长	2019 年 4 月~
方　芳	义务植树处副处长	2020 年 12 月~
刘明星	规划发展处处长、一级调研员	2010 年 6 月~
王建炜	规划发展处副处长	2017 年 1 月~
王金增	生态保护修复处处长、一级调研员	2017 年 11 月~
张启生	生态保护修复处副处长、三级调研员	2019 年 3 月~2020 年 1 月
杨　浩	生态保护修复处副处长	2019 年 4 月~
朱建刚	生态保护修复处副处长	2020 年 12 月~
揭　俊	城镇绿化处处长、一级调研员	2016 年 12 月~
宋学民	城镇绿化处副处长	2017 年 1 月~
高　然	城镇绿化处副处长	2019 年 4 月~
李　洪	森林资源管理处处长、一级调研员	2019 年 2 月~
刘军朝	森林资源管理处副处长	2019 年 2 月~2020 年 12 月
张志明	野生动植物和湿地保护处处长、一级调研员	2019 年 2 月~
黄三祥	野生动植物和湿地保护处副处长	2019 年 3 月~
周彩贤	自然保护地处处长、一级调研员	2019 年 3 月~
冯　达	自然保护地处副处长	2020 年 3 月~
叶向阳	公园管理处处长、一级调研员	2019 年 2 月~
刘　静	公园管理处副处长	2020 年 12 月~
姜国华	森林防火处处长	2020 年 9 月~
高　杰	森林防火处副处长	2020 年 10 月~
韩彦斌	森林防火处副处长	2020 年 9 月~

（续）

姓　名	职　务	任现职时间
曾小莉	国有林场和种苗管理处处长	2019 年 12 月 ~
沙海峰	国有林场和种苗管理处副处长	2020 年 12 月 ~
冀　捷	总工程师、防治检疫处处长、一级调研员	2019 年 2 月 ~2020 年 6 月
薛　洋	防治检疫处副处长	2019 年 3 月 ~
孔令水	行政审批处处长、一级调研员	2019 年 2 月 ~
侯　智	行政审批处副处长	2019 年 2 月 ~
陶万强	产业发展处处长、一级调研员	2017 年 11 月 ~2020 年 3 月
解　莹	产业发展处副处长	2019 年 4 月 ~
张　旸	林业改革发展处处长、一级调研员	2019 年 2 月 ~2020 年 1 月
姜英淑	科技处处长	2019 年 12 月 ~
刘　松	科技处副处长	2019 年 5 月 ~2020 年 12 月
吴海红	应急工作处处长、一级调研员	2016 年 12 月 ~
张志文	应急工作处副处长	2017 年 1 月 ~2020 年 12 月
王继兴	计财（审计）处处长、一级调研员	2009 年 8 月 ~2020 年 3 月
高春泉	计财（审计）处处长、一级调研员	2020 年 3 月 ~
董印志	计财（审计）处副处长	2016 年 5 月 ~
张　静	计财（审计）处副处长	2020 年 12 月 ~
杨　博	人事处处长、一级调研员	2013 年 8 月 ~
冯　喆	人事处副处长、三级调研员	2013 年 8 月 ~2020 年 1 月
杨道鹏	人事处副处长、三级调研员	2019 年 4 月 ~2020 年 12 月
姚立新	人事处副处长	2020 年 3 月 ~
李福厚	机关党委专职副书记（党建工作处处长）、一级调研员	2009 年 9 月 ~
乔　妮	团委书记	2019 年 4 月 ~
李宏伟	机关纪委书记、一级调研员	2019 年 5 月 ~
李继磊	巡察办副主任	2020 年 12 月 ~
侯雅芹	工会主席、一级调研员	2012 年 12 月 ~
吕红文	离退休干部处处长、一级调研员	2014 年 1 月 ~
丁桂红	离退休干部处副处长、三级调研员	2009 年 9 月 ~2020 年 7 月
马金华	驻局纪检组副组长、二级巡视员	2014 年 9 月 ~

（处室领导名录：王超群、宋泽 供稿）

市园林绿化局(首都绿化办)直属单位一览表

(2020 年)

单位名称	地址	电话
北京市园林绿化局综合执法大队	西城区裕民中路 8 号	82024298
北京市林业工作总站(北京市林业科技推广站)	西城区裕民中路 8 号	84236009
北京市林业保护站	西城区裕民中路 8 号	62061803
北京市林业种子苗木管理总站	西城区裕民中路 8 号	62032491
北京市野生动物保护自然保护区管理站	西城区裕民中路 8 号	84236492
北京市水源保护林试验工作站 (北京市园林绿化局防沙治沙办公室)	西城区裕民中路 8 号	84236433
北京市蚕业蜂业管理站	西城区裕民中路 8 号	84236226
北京市林业基金管理站	西城区裕民中路 8 号	84236068
北京市野生动物救护中心	西城区裕民中路 8 号	89451195
北京市园林绿化局直属森林防火队(北京市航空护林站)	昌平区北郝庄村	89711863
北京绿化事务服务中心	西城区裕民中路 8 号	62056928
首都绿色文化碑林管理处	北京市海淀区黑山扈北口 19 号	62870640
北京市林业碳汇工作办公室 (北京市园林绿化国际合作项目管理办公室)	西城区裕民中路 8 号	84236201
北京市园林绿化局信息中心	西城区裕民中路 8 号	84236719
北京市园林绿化局宣传中心	西城区裕民中路 8 号	62382262
北京市园林绿化局干部学校	西城区裕民中路 8 号	84236089
北京市园林绿化局离退休干部服务中心(东办公区)	西城区德外裕中东里甲 33 号	84236097
北京市园林绿化局离退休干部中心(西办公区)	海淀区万寿寺路 8 号	68461316
北京市园林绿化局后勤服务中心	东城区安外小黄庄北街 1 号	84236206
北京市林业勘察设计院(北京市林业资源监测中心)	西城区裕民中路 8 号	84236334
北京市园林绿化局物资供应站	西城区裕民中路 8 号	62047982
北京市园林绿化工程管理事务中心	海淀区西三环中路 10 号	88653909
北京市食用林产品质量安全监督管理事务中心	西城区裕民中路 8 号	84236033
北京市八达岭林场	北京市延庆区营城子收费站西侧	81181989
北京市十三陵林场	北京市昌平区邓庄村南	89700104
北京市西山试验林场	北京市海淀区香山旱河路 6 号	62591345
北京市共青林场	北京市顺义区野生动物保护中心东侧	61496208
北京市京西林场	北京市门头沟区中门寺街 7 号	60821521
北京市松山国家级自然保护区管理处(北京市松山林场)	北京市延庆区张山营镇松山管理处	69112634
北京市温泉苗圃	海淀区温泉镇	62406134
北京市天竺苗圃	北京市朝阳区首都机场南平东里一号 京林大厦	64561659

（续）

单 位 名 称	地 址	电 话
北京市黄垡苗圃	大兴区礼贤镇东黄垡村北	89215260
北京市大东流苗圃	北京市昌平区小汤山镇沟流路95号	61711840
北京市永定河休闲森林公园管理处	石景山区京原路55号	88957095
北京市蚕种场	房山区良乡拱辰北大街13号	89354583

（直属单位一览表名录：陈朋 供稿）

北京市园林绿化局(首都绿化办)所属社会组织名单

序号	社会组织名称	监管方式	联系处室	联系人	联系电话
1	北京绿化基金会	业务主管	联络处	杨振君	13901135576
2	北京园林学会	业务主管	城镇绿化处	冯 昕	18612271681
3	北京屋顶绿化协会	业务主管		王仕豪	13681440715
4	北京野生动物保护协会	业务主管	野生动植物和湿地保护处	纪建伟	13911067766
5	中华民族园管理处	业务主管	公园管理处	汪 昆	13681019027
6	北京林业有害生物防控协会	业务主管	防治检疫处	陈 超	13488765005
7	北京果树学会	业务主管	科技处	杨 媛	13811854921
8	北京花卉协会	业务主管		郑奎茂	13683695433
9	北京酒庄葡萄酒发展促进会	业务主管		刘俐媛	13521281196
10	北京市盆景艺术研究会	业务主管		石 毅	13501339771
11	北京林学会	业务主管		夏 磊	13911365026
12	北京树木医学研究会	业务主管		张瑞国	13366995618
13	北京生态文化协会	业务主管	宣传中心	吴志勇	13911999166

北京市登记注册公园(截至2020年底)

市公园管理中心（11）	颐和园	天坛公园	北海公园	景山公园	陶然亭公园	玉渊潭公园
	香山公园	紫竹院公园	北京动物园	中山公园	北京市植物园	
东城区（21）	地坛公园	劳动人民文化宫	柳荫公园	青年湖公园	永定门公园（东城段）	皇城根遗址公园
	菖蒲河公园	奥林匹克社区公园	北二环城市公园	地坛园外园	明城墙遗址公园	南馆公园
	龙潭中湖公园	龙潭西湖公园	玉蜓公园	龙潭公园	二十四节气公园	燕墩公园
	前门公园	角楼映秀公园	永定门桃园公园			

（续）

西城区（22）	什刹海公园	月坛公园	人定湖公园	北滨河公园	永定门公园（西城段）	南礼士路公园
	顺成公园	玫瑰公园	白云公园	官园公园	德胜公园	西便门城墙遗址公园
	莲花河城市休闲公园	北京大观园	万寿公园	宣武艺园	北京滨河公园	翠芳园
	金中都公园	长椿苑公园	金融街中心公园	广宁公园		
朝阳区（45）	日坛公园	北京中华民族园	朝阳公园	红领巾公园	兴隆公园	元大都城垣（土城）遗址公园(朝阳段)
	奥林匹克森林公园	北京金盏郁金香花园	杜仲公园	团结湖公园	四得公园	南湖公园
	丽都公园	太阳宫公园	将府公园	东坝郊野公园	北小河公园	朝来森林公园
	太阳宫体育休闲公园	东一处公园	望湖公园	立水桥公园	大望京公园	白鹿公园
	鸿博郊野公园	镇海寺郊野公园	海棠郊野公园	京城槐园	东风公园	金田郊野公园
	八里桥公园	老君堂郊野公园	古塔公园	京城梨园	常营公园	北焦公园
	庆丰公园	朝来农艺园	京城体育场郊野公园	京城森林公园	百花公园	黄草湾郊野公园
	勇士营郊野公园	清河营郊野公园	望和公园			
海淀区（34）	圆明园遗址公园	玲珑园	会城门公园	马甸公园	阳光星期八公园	元大都城垣（土城）遗址公园(海淀段)
	海淀公园	长春健身园	上地公园	百旺公园	碧水风荷公园	温泉公园
	东升八家郊野公园	丹青圃郊野公园	玉东郊野公园	金源娱乐园	美和园公园	北极寺公园
	燕清文化体育公园	五棵松奥林匹克文化公园	巴沟山水园公园	翠微烟雨公园	北坞公园	中华世纪坛公园
	南长河公园	清河翠谷公园	王庄公园	厢黄旗公园	小营公园	中关村广场
	中央电视塔公园	车道沟公园	荷清园公园	田村城市休闲公园		
丰台区（25）	莲花池公园	北京世界公园	鹰山森林公园	青龙湖公园	石榴庄公园	北京南宫世界地热博览园
	万芳亭公园	中国人民抗日战争纪念雕塑园	桃园公园	南苑公园	长辛店公园	丰台园区公园
	丰台花园	万泉寺公园	世界花卉大观园	怡馨花园	海子郊野公园	嘉河公园
	御康郊野公园	万丰公园	丰益公园	高鑫公园	云岗森林公园	天元郊野公园
	北京园博园					

（续）

石景山区（10）	八大处公园	石景山游乐园	法海寺森林公园	半月园公园	松林公园	小青山公园
	石景山雕塑公园	古城公园	北京国际雕塑公园	永定河休闲森林公园		
门头沟区（8）	黑山公园	门头沟滨河公园	滨河世纪广场	葡萄嘴山地公园	在水一方公园	东辛房公园
	石门营公园	中天公园				
房山区（36）	白水寺公园	昊天广场公园	燕山公园	韩村河公园	燕华园	北潞园健身公园
	房山迎宾公园	朝曦公园	北京中华石雕艺术公园	中国版图教育公园	圣泉公园	文体公园
	贾公祠公园	长阳体育公园	燕怡园（青年园）	双泉河公园	宏塔公园	周口店镇中心公园
	阎村文化产业园	富恒农业观光园	南洛村森林公园	京白梨大家族主题公园	府前公园	塞纳园
	青龙湖镇焦各庄公园	青龙湖镇石梯公园	青龙湖镇沙窝公园	青龙湖镇果各庄公园	青龙湖镇坨里公园	青龙湖镇常乐寺公园
	街心公园	煦畅园	韩村河龙门农业生态园	昊天公园	长阳公园	朗悦公园
通州区（21）	西海子公园	漫春园	玉春园	运河公园	梨园主题公园	假山公园
	宋庄镇临水公园	三八国际友谊林公园	萧太后河公园	漷县镇圣火公园	萧太后码头遗址公园	台湖艺术公园
	减河后花园	街心花园	宋庄镇奥运森林公园	大运河森林公园	永乐文化广场	商务富锦公园
	潞城药用公园	永乐生态公园	潞城中心公园			
顺义区（20）	顺义公园	朝凤森林公园	减河凤凰园	李各庄农民公园	卧龙公园	天竺镇公园
	怡园公园	北京汉石桥湿地公园	木林镇公园	光明文化广场公园	减河五彩园	龙湾屯双源湖公园
	顺义和谐广场公园	花卉博览会主题公园	潮白柳园	仁和公园	共青滨河森林公园	新城滨河森林公园
	北京醇绿地	三山园				
大兴区（30）	团河行宫遗址公园	北京中华文化园	康庄公园	街心公园	黄村儿童乐园	国际企业文化园
	兴旺公园	北京野生动物园	金星公园	杨各庄湿地公园	天水科技企业文化公园	旺兴湖郊野公园
	采育镇文化休闲公园	明珠广场	半壁店森林公园	青云店镇公园	东秀湖公园	东孙村公园
	崔营民族公园	留民营生态科普公园	兴海休闲公园	兴海公园	亦新郊野公园	南海子公园
	高米店公园	滨河公园	地铁文化公园	大兴新城滨河森林公园	枣林公园	世界月季主题园

（续）

昌平区（12）	昌平公园	赛场公园	南口公园	亢山公园	百善中心公园	东小口森林公园
	回龙园公园	回龙观体育公园	永安公园	半塔郊野公园	太平郊野公园	东小口森林公园二期
平谷区（8）	平谷世纪广场	峪口广场	东鹿角街心公园	张各庄人民公园	山东庄绿宝石广场	鱼子山街心公园
	碣山文化园	文化公园				
怀柔区（42）	百芳园	凤翔公园	沙峪村东公园	滨湖健身公园	体育公园	迎宾环岛公园
	八旗文化广场公园	碾子浅水湾公园	十二生肖公园	慧友文化广场公园	凤山百果园公园	绿林公园
	世纪公园	黄花城公园	八宝堂湿地公园	杨树下敛巧饭公园	狼虎哨林下休闲公园	双文铺公园
	后河套公园	板栗公园	怡然公园	后桥梓文化广场公园	小龙山公园	北京圣泉山公园
	北宅百亩公园	明星公园	法制廉政公园	汤河口镇桥头公园	满乡文化园	鹰手营公园
	乡村公园	神庙公园	马到成功公园	栗花沟公园	兴海公园	滨湖人口文化园
	乡土植物科普园	水库周边景观带状公园	世妇会纪念公园	苗营公园	燕城薰衣草儿童主题乐园	滨河森林公园
密云区（19）	冶仙公园	密虹公园	奥林匹克健身园	法制公园	时光公园	云启公园
	滨河公园	白河公园	太扬公园	密云区太师屯世纪体育公园	古北口村御道公园	古北口镇历史文化公园
	人民公园	不老屯镇政府公园	迎宾公园	明珠生态休闲公园	高岭公园	云水公园
	长城环岛公园					
延庆区（9）	夏都公园	香水苑公园	江水泉公园	妫川广场	三里河湿地生态公园	百泉公园
	妫水公园	迎宾公园	张山营镇镇前公园			
城建集团（2）	东单公园	双秀公园				

北京市国家级重点公园名单(10)

序号	公园名称	序号	公园名称
1	颐和园	6	香山公园
2	天坛公园	7	北京植物园
3	北海公园	8	北京动物园
4	景山公园	9	紫竹院公园
5	中山公园	10	陶然亭公园

北京市市级重点公园名录(36)

序号	公园名称	序号	公园名称
	市公园管理中心(1)		丰台区(3)
1	玉渊潭公园	25	莲花池公园
		26	世界公园
	东城区(9)	27	世界花卉大观园
2	地坛公园		
3	柳荫公园		石景山区(3)
4	皇城根遗址公园	28	八大处公园
5	菖蒲河公园	29	北京国际雕塑公园
6	明城墙遗址公园	30	石景山游乐园
7	青年湖公园		
8	劳动人民文化宫		通州区(1)
9	永定门公园(东城段)	31	西海子公园
10	龙潭公园		
			顺义区(1)
	西城区(7)	32	顺义公园
11	月坛公园		
12	人定湖公园		昌平区(1)
13	宣武艺园	33	昌平公园
14	永定门公园(西城段)		
15	北京滨河公园		大兴区(1)
16	大观园	34	康庄公园
17	万寿公园		
			怀柔区(1)
	朝阳区(4)	35	世妇会纪念公园
18	日坛公园		
19	元大都城垣(土城)遗址公园(朝阳段)		密云区(1)
20	奥林匹克森林公园	36	奥林匹克健身园
21	朝阳公园		
			延庆区(2)
	海淀区(3)	37	夏都公园
22	海淀公园	38	江水泉公园
23	圆明园遗址公园		
24	元大都城垣(土城)遗址公园(海淀段)		

北京市精品公园名录(截至2020年)

	第一届(2002)10	第二届(2003)12	第三届(2004)10	第四届(2005)10	第五届(2006)10	第六届(2007)8	第七届(2008)7	第八届(2010)7	第九届(2011)7	第十届(2012)10	第十一届(2013)	第十二届(2014)	第十三届(2016年)
市属公园	颐和园	北海公园	北京动物园	景山公园		玉渊潭公园							
	天坛	陶然亭公园		紫竹院公园									
	香山公园												
	北京植物园												
	中山公园												
东城	皇城根遗址公园	菖蒲河公园 明城墙遗址公园	南馆公园 玉蜓公园	奥林匹克社区公园	地坛公园 永定门公园	北二环城市公园		青年湖公园	地坛园外园		二十四节气公园		
西城	龙潭公园	顺成公园 大观园	万寿公园	玫瑰公园 滨河公园		月坛公园 金中都公园	人定湖公园 宣武艺园	西便门公园 莲花河公园	德胜公园	什刹海公园	白云公园		
朝阳	日坛公园	团结湖公园	朝阳公园	红领巾公园	四得公园	北小河公园	奥林匹克森林公园	古塔公园	将府公园	大望京公园	庆丰公园	兴隆公园	
海淀		元大都遗址公园	阳光星期八公园	马甸公园	百旺公园	玲珑公园	长春健身园		海淀公园 金源娱公园	碧水风荷公园 温泉公园 会城门公园	五棵松奥林匹克文化公园 巴沟山水园 北极寺公园	北坞公园 南长河公园	荷清园公园 车道沟公园 世纪坛公园
丰台	世界公园	莲花池公园	青龙湖公园	世界花卉大观园	南宫地热博览园	丰台花园	万芳亭公园 丰台园区公园 北宫森林公园	长辛店公园					园博园
石景山	国际雕塑园		八大处公园										
门头沟			黑山公园		滨河世纪广场								
房山									燕怡园	塞纳园 朝曦公园	长阳公园		

（续）

区域	第一届（2002年）10	第二届（2003年）12	第三届（2004年）10	第四届（2005年）10	第五届（2006年）10	第六届（2007年）8	第七届（2008年）7	第八届（2010年）7	第九届（2011年）7	第十届（2012年）10	第十一届（2013年）9	第十二届（2014年）4	第十三届（2016年）7
通州								运河公园		大运河森林公园			潞城中心公园
顺义		顺义公园		卧龙公园	减河五彩园			光明文化广场			仁和公园		汉石桥湿地公园
昌平									昌平公园	南口公园	永安公园		
大兴			康庄公园		中华文化园							地铁文化公园	南海子郊野公园
平谷										世纪广场公园			
怀柔				世妇会纪念公园	滨湖公园								
密云		奥林匹克健身园											
延庆		夏都公园			江水泉公园	妫川广场							

北京市郊野公园名录(60)

区名	建设时间	序号	乡名	公园名称	面积(亩)
总计					45549
朝阳区	2007年	1	平房	京城梨园	930
	2007年	2	高碑店	兴隆公园	685
	2007年	3	将台	将府公园(一期)	360
	2007年	4	东坝	东坝郊野公园(一期)	938
	2007年	5	常营	常营公园（一期)	516
	2007年	6	来广营	朝来森林公园	760
	2007年	7	王四营	古塔公园	836
	2007年	8	十八里店	老君堂公园	725
	2007年	9	三间房	杜仲公园	898
	2008年	10	东风	东风公园	1200
	2008年	11	豆各庄	金田郊野公园	1000
	2008年	12	小红门	鸿博公园	1200
	2008年	13	太阳宫	太阳宫体育休闲公园	446
	2008年	14	常营	常营公园二期	598
	2008年	15	十八里店	海棠公园	497
	2008年	16	王四营	白鹿郊野公园	430
	2008年	17	将台	将府公园二期	480
	2008年	18	东坝	东坝郊野公园二期	2070
	2008年	19	平房	京城槐园	1098
	2009年	20	来广营	清河营郊野公园	865
	2009年	21	东坝	东坝郊野公园三期	505
	2009年	22	豆各庄	金田郊野公园(二期)	1700
	2009年	23	高碑店	百花郊野公园	324
	2009年	24	小红门	镇海寺郊野公园	503
	2009年	25	大屯	黄草湾郊野公园	585
	2011年	26	来广营	朝来森林公园二期	299
	2011年	27	来广营	勇士营公园	306
	2011年	28	太阳宫	太阳宫体育休闲公园二期	499
	2011年	29	将台	将府郊野公园三期	900
	2011年	30	平房	京城体育休闲公园	562
	2011年	31	平房	京城森林公园	650

（续）

区名	建设时间	序号	乡名	公园名称	面积(亩)
	小计				23365
海淀区	2007 年	32	四季青	玉东公园(一期)	968
	2007 年	33	四季青	丹青圃公园(一期)	665
	2007 年	34	海淀	长春健身园	159
	2008 年	35	东升	八家地郊野公园	1521
	2008 年	36	四季青	玉泉山郊野公园	690
	2009 年	37	四季青	平庄郊野公园	658
	2009 年	38	海淀	树村郊野公园	559
	2011 年	39	四季青	北坞郊野公园	498
	小计				5718
昌平区	2007 年	40	东小口	东小口森林公园(一期)	1186
	2009 年	41	东小口	太平郊野公园	1085
	2011 年	42	东小口	东小口森林公园二期	1113
	2011 年	43	东小口	半塔公园	429
	小计				3813
丰台区	2007 年	44	卢沟桥	万丰公园(一期)	660
	2008 年	45	花乡	御康花园	596
	2008 年	46	卢沟桥	天元公园	492
	2008 年	47	老庄子	绿堤公园	1575
	2008 年	48	花乡	高鑫公园	554
	2008 年	49	花乡	海子公园	405
	2009 年	50	卢沟桥	晓月公园	1012
	2009 年	51	南苑	槐新公园(一期)	1350
	2009 年	52	南苑	桃苑公园	356
	2009 年	53	花乡	看丹公园(一期)	737
	2009 年	54	卢沟桥	经仪公园	480
	2011 年	55	花乡	榆树庄公园	315
	2011 年	56	和义农场	和义郊野公园	412
	小计				8944
大兴区	2007 年	57	旧宫	旺兴湖公园一期	556
	2008 年	58	旧宫	旺兴湖郊野公园二期	1362
	2011 年	59	亦庄	亦新公园	605

（续）

区名	建设时间	序号	乡名	公园名称	面积(亩)
	小计				2523
石景山区	2008 年	60	八宝山	老山郊野公园	1186
	小计				1186

北京市自然保护地名录(79)

序号	保护地名称	级别	行政区位	面积(公顷)
自然保护区(21)				
1	松山国家级自然保护区	国家级	延庆区	6212.96
2	百花山国家级自然保护区	国家级	门头沟区	21743.10
3	喇叭沟门市级自然保护区	市级	怀柔区	18482.50
4	野鸭湖市级湿地自然保护区	市级	延庆区	6873.00
5	云蒙山市级自然保护区	市级	密云区	4388.00
6	云峰山市级自然保护区	市级	密云区	2233.00
7	雾灵山市级自然保护区	市级	密云区	4152.40
8	四座楼市级自然保护区	市级	平谷区	19997.00
9	汉石桥市级湿地自然保护区	市级	顺义区	1900.00
10	蒲洼市级自然保护区	市级	房山区	5396.50
11	拒马河市级水生野生动物自然保护区	市级	房山区	1125.00
12	怀沙河怀九河市级水生野生动物自然保护区	市级	怀柔区	111.20
13	石花洞市级自然保护区	市级	房山区	3650.00
14	朝阳寺市级木化石自然保护区	市级	延庆区	2050.00
15	玉渡山区级自然保护区	区级	延庆区	9082.60
16	莲花山区级自然保护区	区级	延庆区	1256.80
17	大滩区级自然保护区	区级	延庆区	15432.00
18	金牛湖区级自然保护区	区级	延庆区	1243.50
19	白河堡区级自然保护区	区级	延庆区	7973.10
20	太安山区级自然保护区	区级	延庆区	3682.10
21	水头区级自然保护区	区级	延庆区	1362.50

（续）

序号	保护地名称	级别	行政区位	面积(公顷)
风景名胜区(11)				
22	八达岭-十三陵风景名胜区	国家级	延庆区、昌平区	32747.00
23	石花洞风景名胜区	国家级	房山区	8466.00
24	承德避暑山庄外八庙风景名胜区（古北口司马台长城景区）	国家级	密云区	2123.00
25	慕田峪长城风景名胜区	市级	怀柔区	10389.00
26	十渡风景名胜区	市级	房山区	30100.00
27	东灵山-百花山风景名胜区	市级	门头沟区	30000.00
28	潭柘-戒台寺风景名胜区	市级	门头沟区	7300.00
29	龙庆峡-松山-古崖居风景名胜区	市级	延庆区	22300.00
30	金海湖-大峡谷-大溶洞风景名胜区	市级	平谷区	28500.00
31	云蒙山风景名胜区	市级	密云区、怀柔区	19837.00
32	云居寺风景名胜区	市级	房山区	4000.00
森林公园(31)				
33	西山国家森林公园	国家级	海淀区	5933.00
34	上方山国家森林公园	国家级	房山区	353.00
35	蟒山国家森林公园	国家级	昌平区	8582.00
36	云蒙山国家森林公园	国家级	密云区	2208.00
37	小龙门国家森林公园	国家级	门头沟区	1595.00
38	鹫峰国家森林公园	国家级	海淀区	775.00
39	大兴古桑国家森林公园	国家级	大兴区	1165.00
40	大杨山国家森林公园	国家级	昌平区	2107.00
41	八达岭国家森林公园	国家级	延庆区	2940.00
42	霞云岭国家森林公园	国家级	房山区	21487.00
43	北宫国家森林公园	国家级	丰台区	914.00
44	黄松峪国家森林公园	国家级	平谷区	4274.00
45	天门山国家森林公园	国家级	门头沟区	669.00
46	琦峰山国家森林公园	国家级	怀柔区	4290.00
47	喇叭沟门国家森林公园	国家级	怀柔区	11171.50
48	北京市共青滨河森林公园	市级	顺义区	981.00
49	五座楼森林公园	市级	密云区	1367.00
50	龙山森林公园	市级	房山区	141.00
51	马栏森林公园	市级	门头沟区	281.00

（续）

序号	保护地名称	级别	行政区位	面积(公顷)
52	白虎涧森林公园	市级	昌平区	933.00
53	丫吉山森林公园	市级	平谷区	1144.00
54	西峰寺森林公园	市级	门头沟区	381.00
55	南石洋大峡谷森林公园	市级	门头沟区	2123.80
56	妙峰山森林公园	市级	门头沟区	2264.70
57	双龙峡东山森林公园	市级	门头沟区	790.00
58	银河谷森林公园	市级	怀柔区	8446.24
59	莲花山森林公园	市级	延庆区	2210.00
60	静之湖森林公园	市级	昌平区	351.20
61	二帝山森林公园	市级	门头沟区	408.70
62	龙门店森林公园	市级	怀柔区	5380.23
63	古北口森林公园	市级	密云区	933.30
湿地公园(10)				
64	北京野鸭湖国家湿地公园	国家级	延庆区	283.4
65	北京市长沟国家湿地公园	国家级	房山区	249.00
66	北京市琉璃庙湿地公园	市级	怀柔区	290.00
67	北京市雁翅九河湿地公园	市级	门头沟区	356.00
68	北京市穆家峪红门川湿地公园	市级	密云区	156.00
69	北京市马坊小龙河湿地公园	市级	平谷区	70.65
70	北京市汤河口湿地公园	市级	怀柔区	680.00
71	大兴长子营湿地公园	市级	大兴区	53.00
72	北京玉渊潭东湖湿地公园	市级	海淀区	35.00
73	大兴杨各庄湿地公园	市级	大兴区	
地质公园(6)				
74	北京石花洞国家地质公园	国家级	房山区	3350.00
75	北京延庆硅化木国家地质公园	国家级	延庆区	14140.00
76	北京十渡国家地质公园	国家级	房山区	30100.00
77	北京平谷黄松峪国家地质公园	国家级	平谷区	6460.00
78	北京密云云蒙山国家地质公园	国家级	密云区	23820.00
79	圣莲山市级地质公园	市级	房山区	2810.00

注：面积包含保护地交叉重叠面积。

2020 年度发布北京市园林绿化地方标准目录

（截止到 2020 年 12 月 31 日）

序号	标准号	标准名称	行业主管部门	备注
1	DB11/T 864—2020	园林绿化种植土壤技术要求	北京市园林绿化局	
2	DB11/T 865—2020	藤本月季养护规程	北京市园林绿化局	
3	DB11/T 896—2020	苹果生产技术规程	北京市园林绿化局	
4	DB11/T 897—2020	葡萄生产技术规程	北京市园林绿化局	
5	DB11/T 898—2020	盆栽小菊栽培技术规程	北京市园林绿化局	
6	DB11/T 928—2020	苹果矮砧栽培技术规程	北京市园林绿化局	
7	DB11/T 936.13—2020	节水评价 第 13 部分：公园	北京市园林绿化局	
8	DB11/T 1049—2020	花卉产品等级 切花百合	北京市园林绿化局	
9	DB11/T 1733—2020	绿地保育式生物防治技术规程	北京市园林绿化局	
10	DB11/T 1758—2020	草花组合景观营建及管护技术规程	北京市园林绿化局	
11	DB11/T 1778—2020	美丽乡村绿化美化技术规程	北京市园林绿化局	
12	DB11/T 1779—2020	浅山区造林技术规程	北京市园林绿化局	
13	DB11/T 1780—2020	山区森林质量提升技术规程	北京市园林绿化局	
14	DB11/T 1800—2020	规模化苗圃生产与管理规范	北京市园林绿化局	
15	DB11/T 1801—2020	木本香薷栽培技术规程	北京市园林绿化局	
16	DB11/T 1802—2020	果树水肥一体化栽培技术规程	北京市园林绿化局	
17	DB11/T 1803—2020	春季开花木本植物花期延迟技术规程	北京市园林绿化局	

索　引

后　　记

《北京园林绿化年鉴》是由北京市园林绿化局主办，北京市园林绿化年鉴编纂委员会编纂的年度性资料文献。《北京园林绿化年鉴》编辑部设在北京市园林绿化局史志办。

《北京园林绿化年鉴 2021》的顺利编辑出版，是在市园林绿化局党组的正确领导下，全市园林绿化部门和有关单位各级领导、特约编辑、撰稿和编审人员辛勤劳动的成果。在此，我们谨对各位同仁长期不懈给予年鉴事业的关心、支持和奉献表示衷心的感谢！

《北京园林绿化年鉴 2016》《北京园林绿化年鉴 2018》分别荣获第二届、第三届北京市年鉴编校质量评比二等奖。

2021 卷基本保持《北京园林绿化年鉴 2020》的总体框架结构，插图 198 幅，总字数约 60 万字。2021 卷根据年鉴体例和业务情况作了局部调整和修改，但由于我们的编辑水平所限，仍有疏漏或欠妥之处，望各级领导和读者予以指正，以利改进。

编　者

2021 年 10 月 20 日